21 世纪全国高职高专数学规划教材

大学数学应用教程（上册）

仉志余　编著

内容简介

本书是教育部国家级精品课程配套教材，是根据教育部制定的《高职高专教育基础课程数学基本要求》和《高职高专教育专业人才培养目标及规格》，深入总结多年来数学改革和国家级精品课程建设与研究的经验，并充分考虑到高职高专学制转换的要求而编写的。

全书内容包括函数、极限与连续，导数与微分，不定积分与定积分，导数与微分的应用，定积分的应用，常微分方程，无穷级数，数值计算方法等内容，其中打“*”者为选学内容。

本书既适合高职高专或少学时本科专业使用，也适合同层次的成人教育以及工程技术人员使用。

图书在片编目（CIP）数据

大学数学应用教程（上册）/仉志余编著．—北京：北京大学出版社，2005.7
（21世纪全国高职高专数学规划教材）
ISBN 7-301-09194-X

I. 大… II. 仉… III. 高等数学—高等学校：技术学校—教材 IV. 013

中国版本图书馆 CIP 数据核字（2005）第 069417 号

书　　名：大学数学应用教程（上册）
著作责任者：仉志余　编著
责 任 编 辑：黄庆生　桂　春
标 准 书 号：ISBN 7-301-09194-X/O·0552
出　版　者：北京大学出版社
地　　址：北京市海淀区成府路 205 号 100871
电　　话：邮购部 62752015　发行部 62750672　编辑部 62765013
网　　址：http://cbs.pku.edu.cn
电 子 信 箱：xxjs@pup.pku.edu.cn
印　刷　者：北京中科印刷有限公司
发　行　者：北京大学出版社
经　销　者：新华书店
787 毫米×980 毫米　16 开本　19.5 印张　426 千字
2005 年 7 月第 3 版　2006 年 8 月重排
2006 年10月第 5 次印刷
定　　价：29.00 元

前　言

本书是根据教育部制定的《高职高专教育基础课程数学基本要求》和《高职高专教育专业人才培养目标及规格》，深入总结多年来参与高职高专教学改革和国家级精品课程建设与研究的经验，并充分考虑到高职高专学制转换的要求而编写的。

自从1993年原国家教委在高等工程专科教育中实施专业教学改革试点工作以来，我校高分子材料加工专业被确定为第一批国家级试点专业。随之，我们对数学课程的改革按照“以应用为目的”、“以必需够用为度”的原则设计改革方案，将原属《高等数学》和《工程数学》的多门课程有机地构成了工科数学课群。1997年我们又展开了由原中国兵器工业总公司批准立项的课题“高等工科数学课程体系、教学内容与教学模式的研究”的教改研究与实践工作。1998年我校化工工艺专业被教育部批准为全国第四批产学结合的试点专业，我们又积极投入了高职高专教育数学课程教改实践。经过十年的不懈努力，我们取得了阶段性成果，形成了符合高职高专人才培养目标，特色明显的数学课程体系、教学内容和教学模式，2002年获得了省级教学成果一等奖。其中“线性代数”课程于2003年被教育部确定为首届国家级精品课程之一。

根据高职高专教育人才培养目标及规格的要求，我们认为，高职高专教育必须既“性”高，又“性”职，而数学课程是满足这一要求的必修课之一。因此定名为《大学数学应用教程》的这套教材，力图充分体现以下特色。

（1）精选内容，构架新的课程体系，使受教育者学会运用数学方法与工具分析问题、解决问题，达到“性”高的人才培养目标。同时，又要考虑到“性”职和以“必需够用”为度，因而必须对数学的“系统性”和“严密性”赋予新的认识。本书中对数学结论的严密性和论证的简明化处理就是一种较好的处理方法。例如，极限方法可以跳出“ε-δ”语言体系，微分学中值定理可以用几何方法证明等。

（2）新的课程体系充分体现“以应用为目的”的要求。众所周知，数学的产生和发展就是从实践中来再到实践中去的，我们理应取其精髓，还其本来面目，使受教育者明其应用背景，知其应用方法。因此本书的目的就是使学生学会如何应用数学方法解决实际问题。于是，本书大量的篇幅是数学应用，而不是公式的推导或定理的证明。

（3）在第二篇一元微积分的应用部分，本书选择典型问题介绍了数学建模方法，这是数学应用的重要方法之一。而第四篇线性代数构建的体系就是按照建立数学模型—寻找解模工具—解模答问这条主线进行的。

（4）考虑到文科学生的需要，本书特意在第二篇中引入了数学在经济学中的应用问题。

当然理工科学生了解一些数学在经济学中的应用基础也是很有必要的。

（5）考虑到高职高专教育学制和学生基础实际情况，本书在内容安排上尽力做到重点突出，难点分散；在问题的阐述上，尽力做到开门见山、简明扼要、循序渐进和深入浅出；并注重几何解释、抽象概括与逻辑推理有机结合，以培养学生数学应用的意识、兴趣和综合能力。

本书既适合高等专科和高等职业技术教育院校或少学时本科专业使用，也适合同层次的成人教育以及工程技术人员使用。为了便于教师更好地使用本教材，我们充分考虑到高等教育大众化对教学设计多样性和学生发展个性化的要求，并根据多年的教学经验，提出如下几套教学方案，以供参考。

（1）对于数学要求较高的专业，可以安排 160～180 学时，分两个学期，全部讲完第一至第五篇；也可安排 150 学时左右，分两学期，在对带“*”的内容作适当取舍后，讲完第一至第五篇。

（2）对于只安排 120 学时左右的专业，可以完成第一篇、第二篇（其中第九章除外）和第三篇的讲授；或者可以选择第一篇，第二篇（其中第九章除外），第四篇的第一、二、三章，以及第五篇的第一、二、三章讲授。

（3）对于仅给 80 学时左右的专业，可以完成第一篇、第二篇（其中第八、第九章除外）和第四篇第一、二、三章的讲授。而第四篇完全可以放在其他各篇之前讲授。

本书的出版得到了山西省教育厅有关领导和高职高专人才培养委员会各领导及专家的大力支持和帮助。此外，十多年来，在实施教改过程中，也得到了校内外专家和同仁的大力支持，特别是精品课程组成员的积极参与等，在此一并致谢。

由于本人水平所限，书中不妥甚至错误之处在所难免，敬请各位同仁与读者批评指正。

编者

2005 年 2 月

目 录

第一篇 一元微积分

第一章 函数、极限与连续......1
第一节 函数......1
一、函数的概念......1
二、函数的基本性态......3
三、反函数......5
四、初等函数......6
习题 1-1......10
第二节 数列极限......11
一、数列极限的概念......11
二、数列收敛的条件......14
习题 1-2......14
第三节 函 数 极 限......15
一、$x \to \infty$ 的情形......15
二、$x \to x_0$ 的情形......16
三、无穷小......18
四、无穷大......18
习题 1-3......19
第四节 极限运算法则......20
一、无穷小的运算法则......20
二、极限四则运算法则......21
习题 1-4......24
第五节 两个重要极限......25
一、极限存在准则......25
二、两个重要极限......26
三、无穷小的阶......28
习题 1-5......29
第六节 函数的连续性......30
一、函数连续的概念......30
二、函数的间断点......32

习题 1-6 34

第七节 初等函数的连续性 34

一、连续函数的四则运算 34

二、反函数与复合函数的连续性 35

三、初等函数的连续性 36

习题 1-7 37

第八节 闭区间上连续函数的性质 38

一、最值性质 38

二、介值性质 39

习题 1-8 40

第二章 导数与微分 41

第一节 导数的概念 41

一、两个实例 41

二、导数概念 42

三、求导数举例 44

四、导数的几何意义 46

五、可导与连续的关系 47

习题 2-1 48

第二节 基本求导法则 48

一、四则求导法则 48

二、反函数求导法则 49

三、基本导数公式 50

习题 2-2 51

第三节 初等函数的导数 52

一、复合求导法则 52

二、初等函数的导数 53

习题 2-3 54

第四节 高阶导数 54

习题 2-4 56

第五节 隐函数与参数求导法则 57

一、隐函数求导法则 57

二、参数求导法则 59

习题 2-5 60

第六节 函数的微分 61

一、微分的概念 61
二、微分的运算法则 63
习题 2-6 65
第七节 微分学中值定理 66
一、四则求导法则 48
二、反函数求导法则 49
三、基本导数公式 50
习题 2-7 69
第三章 不定积分 70
第一节 不定积分的概念与性质 70
一、原函数与不定积分概念 70
二、基本积分公式 72
三、不定积分的性质 73
习题 3-1 75
第二节 换元积分法 75
一、第一换元法（凑微分法） 76
二、第二换元法 80
习题 3-2 85
第三节 分部积分法 87
习题 3-3 92
第四章 定积分 93
第一节 定积分的概念 93
一、两个实例 93
二、定积分的概念 95
三、定积分的几何意义 97
习题 4-1 97
第二节 定积分的性质 98
习题 4-2 100
第三节 微积分基本定理 101
一、变上限定积分 101
二、微积分基本定理 102
习题 4-3 104
第四节 定积分的算法 104
一、定积分的换元法 104

二、定积分的分部积分法 107
习题 4-4 109
第五节 广义积分 110
一、无穷限广义积分 110
二、无界函数广义积分 111
习题 4-5 112

第二篇 一元微积分的应用

第五章 导数与微分的应用 113
第一节 未定式极限的求法 113
一、$\frac{0}{0}$及$\frac{\infty}{\infty}$型未定式 113
*二、其他型未定式 118
习题 5-1 119
第二节 函数单调性的判别法 120
习题 5-2 122
第三节 函数极值的求法 122
习题 5-3 125
第四节 函数最值的求法 126
习题 5-4 128
第五节 曲线凹凸及拐点的判别法 129
一、曲线的凹凸性及其判别法 129
二、曲线的拐点及其求法 131
习题 5-5 132
第六节 函数作图法 133
习题 5-6 137
第七节 微分的应用 137
一、弧微分公式 137
二、微分在近似计算中的应用 138
习题 5-7 139
*第八节 导数的经济学应用 139
一、成本函数与收入函数 139
二、边际分析 139
三、弹性分析 141
习题 5-8 143

第六章 定积分的应用 145
第一节 平面图形面积的求法 145
一、直角坐标情形 145
二、参数方程情形 147
三、极坐标情形 148
习题 6-1 150
第二节 体积的求法 151
一、旋转体的体积 151
二、已知截面立体的体积 152
习题 6-2 153
第三节 平面曲线弧长的求法 153
一、直角坐标情形 153
二、参数方程情形 154
三、极坐标情形 156
习题 6-3 156
第四节 定积分的物理学应用 157
一、变力沿直线的功 157
二、液体静压力 159
习题 6-4 160
*第五节 定积分的经济学应用 160
一、已知边际求总量 160
二、资金流量及其现值 162
习题 6-5 164
第七章 常微分方程 165
第一节 基本概念 165
习题 7-1 167
第二节 一阶微分方程的解法 168
一、可分离变量的一阶微分方程 168
二、齐次方程 170
三、数学建模举例 171
习题 7-2 174
第三节 一阶线性微分方程的解法 175
一、一阶齐次线性微分方程的解法 175
二、一阶非齐次线性微分方程的解法 175
三、一阶非齐次线性微分方程通解的结构 178
习题 7-3 180

第四节 可降阶的高阶微分方程的解法 180
一、$y^{(n)}=f(x)$型 180
二、$y''=f(x,y')$型 181
*三、$y''=f(y,y')$型 182
习题 7-4 183
第五节 二阶线性微分方程解的结构 183
一、两个数学模型 183
二、二阶线性微分方程及其解的结构 185
习题 7-5 188
第六节 二阶常系数齐次线性微分方程 188
习题 7-6 190
第七节 二阶常系数非齐次线性微分方程 191
一、$f(x)=P_m(x)e^{\alpha x}$型 192
二、$f(x)=e^{\alpha x}(A_1\cos\beta x+B_1\sin\beta x)$型 193
习题 7-7 195
第八章 无穷级数 196
第一节 常数项级数 196
一、级数的概念 196
二、数项级数的基本性质 198
三、正项级数及其审敛法 200
四、交错级数及其审敛法 204
五、绝对收敛与条件收敛 205
习题 8-1 207
第二节 幂级数 208
一、幂级数的概念 208
二、幂级数的收敛性 209
三、幂级数的运算 212
习题 8-2 214
第三节 函数的幂级数展开 215
一、泰勒级数 215
二、函数的幂级数展开 218
习题 8-3 222
*第四节 傅里叶级数 223
一、三角级数 223
二、以 2π 为周期的函数的傅氏级数 224

习题 8-4 229
*第五节 任意区间上的傅氏级数 229
一、[-π, π] 上的傅氏级数 230
二、[0, π] 上的傅氏级数 232
三、以 $2l$ 为周期的函数的傅氏级数 234
习题 8-5 237
*第九章 数值计算方法 238
第一节 误差简介 238
一、误差的来源 238
二、绝对误差与相对误差 238
三、有效数字 239
习题 9-1 239
第二节 方程的近似解法 240
一、根的隔离 240
二、二分法 241
三、切线法 242
习题 9-2 245
第三节 定积分的近似计算 245
一、矩形法 245
二、梯形法 246
三、抛物线法 247
习题 9-3 249
第四节 常微分方程的数值解法 249
一、欧拉折线法（矩形法） 249
二、改进的欧拉法（梯形法） 251
三、龙格-库塔法 252
习题 9-4 254
第五节 插值函数 254
一、问题的提出 254
二、线性插值与抛物插值 255
三、拉格朗日插值公式 258
四、均差插值公式 260
习题 9-5 263
附录 264
习题答案 280

第一篇　一元微积分

微积分学是大学数学的主体内容．本篇主要学习一元函数的极限与连续；导数与微分以及不定积分与定积分的基本知识．它们是中学教学中微积分知识的扩展和深化，又是大学数学的基础和入门，因此是各科大学生必须掌握的基本内容．

第一章　函数、极限与连续

微积分学是大学数学的主体内容．它以变量为主要研究对象．函数关系是变量之间的依赖关系，极限方法是微积分学的基本方法，连续性是函数的重要内容．本章将介绍函数、极限和函数的连续性等基本概念和性质．

第一节　函　　数

一、函数的概念

先考察几个实际例子．

例 1　物体自由下落的距离 S 与所用的时间 t 有下述关系：

$$S=\frac{1}{2}gt^2,$$

其中常数 g 是重力加速度．假定物体着地的时刻为 $t=T$，那么当 t 在 $[0,\ T]$ 上任意取定一个数值时，由上式就可以确定下落距离 S 的相应数值．

例 2　三角形一边长固定为 a，那么三角形面积 S 与该边上高 x 有如下关系：

$$S=\frac{1}{2}ax,$$

当 x 在 $(0,\ +\infty)$ 内任意取定一值 x_1 时，相应地可得三角形面积为 $\frac{1}{2}ax_1$．

从上述例子可以看到，所讨论的问题中都有两个变量，且两变量之间存在着确定的依赖关系．我们把这样的两个变量之间的关系抽象为函数．

定义 假设在某一变化过程中有两个变量 x 和 y．如果当变量 x 在其变化范围内任取一个数值时，变量 y 按照一定法则总有确定的数值与之对应，则称 y 是 x 的**一元函数**（简称为**函数**），记作 $y=f(x)$．其中 x 称为**自变量**，y 称为**因变量**．

自变量 x 的变化范围 D 称为函数的**定义域**，因变量 y 的取值范围 W 称为函数的**值域**，f 称为**对应关系**或**函数关系**．

函数 $y=f(x)$在 $x=x_0$ 点的值常用 $f(x_0)$或 $y|_{x=x_0}$ 表示．

函数定义包括**两个要素**：定义域和对应法则．当定义域和对应法则确定之后，函数就惟一确定了．而且只有定义域与对应法则都相同的两个函数才是相同的函数．

例如，$f(x)=\dfrac{x^2}{x}$ 和 $g(x)=x$ 是两个不同的函数，再如 $y=2\log_a x$ 与 $y=\log_a x^2$ 也是两个不同的函数．

例 3 求函数 $y=\dfrac{1}{\lg(3x-2)}$ 的定义域．

解 函数的定义域就是使得上式有意义的实数 x 的全体之集．当 $3x-2>0$ 且 $3x-2\neq1$ 时，上式才有意义，即有

$$x>\frac{2}{3} \qquad \text{且} \qquad x\neq1$$

所以定义域为 $\left(\dfrac{2}{3},1\right)\cup(1,+\infty)$．

如果自变量在定义域内任取一个数值时，对应的函数值总是只有一个，这种函数称为**单值函数**，否则称为**多值函数**．

例如，例 1～3 的函数均为单值函数．但是满足关系 $x^2+y^2=R^2$ 的函数 $y=\pm\sqrt{R^2-x^2}$，对于定义域 $[-R,R]$ 中的每一个 x，对应的函数 y 有两个值，因此 y 是 x 的多值函数．

今后，若无特别说明，所指函数均为单值函数．

设函数 $y=f(x)$的定义域为 D，则对任意取定的 $x\in D$，总有 $y=f(x)$与之对应．这样，以 x 为横坐标、y 为纵坐标就在 xoy 平面上确定一点 (x,y)．集合

$$C=\{(x,y)\mid y=f(x),\quad x\in D\}$$

称为函数 $y=f(x)$的**图形**．

函数的表示法通常有三种：

公式法，即用数学式子表示自变量与因变量之间的关系的方法．如例 1～3．公式法的优点是简明准确，便于理解与理论分析，常用但不够直观．

表格法，即将一系列自变量与对应的函数值列成表格的方法．如对数表、三角函数表

等．表格法的优点是便于计算函数值，但表中所列数据一般不完全，也不便于作理论分析．

图示法，即用坐标系中曲线表示函数的方法，例如用温度自动记录仪描出 24 小时的温度变化曲线，就表示温度 T 与时间 t 的函数关系．

今后，常用公式法与图示法结合，表示函数．

例 4　函数

$$y=|x|=\begin{cases} x, & x\geqslant 0 \\ -x, & x<0 \end{cases}$$

的定义域为（$-\infty$，$+\infty$），值域为［0，$+\infty$），图形如图 1-1 所示．该函数称为绝对值函数．

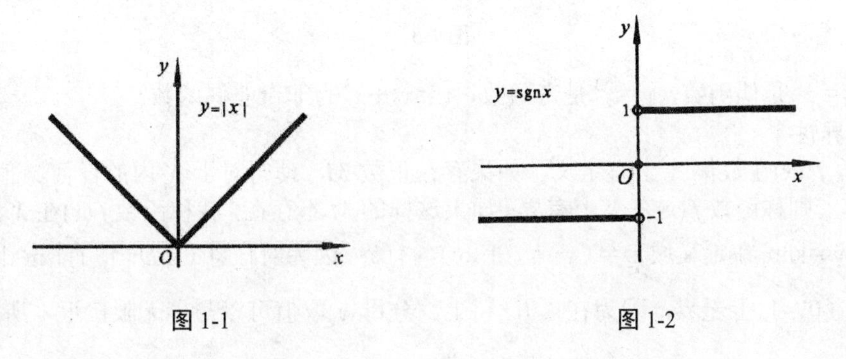

图 1-1　　图 1-2

例 5　函数

$$y=\operatorname{sgn}x=\begin{cases} 1, & x>0 \\ 0, & x=0 \\ -1, & x<0 \end{cases}$$

称为**符号函数**，它的定义域为（$-\infty$，$+\infty$），值域为集合｛-1，0，1｝，它的图形如图 1-2 所示．对于任何实数 x，有 $|x|=x\cdot\operatorname{sgn}x$．

从例 4、例 5 看到，有时一个函数要用几个式子表示．这种在自变量的不同变化范围内，对应法则用不同式子表示的函数，称为**分段函数**．

注意，例 4 和例 5 中的分段函数表示的都是一个函数，而不是几个函数．

二、函数的基本性态

1．奇偶性

设函数 $f(x)$的定义域 D 是以原点为中心的对称区间（即若 $x\in D$，则必有 $-x\in D$），如果对于任意 $x\in D$，总有 $f(-x)=-f(x)$，则称 $f(x)$为**奇函数**；如果总有 $f(-x)=f(x)$，则称 $f(x)$为**偶函数**．

偶函数的图形关于 y 轴对称，如图 1-3（a）所示．奇函数的图形关于原点对称，如图

1-3（b）所示.

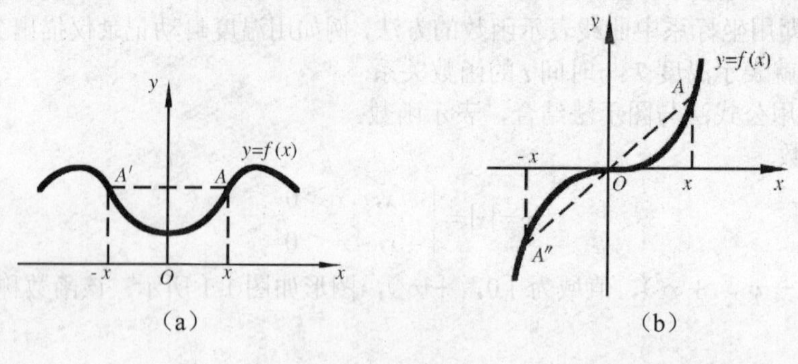

图 1-3

函数 $y=x^2$ 是偶函数，$y=x^3$ 是奇函数，$y=x^2+x^3$ 为非奇非偶函数.

2．**有界性**

设函数 $f(x)$在数集 X 上有定义，如果存在正数 M，使得对于 X 内的任何 x 值，恒有 $|f(x)|\leqslant M$，则称函数 $f(x)$在 X 上**有界**. 如果这样的 M 不存在，就称函数 $f(x)$在 X 上**无界**.

易见，$y=\sin x$ 在定义域 $D=(-\infty,+\infty)$ 内有界，因为对任意 $x\in D$，恒有 $|\sin x|\leqslant 1$. 函数 $y=\dfrac{1}{x}$ 在（0，1]上无界，因为在（0，1]上，分母 x 取值可以与零无限接近，所以 $\left|\dfrac{1}{x}\right|$ 可以无限增大. 但函数 $y=\dfrac{1}{x}$ 在 $\left[\dfrac{1}{2},1\right]$ 上有界，因为对任意 $x\in\left[\dfrac{1}{2},1\right]$，恒有 $\left|\dfrac{1}{x}\right|\leqslant 2$.

3．**单调性**

设函数 $f(x)$的定义域为 D，区间 $I\subset D$. 如果对于区间 I 上任意两点 x_1 及 x_2，当 $x_1<x_2$ 时，恒有

$$f(x_1)<f(x_2)\ （或\ f(x_1)>f(x_2)）$$

则称函数 $f(x)$在区间 I 上是**单调增**（或**单调减**）的. 单调增和单调减函数统称为**单调函数**.

单调增函数，其图形是随着 x 增加而上升的曲线；单调减函数，其图形是随着 x 增加而下降的曲线，如图 1-4 和图 1-5 所示.

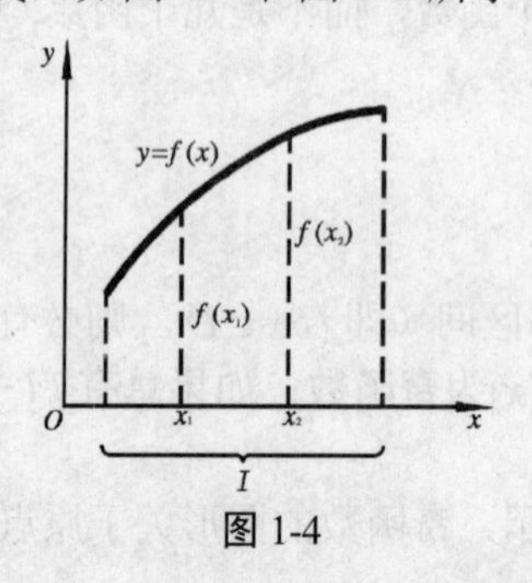

图 1-4

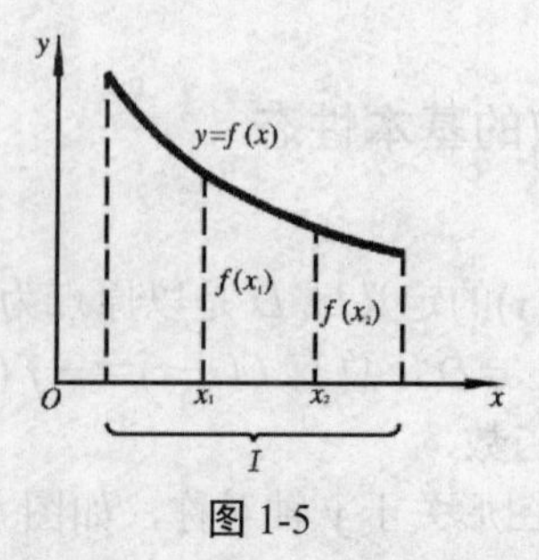

图 1-5

函数$f(x)=x^2$在$[0,+\infty)$上是单调增的，在区间$(-\infty,0)$上是单调减的，但在区间$(-\infty,+\infty)$内函数$f(x)=x^2$不是单调函数．函数$f(x)=x^3$在其定义域$(-\infty,+\infty)$内是单调增的．

4．周期性

对于函数$y=f(x)$，如果存在不为零的常数l，使关系式$f(x+l)=f(x)$对于定义域内任何x都成立，则称$f(x)$为**周期函数**．通常满足这个等式的最小正数l称为该函数的**周期**．

函数$y=\sin x$，$y=\cos x$是以2π为周期的周期函数．函数$y=\tan x$，$y=\cot x$是以π为周期的周期函数．

三、反函数

定义　设函数$y=f(x)$的值域为W．如果对于任意$y\in W$，至少可以确定一个数值x，使$f(x)=y$．这样得到的函数称为函数$y=f(x)$的**反函数**，记作$x=\varphi(y)$．相对于反函数$x=\varphi(y)$来说，原来的函数称为**直接函数**．

习惯上，常常用x表示自变量，用y表示因变量，因此将把反函数$x=\varphi(y)$改写成$y=\varphi(x)$．这时称$y=f(x)$和$y=\varphi(x)$**互为反函数**．

注意，在同一个坐标平面上，函数$y=f(x)$与其反函数$y=\varphi(x)$的图形关于直线$y=x$对称（如图1-6所示）；但$y=f(x)$与$x=\varphi(y)$的图形是同一条曲线．

此外，容易知道，虽然直接函数$y=f(x)$是单值函数，但其反函数$y=\varphi(x)$却不一定是单值的．但如果$y=f(x)$单值且单调时，其反函数$y=\varphi(x)$也是单值单调的．

例6　求$y=x^3$的反函数并作图．

解　从$y=x^3$中解得$x=\sqrt[3]{y}$，交换x与y，得$y=\sqrt[3]{x}$，即为$y=x^3$的反函数．作出它们的图形（如图1-7所示），易见它们关于直线$y=x$对称．

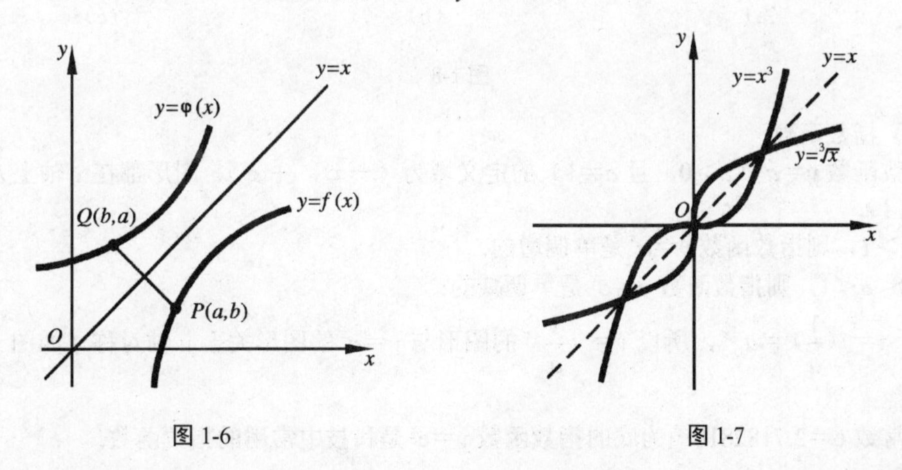

图1-6　　　　图1-7

四、初等函数

1．基本初等函数

幂函数 $y=x^{\mu}$（μ 为任意实数）；

指数函数 $y=a^{x}$（$a>0$，且 $a\neq 1$）；

对数函数 $y=\log_{a}x$（$a>0$，且 $a\neq 1$）；

三角函数 $y=\sin x$，$y=\cos x$，$y=\tan x$ 等；

反三角函数 $y=\arcsin x$，$y=\arccos x$ 等．

以上五类函数统称为**基本初等函数**．为了便于今后的应用，我们再作简单复述如下．

（1）幂函数

幂函数 $y=x^{\mu}$ 的定义域 D 随 μ 值而定，但无论 μ 为何值，总有 $D\supset(0,+\infty)$，图形都经过点（1，1）．

$y=x^{\mu}$ 中，$\mu=1，2，3，\frac{1}{2}，-1$ 时最常见，它们的图形如图 1-8 所示．

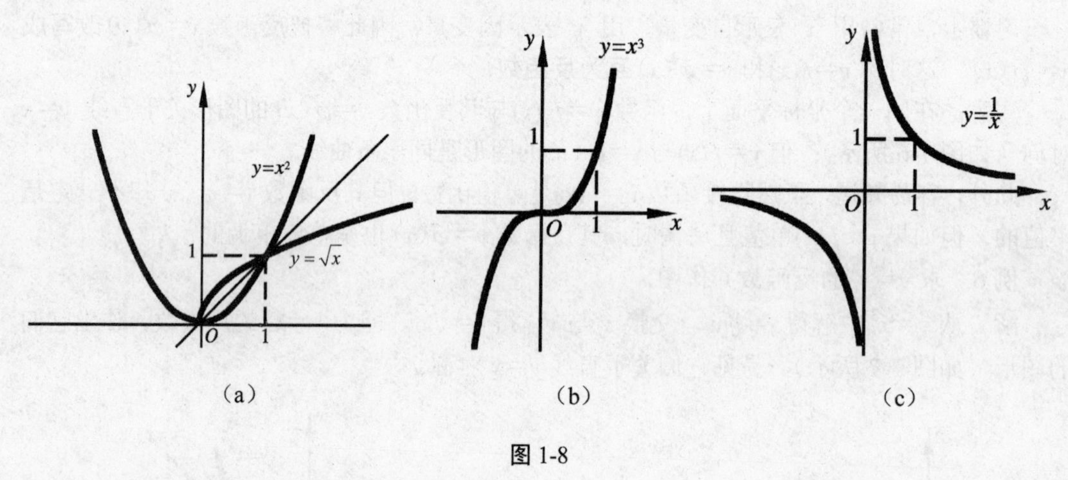

图 1-8

（2）指数函数

指数函数 $y=a^{x}$（$a>0$，且 $a\neq 1$）的定义域为（$-\infty$，$+\infty$），图形都在 x 轴上方且过点（0，1）．

若 $a>1$，则指数函数 $y=a^{x}$ 是单调增的．

若 $0<a<1$，则指数函数 $y=a^{x}$ 是单调减的．

由于 $y=\left(\frac{1}{a}\right)^{x}=a^{-x}$，所以 $y=\left(\frac{1}{a}\right)^{x}$ 的图形与 $y=a^{x}$ 的图形关于 y 轴对称（如图 1-9 所示）．

以常数 $\mathrm{e}=2.7182818\cdots$ 为底的指数函数 $y=\mathrm{e}^{x}$ 是科技中常用的指数函数．

（3）对数函数

对数函数 $y=\log_a x$（$a>0$，且 $a\neq 1$）的定义域为（0，$+\infty$），图形都在 y 轴右方且经过点（1，0）.

若 $a>1$，则对数函数 $\log_a x$ 是单调增的，在开区间（0，1）内函数值为负，而在区间（1，$+\infty$）内函数值为正.

若 $0<a<1$，则对数函数 $\log_a x$ 是单调减的，在开区间（0，1）内函数值为正，而在区间（1，$+\infty$）内函数值为负.

对数函数 $y=\log_a x$ 与指数函数 $y=a^x$ 互为反函数，它们的图形关于直线 $y=x$ 对称（如图 1-10 所示）.

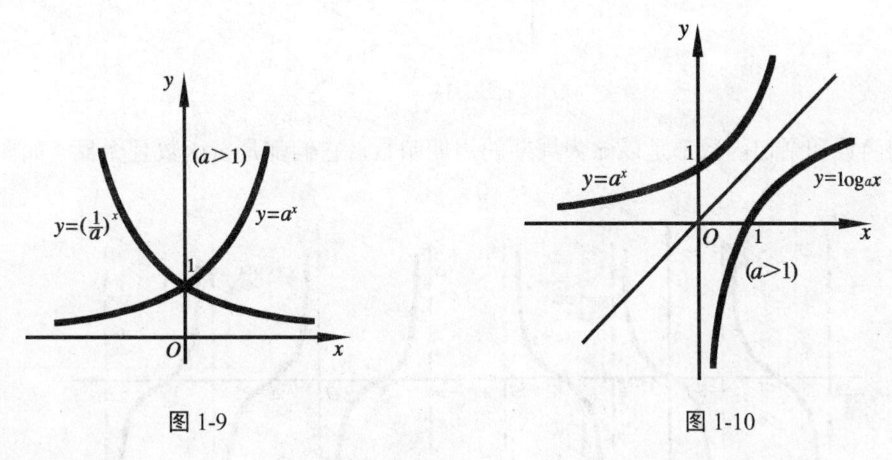

图 1-9　　　　图 1-10

科技中常把以常数 e 为底的对数函数

$$y=\log_e x,$$

称为**自然对数**，简记为 $y=\ln x$.

对数函数中，当 $a=10$ 时，称为**常用对数**，记为 $\lg x$，即 $\lg x=\log_{10}x$.

（4）三角函数

这一类函数有六个：

正弦函数　$y=\sin x$，$x\in(-\infty,\ +\infty)$；　　余弦函数　$y=\cos x$，$x\in(-\infty,\ +\infty)$；

正切函数　$y=\tan x$，$x\in\left(-\dfrac{\pi}{2},\dfrac{\pi}{2}\right)\cup\cdots$；　　余切函数　$y=\cot x$，$x\in(0,\ \pi)\cup\cdots$；

正割函数　$y=\sec x$，$x\in\left(-\dfrac{\pi}{2},\dfrac{\pi}{2}\right)\cup\cdots$；　　余割函数　$y=\csc x$，$x\in(0,\ \pi)\cup\cdots$；

其中自变量均以孤度单位来表示.

正弦函数和余弦函数都是以 2π 为周期的周期有界函数，正弦函数是奇函数，余弦函数是偶函数（如图 1-11 所示）.

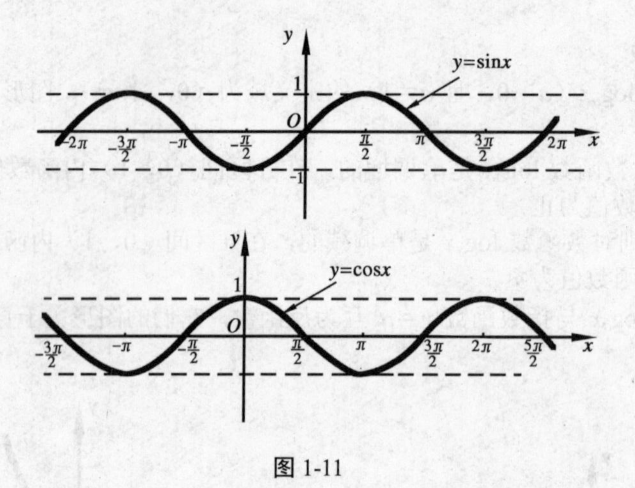

图 1-11

正切函数和余切函数都是以 π 为周期的周期函数，它们都是奇函数且无界（如图 1-12 所示）.

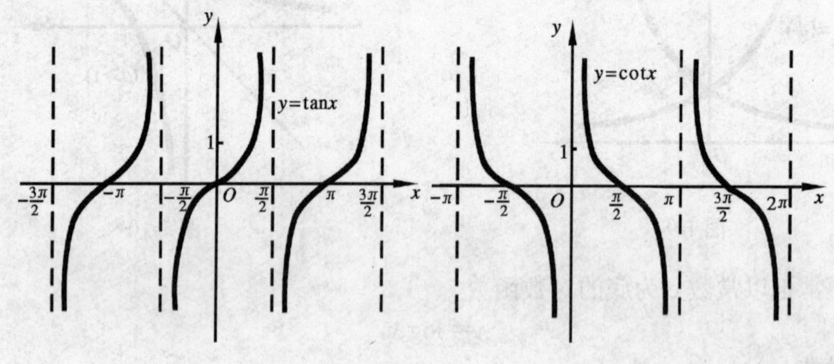

图 1-12

此外

$$\sec x=\frac{1}{\cos x},\quad \csc x=\frac{1}{\sin x}.$$

（5）反三角函数

反正弦函数 $y=\arcsin x$，定义域为 $[-1,1]$，值域为 $\left[-\frac{\pi}{2},\frac{\pi}{2}\right]$；

反余弦函数 $y=\arccos x$，定义域为 $[-1,1]$，值域为 $[0,\pi]$；

反正切函数 $y=\arctan x$，定义域为 $(-\infty,+\infty)$，值域为 $\left(-\frac{\pi}{2},\frac{\pi}{2}\right)$；

反余切函数 $y=\operatorname{arccot} x$，定义域为 $(-\infty,+\infty)$，值域为 $(0,\pi)$.

它们的图形分别如图 1-13 中实线部分所示.

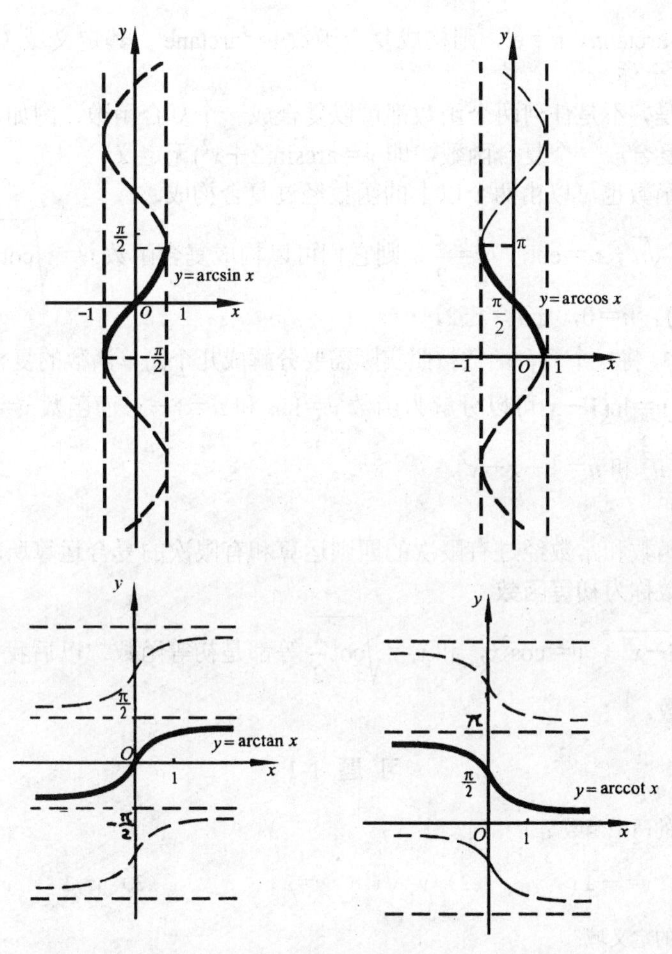

图 1-13

2．**复合函数**

实际中，两个函数叠加起来可以得到一个新的函数．例如，一质量为 m 的质点以速度 v 作直线运动，其动能 E 是速度的函数 $E=\frac{1}{2}mv^2$．又如果质点的速度为时间 t 的函数 $v=e^t$；则 E 通过 v 成为 t 的函数 $E=\frac{1}{2}me^{2t}$.

定义　设函数 $y=f(u)$的定义域为 D_1，函数 $u=\varphi(x)$ 在 D_2 上有定义；且 $u=\varphi(x)$ 的值域与 D_1 的交集非空，则 y 通过**中间变量** u 构成 x 的函数，称为 x 的**复合函数**，记作 $y=f[\varphi(x)]$.

例 7　设 $y=\sqrt{u}$，$u=\sin x$，则 y 通过中间变量 u 构成复合函数 $y=\sqrt{\sin x}$，这个函数的定义域是 $x\in[2n\pi,(2n+1)\pi]$，($n=0$，±1，±2，…)．它是函数 $u=\sin x$ 定义域的一部分.

例 8 设$y=\arctan u$，$u=e^x$，则构成复合函数$y=\arctan e^x$，其定义域$(-\infty，+\infty)$是$u=e^x$的定义域的全体.

值得注意的是，不是任何两个函数都可以复合成一个复合函数．例如，$y=\arcsin u$，及$u=2+x^2$就不能复合成一个复合函数，即$y=\arcsin(2+x^2)$无定义.

此外，复合函数也可以由两个以上的函数经过复合构成.

例 9 设$y=\sqrt{u}$，$u=\cot v$，$v=\dfrac{x}{2}$，则它们可以构成复合函数$y=\sqrt{\cot\dfrac{x}{2}}$，其定义域为$x\in(2n\pi,(2n+1)\pi)$，$n=0，\pm1，\pm2，\cdots$.

在实际应用中，将一个复合函数按照实际需要**分解**成几个简单函数的复合是相当重要的.

例 10 函数$y=\ln(1-x)$可以分解为函数$y=\ln u$和$u=1-x$.而函数$y=\sqrt[3]{(1+x-x^2)^2}$可以分解为函数$y=u^{\frac{2}{3}}$和$u=1+x-x^2$.

3．**初等函数**

由基本初等函数和常数经过有限次的四则运算和有限次的复合运算所构成的并可用一个式子表示的函数称为**初等函数**.

例如，$y=\sqrt{1-x^2}$，$y=\cos^2 x$，和$y=\sqrt{\cot\dfrac{x}{2}}$等都是初等函数．以后我们遇到的大部分函数都是初等函数.

习 题 1-1

1．下列各题中的两个函数是否相同？

（1）$y=\dfrac{x^2-1}{x^2+1}$，$y=x-1$；（2）$y=\sqrt{x^2}$，$y=x$；（3）$y=3^{2x}$，$y=9^x$.

2．求下列函数的定义域:

（1）$y=\sqrt{2x+1}$；（2）$y=\sqrt{1-x^2}$；（3）$y=\sqrt{x^2-9}$；

（4）$y=\dfrac{1}{x^2-2x}$；（5）$y=\dfrac{5}{x^2+4}$；（6）$y=\lg(3x+1)$；

（7）$y=\arcsin\dfrac{x-1}{2}$；（8）$y=\dfrac{1}{1-x^2}+\sqrt{x+2}$.

3．已知$f(x)=\begin{cases}\dfrac{\sin x}{x}, & 当x\neq 0\\ 1, & 当x=0\end{cases}$，求:

（1）$f(-\pi)$；（2）$f(0)$；（3）$f(1)$；（4）$f(\dfrac{\pi}{2})$.

4．判断下列函数的奇偶性:

（1）$y=\dfrac{1}{x^2}$；（2）$y=\tan x$；（3）$y=a^x$；（4）$y=\dfrac{a^x+a^{-x}}{2}$.

5．判断$f(x)=\sin\frac{1}{x}$在定义域$D=(-\infty,0)\cup(0,+\infty)$内的有界性．

6．判断$f(x)=-3x+5$在定义域$D=(-\infty,+\infty)$内的单调性．

7．下列函数哪些是周期函数？对于周期函数指出其周期：

（1）$y=\sin\frac{x}{2}$；　（2）$y=\sin(x+1)$；　（3）$y=\sin^2 x$；

（4）$y=\sin x+\frac{1}{2}\sin 2x$；　（5）$y=\sin\frac{1}{x}$．

8．求下列函数的反函数：

（1）$y=2x+1$；　（2）$y=x^3+2$．

9．分解下列复合函数：

（1）$y=(3x+2)^{10}$；　（2）$y=\sqrt{1-x^2}$；　（3）$y=10^{-x}$；

（4）$y=2^{x^2}$；　（5）$y=\log_2(x^2+1)$；　（6）$y=\sin 5x$；

（7）$y=\sin x^5$；　（8）$y=\sin^5 x$；　（9）$y=\arcsin\frac{x}{2}$；

（10）$y=\lg\lg\lg x$．

10．设$f(x)$的定义域是$[0,1]$，问：

（1）$f(x^2)$；　（2）$f(\sin x)$；

（3）$f(x+a)\ (a>0)$；　（4）$f(x+a)+f(x-a)\ (a>0)$；

的定义域各是什么？

11．设$f(x)=\begin{cases}1, & |x|<1,\\ 0, & |x|=1,\\ -1, & |x|>1,\end{cases}$ $g(x)=e^x$，求$f[g(x)]$和$g[f(x)]$，并作出这两个函数的图形．

12．设$f(x)=\begin{cases}0, & x\leqslant 0,\\ x, & x>0,\end{cases}$ $g(x)=\begin{cases}0, & x\leqslant 0,\\ -x^2, & x>0,\end{cases}$ 求$f[f(x)]$，$g[g(x)]$，$f[g(x)]$，$g[f(x)]$．

第二节　数列极限

极限概念是微积分学中最重要的和最基本的概念之一．极限是研究自变量在某一变化过程中函数的变化趋势问题．本节先讨论函数极限的特殊情况——数列极限．

一、数列极限的概念

无穷多个按一定顺序排列的数

$$x_1,\ x_2,\ \cdots,\ x_n\cdots$$

称为**数列**（或**序列**）. 数列中的每一个数称为数列的**项**，第 n 项 x_n 称为**通项**（或**一般项**）. 数列

$$x_1,\ x_2,\ \cdots,\ x_n\cdots$$

也简记为 $\{x_n\}$.

在几何上，数列 $\{x_n\}$ 可看作数轴上的一个动点，它依次取数轴上的点 x_1，x_2，…，x_n…（如图 1-14 所示）.

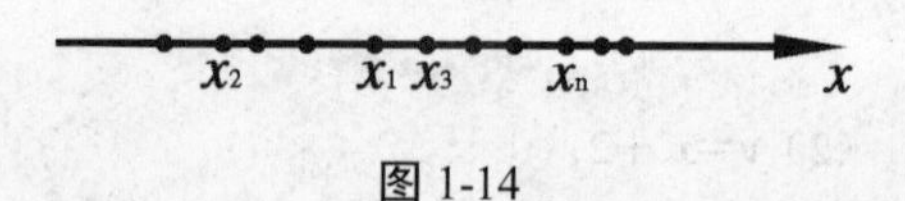

图 1-14

对于一个数列，我们主要关心当 n 趋于无穷大时它的通项的变化趋势.

例 1 数列

$$1,\ \frac{1}{2},\ \frac{1}{3},\ \cdots,\ \frac{1}{n},\ \cdots,$$

当 n 无限增大时，$\frac{1}{n}$ 无限接近于零. 我们说，当 n 趋于无穷大时，数列 $\{\frac{1}{n}\}$ 的极限为零.

定义 1 如果当 n 无限增大时，x_n 无限接近于某一常数 a，则称当 n 趋向无穷大时，数列 $\{x_n\}$ 的极限为 a，记为

$$\lim_{n\to\infty} x_n = a\text{，或 } x_n \to a\ (n\to\infty).$$

"数列 $\{x_n\}$ 的极限为 a"，有时也说"数列 $\{x_n\}$ **收敛**到 a". 如果数列没有极限，就说数列是**发散**的.

为了引出极限精确定义（亦称"$\varepsilon - N$ 定义"），我们对数列

$$2,\ \frac{1}{2},\ \frac{4}{3},\ \cdots,\ \frac{n+(-1)^{n-1}}{n},\ \cdots \tag{1}$$

进行如下分析. 在该数列中

$$x_n = \frac{n+(-1)^{n-1}}{n} = 1+(-1)^{n-1}\frac{1}{n},$$

$$|x_n - 1| = \left|(-1)^{n-1}\frac{1}{n}\right| = \frac{1}{n},$$

由此可见，当 n 越来越大时，$\frac{1}{n}$ 越来越小，从而 x_n 就越来越接近于 1. 只要 n 足够大，$|x_n-1|$ 可以小于任意给定的正数. 例如，给定 $\frac{1}{100}$，欲使 $\frac{1}{n} < \frac{1}{100}$，只要 $n > 100$，即只要把数列（1）开始的 100 项除外，从第 101 项 x_{101} 起，后面的一切项

$$x_{101},\ x_{102},\ x_{103},\ \cdots,\ x_n,\ \cdots$$

就都能使不等式

$$|x_n-1|<\frac{1}{100}$$

成立．同样，如果给定$\frac{1}{10000}$，则从第 10001 项 x_{10001} 起，后面的一切项

$$x_{10001}，x_{10002}，x_{10003}，\cdots，x_n，\cdots$$

就都能使不等式

$$|x_n-1|<\frac{1}{10000}$$

成立．一般地，不论给定的正数 ε 多么小，总存在着一个正整数 N，使得对于 $n>N$ 的一切 x_n，不等式

$$|x_n-1|<\varepsilon$$

都成立．这就是数列 $x_n=\frac{n+(-1)^{n-1}}{n}$（$n=1，2，\cdots$）当 $n\to\infty$ 时无限接近于 1 的实质．因此有

***定义 1′**　若对于任意给定的正数 ε（无论多么小），总存在正整数 N，使得当 $n>N$ 时，恒有

$$|x_n-a|<\varepsilon,$$

则称当 n 趋于无穷大时，数列 $\{x_n\}$ 的**极限**为 a，记作

$$\lim_{n\to\infty}x_n=a\text{，或}\quad x_n\to a\ (n\to\infty).$$

***例 2**　证明数列

$$1，\frac{1}{2}，\frac{1}{3}，\cdots，\frac{1}{n}，\cdots$$

的极限是 0.

证　任给 $\varepsilon>0$，要使$\left|\frac{1}{n}-0\right|=\frac{1}{n}<\varepsilon$，只要

$$n>\frac{1}{\varepsilon}.$$

所以，取正整数 $N\geqslant\frac{1}{\varepsilon}$，则当 $n>N$ 时，就有

$$\left|\frac{1}{n}-0\right|<\varepsilon,$$

即

$$\lim_{n\to\infty}\frac{1}{n}=0.$$

证毕

二、数列收敛的条件

定理 1（必要条件） 若数列 $\{x_n\}$ 收敛，则数列 $\{x_n\}$ 一定有界.

*证 因为数列 $\{x_n\}$ 收敛，设 $\lim\limits_{n\to\infty} x_n = a$．根据数列极限的定义 1′，对于 $\varepsilon=1$，存在着正整数 N，使得对于 $n>N$ 时的一切 x_n，不等式

$$|x_n - a| < 1$$

都成立．于是当 $n>N$ 时，

$$|x_n| = |(x_n - a) + a| \leqslant |x_n - a| + |a| < 1 + |a| .$$

取

$$M = \max\{|x_1|, |x_2|, \cdots, |x_N|, 1+|a|\},$$

则数列 $\{x_n\}$ 中的一切 x_n 都满足

$$|x_n| \leqslant M .$$

故得数列 $\{x_n\}$ 有界.

证毕

需要注意的是，有界数列不一定收敛；但无界数列必定发散.

由定义 1 或定义 1′容易得到数列收敛的另一个必要条件如下。

定理 2 （**必要条件**）若数列 $\{x_n\}$ 收敛于 a，且有 $b<a<c$，则存在正整数 N，使 $n \geqslant N$ 时恒有 $b<x_n<c$ 成立.

定义 2 数列 $\{x_n\}$ 的部分数列 $\{x_{n_k}\}$：x_{n_1}，x_{n_2}，…，x_{n_k}，…称为数列 $\{x_n\}$ 的**子数列**.

例如：x_1，x_3，x_5，…，x_{2n-1}，…；和 x_2，x_4，x_6，…，x_{2n}，…；都是 $\{x_n\}$ 的子数列.

我们不加证明地给出如下数列收敛的充要条件.

定理 3（充要条件） 数列 $\{x_n\}$ 收敛于 a 的充要条件是其任一子数列都收敛于 a.

定理 4（充要条件） 数列 $\{x_n\}$ 收敛于 a 的充要条件是其子数列 $\{x_{2m-1}\}$ 与 $\{x_{2m}\}$ 都收敛于 a.

习 题 1-2

1．观察下列数列当 $n\to\infty$ 时的变化趋势，指出哪些有极限？极限是什么？哪些没有极限，为什么？

（1）$x_n=\dfrac{100}{n}$；（2）$x_n=(-1)^n\dfrac{1}{2^n}$；（3）$x_n=\dfrac{n+1}{n}$；

（4）$x_n=1+(-1)^n$；（5）$x_n=(-1)^n n$；（6）$x_n=\sqrt{n}+1$．

*2．设 $x_n=\dfrac{3n+2}{n+1}$，

（1）求 $|x_1-3|$，$|x_{10}-3|$，$|x_{100}-3|$，$|x_{1000}-3|$ 的值；

（2）求 N，使 $|x_n-3|<10^{-4}$ 当 $n>N$ 时成立；

（3）求 N，使 $|x_n-3|<\varepsilon$ 当 $n>N$ 时成立.

3．求证数列 $\{\cos n\pi\}$ 的极限不存在.

4．求证下列数列的极限不存在：

$$1,\ \frac{1}{2},\ 2,\ \frac{1}{3},\ 3,\ \cdots,\ n,\ \frac{1}{n},\ \cdots$$

第三节　函数极限

函数极限与数列极限类似．如果在自变量的某一变化过程中，函数值无限接近于某一常数，则称在自变量的该变化过程中，函数的极限是这一常数．这里，自变量的变化过程可以是趋于一个有限数，也可以是趋于无穷大．

一、$x\to\infty$ 的情形

记号“$x\to\infty$”称为“x 趋于无穷”，实际上它包括以下三种情形：

（1）x 取正值无限增大，记作 $x\to+\infty$，称为“x 趋于正无穷”；

（2）x 取负值而 $|x|$ 无限增大，记作 $x\to-\infty$，称为“x 趋于负无穷”；

（3）x 可取正值也可取负值，而 $|x|$ 无限增大，记作 $x\to\infty$，称为“x 趋于无穷”．

当 $x\to+\infty$ 时，函数 $f(x)$ 的极限与数列极限极为类似．仿照数列极限的定义，我们有

定义 1　设函数 $f(x)$ 当 x 大于某一正数时有定义，如果当 x 无限增大，即 $x\to+\infty$ 时，相应的函数值无限接近于常数 A，则称 A 为函数 $f(x)$ 当 $x\to+\infty$ 时的极限．记作

$$\lim_{x\to+\infty} f(x)=A,\qquad 或\qquad f(x)\to A\quad (x\to\infty).$$

类似可定义函数 $f(x)$ 当 $x\to-\infty$ 或 $x\to\infty$ 时的极限，且容易证明：$\lim\limits_{x\to\infty} f(x)=A$ 等价于 $\lim\limits_{x\to+\infty} f(x)=A$，与 $\lim\limits_{x\to-\infty} f(x)=A$ 同时成立．

例 1　讨论极限 $\lim\limits_{x\to-\infty}\arctan x$，$\lim\limits_{x\to+\infty}\arctan x$ 及 $\lim\limits_{x\to\infty}\arctan x$．

解　观察 $y=\arctan x$ 的图形．当 $x\to-\infty$ 时，对应的函数值 y 与 $-\dfrac{\pi}{2}$ 无限接近；当 $x\to+\infty$ 时；对应的 y 值与 $\dfrac{\pi}{2}$ 无限接近．于是

$$\lim_{x\to-\infty}\arctan x=-\frac{\pi}{2},\quad \lim_{x\to+\infty}\arctan x=\frac{\pi}{2}.$$

由于 $\lim\limits_{x\to-\infty}\arctan x\neq\lim\limits_{x\to+\infty}\arctan x$，所以 $\lim\limits_{x\to\infty}\arctan x$ 不存在：

同样可以给出 $\lim\limits_{x\to+\infty} f(x)=A$ 的精确定义（或“$\varepsilon-X$ 定义”）如下：

***定义 1′**　设函数 $f(x)$ 当 x 大于某一正数时有定义．如果对于任意给定的正数 ε（无论多么小），总存在正数 X，使得当 $x>X$ 时，恒有

$$|f(x)-A|<\varepsilon,$$

则称数 A 为**函数 $f(x)$ 当 $x\to+\infty$ 时的极限**，记作

$$\lim_{x\to+\infty}f(x)=A，或 f(x)\to A \quad (x\to+\infty).$$

不等式 $|f(x)-A|<\varepsilon$ 等价于 $A-\varepsilon<f(x)<A+\varepsilon$．从图形上看，$y=f(x)$ 是一条曲线，$y=A-\varepsilon$ 和 $y=A+\varepsilon$ 都是与 x 轴平行的直线．$A-\varepsilon<f(x)<A+\varepsilon$ 表示曲线 $y=f(x)$ 夹在直线 $y=A-\varepsilon$ 与 $y=A+\varepsilon$ 之间（如图 1-15），因此有极限 $\lim\limits_{x\to+\infty}f(x)=A$ 的**几何解释**：

对任意给定的 $\varepsilon>0$，总存在 $X>0$，使得当 $x>X$ 时，曲线 $y=f(x)$ 必夹在两直线 $y=A-\varepsilon$ 与 $y=A+\varepsilon$ 之间（如图 1-15 所示）．

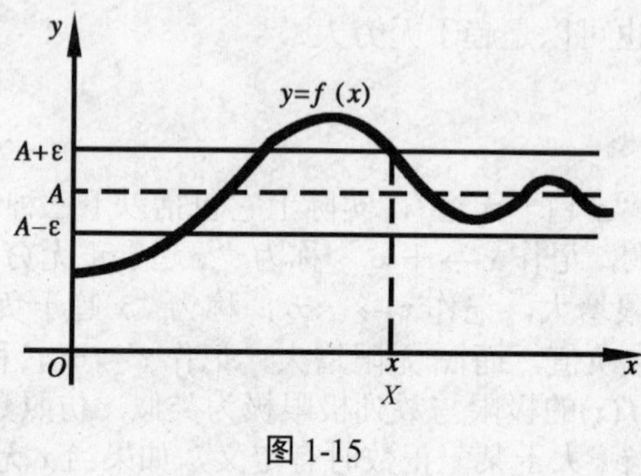

图 1-15

例 2 证明 $\lim\limits_{x\to+\infty}e^{-x}=0$．

***证** 对任意给定的正数 ε（不妨设 $\varepsilon<1$），要使

$$|f(x)-A|=|e^{-x}|=e^{-x}<\varepsilon,$$

也就是要使 $x>-\ln\varepsilon$．取 $x=-\ln\varepsilon$，则当 $x>X$ 时恒有

$$|e^{-x}-0|<\varepsilon.$$

即

$$\lim_{x\to+\infty}e^{-x}=0.$$

证毕

二、$x\to x_0$ 的情形

这里，先介绍一下邻域的概念．设 δ 是一正数，则称开区间（$x_0-\delta$，$x_0+\delta$）为点 x_0 的 δ **邻域**，记作 $N(x_0,\ \delta)$，点 x_0 称为这个邻域的**中心**，δ 称为这邻域的**半径**．将 $N(x_0,\ \delta)$ 中的 x_0 去掉后，称为 x_0 的**空心邻域**，记为 $N(\hat{x}_0,\ \delta)$．

定义 2 设函数 $f(x)$ 在 x_0 的某一空心邻域 $N(\hat{x}_0,\delta)$ 内有定义，当自变量 x 在 $N(\hat{x}_0,\delta)$ 内无限接近于 x_0 时，相应的函数值无限接近于常数 A，则称 A 为 $f(x)$ 当 $x\to x_0$ 时的**极限**．记作

$$\lim_{x\to x_0}f(x)=A, \qquad 或 \qquad f(x)\to A \quad (x\to x_0).$$

注意，定义 2 中 $N(\hat{x}_0, \delta)$表示 $x \neq x_0$，所以当 $x \to x_0$ 时 $f(x)$有没有极限，与 $f(x)$在点 x_0 的函数值无关，甚至 $f(x)$可以在 $x = x_0$ 处没有定义.

上述 $x \to x_0$ 时函数 $f(x)$的极限概念中，x 是既从 x_0 的左侧也从 x_0 的右侧趋于 x_0 的．但有时只能或只需考虑 x 仅从 x_0 的左侧趋于 x_0（记作 $x \to x_0^-$）的情形，或 x 仅从 x_0 的右侧趋于 x_0（记作 $x \to x_0^+$）的情形．这就是所谓左极限和右极根的概念.

对于 $x \to x_0^-$ 的情形，由于 x 总在 x_0 的左侧，即 $x < x_0$．所以，在 $\lim\limits_{x \to x_0} f(x) = A$ 的定义中，加上 $x < x_0$，就得到数 A 为函数 $f(x)$当 $x \to x_0$ 时的**左极限**的定义，记作

$$\lim_{x \to x_0^-} f(x) = A,$$

或

$$f(x) \to A \quad (x \to x_0^-),$$

或

$$f(x_0 - 0) = A.$$

类似地，在 $\lim\limits_{x \to x_0} f(x) = A$ 的定义中，加上 $x > x_0$，可得到数 A 为函数 $f(x)$当 $x \to x_0$ 时的**右极限**的定义，记作

$$\lim_{x \to x_0^+} f(x) = A,$$

或

$$f(x) \to A \quad (x \to x_0^+),$$

或

$$f(x_0 + 0) = A.$$

容易证明以下结论：

定理 1　当 $x \to x_0$ 时，函数 $f(x)$极限存在的充要条件是其左极限与右极限均存在且相等．即

$$\lim_{x \to x_0} f(x) = A \Leftrightarrow \lim_{x \to x_0^-} f(x) = \lim_{x \to x_0^+} f(x) = A.$$

例 3　对于函数

$$f(x) \begin{cases} -1, & x < 0 \\ 0, & x = 0, \\ 1, & x > 0 \end{cases}$$

观察其图形可知 $\lim\limits_{x \to 0^-} f(x) = -1$，$\lim\limits_{x \to 0^+} f(x) = 1$，所以 $\lim\limits_{x \to 0} f(x)$ 不存在.

例 4　容易证明 $\lim\limits_{x \to x_0} C = C$，此处 C 为一常数.

例 5　又容易证明 $\lim\limits_{x \to x_0} x = x_0$.

“$f(x)$与 A 无限接近”同样可以用$|f(x) - A| < \varepsilon$ 来表示，其中 ε 是任意给定的正数．因为函数值 $f(x)$无限接近于 A 是在 $x \to x_0$ 的过程中实现的，所以对于任意给定的正数 ε，只要求充分接近于 x_0 的 x 所对应的函数值 $f(x)$满足不等式$|f(x) - A| < \varepsilon$；而充分接近于 x_0 的

x可以表达为$0<|x-x_0|<\delta$，其中δ是某个正数.

因此，我们可以给出$x\to x_0$时函数极限的精确定义（或“$\varepsilon-\delta$定义”）如下：

***定义 2′** 设函数$f(x)$在点x_0的某一空心邻域$N(\hat{x}_0，\delta_0)$内有定义. 如果对于任意给定的正数ε（无论多么小），总存在正数δ，使得对于适合不等式$0<|x-x_0|<\delta$的一切x，恒有

$$|f(x)-A|<\varepsilon,$$

则称常数A为**函数$f(x)$当$x\to x_0$时的极限**，记作

$$\lim_{x\to x_0} f(x)=A,$$

或

$$f(x)\to A \quad (x\to x_0).$$

三、无穷小

1. 无穷小的定义

定义 3 如果函数$f(x)$当$x\to x_0$（或$x\to\infty$）时的极限为零，则称函数$f(x)$为$x\to x_0$（或$x\to\infty$）时的**无穷小**.

例 6 因为$\lim\limits_{x\to+\infty} e^{-x}=0$，所以函数$e^{-x}$为当$x\to+\infty$时的无穷小.

因为$\lim\limits_{n\to+\infty}\dfrac{1}{n}=0$，所以$\dfrac{1}{n}$是$n\to\infty$时的无穷小.

2. 无穷小与极限的关系

定理 2 函数$f(x)$以A为极限的充分必要条件是函数$f(x)$可以表示为A与一个无穷小的和，即$f(x)=A+a(x)$，其中$a(x)$是一个无穷小.

这一定理的证明可由极限和无穷小的定义容易得到，这里从略了. 这一结论可见下例.

例 7 设$f(x)=1+e^{-x}$，由例 6 及定理 2 知$\lim\limits_{x\to+\infty} f(x)=1$.

四、无穷大

1. 无穷大的定义

定义 4 如果当$x\to x_0$（或$x\to\infty$）时，对应的函数值$|f(x)|$无限增大，则称函数$f(x)$当$x\to x_0$（或$x\to\infty$）时为**无穷大**，记作

$$\lim_{x\to x_0} f(x)=\infty \ （或\lim_{x\to\infty} f(x)=\infty）.$$

当$x\to x_0$（或$x\to\infty$）时为无穷大的函数$f(x)$，按函数极限的定义来说，极限是不存在的. 但为了便于叙述函数的这一性态，我们也说“函数的极限是无穷大”.

如果当$x\to x_0$（或$x\to\infty$）时，对应的函数值$f(x)$无限增大，则称函数$f(x)$当$x\to x_0$（或$x\to\infty$）时为**正无穷大**，记作

$$\lim_{x\to x_0} f(x)=+\infty \text{（或}\lim_{x\to\infty} f(x)=+\infty\text{）}.$$

若对应的函数值$f(x)<0$，且$|f(x)|$无限增大，则称函数$f(x)$当$x\to x_0$（或$x\to\infty$）时为**负无穷大**，记作

$$\lim_{x\to x_0} f(x)=-\infty \text{（或}\lim_{x\to\infty} f(x)=-\infty\text{）}.$$

例 8　易知

$$\lim_{x\to 1}\frac{1}{x-1}=\infty .$$

2．无穷大与无穷小的关系

容易得到关于无穷大与无穷小关系的如下结论．

定理 3　在自变量的同一变化过程中，如果$f(x)$为无穷大，则$\dfrac{1}{f(x)}$为无穷小；反之，如果$f(x)$为无穷小，且$f(x)\neq 0$，则$\dfrac{1}{f(x)}$为无穷大．

如例 8、例 9 的情形．

例 9　当$x\to+\infty$时，e^{-x}是无穷小，由定理 3 知，$x\to+\infty$时$e^x=\dfrac{1}{e^{-x}}$就是无穷大，因$e^x>0$，所以$x\to+\infty$时e^x是正无穷大，即

$$\lim_{x\to+\infty} e^x=+\infty .$$

习 题 1-3

*1．根据函数的极限定义证明：

（1）$\lim\limits_{x\to 3}(3x-1)=8$；　　（2）$\lim\limits_{x\to 2}\dfrac{x^2-4}{x-2}=4$．

*2．在定义 2′中，不等式$0<|x-x_0|<\delta$为什么要取绝对值？为什么要大于零？

*3．试写出$\lim\limits_{x\to\infty} f(x)=A$与$\lim\limits_{x\to x_0^+} f(x)=A$的精确定义．

4．求$f(x)=\dfrac{x}{x}$，$\varphi(x)=\dfrac{|x|}{x}$当$x\to 0$时的左、右极限，并说明它们在$x\to 0$时的极限是否存在．

5．判断是非：

（1）无界数列一定是无穷大量．　（　）

（2）无穷小量一定是愈变愈小．　（　）

6．叙述$\lim\limits_{x\to x_0} f(x)=+\infty$和$\lim\limits_{x\to x_0} f(x)=-\infty$的定义．

7．设$f(x)=2x+1$证明$\lim\limits_{x\to+\infty} f(x)=+\infty$．

8．函数$f(x)=x\cos x$在（$-\infty$，$+\infty$）上是否有界？当$x\to+\infty$时，$f(x)$是否为无穷大？为什么？

第四节　极限运算法则

一、无穷小的运算法则

定理 1　两个无穷小的和仍为无穷小.

***证**　设 $\lim\limits_{x\to x_0}\alpha(x)=0$，$\lim\limits_{x\to x_0}\beta(x)=0$，而 $\gamma(x)=\alpha(x)+\beta(x)$.

任意给定 $\varepsilon>0$. 因为 $\alpha(x)$ 是当 $x\to x_0$ 时的无穷小，对于 $\dfrac{\varepsilon}{2}>0$，存在着 $\delta_1>0$，使得当 $0<|x-x_0|<\delta_1$ 时，不等式

$$|\alpha(x)|<\frac{\varepsilon}{2}$$

成立. 又因 $\beta(x)$ 是当 $x\to x_0$ 时的无穷小，对于 $\dfrac{\varepsilon}{2}>0$，存在着 $\delta_2>0$，使得当 $0<|x-x_0|<\delta_2$ 时，不等式

$$|\beta(x)|<\frac{\varepsilon}{2}$$

成立. 取 $\delta=\min\{\delta_1,\ \delta_2\}$，则当 $0<|x-x_0|<\delta$ 时，有

$$|\alpha(x)|<\frac{\varepsilon}{2}\quad 及\quad |\beta(x)|<\frac{\varepsilon}{2}$$

同时成立. 从而

$$|\gamma(x)|=|\alpha(x)+\beta(x)|\leqslant|\alpha(x)|+|\beta(x)|<\frac{\varepsilon}{2}+\frac{\varepsilon}{2}=\varepsilon.$$

即 $\gamma(x)$ 是 $x\to x_0$ 时的无穷小. 证毕

推论 1　有限个无穷小的和仍为无穷小.

定理 2　有界函数与无穷小的乘积为无穷小.

***证**　设函数 $f(x)$在 x_0 的某一空心邻域 $N(\hat{x}_0,\ \delta_1)$内是有界的，即存在正数 M，使 $|f(x)|\leqslant M$ 对于一切 $x\in N(\hat{x}_0,\ \delta_1)$成立. 又设 $\alpha(x)$ 是当 $x\to x_0$ 时的无穷小. 任意给定正数 ε，由于 $\lim\limits_{x\to x_0}\alpha(x)=0$，对于 $\dfrac{\varepsilon}{M}>0$，存在 $\delta_2>0$，使得当 $0<|x-x_0|<\delta_2$ 时，恒有

$$|\alpha(x)|<\frac{\varepsilon}{M}.$$

取 $\delta=\min\{\delta_1,\ \delta_2\}$，则当 $0<|x-x_0|<\delta$ 时，

$$|f(x)|\leqslant M\quad 及\quad |\alpha(x)|<\frac{\varepsilon}{M}$$

同时成立，从而

$$|f(x)\alpha(x)|=|f(x)|\cdot|\alpha(x)|<M\frac{\varepsilon}{M}=\varepsilon,$$

即

$$\lim_{x\to x_0} f(x)\alpha(x)=0.$$

证毕

推论 1　常数与无穷小的乘积是无穷小.

推论 2　有限个无穷小的乘积也是无穷小.

二、极限四则运算法则

定理 3　设当 $x\to x_0$ 时，函数 $f(x)$ 和 $g(x)$ 的极限均存在，且 $\lim\limits_{x\to x_0} f(x)=A$，$\lim\limits_{x\to x_0} g(x)=B$，则

（i）$\lim\limits_{x\to x_0}[f(x)\pm g(x)]=\lim\limits_{x\to x_0} f(x)\pm\lim\limits_{x\to x_0} g(x)=A\pm B$；

（ii）$\lim\limits_{x\to x_0}[f(x)\cdot g(x)]=\lim\limits_{x\to x_0} f(x)\cdot\lim\limits_{x\to x_0} g(x)=A\cdot B$；

（iii）$\lim\limits_{x\to x_0}\dfrac{f(x)}{g(x)}=\dfrac{\lim\limits_{x\to x_0} f(x)}{\lim\limits_{x\to x_0} g(x)}=\dfrac{A}{B}$，$(B\neq 0)$.

证　（i）根据极限与无穷小的关系，有

$$f(x)=A+\alpha(x),\quad g(x)=B+\beta(x),$$

其中 $\lim\limits_{x\to x_0}\alpha(x)=0$，$\lim\limits_{x\to x_0}\beta(x)=0$. 于是

$$f(x)\pm g(x)=A\pm B+\alpha(x)\pm\beta(x).$$

因

$$\lim_{x\to x_0}[\alpha(x)\pm\beta(x)]=0,$$

再根据极限与无穷小的关系，有

$$\lim_{x\to x_0}[f(x)\pm g(x)]=A\pm B.$$

（ii）因　$f(x)\cdot g(x)=[A+\alpha(x)]\cdot[B+\beta(x)]$

$$=A\cdot B+[A\cdot B(x)+B\cdot\alpha(x)+\alpha(x)\cdot\beta(x)],$$

且

$$\lim_{x\to x_0} A\cdot\beta(x)=0,\quad \lim_{x\to x_0} B\cdot\alpha(x)=0,\quad \lim_{x\to x_0}\alpha(x)\cdot\beta(x)=0.$$

所以

$$\lim_{x\to x_0}[f(x)g(x)]=A\cdot B.$$

*（iii）
$$\frac{f(x)}{g(x)}=\frac{A+\alpha(x)}{B+\beta(x)},$$
$$\frac{f(x)}{g(x)}-\frac{A}{B}=\frac{A+\alpha(x)}{B+\beta(x)}-\frac{A}{B}=\frac{B\cdot\alpha(x)-A\cdot\beta(x)}{B(B+\beta(x))}.$$

现要证$\frac{B\cdot\alpha(x)-A\cdot\beta(x)}{B(B+\beta(x))}$为无穷小，只要证$\frac{1}{B(B+\beta(x))}$有界即可.

由于$\lim\limits_{x\to x_0}\beta(x)=0$而且$B\neq0$，对于$\frac{|B|}{2}>0$，存在$\delta>0$，使得当$0<|x-x_0|<\delta$时就有
$$|\beta(x)|<\frac{|B|}{2},$$
于是
$$|B+\beta(x)|\geqslant|B|-|\beta(x)|>\frac{|B|}{2},$$
从而
$$\left|\frac{1}{(B+\beta(x))}\right|<\frac{2}{|B|},$$
$$\left|\frac{1}{B(B+\beta(x))}\right|<\frac{2}{B^2}$$
所以$\frac{1}{B(B+\beta(x))}$为有界函数.

因
$$\lim_{x\to x_0}[B\cdot\alpha(x)-A\cdot\beta(x)]=0,$$
从而
$$\lim_{x\to x_0}\frac{B\cdot\alpha(x)-A\cdot\beta(x)}{B(B+\beta(x))}=0.$$
根据极限与无穷小的关系，有
$$\lim_{x\to x_0}\frac{f(x)}{g(x)}=\frac{A}{B}.$$
证毕

注：定理3对x的其他变化趋势也成立.

例1　求$\lim\limits_{x\to2}(x^3-1)$.

解
$$\lim_{x\to2}(x^3-1)=\lim_{x\to2}x\cdot\lim_{x\to2}x\cdot\lim_{x\to2}x-\lim_{x\to2}1$$
$$=2\cdot2\cdot2-1=7.$$

例2　求$\lim\limits_{x\to-1}\frac{x-2}{x^2+x+1}$.

解
$$\lim_{x\to-1}\frac{x-2}{x^2+x+1}=\frac{\lim\limits_{x\to-1}(x-2)}{\lim\limits_{x\to-1}(x^2+x+1)}=\frac{-1-2}{1-1+1}=-3.$$

例 3　求 $\lim\limits_{x\to 3}\dfrac{x-3}{x^2-9}$.

解　$\lim\limits_{x\to 3}(x^2-9)=0$，故不能直接用定理 3．但分子及分母有公因式 $x-3$，而 $x\to 3$ 时，$x\neq 3$，$x-3\neq 0$，可约去这个不为零的公因子．所以

$$\lim_{x\to 3}\frac{x-3}{x^2-9}=\lim_{x\to 3}\frac{1}{x+3}=\frac{\lim\limits_{x\to 3}1}{\lim\limits_{x\to 3}x+3}=\frac{1}{6}.$$

例 4　求 $\lim\limits_{x\to\infty}\dfrac{3x^3+4x^2+2}{7x^3+5x^2-3}$.

解　分子及分母同除以 x^3，然后取极限，得

$$\lim_{x\to\infty}\frac{3x^3+4x^2+2}{7x^3+5x^2-3}=\lim_{x\to\infty}\frac{3+\dfrac{4}{x}+\dfrac{2}{x^3}}{7+\dfrac{5}{x}-\dfrac{3}{x^3}}=\frac{3}{7}.$$

例 5　求 $\lim\limits_{x\to\infty}\dfrac{3x^2-2x-1}{2x^3-x^2+5}$.

解
$$\lim_{x\to\infty}\frac{3x^2-2x-1}{2x^3-x^2+5}=\lim_{x\to\infty}\frac{\dfrac{3}{x}-\dfrac{2}{x^2}-\dfrac{1}{x^3}}{2-\dfrac{1}{x}+\dfrac{5}{x^3}}=0.$$

例 6　求 $\lim\limits_{x\to\infty}\dfrac{2x^3-x^2+5}{3x^2-2x-1}$.

解　应用例 5 的结果并利用无穷小与无穷大的关系有

$$\lim_{x\to\infty}\frac{2x^3-x^2+5}{3x^2-2x-1}=\infty.$$

一般地，当 $a_0\neq 0$，$b_0\neq 0$，m 和 n 为非负整数时，有

$$\lim_{x\to\infty}\frac{a_0x^m+a_1x^{m-1}+\cdots+a_m}{b_0x^n+b_1x^{n-1}+\cdots+b_n}=\begin{cases}\dfrac{a_0}{b_0}, & \text{当}n=m,\\ 0, & \text{当}n>m,\\ \infty, & \text{当}n<m.\end{cases}$$

例 7　求 $\lim\limits_{x\to\infty}\dfrac{\sin x}{x}$.

解　当 $x\to\infty$ 时，分子及分母的极限都不存在，故不能直接用定理 3．但 $\dfrac{1}{x}$ 当 $x\to\infty$ 时为无穷小，而 $\sin x$ 是有界函数，由无穷小的性质有

$$\lim_{x \to \infty} \frac{\sin x}{x} = 0 .$$

最后，我们介绍极限的**保号性定理**.

定理 4 若 $\lim\limits_{x \to x_0} f(x) = A$，而 $A > 0$（或 $A < 0$），则必存在 $\delta > 0$，使得当 $0 < |x - x_0| < \delta$ 时，有 $f(x) > 0$（或 $f(x) < 0$）.

***证** 由 $\lim\limits_{x \to x_0} f(x) = A$，而 $A > 0$ 所以对 $\dfrac{A}{2} > 0$，存在 $\delta > 0$，使得当 $0 < |x - x_0| < \delta$ 时，就有

$$|f(x) - A| < \frac{A}{2},$$

即

$$\frac{A}{2} < f(x) < \frac{3}{2} A ,$$

因此

$$f(x) > \frac{A}{2} > 0 .$$

$A < 0$ 时类似可证. **证毕**

定理 5 如果 $f(x) \geqslant 0$（或 $f(x) \leqslant 0$），而 $\lim\limits_{x \to x_0} f(x) = A$，则必有 $A \geqslant 0$（或 $A \leqslant 0$）.

证 用反证法. 若 $A < 0$，则由定理 4 知，存在 $\delta > 0$，使得 $0 < |x - x_0| < \delta$ 时就有

$$f(x) < 0 .$$

这与假设 $f(x) \geqslant 0$ 矛盾，所以 $A \geqslant 0$. **证毕**

推论 如果 $\varphi(x) \geqslant \psi(x)$，而 $\lim\limits_{x \to x_0} \varphi(x) = A$，$\lim\limits_{x \to x_0} \psi(x) = B$，则必有 $A \geqslant B$.

令 $f(x) = \varphi(x) - \psi(x)$，由定理 5 立即可得这一推论.

注：保号性定理及其推论均可推广到极限的其他情形，例如，$x \to \infty$ 的情形和数列极限的情形等.请读者自己写出相应结论。

习 题 1-4

1．求下列极限：

（1）$\lim\limits_{x \to 0} \dfrac{x^3 + 4x}{x^3 + x}$；（2）$\lim\limits_{x \to 1} \dfrac{x^2 - 2x + 1}{x^2 - 1}$；（3）$\lim\limits_{h \to 0} \dfrac{(x+h)^2 - x^2}{h}$；

（4）$\lim\limits_{x \to \infty} (2 - \dfrac{1}{x} + \dfrac{1}{x^2})$；（5）$\lim\limits_{x \to \infty} \dfrac{x^3 + x}{x^4 - 3x^2 + 1}$；（6）$\lim\limits_{x \to \infty} \dfrac{x^4 - 5x}{x^2 - 3x + 1}$；

（7）$\lim\limits_{x \to \infty} \dfrac{x^2 - 1}{2x^2 - x - 1}$；（8）$\lim\limits_{x \to \infty} (1 + \dfrac{1}{x})(2 - \dfrac{1}{x^2})$；（9）$\lim\limits_{n \to \infty} \dfrac{1 + 2 + 3 + \cdots + (n-1)}{n^2}$；

（10）$\lim\limits_{x\to 0}x^2\sin\dfrac{1}{x}$．

2．设

$$f(x)=\begin{cases}\dfrac{-1}{x-1}, & x<0,\\ x, & 0\leqslant x<1,\\ 1, & 1\leqslant x<2.\end{cases}$$

求$f(x)$在$x\to 0$及$x\to 1$时的左极限与右极限，并说明在这两点，函数的极限是否存在．

3．设

$$f(x)=\begin{cases}x^2+2x-3, & x\leqslant 1,\\ x, & 1<x<2,\\ 2x-2, & x\geqslant 2.\end{cases}$$

求　（1）$\lim\limits_{x\to 1}f(x)$；　（2）$\lim\limits_{x\to 2}f(x)$；　（3）$\lim\limits_{x\to 3}f(x)$．

4．计算下列极限：

（1）$\lim\limits_{x\to\infty}\dfrac{(n-1)^2}{n+1}$；　（2）$\lim\limits_{x\to\infty}\dfrac{1000n}{n^2+1}$；　（3）$\lim\limits_{x\to\infty}(1+\dfrac{1}{2}+\dfrac{1}{4}+\cdots+\dfrac{1}{2^n})$；

（4）$\lim\limits_{x\to\infty}\dfrac{(n+1)(n+2)(n+3)}{5n^3}$；　（5）$\lim\limits_{x\to 1}\dfrac{x^n-1}{x-1}$（$n$为正整数）；　（6）$\lim\limits_{x\to 1}\left[\dfrac{1}{1-x}-\dfrac{3}{1-x^3}\right]$．

第五节　两个重要极限

一、极限存在准则

准则 I　如果数列$\{x_n\}$、$\{y_n\}$、$\{z_n\}$满足下列条件：

（i）$y_n\leqslant x_n\leqslant z_n$　　（$n=N+1$，$N+2$，…；$N\geqslant 0$为整数），

（ii）$\lim\limits_{x\to\infty}y_n=a$，$\lim\limits_{x\to\infty}z_n=a$，

则数列$\{x_n\}$的极限存在，且$\lim\limits_{x\to\infty}x_n=a$．

其证明可由$\varepsilon-N$定义给出，这里从略了．对于函数极限，也有类似的结论．

准则 I′　如果函数$f(x)$、$g(x)$及$h(x)$满足下列条件：

（i）存在$\delta>0$，使得当$0<|x-x_0|<\delta$时，有

$$g(x)\leqslant f(x)\leqslant h(x),$$

（ii）$\lim\limits_{x\to x_0}g(x)=A$，$\lim\limits_{x\to x_0}h(x)=A$，

则当$x\to x_0$时$f(x)$的极限存在，且$\lim\limits_{x\to x_0}f(x)=A$．

准则 I 和 I′都称为极限存在的**夹逼准则**．该准则对于自变量的其他变化趋势也有相应

结论.请读者自己给出.

例 1 求$\lim\limits_{n\to\infty}\left(\dfrac{1}{n^2+1}+\dfrac{1}{n^2+2}+\cdots+\dfrac{1}{n^2+n}\right)$.

解 由于

$$\frac{n}{n^2+n}\leqslant\frac{1}{n^2+1}+\frac{1}{n^2+2}+\cdots+\frac{1}{n^2+n}\leqslant\frac{n}{n^2+1},$$

而

$$\lim_{x\to\infty}\frac{n}{n^2+n}=0,\quad \lim_{x\to\infty}\frac{n}{n^2+1}=0,$$

所以，由夹逼准则，立即可得

$$\lim_{n\to\infty}\left(\frac{1}{n^2+1}+\frac{1}{n^2+2}+\cdots+\frac{1}{n^2+n}\right)=0.$$

如果数列$\{x_n\}$满足条件

$$x_1\leqslant x_2\leqslant x_3\leqslant\cdots\leqslant x_n\leqslant x_{n+1}\leqslant\cdots,$$

则称数列$\{x_n\}$是**单调增加**的；如果数列$\{x_n\}$满足条件

$$x_1\geqslant x_2\geqslant x_3\geqslant\cdots\geqslant x_n\geqslant x_{n+1}\geqslant\cdots,$$

则称数列$\{x_n\}$是**单调减少**的；单调增加和单调减少的数列统称为**单调数列**.

准则 II 单调有界数列必有极限.

准则 II 的几何解释如下：

从数轴上看，对应于单调数列的点x_n只能向一个方向移动，所以只有两种可能情形：或者点x_n沿数轴移向无穷远（$x_n\to+\infty$或$x_n\to-\infty$）；或者点x_n无限趋近于某一定点A（如图 1-16 所示），也就是数列$\{x_n\}$趋于一个极限. 但现在假定数列是有界的，而有界数列的点x_n都落在数轴上某一个区间$[-M, M]$内，那么上述第一种情形就不可能发生了. 这就表示这个数列趋于一个极限，而且这个极限的绝对值超过M.

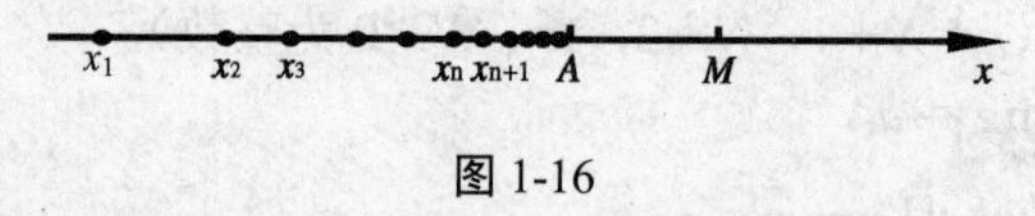

图 1-16

二、两个重要极限

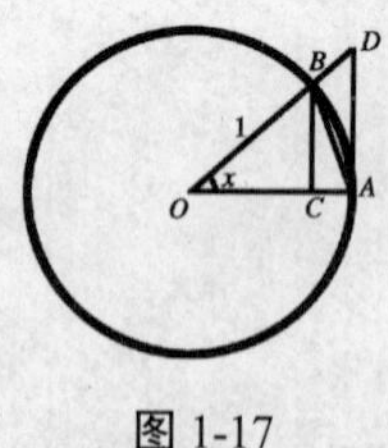

图 1-17

1. $\lim\limits_{x\to0}\dfrac{\sin x}{x}=1$.

作为夹逼准则的应用，我们证明$\lim\limits_{x\to0}\dfrac{\sin x}{x}=1$.

证 首先我们利用几何图形来推导一个不等式.

设$0<x<\dfrac{\pi}{2}$，如图 1-17，在单位圆中，设角$\angle AOB=x$，BC 和 DA

都垂直于 OA. 从图 1-17 可以看到△AOB 面积＜扇形 AOB 的面积＜△AOB 的面积＜△AOD 的面积.
所以

$$\frac{1}{2}\sin x<\frac{1}{2}x<\frac{1}{2}\tan x,$$

不等号各边都除以 $\sin x$，就有

$$1<\frac{x}{\sin x}<\frac{1}{\cos x},\quad \text{或}\quad \cos x<\frac{\sin x}{x}<1.$$

由于 $\cos x$ 和 $\frac{\sin x}{x}$ 都是偶函数，即把 x 换成 $-x$ 其值不变，所以对于 $-\frac{\pi}{2}<x<0$，这一不等式也成立.

因此，当 $0<|x|<\frac{\pi}{2}$ 时，有

$$\cos x<\frac{\sin x}{x}<1.$$

其次我们证明 $\lim\limits_{x\to 0}\cos x=1$.
考虑

$$|1-\cos x|=\left|2\sin^2\frac{x}{2}\right|<2\cdot(\frac{x}{2})^2=\frac{1}{2}x^2,$$

而 $\lim\limits_{x\to 0}\frac{1}{2}x^2=0$，所以 $\lim\limits_{x\to 0}(1-\cos x)=0$，从而

$$\lim_{x\to 0}\cos x=\lim_{x\to 0}[1-(1-\cos x)]=1-0=1.$$

最后，利用夹逼准则，我们有

$$\lim_{x\to 0}\frac{\sin x}{x}=1$$

证毕

例 2 求 $\lim\limits_{x\to 0}\frac{\tan x}{x}$.

解 $$\lim_{x\to 0}\frac{\tan x}{x}=\lim_{x\to 0}(\frac{\sin x}{x}\cdot\frac{1}{\cos x})=\lim_{x\to 0}\frac{\sin x}{x}\cdot\lim_{x\to 0}\frac{1}{\cos x}=1.$$

例 3 求 $\lim\limits_{x\to 0}\frac{\sin 8x}{x}$.

解 将 $8x$ 看成新变量 t，即令 $t=8x$，则当 $x\to 0$ 时，$t\to 0$，于是有

$$\lim_{x\to 0}\frac{\sin 8x}{x}=\lim_{t\to 0}\frac{8\sin t}{t}=8\lim_{t\to 0}\frac{\sin t}{t}=8.$$

例 4 求 $\lim\limits_{x\to 0}\frac{1-\cos x}{x^2}$.

解 $$\lim_{x\to 0}\frac{1-\cos x}{x^2}=\lim_{x\to 0}\frac{2\sin^2\frac{x}{2}}{x^2}=\lim_{x\to 0}\frac{\frac{1}{2}\sin^2\frac{x}{2}}{(\frac{x}{2})^2}=\frac{1}{2}\lim_{x\to 0}(\frac{\sin\frac{x}{2}}{\frac{x}{2}})^2=\frac{1}{2}.$$

2．$\lim\limits_{n\to\infty}(1+\frac{1}{n})^n=\mathrm{e}$.

记$u_n=(1+\frac{1}{n})^n$，则数列$\{u_n\}$单调上升且有界，由准则Ⅱ，u_n极限存在，将其极限值记作e，e就是自然对数的底，经近似计算，已得出e＝2.71828182⋯．可以证明，将此重要极限中的正整数变量换为实数变量x后，结论仍成立，即有

$$\lim_{x\to\infty}(1+\frac{1}{x})^x=\mathrm{e}. \tag{1}$$

在 $\lim\limits_{x\to\infty}(1+\frac{1}{x})^x=\mathrm{e}$中令$y=\frac{1}{x}$，则当$x\to\infty$时$y\to 0$，因此可得第二个重要极限（1）的另一种形式为

$$\lim_{x\to 0}(1+x)^{\frac{1}{x}}=\mathrm{e}. \tag{2}$$

例5　求$\lim\limits_{x\to\infty}(1+\frac{1}{x})^{x+3}$.

解 $$\lim_{x\to\infty}(1+\frac{1}{x})^{x+3}=\lim_{x\to\infty}(1+\frac{1}{x})^x(1+\frac{1}{x})^3=\lim_{x\to\infty}(1+\frac{1}{x})^x\lim_{x\to\infty}(1+\frac{1}{x})^3=\mathrm{e}.$$

例6　求$\lim\limits_{x\to\infty}(1-\frac{1}{x})^x$.

解 $$\lim_{x\to\infty}(1-\frac{1}{x})^x=\lim_{x\to\infty}\left[(1+\frac{1}{-x})^{-x}\right]^{-1}=\lim_{x\to\infty}\frac{1}{(1+\frac{1}{-x})^{-x}}=\frac{1}{\mathrm{e}}.$$

三、无穷小的阶

设α与β都是在同一个自变量的变化过程中的无穷小，$\alpha\neq 0$，$\lim\frac{\beta}{\alpha}$也是在这个变化过程中的极限.

定义　(i) 如果$\lim\frac{\beta}{\alpha}=0$，则称$\beta$是比$\alpha$高阶的无穷小，记作$\beta=o(\alpha)$，或称$\alpha$是比$\beta$低阶的无穷小；

(ii) 如果$\lim\frac{\beta}{\alpha}=C\neq 0$，则称$\beta$与$\alpha$是同阶无穷小．特别当$C=1$时，称$\beta$与$\alpha$是等价无穷小，记作$\alpha\sim\beta$.

例 7　因为 $\lim\limits_{x\to 0}\dfrac{3x^2}{x}=0$，所以当 $x\to 0$ 时，$3x^2$ 是比 x 高阶的无穷小，即，$3x^2=o(x)(x\to 0)$.

因为 $\lim\limits_{x\to 3}\dfrac{x^2-9}{x^2-3}=6$，所以当 $x\to 3$ 时，x^2-9 与 $x-3$ 是同阶无穷小.

因为 $\lim\limits_{x\to 0}\dfrac{\sin x}{x}=1$，所以当 $x\to 0$ 时，$\sin x$ 与 x 是等价无穷小，即 $\sin x\sim x(x\to 0)$.

定理（无穷小等价代换）　设 $\alpha\sim\alpha'$，$\beta\sim\beta'$，且 $\lim\dfrac{\beta'}{\alpha'}$ 存在，则

$$\lim\frac{\beta}{\alpha}=\lim\frac{\beta'}{\alpha'}.$$

证　$$\lim\frac{\beta}{\alpha}=\lim\left(\frac{\beta}{\beta'}\cdot\frac{\beta'}{\alpha'}\cdot\frac{\alpha'}{\alpha}\right)=\lim\frac{\beta}{\beta'}\cdot\lim\frac{\beta'}{\alpha'}\cdot\lim\frac{\alpha'}{\alpha}=\lim\frac{\beta'}{\alpha'}.$$　**证毕**

例 8　求 $\lim\limits_{x\to 0}\dfrac{\sin 3x}{x}$.

解　当 $x\to 0$ 时，$\sin 3x\sim 3x$，所以

$$\lim_{x\to 0}\frac{\sin 3x}{x}=\lim_{x\to 0}\frac{3x}{x}=3.$$

例 9　求 $\lim\limits_{x\to 0}\dfrac{\tan x-\sin x}{\sin^3 x}$.

解　$$\lim_{x\to 0}\frac{\tan x-\sin x}{\sin^3 x}=\lim_{x\to 0}\frac{\tan x-\sin x}{x^3}=\lim_{x\to 0}\left(\frac{1-\cos x}{x^2}\cdot\frac{\sin x}{x}\cdot\frac{1}{\cos x}\right)=\frac{1}{2}\cdot 1\cdot 1=\frac{1}{2}.$$

习 题 1-5

1．求下列极限：

（1）$\lim\limits_{x\to 0}\dfrac{\sin 3x}{\tan x}$；　（2）$\lim\limits_{x\to 0}\dfrac{\sin 5x}{\sin 7x}$；

（3）$\lim\limits_{x\to 0}\dfrac{\tan x-\sin x}{x}$；　（4）$\lim\limits_{x\to 0}\dfrac{1-\cos 2x}{x\sin x}$；

（5）$\lim\limits_{n\to\infty}2^n\sin\dfrac{x}{2^n}$（$x$ 为不等于零的常数）.

2．求下列极限：

（1）$\lim\limits_{x\to\infty}(1+\dfrac{1}{x})^5$；　（2）$\lim\limits_{x\to\infty}(1+\dfrac{1}{x})^{5x}$；　（3）$\lim\limits_{x\to\infty}(1-\dfrac{5}{x})^x$；

（4）$\lim\limits_{x\to\infty}(\dfrac{x}{x+1})^x$；　（5）$\lim\limits_{x\to\infty}(1-x)^{\frac{4}{x}}$；　（6）$\lim\limits_{n\to\infty}(1+\dfrac{4}{n})^{2n}$.

3．已知极限

$$\lim_{x\to\infty}(1+\frac{k}{x})^x=\sqrt{\mathrm{e}}\ （k\ 为常数），$$

求 k 的值.

4．利用极限存在准则证明

$$\lim_{n\to\infty}\left(\frac{1}{n^2+\pi}+\frac{1}{n^2+2\pi}+\cdots+\frac{1}{n^2+n\pi}\right)=0 .$$

5．当 $x\to0$ 时，下列函数哪些是 x 的高阶无穷小？哪些是 x 的同阶无穷小？哪些是 x 的等价无穷小？

（1）$x^4+\sin 2x$；（2）$1-\cos 2x$；（3）$\tan^3 x$；（4）$\dfrac{2}{\pi}\cos\dfrac{\pi}{2}(1-x)$.

6．当 $x\to0$ 时，$2x-x^2$ 与 x^2-x^3 相比，哪一个是高阶无穷小？

7．当 $x\to1$ 时，无穷小 $1-x$ 和

（1）$1-x^3$，　　（2）$\dfrac{1}{2}(1-x^2)$

是否同阶？是否等价？

8．当 $n\to\infty$ 时，无穷小 $\dfrac{1}{n^3+5}$ 与 $\dfrac{1}{2n^3-1}$ 是否同阶？是否等价？

9．利用等价无穷小代换，求下列极限：

（1）$\lim\limits_{x\to0}\dfrac{\tan 5x}{\sin 2x}$；　（2）$\lim\limits_{x\to0}\dfrac{\sin^2 x}{1-\cos x}$；　（3）$\lim\limits_{x\to0}\dfrac{\sin x^n}{(\sin x)^m}$（$n$、$m$ 为正整数）.

第六节　函数的连续性

一、函数连续的概念

设变量 u 从它的一个初值 u_1 变到终值 u_2，则终值与初值的差 u_2-u_1 称为变量 u 的**改变量或增量**，记作 Δu，即

$$\Delta u=u_2-u_1.$$

Δu 虽然称为增量，但它可以正，也可以负．设函数 $y=f(x)$ 在 x_0 点的某一个邻域内有定义，当自变量 x 在这邻域内从 x_0 变到 $x_0+\Delta x$ 时，函数 y 相应地从 $f(x_0)$ 变到 $f(x_0+\Delta x)$，因此函数 y 对应的增量为

$$\Delta y=f(x_0+\Delta x)-f(x_0).$$

假如 x_0 保持不动而让自变量的增量 Δx 变动，一般说来，函数 y 的增量 Δy 也要随着变动（如图 1-18 所示）.

定义 1　设函数 $y=f(x)$ 在 x_0 点的某一邻域内有定义，如果当自变量的增量 Δx 趋于零时，对应的函数的增量 $\Delta y=f(x_0+\Delta x)-f(x_0)$ 也趋于零，则称函数 $y=f(x)$ 在 x_0 点**连续**（如图 1-18 所示）.

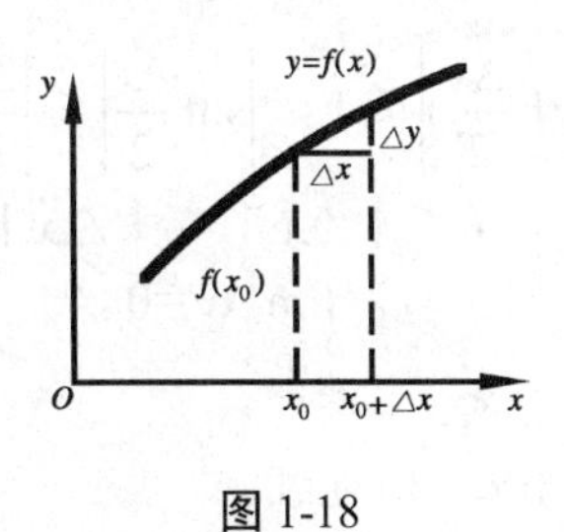

图 1-18

设 $x=x_0+\Delta x$，则 $\Delta x\to 0$ 就是 $x\to x_0$．又由于

$$\Delta y=f(x_0+\Delta x)-f(x_0)=f(x)-f(x_0),$$

即

$$f(x)=f(x_0)+\Delta y,$$

可见 $\Delta y\to 0$ 就是 $f(x)\to f(x_0)$．因此函数 $y=f(x)$ 在 x_0 点连续的定义又可叙述如下．

定义 2　设函数 $y=f(x)$ 在 x_0 点的某一邻域内有定义，若

$$\lim_{x\to 0} f(x)=f(x_0),$$

则称函数 $y=f(x)$ 在 x_0 点**连续**．

例 1　证明 $y=3x+1$ 在 $x=1$ 点连续．

证　函数在 $x=1$ 处的改变量

$$\Delta y=f(1+\Delta x)-f(1)=[3(1+\Delta x)+1]-4=3\Delta x,$$

因

$$\lim_{\Delta x\to 0}\Delta y=\lim_{\Delta x\to 0}3\Delta x=0,$$

所以 $y=3x+1$ 在 $x=1$ 点连续．　**证毕**

利用左、右极限的概念，我们可以得到函数左、右连续的概念．

如果 $\lim\limits_{\Delta x\to 0^-} f(x)=f(x_0)$，则称函数 $y=f(x)$ 在 x_0 点**左连续**．

如果 $\lim\limits_{\Delta x\to 0^+} f(x)=f(x_0)$，则称函数 $y=f(x)$ 在 x_0 点**右连续**．

若一个函数在开区间（a，b）内的每一点处都连续，则称该函数**在开区间（a，b）内连续**．

若函数 $f(x)$ 在（a，b）内连续，又在 a 点右连续，在 b 点左连续，则称函数 $f(x)$ 在闭区间 $[a, b]$ **上连续**．

连续函数的图形是一条连续的曲线．

例 2　试证 $y=\sin x$ 在（$-\infty$，$+\infty$）内连续．

证　任意取一点 x_0，给 x 以改变量 Δx，对应的函数改变量是

$$\Delta y=\sin(x_0+\Delta x)-\sin x_0=2\cos\left(x_0+\frac{\Delta x}{2}\right)\sin\frac{\Delta x}{2},$$

注意到

$$\left|\cos(x_0+\frac{\Delta x}{2})\right|\leqslant 1，\quad \left|\sin\frac{\Delta x}{2}\right|\leqslant\left|\frac{\Delta x}{2}\right|，$$

所以
$$0\leqslant|\Delta y|\leqslant|\Delta x|.$$
由夹逼准则知
$$\lim_{\Delta x\to 0}\Delta y=0，$$
所以 $y=\sin x$ 在 $(-\infty，+\infty)$ 内连续．　　证毕

类似可证 $y=\cos x$ 在 $(-\infty，+\infty)$ 内连续．

二、函数的间断点

函数 $f(x)$ 在一点连续的定义表明，$f(x)$ 在 x_0 点连续必须同时满足下列三个条件：

（1）函数 $f(x)$ 在 x_0 点有定义；

（2）极限 $\lim\limits_{x\to x_0}f(x)$ 存在；

（3）$\lim\limits_{x\to x_0}f(x)=f(x_0)$．

以上三个条件只要有一个不满足，就有函数 $f(x)$ 在 x_0 点不连续，而点 x_0 称为函数 $f(x)$ 的**间断点**．

例 3　对于函数
$$f(x)=\begin{cases}x-1，& x<0，\\ 0，& x=0，\\ x+1，& x>0.\end{cases}$$

这里
$$\lim_{x\to 0^-}f(x)=\lim_{x\to 0^-}f(x-1)=-1，\quad \lim_{x\to 0^+}f(x)=\lim_{x\to 0^+}f(x+1)=1.$$

因 $\lim\limits_{x\to 0^-}f(x)\neq\lim\limits_{x\to 0^+}f(x)$，所以 $x=0$ 是 $y=f(x)$ 的间断点（如图 1-19 所示）．像这样左右极限都存在但不相等的间断点，因为在它的图形上总有个跳跃，所以称为**跳跃间断点**．

例 4　函数 $f(x)=\dfrac{\sin x}{x}$ 在 $x=0$ 点无定义，所以 $f(x)$ 在 $x=0$ 点间断（如图 1-20 所示）；但当 $x\to 0$ 时，$f(x)\to 1$，如果我们补充定义 $f(0)=1$，那么它就在 $x=0$ 点连续了．我们把这样的间断点称为**可去间断点**．

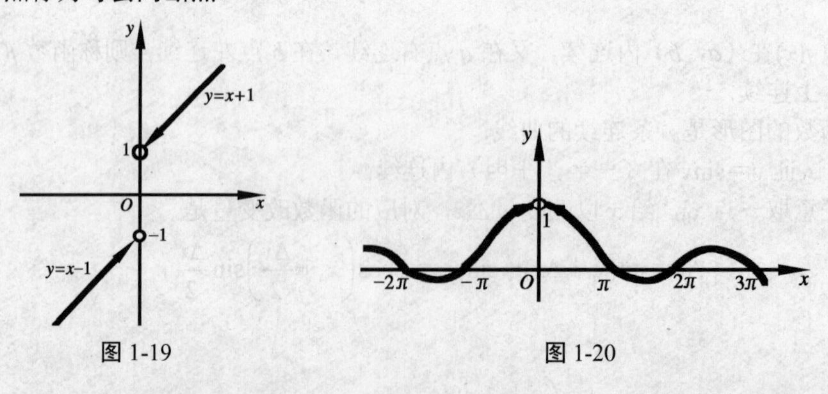

图 1-19　　图 1-20

例 5　对于函数

$$f(x)=\begin{cases} x, & x\neq 1 \\ \dfrac{1}{2}, & x=1 \end{cases},$$

这里 $\lim\limits_{x\to 1}f(x)=\lim\limits_{x\to 1}x=1$，　但 $f(1)=\dfrac{1}{2}$，所以

$$\lim_{x\to 1}f(x)\neq f(1).$$

因此，点 $x=1$ 是函数 $f(x)$ 的间断点（如图 1-21 所示）. 但如果重新定义 $f(1)=1$，则 $f(x)$ 在 $x=1$ 点连续，所以点 $x=1$ 为 $f(x)$ 的可去间断点.

例 6　函数 $y=\tan x$ 在 $x=\dfrac{\pi}{2}$ 处没有定义，所以点 $x=\dfrac{\pi}{2}$ 是 $y=\tan x$ 的间断点，因

$$\lim_{x\to\frac{\pi}{2}}\tan x=\infty,$$

所以，称这种间断点为**无穷间断点**（如图 1-22 所示）.

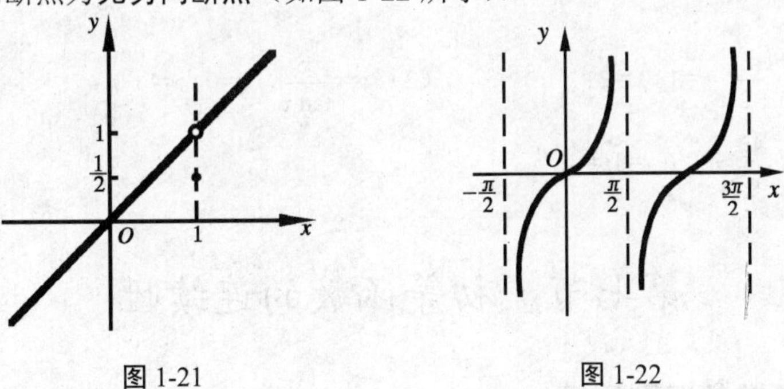

图 1-21　　　　图 1-22

例 7　函数 $y=\sin\dfrac{1}{x}$ 在 $x=0$ 点没有定义；当 $x\to 0$ 时，函数值在 -1 与 $+1$ 之间无限次地振荡，所以点 $x=0$ 称为函数 $\sin\dfrac{1}{x}$ 的**振荡间断点**（如图 1-23 所示）.

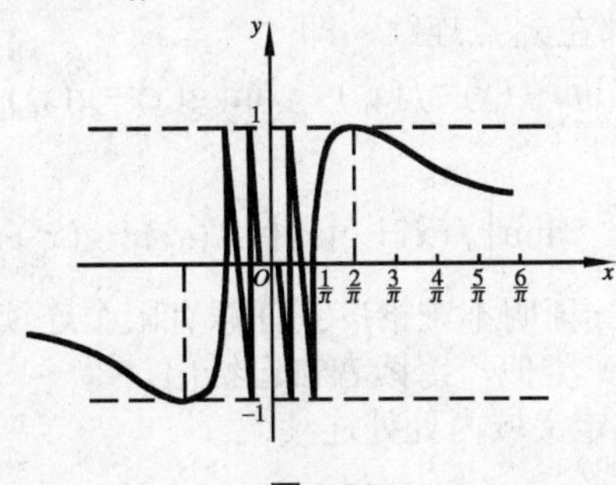

图 1-23

根据$f(x)$在x_0间断的各种情况，可把间断点分成两类：如果$f(x)$在点x_0的左极限$f(x_0-0)$及右极限$f(x_0+0)$都存在，那么称x_0是$f(x)$的**第一类间断点**；除第一类间断点以外的其他间断点都称为$f(x)$的**第二类间断点**．因此，第一类间断点包括可去、跳跃这两种间断点，而无穷间断点和振荡间断点显然是第二类间断点．

习 题 1-6

1．研究下列函数在$x=0$点的连续性．若是间断的，指出间断点的类型：

（1）$f_1(x)=\begin{cases}\dfrac{\sin x}{x}, & x\neq 0,\\ 1, & x=0;\end{cases}$　　（2）$f_2(x)=\begin{cases}x\sin\dfrac{1}{x}, & x\neq 0,\\ 2, & x=0;\end{cases}$

（3）$f_3(x)=\begin{cases}\sin\dfrac{1}{x}, & x\neq 0,\\ a, & x=0.\text{（}a\text{为任意实数）}\end{cases}$.

2．下列函数在指出的点处间断，说明这些间断点属于哪一类．如果是可去间断点，则补充或改变函数的定义使它连续：

（1）$y=\dfrac{x^2-1}{x^2-3x+2}$，$x=1$，$x=2$；　　（2）$y=\dfrac{x}{\tan x}$，$x=0$，$x=-\pi$；

（3）$y=\begin{cases}x-1, & x\leqslant 1\\ 3-x, & x>1\end{cases}$　在$x=1$点．

第七节　初等函数的连续性

一、连续函数的四则运算

定理 1　（1）有限个在某点连续的函数的和是一个在该点连续的函数；

（2）有限个在某点连续的函数的乘积是一个在该点连续的函数；

（3）两个在某点连续的函数的商是一个在该点连续的函数，只要分母在该点不为零．

证　（1）设$f(x)$与$g(x)$都在x_0点连续，即

$$\lim_{x\to x_0}f(x)=f(x_0)\,,\quad \lim_{x\to x_0}g(x)=g(x_0)\,.$$

根据极限的运算法则，有

$$\lim_{x\to x_0}[f(x)+g(x)]=f(x_0)+g(x_0)\,.$$

即$f(x)+g(x)$在x_0点连续．这一证明不难推广到任意有限个连续函数和的情形．

（2），（3）的证明与（1）类似，请读者自己给出．　　**证毕**

例 1　证明三角函数在其定义域内处处连续．

证　因$\tan x=\dfrac{\sin x}{\cos x}$，$\cot x=\dfrac{\cos x}{\sin x}$，$\sec x=\dfrac{1}{\cos x}$，$\csc x=\dfrac{1}{\sin x}$，而$\sin x$和$\cos x$都在$(-\infty, +\infty)$内连续，由定理1知$\tan x$、$\cot x$、$\sec x$、$\csc x$在其定义域内处处连续.

证毕

二、反函数与复合函数的连续性

关于反函数的连续性，我们有下述定理.

定理2（反函数的连续性）　如果函数$y=f(x)$在某区间内单调增加（或减少）且连续，则它的反函数也在对应的区间内单调增加（或减少）且连续.

定理2的证明从略. 从图1-24来看，定理的正确性是十分明显的.

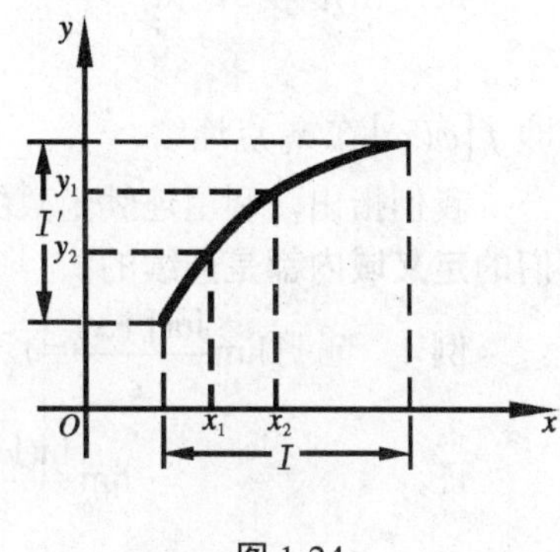

图1-24

例2　证明反三角函数在其定义域内处处连续.

证　函数$y=\sin x$在区间$-\dfrac{\pi}{2}\leqslant x\leqslant\dfrac{\pi}{2}$上单调增加且连续，对应的值域为$-1\leqslant y\leqslant 1$，根据定理2可知，它的反函数$x=\arcsin y$在区间$-1\leqslant y\leqslant 1$上也单调增加且连续.

同理可证其他反三角函数也在其定义域内处处连续.

证毕

定理3　设$\lim\limits_{x\to x_0}\varphi(x)=a$，而函数$y=f(u)$在$u=a$点连续，则

$$\lim_{x\to x_0} f[\varphi(x)]=f(a).$$

***证**　任意给定正数ε，由于$y=f(u)$在$u=a$点连续，必可找到$\eta>0$，使得对于满足$|u-a|<\eta$的一切u，都有

$$|f(u)-f(a)|<\varepsilon.$$

又因$\lim\limits_{x\to x_0}\varphi(x)=a$，所以对上述$\eta$，必存在$\delta>0$，使得当$0<|x-x_0|<\delta$时，有

$$|\varphi(x)-a|<\eta,$$

从而当$0<|x-x_0|<\delta$时，有

$$|f[\varphi(x)]-f(a)|<\varepsilon.$$

即

$$\lim_{x\to x_0} f[\varphi(x)]=f(a).$$

证毕

例3　求$\lim\limits_{x\to 3}\sqrt{\dfrac{x-3}{x^2-9}}$.

解　$y=\sqrt{\dfrac{x-3}{x^2-9}}$ 可看作由 $y=\sqrt{u}$ 与 $u=\dfrac{x-3}{x^2-9}$ 复合而成．因为 $\lim\limits_{x\to 3}\dfrac{x-3}{x^2-9}=\dfrac{1}{6}$，而函数 $y=\sqrt{u}$ 在点 $u=\dfrac{1}{6}$ 处连续，所以

$$\lim_{x\to 3}\sqrt{\frac{x-3}{x^2-9}}=\sqrt{\lim_{x\to 3}\frac{x-3}{x^2-9}}=\sqrt{\frac{1}{6}}=\frac{\sqrt{6}}{6}.$$

定理 4（复合函数的连续性）　设函数 $u=\varphi(x)$ 在 $x=x_0$ 点连续，且 $\varphi(x_0)=u_0$，而函数 $y=f(u)$ 在 $u=u_0$ 点连续，则复合函数 $y=f[\varphi(x)]$ 在 $x=x_0$ 点连续．

证　由定理 3，得

$$\lim_{x\to 0}f[\varphi(x)]=f\left[\lim_{x\to 0}\varphi(x)\right]=f\left[\varphi(x_0)\right]$$

即 $f\left[\varphi(x)\right]$ 在 x_0 点连续．　　**证毕**

我们指出，利用连续函数的定义及连续函数的性质可以证明：**所有基本初等函数在它们的定义域内都是连续的．**

例 4　证明 $\lim\limits_{x\to 0}\dfrac{\ln(1+x)}{x}=1$．

证

$$\lim_{x\to 0}\frac{\ln(1+x)}{x}=\lim_{x\to 0}\ln(1+x)^{\frac{1}{x}}=\ln\left[\lim_{x\to 0}(1+x)^{\frac{1}{x}}\right]=\ln \mathrm{e}=1.$$

三、初等函数的连续性

由于初等函数是由基本初等函数和常数经过有限次的四则运算及有限次的复合所构成的，因此由基本初等函数的连续性，根据连续函数的运算法则可知，有下列结论：

任何初等函数在其定义区间内都是连续的．所谓定义区间，就是包含在定义域内的区间．

根据函数 $f(x)$ 在 x_0 点连续的定义可知，如果已知 $f(x)$ 在 x_0 点连续，那么求 $f(x)$ 当 $x\to x_0$ 的极限时，只要求 $f(x)$ 在 x_0 的函数值就行了．

例 5　求 $\lim\limits_{x\to 0}\dfrac{\sqrt{1+x^2}-1}{x}$．

解

$$\lim_{x\to 0}\frac{\sqrt{1+x^2}-1}{x}=\lim_{x\to 0}\frac{\left(\sqrt{1+x^2}-1\right)\left(\sqrt{1+x^2}+1\right)}{x\left(\sqrt{1+x^2}+1\right)}=\lim_{x\to 0}\frac{x}{\sqrt{1+x^2}+1}=0.$$

例 6　求函数

$$f(x)=\begin{cases}\dfrac{1}{x-1}, & 0\leqslant x<2,\ x\neq 1\\ x^2, & -1<x<0\end{cases},$$

的连续区间．

解 当$-1<x<0$时，$f(x)=x^2$是连续的．又当$0<x<1$及$1<x<2$时，$f(x)=\dfrac{1}{x-1}$是连续的．而$f(x)$在$x=1$点无定义，所以$x=1$是$f(x)$的间断点．

$f(x)$在$x=0$点有定义：$f(0)=-1$，但

$$\lim_{x\to0^-}f(x)=\lim_{x\to0^-}x^2=0,\quad \lim_{x\to0^+}f(x)=\lim_{x\to0^+}\frac{1}{x-1}=-1,$$

即左、右极限存在但不相等，所以$x=0$是$f(x)$的间断点．

综上所述，函数$f(x)$的连续区间为（-1，0）∪（0，1）∪（1，2）．

习 题 1-7

1．求下列函数的连续区间，并求极限：

（1）$f(x)=\dfrac{x^3+3x^2-x-3}{x^2+x-6}$，并求$\lim\limits_{x\to0}f(x)$，$\lim\limits_{x\to2}f(x)$；

（2）$f(x)=\lg(2-x)$，并求$\lim\limits_{x\to-8}f(x)$；

（3）$f(x)=\sqrt{x-4}+\sqrt{6-x}$，并求$\lim\limits_{x\to5}f(x)$．

2．设

$$f(x)=\begin{cases}x-1, & 0<x\leqslant1\\2-x, & 1<x\leqslant3\end{cases}.$$

（1）求$f(x)$当$x\to1$时的左、右极限．当$x\to1$时，$f(x)$的极限存在吗？

（2）$f(x)$在$x=1$点连续吗？

（3）求函数的连续区间．

（4）求$\lim\limits_{x\to2}f(x)$和$\lim\limits_{x\to\frac12}f(x)$．

3．设函数

$$f(x)=\begin{cases}x^2-1, & 0\leqslant x\leqslant1\\x+3, & x>1\end{cases}.$$

当$x=1$，$\dfrac12$，2时$f(x)$是否都连续？确定$f(x)$的定义域及连续区间，作出它的图形．

4．求下列极限：

（1）$\lim\limits_{x\to0}\ln\dfrac{\sin x}{x}$；（2）$\lim\limits_{a\to\frac{\pi}{4}}(\sin2a)^3$；（3）$\lim\limits_{x\to0}(1+3\tan^2x)^{\cot^2x}$；

（4）$\lim\limits_{x\to\infty}\left(\dfrac{x}{x+1}\right)^{-x}$；（5）$\lim\limits_{x\to-\infty}(e^x+\arctan x)$；（6）$\lim\limits_{x\to1}\left(\dfrac{1+x}{2+x}\right)^{\frac{1-\sqrt{x}}{1-x}}$；

（7）$\lim\limits_{x\to\infty}\left(\dfrac{2x+3}{2x+1}\right)^{x+1}$；（8）$\lim\limits_{x\to1}\dfrac{\sqrt{5x-4}-\sqrt{x}}{x-1}$

5．设函数
$$f(x)=\begin{cases} e^x, & x<0 \\ a+x, & x\geqslant 0 \end{cases},$$
应当怎样选择数 a，使得 $f(x)$ 成为在（$-\infty$，$+\infty$）内的连续函数？

6．讨论
$$f(x)=\begin{cases} e^{\frac{1}{x}}, & \text{当}x<0, \\ 0, & \text{当}x=0, \\ \dfrac{\sqrt{1+x^2}-1}{x}, & \text{当}x>0. \end{cases}$$
在 $x=0$ 点的连续性.

第八节　闭区间上连续函数的性质

在闭区间上连续的函数，具有下述两个重要性质．这些性质的几何意义是十分明显的．

一、最值性质

定义　对于在区间 I 上有定义的函数 $f(x)$，如果存在 $x_0\in I$，使得对于任一 $x\in I$ 都有
$$f(x)\leqslant f(x_0)\quad（或 f(x)\geqslant f(x_0)），$$
则称 $f(x_0)$ 是函数 $f(x)$ 在区间 I 上的**最大值**（或**最小值**）.

一个函数在一个区间上是否一定存在最大值和最小值呢？例如，函数 $f(x)=1+\sin x$ 在区间［0，2π］上有最大值 2 和最小值 0．又例如，函数 $f(x)=\mathrm{sgn}x$ 在区间（$-\infty$，$+\infty$）内有最大值 1 和最小值 -1．在开区间（0，$+\infty$）内，sgn$x$ 的最大值和最小值都等于 1．但函数 $f(x)=x$ 在开区间（a，b）内既无最大值又无最小值．下列定理给出最大值和最小值存在的充分条件.

定理 1（**最值定理**）　设函数 $f(x)$ 在闭区间［a，b］上连续，则函数 $f(x)$ 必在［a，b］上有最大值和最小值.

图 1-25

注意这个定理的条件“在闭区间上连续”是不可缺少的．前面提到的函数 $y=x$ 在开区间（a，b）内是连续的，但在开区间（a，b）内既无最大值又无最小值．又例如，函数

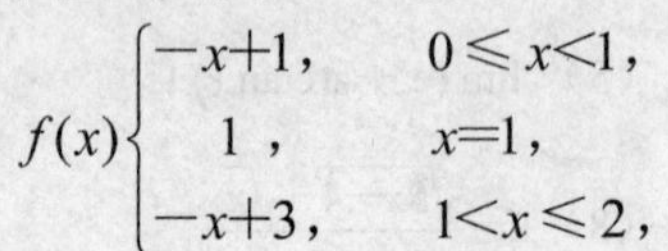
$$f(x)\begin{cases} -x+1, & 0\leqslant x<1, \\ 1, & x=1, \\ -x+3, & 1<x\leqslant 2, \end{cases}$$

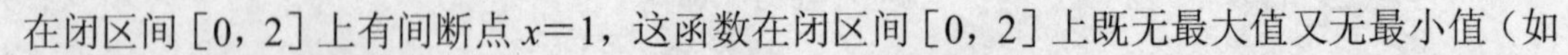
在闭区间［0，2］上有间断点 $x=1$，这函数在闭区间［0，2］上既无最大值又无最小值（如

图 1-25 所示).

推论　闭区间上连续的函数必有界.

二、介值性质

定理 2（介值定理）　设函数 $f(x)$ 在 $[a, b]$ 上连续，且

$$f(a)=A,\ f(b)=B,\ A\neq B,$$

则对介于 A、B 之间的任意一个数 C，在开区间 (a, b) 内至少有一点 ξ，使得

$$f(\xi)=C \quad (a<\xi<b).$$

该定理的几何意义是：连续曲线弧 $y=f(x)$ 与水平直线 $y=C$ 至少相交于一点（图 1-26）.

由介值定理，我们可以得到两个推论.

推论 1　在闭区间上连续的函数必取得介于最大值与最小值之间的任何值.

设最大值 $M=f(x_1)$，最小值 $m=f(x_2)$，而 $m\neq M$（图 1-27），在闭区间 $[x_1, x_2]$ 上应用介值定理，即得上述推论.

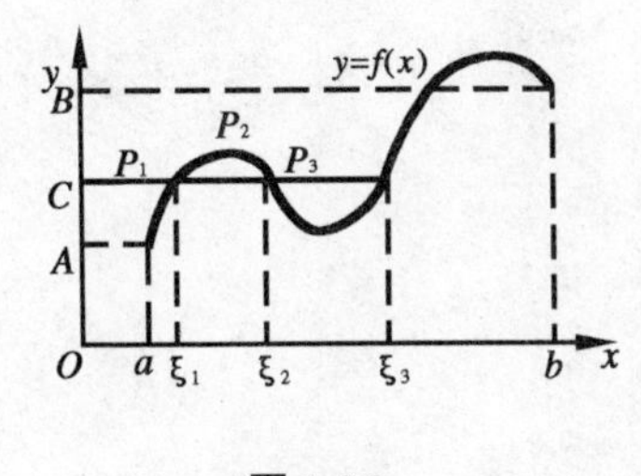

图 1-26

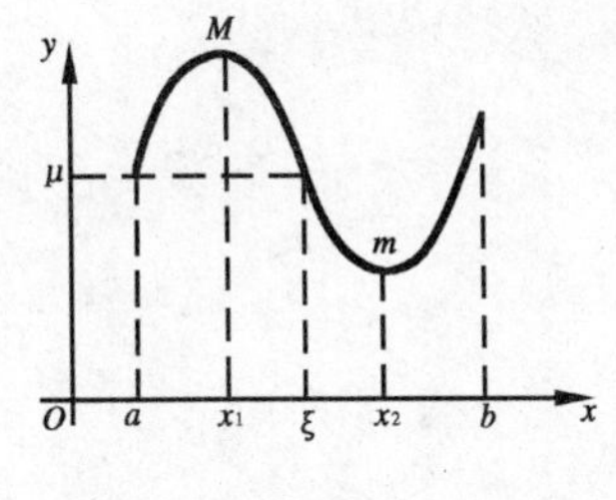

图 1-27

推论 2　设函数 $f(x)$ 在闭区间 $[a, b]$ 上连续，且 $f(a)$ 与 $f(b)$ 异号，则在开区间 (a, b) 内至少有一点 ξ，使得

$$f(\xi)=0.$$

推论 2 也常称为**零点定理**. 零点定理常应用于证明方程的根的存在性并确定根的位置.

例 1　证明方程 $x^3-4x^2+1=0$ 在区间 $(0, 1)$ 内至少有一个根.

证　因为函数 $f(x)=x^3-4x^2+1$ 在闭区间 $[0, 1]$ 上连续，又

$$f(0)=1>0,\ f(1)=-2<0.$$

根据零点定理，在 $(0, 1)$ 内至少有一点 ξ，使得

$$f(\xi)=0.$$

即

$$\xi^3-4\xi^2+1=0\ (0<\xi<1).$$

这等式说明方程 $x^3-4x^2+1=0$ 在区间 $(0, 1)$ 内至少有一个根 ξ.

习 题 1-8

1．证明方程$x^5-3x=1$至少有一个根介于1和2之间.

2．证明方程$\sin+x+1=0$在开区间$\left(-\frac{\pi}{2}，\frac{\pi}{2}\right)$内至少有一个根.

3．证明方程$x=a\sin x+b$（其中$a>0$，$b>0$）至少有一个正根，并且它不超过$a+b$.

4．设函数$f(x)$在闭区间$[a，b]$上连续，$f(a)>a$，$f(b)<b$，试证在开区间$(a，b)$内至少有一点ξ，使$f(\xi)=\xi$.

5．若$f(x)$在$[a，b]$上连续，$a<x_1<x_2<\cdots<x_n<b$，试证在$[x_1，x_n]$上必有ξ，使

$$f(\xi)=\frac{f(x_1)+f(x_2)+f(x_3)+\cdots+f(x_n)}{n}.$$

第二章　导数与微分

从本章起，学习微积分学的第二个基本内容——微分学，它有两个基本概念：导数与微分．导数反映函数相对于自变量变化快慢的程度即速度，如物体运动速度，电流强度，化学反应速度等．而微分则指明当自变量有微小变化时，函数大体上变化多少．

第一节　导数的概念

一、两个实例

1．变速直线运动的速度

一质点作变速直线运动，在时间［0，t］内走过的路程为 $s=s(t)$，求质点在 t_0 时刻的瞬时速度．

在时间［0，t_0］内质点走过的路程是 $s(t_0)$，在时间［0，$t_0+\Delta t$］内质点走过的路程是 $s(t_0+\Delta t)$．因此，在 Δt 时间内，质点走过的路程为（如图 2-1 所示）．

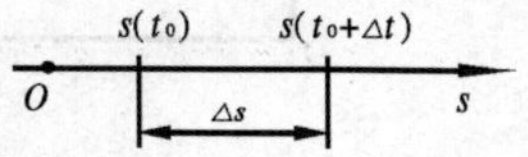

图 2-1

$$\Delta s=s(t_0+\Delta t)-s(t_0),$$

如果质点作匀速直线运动，它的速度为

$$v=\frac{\Delta s}{\Delta t}.$$

如果质点作变速直线运动，那么在运动的不同时间间隔内，上述比值会不同，这种变速直线运动的质点在某一时刻 t_0 的瞬时速度应如何求呢？

首先可以求质点在［t_0，$t_0+\Delta t$］这段时间内的平均速度 $\bar{v}$，

$$\bar{v}=\frac{\Delta s}{\Delta t}=\frac{s(t_0+\Delta t)-s(t_0)}{\Delta t},$$

当 Δt 很小时，$\bar{v}$ 可作为质点在 t_0 时刻的瞬时速度的近似值．Δt 越小，这个平均速度就越接近于 t_0 点的瞬时速度，令 $\Delta t\to 0$，平均速度的极限就是瞬时速度 $v(t_0)$，

$$v(t_0)=\lim_{\Delta t\to 0}\frac{s(t_0+\Delta t)-s(t_0)}{\Delta t}.$$

2．切线问题

设曲线方程为$y=f(x)$．在曲线$y=f(x)$上取定一点M $(x_0, f(x_0))$，在曲线上另取一点$N\,(x_0+\Delta x, f(x_0+\Delta x))$，连接$M$和$N$得割线$MN$（如图2-2所示）．当点$N$沿曲线趋于点$M$时，如果割线$MN$绕点$M$旋转而趋于极限位置$MT$，则直线$MT$就称为曲线在点$M$处的**切线**．

以φ表示割线MN与x轴正向的夹角，则割线MN的斜率为$\tan\varphi$．于是有

$$\tan\varphi=\frac{\Delta y}{\Delta x}=\frac{f(x_0+\Delta x)-f(x_0)}{\Delta x}.$$

当点N沿曲线趋于点M时，割线MN趋于它的切线MT，这时φ也趋向于切线MT与x轴正向的夹角α，同时也有$\Delta x\to 0$（如图2-3所示），因而切线MT的斜率为

$$k=\tan\alpha=\lim_{\Delta x\to 0}\frac{\Delta y}{\Delta x}=\lim_{\Delta x\to 0}\frac{f(x_0+\Delta x)-f(x_0)}{\Delta x}.$$

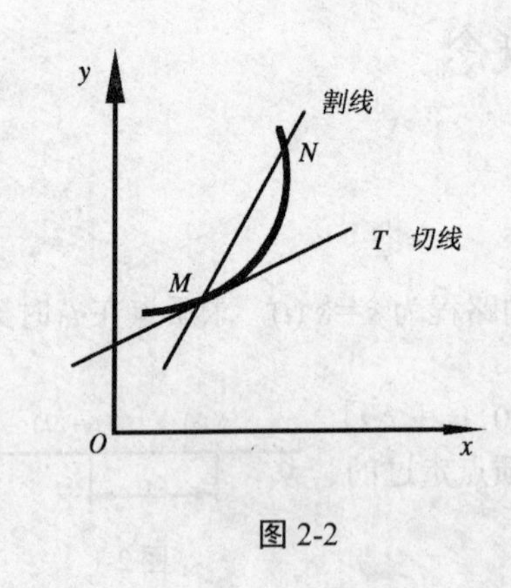

图 2-2

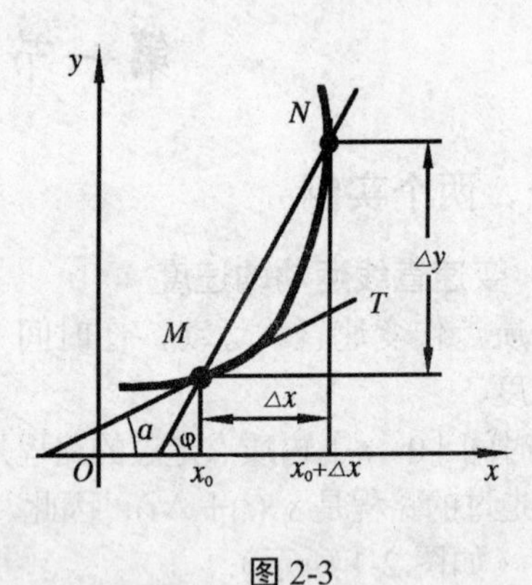

图 2-3

二、导数概念

定义 设函数$y=f(x)$在x_0的某邻域内有定义，当自变量x在x_0处有改变量Δx时，函数y相应地有改变量

$$\Delta y=f(x_0+\Delta x)-f(x_0),$$

如果极限

$$\lim_{\Delta x\to 0}\frac{\Delta y}{\Delta x}=\lim_{\Delta x\to 0}\frac{f(x_0+\Delta x)-f(x_0)}{\Delta x}$$

存在，则称函数$f(x)$在x_0处**可导**．此极限值称为函数$f(x)$在x_0处的**导数**，记为$f'(x_0)$、$y'|_{x=x_0}$、$\left.\frac{\mathrm{d}y}{\mathrm{d}x}\right|_{x=x_0}$或$\left.\frac{\mathrm{d}f(x)}{\mathrm{d}x}\right|_{x=x_0}$．即

$$f'(x_0)=\lim_{\Delta x\to 0}\frac{f(x_0+\Delta x)-f(x_0)}{\Delta x}.$$

如果$\lim\limits_{\Delta x\to 0}\frac{\Delta y}{\Delta x}$不存在，则称函数$y=f(x)$在点$x_0$处**不可导**. 如果$\lim\limits_{\Delta x\to 0}\frac{\Delta y}{\Delta x}=\infty$，为了方便，也说函数$y=f(x)$在点$x_0$处的**导数为无穷大**.

令$x_0+\Delta x=x$，则当$\Delta x\to 0$时，有$x\to x_0$，因此函数$y=f(x)$在点x_0处的导数$f'(x_0)$也可表示为

$$f'(x_0)=\lim_{x\to x_0}\frac{f(x)-f(x_0)}{x-x_0}.$$

根据$f'(x_0)$的定义，$f(x)$在点x_0处可导的充分必要条件是

$$\lim_{h\to 0^-}\frac{f(x_0+h)-f(x_0)}{h}\quad 及\quad \lim_{h\to 0^+}\frac{f(x_0+h)-f(x_0)}{h}$$

都存在且相等. 这两个极限分别称为$f(x)$在点x_0处的**左导数**和**右导数**，记作$f'_-(x_0)$及$f'_+(x_0)$，即

$$f'_-(x_0)=\lim_{h\to 0^-}\frac{f(x_0+h)-f(x_0)}{h},$$

$$f'_+(x_0)=\lim_{h\to 0^+}\frac{f(x_0+h)-f(x_0)}{h}.$$

如果函数$y=f(x)$在(a,b)内每点处都可导，则称函数$y=f(x)$在**开区间(a,b)内可导**. 如果$y=f(x)$在(a,b)内可导，且在a点处右可导，b点处左可导，则称函数$y=f(x)$在**闭区间$[a,b]$上可导**.

如果函数$y=f(x)$在区间I中的每一个x点可导（但在闭区间的左端点只须右可导，右端点只须左可导），则对于任一$x\in I$，都对应着$f(x)$的一个确定的导数值. 这样就构成了一个新的函数，这个函数叫做函数$y=f(x)$的**导函数**，记作

$$f'(x),\ y',\ =\frac{\mathrm{d}y}{\mathrm{d}x}\ 或\ \frac{\mathrm{d}f(x)}{\mathrm{d}x}.$$

即

$$f'(x)=\lim_{\Delta x\to 0}\frac{f(x+\Delta x)-f(x)}{\Delta x},$$

或

$$y'=\lim_{h\to 0}\frac{f(x+h)-f(x)}{h}.$$

显然，函数$y=f(x)$在点x_0处的导数$f'(x_0)$就是导函数$f'(x)$在点x_0处的函数值，即

$$f'(x_0)=f'(x)\big|_{x=x_0}.$$

今后，在不至于发生混淆的地方，我们把导函数也简称为**导数**.

三、求导数举例

根据导数的定义，求函数 $y=f(x)$ 的导数可按如下三个步骤进行：

（1）求函数的改变量

$$\Delta y=f(x+\Delta x)-f(x),$$

（2）求平均变化率

$$\frac{\Delta y}{\Delta x}=\frac{f(x+\Delta x)-f(x)}{\Delta x},$$

（3）求极限

$$y'=\lim_{\Delta x\to 0}\frac{\Delta y}{\Delta x}.$$

例 1 求函数 $f(x)=C$（C 为常数）的导数.

解 $\Delta y=f(x+\Delta x)-f(x)=C-C\equiv 0$，

$$\frac{\Delta y}{\Delta x}\equiv 0,$$

所以，$f'(x)=\lim\limits_{\Delta x\to 0}\dfrac{\Delta y}{\Delta x}=0$.

即
$$(C)'=0.$$

例 2 求函数 $f(x)=x^n$（n 为正整数）的导数.

解 $\Delta y=f(x+\Delta x)-f(x)=(x+\Delta x)^n-x^n$

$$=x^n+nx^{n-1}\Delta x+\frac{n(n-1)}{2!})x^{n-2}(\Delta x)^2+\cdots+(\Delta x)^n-x^n$$

$$=nx^{n-1}\Delta x+\frac{n(n-1)}{2!})x^{n-2}(\Delta x)^2+\cdots+(\Delta x)^n,$$

$$\frac{\Delta y}{\Delta x}=nx^{n-1}+\frac{n(n-1)}{2!}x^{n-2}\Delta x+\cdots+(\Delta x)^{n-1},$$

所以，$f'(x)=\lim\limits_{\Delta x\to 0}\dfrac{\Delta y}{\Delta x}=\lim\limits_{\Delta x\to 0}\left[nx^{n-1}+\dfrac{n(n-1)}{2!}\Delta x+\cdots+(\Delta x)^{n-1}\right]=nx^{n-1}$.

即
$$(x^n)'=nx^{n-1}.$$

更一般地，对于幂函数 $y=x^u$（μ 为常数），有

$$(x^\mu)'=\mu x^{\mu-1}.$$

这公式的证明将在以后给出.

例 3 求函数 $f(x)=\sin x$ 的导数.

解 $\Delta y=f(x+\Delta x)-f(x)=\sin(x+\Delta x)-\sin x=2\cos(x+\dfrac{\Delta x}{2})\sin\dfrac{\Delta x}{2}$，

$$\frac{\Delta y}{\Delta x}=\frac{2\cos(x+\frac{\Delta x}{2})\sin\frac{\Delta x}{2}}{\Delta x}=\cos(x+\frac{\Delta x}{2})\frac{\sin\frac{\Delta x}{2}}{\frac{\Delta x}{2}}$$

所以，
$$f'(x)=\lim_{\Delta x\to 0}\frac{\Delta y}{\Delta x}=\lim_{\Delta x\to 0}\cos(x+\frac{\Delta x}{2})\frac{\sin\frac{\Delta x}{2}}{\frac{\Delta x}{2}}=\cos x\,.$$

即
$$(\sin x)'=\cos x.$$

用类似的方法，可求得
$$(\cos x)'=-\sin x.$$

例 4　求函数 $f(x)=\log_a x\ (a>0,\ a\neq 1)$的导数.

解
$$\Delta y=f(x+\Delta x)-f(x)=\log_a(x+\Delta x)-\log_a x=\log_a(1+\frac{\Delta x}{x}),$$
$$\frac{\Delta y}{\Delta x}=\frac{1}{\Delta x}\log_a(1+\frac{\Delta x}{x}),$$

所以，$f'(x)=\lim\limits_{\Delta x\to 0}\frac{\Delta y}{\Delta x}=\lim\limits_{\Delta x\to 0}\frac{1}{\Delta x}\log_a(1+\frac{\Delta x}{x})=\lim\limits_{\Delta x\to 0}\frac{1}{x}\log_a(1+\frac{\Delta x}{x})^{\frac{x}{\Delta x}}=\frac{1}{x}\log_a \mathrm{e}=\frac{1}{x\ln a}$.

即
$$(\log_a x)'=\frac{1}{x\ln a}.$$

特别地，对以 e 为底的自然对数函数 $y=\ln x$，有
$$(\ln x)'=\frac{1}{x}.$$

例 5　求函数 $f(x)=a^x\ (a>0,\ a\neq 1)$的导数.

解
$$\Delta y=f(x+\Delta x)-f(x)=a^{x+\Delta x}-a^x=a^x(a^{\Delta x}-1),$$
$$\frac{\Delta y}{\Delta x}=a^x\frac{a^{\Delta x}-1}{\Delta x},$$

所以
$$f'(x)=\lim_{\Delta x\to 0}\frac{\Delta y}{\Delta x}=\lim_{\Delta x\to 0}a^x\frac{a^{\Delta x}-1}{\Delta x}=a^x\lim_{\Delta x\to 0}\frac{a^{\Delta x}-1}{\Delta x},$$

令 $a^{\Delta x}-1=t$，则 $\Delta x=\log_a(1+t)$，$\Delta x\to 0$ 时，$t\to 0$，于是
$$\lim_{\Delta x\to 0}\frac{a^{\Delta x}-1}{\Delta x}=\lim_{t\to 0}\frac{t}{\log_a(1+t)}=\lim_{t\to 0}\frac{1}{\frac{1}{t}\log_a(1+t)}=\frac{1}{\log_a \mathrm{e}}=\ln a,$$

因此
$$f'(x)=a^x\ln a,$$

即
$$(a^x)'=a^x\ln a.$$

特别地，当 a＝e 时，因 lne＝1，有

$$(e^x)'=e^x.$$

四、导数的几何意义

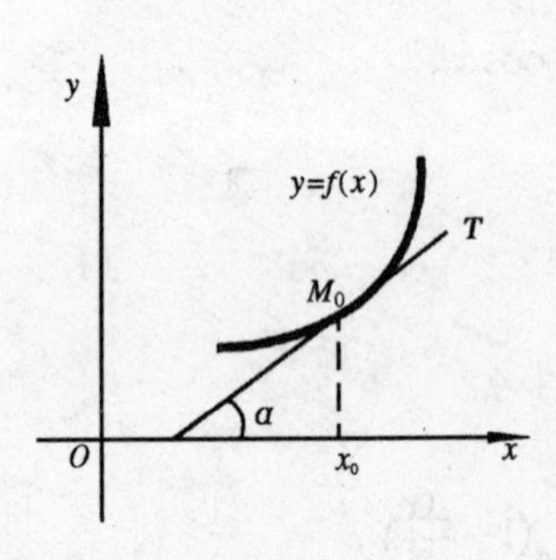

图 2-4

实例 2 给出了**导数的几何意义**：函数 $f(x)$在点 x_0 处的导数 $f'(x)$是曲线 $y=f(x)$在相应点 $M_0(x_0, f(x_0))$处切线的斜率，即 $f'(x_0)=\tan\alpha$（如图 2-4 所示）.

如果 $f(x)$在 x_0 处连续，且其导数为无穷大，这时曲线在 M_0 点切线的倾角 $\alpha=\frac{\pi}{2}$，因而曲线在 M_0 点有与 x 轴垂直的切线.

根据导数的几何意义，可知曲线 $y=f(x)$在点 $M_0(x_0, f(x_0))$处的切线方程为

$$y-f(x_0)=f'(x_0)(x-x_0).$$

过切点 $M_0(x_0,f(x_0))$且与切线垂直的直线叫做曲线 $y=f(x)$在点 M_0 处的**法线**. 如果 $f'(x_0)\neq0$，法线的斜率为 $-\frac{1}{f'(x_0)}$，从而法线方程为

$$y-f(x_0)=-\frac{1}{f'(x_0)}(x-x_0)$$

例 6 求等边双曲线 $y=\frac{1}{x}$ 在点（$\frac{1}{2}$，2）处切线的斜率，并写出该点处的切线方程和法线方程.

解 $y'=(\frac{1}{x})'=-\frac{1}{x^2}$，于是 $y=\frac{1}{x}$ 在点（$\frac{1}{2}$，2）处切线的斜率为

$$k_1=y'|_{x=\frac{1}{2}}=-4.$$

切线方程为

$$y-2=-4(x-\frac{1}{2}),$$

即

$$4x+y-4=0.$$

$y=\frac{1}{x}$ 在点（$\frac{1}{2}$，2）处法线的斜率为

$$k_2=-\frac{1}{k_1}=\frac{1}{4},$$

法线方程为

$$y-2=\frac{1}{4}(x-\frac{1}{2}),$$

即

$$2x-8y+15=0.$$

五、可导与连续的关系

定理　若函数 $y=f(x)$ 在点 x_0 处可导，则函数 $y=f(x)$ 在点 x_0 处连续．

证　设 $\lim\limits_{\Delta x\to 0}\dfrac{\Delta y}{\Delta x}=f'(x_0)$ 存在，则

$$\lim_{\Delta x\to 0}\Delta y=\lim_{\Delta x\to 0}\frac{\Delta y}{\Delta x}\cdot\Delta x=f'(x_0)\cdot 0=0\ .$$

因此，函数 $y=f(x)$ 在点 x_0 处连续．　　**证毕**

注意　上述定理的逆命题不成立，即一个函数在某一点连续，却不一定在该点可导．

例 7　证明 $f(x)=|x|$ 在 $x=0$ 处不可导．

证　$\Delta y=f(0+\Delta x)-f(0)=|\Delta x|$，

当 $\Delta x<0$ 时，$\dfrac{|\Delta x|}{\Delta x}=-1$，故 $\lim\limits_{\Delta x\to 0^-}\dfrac{|\Delta x|}{\Delta x}=-1$；

当 $\Delta x>0$ 时，$\dfrac{|\Delta x|}{\Delta x}=1$，故 $\lim\limits_{\Delta x\to 0^+}\dfrac{|\Delta x|}{\Delta x}=1$，

所以，$\lim\limits_{\Delta x\to 0}\dfrac{f(0+\Delta x)-f(0)}{\Delta x}$ 不存在，即函数 $f(x)=|x|$ 在 $x=0$ 处不可导．

从图形上看，$x=0$ 处为尖点，在该点处切线不存在（如图 2-5 所示）

例 8　证明 $y=\sqrt[3]{x}$ 在 $x=0$ 处不可导．

证

$$\Delta y=f(0+\Delta x)-f(0)=\sqrt[3]{\Delta x}\ ,$$

$$\frac{\Delta y}{\Delta x}=\frac{\sqrt[3]{\Delta x}}{\Delta x}=\frac{1}{(\Delta x)^{2/3}}$$

$$\lim_{\Delta x\to 0}\frac{\Delta y}{\Delta x}=\lim_{\Delta x\to 0}\frac{1}{(\Delta x)^{2/3}}=\infty$$

所以，$y=\sqrt[3]{x}$ 在 $x=0$ 处不可导．

从图形上看，曲线 $y=\sqrt[3]{x}$ 在原点 O 具有垂直于 x 轴的切线 $x=0$（如图 2-6 所示）．

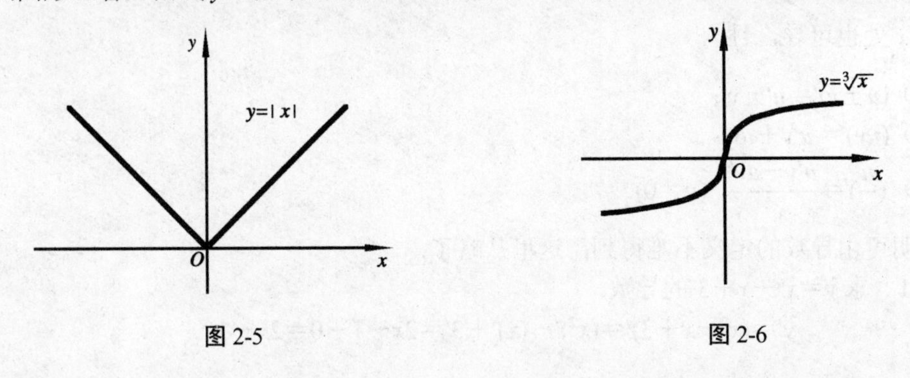

图 2-5　　　　图 2-6

习 题 2-1

1．设$f(x)=10x^2$，试按定义求$f'(-1)$.

2．设$f(x)=ax+b$（a、b都是常数），试按定义求$f'(x)$.

3．求下列函数的导数：

（1）$y=x^{1.6}$；（2）$y=\sqrt[3]{x^2}$；（3）$y=x^3\sqrt[5]{x}$；

（4）$y=\dfrac{1}{\sqrt{x}}$；（5）$y=\dfrac{1}{x^2}$；（6）$y=\dfrac{x^2\sqrt[3]{x^2}}{\sqrt{x^5}}$。

4．下列各题中均假定$f'(x_0)$存在，按照导数定义观察下列极限，指出A表示什么？

（1）$\lim\limits_{\Delta x\to 0}\dfrac{f(x_0+\Delta x)-f(x_0)}{\Delta x}=A$（2）$\lim\limits_{\Delta x\to 0}\dfrac{f(x)}{x}=A$，其中$f(0)=0$，且$f'(0)$存在；

（3）$\lim\limits_{h\to 0}\dfrac{f(x_0+h)-f(x_0-h)}{h}=A$.

5．下列函数在指定点处的导数：

（1）$f(x)=C$，求$f'(8)$；（2）$f(x)=\log_a x$，求$f'(3)$；（3）$f(x)=\sin x$，求$f'(\dfrac{\pi}{3})$.

6．一质点作直线运动，它所经过的路程和时间的关系是$s=3t^2+1$．求$t=2$时的瞬时速度.

7．求下列曲线在指定点处的切线方程和法线方程：

（1）$y=\ln x$在点$(e，1)$处；（2）$y=\cos x$在点$(\dfrac{\pi}{4},\dfrac{\sqrt{2}}{2})$处.

第二节 基本求导法则

一、四则求导法则

定理1 设函数$u=u(x)$及$v=v(x)$在点x处具有导数$u'=u'(x)$及$v'=v'(x)$，则$u\pm v$、$u\cdot v$及$\dfrac{u}{v}$在x处也可导，且

（1）$(u\pm v)'=u'\pm v'$；

（2）$(uv)'=u'v+uv'$；

（3）$(\dfrac{u}{v})'=\dfrac{u'v-uv'}{v^2}$ $(v\neq 0)$.

证明可由导数的定义不难得到，这里从略了.

例1 求$y=x^2-x+3$的导数.

解 $y'=(x^2-x+3)'=(x^2)'-(x)'+3'=2x-1+0=2x-1$.

例 2 求 $y=\tan x$ 的导数.

解 $y'=(\tan x)'=(\dfrac{\sin x}{\cos x})'=\dfrac{(\sin x)'\cos x-\sin x(\cos x)'}{\cos^2 x}=\dfrac{\cos^2 x+\sin^2 x}{\cos^2 x}=\dfrac{1}{\cos^2 x}=\sec^2 x$,

即
$$(\tan x)'=\frac{1}{\cos^2 x}=\sec^2 x$$

例 3 求 $y=\sec x$ 的导数。

解
$$y'=(\sec x)'=(\frac{1}{\cos x})'=\frac{(1)'\cos x-1\cdot(\cos x)'}{\cos^2 x}=\frac{\sin x}{\cos^2 x}=\sec x\tan x,$$

即
$$(\sec x)'=\sec x\tan x.$$

用类似方法，还可求得余切函数及余割函数的导数公式：
$$(\cot x)'=-\frac{1}{\sin^2 x}=-\csc^2 x.$$
$$(\csc x)'=-\csc x\cot x.$$

由定理 1 容易推得下列推论.

推论 1 如果有限个函数 $u_1=u_1(x)$，$u_2=u_2(x)$，…，$u_m=u_m(x)$均在 x 处可导，则和 $u_1+u_2+\cdots+u_m$ 在 x 处可导，且
$$(u_1+u_2+\cdots+u_m)'=u'_1+u'_2+\cdots+u'_m.$$

推论 2 如果有限个函数 $u_1=u_1(x)$，$u_2=u_2(x)$，…，$u_m=u_m(x)$均在 x 处可导，则积 $u_1u_2\cdots u_m$ 在 x 处可导，且
$$(u_1u_2\cdots u_m)'=u'_1u_2\cdots u_m+u_1u'_2\cdots u_m+\cdots+u_1u_2\cdots u'_m.$$

推论 3 如果函数 $u=u(x)$在 x 处可导，c 为常数，则 cu 在 x 处可导，且
$$(cu)'=cu'.$$

二、反函数求导法则

为了推导基本初等函数导数公式的需要，我们给出函数的导数与其反函数的导数的关系.

定理 2 如果函数 $x=\varphi(y)$在某区间 I_y 内单调、可导且 $\varphi'(y)\neq 0$，那么它的反函数 $y=f(x)$在对应区间 I_x 内也可导，且有
$$f'(x)=\frac{1}{\varphi'(y)}\quad 或\quad \frac{\mathrm{d}y}{\mathrm{d}x}=\frac{1}{\dfrac{\mathrm{d}x}{\mathrm{d}y}}.$$

证 这可以从 $\dfrac{\Delta y}{\Delta x}=\dfrac{1}{\dfrac{\Delta x}{\Delta y}}$，两边取极限得到

$$f'(x)=\lim_{\Delta x\to 0}\frac{\Delta y}{\Delta x}=\lim_{\Delta y\to 0}\frac{1}{\frac{\Delta x}{\Delta y}}=\frac{1}{\lim\limits_{\Delta y\to 0}\frac{\Delta x}{\Delta y}}=\frac{1}{\varphi'(y)}$$ 证毕

例 4 求 $y=\arcsin x$ 的导数.

解 $y=\arcsin x$ 是 $x=\sin y$ 的反函数．由于函数 $x=\sin y$ 在区间（$-\frac{\pi}{2}$，$\frac{\pi}{2}$）内单调、可导，且 $\frac{\mathrm{d}x}{\mathrm{d}y}=(\sin y)'=\cos y\neq 0$．由定理 2 知，在对应区间（$-1$，$1$）内有

$$(\arcsin x)'=\frac{1}{(\sin y)'}=\frac{1}{\cos y}=\frac{1}{\sqrt{1-\sin^2 y}}=\frac{1}{\sqrt{1-x^2}},$$

（因当 $-\frac{\pi}{2}<y<\frac{\pi}{2}$ 时，$\cos y>0$，所以根号前只取正号）即

$$(\arcsin x)'=\frac{1}{\sqrt{1-x^2}}.$$

类似地，有

$$(\arccos x)'=\frac{-1}{\sqrt{1-x^2}}.$$

例 5 求 $y=\arctan x$ 的导数.

解 $y=\arctan x$ 是 $x=\tan y$ 的反函数．由于函数 $x=\tan y$ 在区间（$-\frac{\pi}{2}$，$\frac{\pi}{2}$）内单调、可导，且 $\frac{\mathrm{d}x}{\mathrm{d}y}=(\tan y)'=\sec^2 y\neq 0$．由定理，在对应区间（$-\infty$，$+\infty$）内有

$$(\arctan x)'=\frac{1}{(\tan y)'}=\frac{1}{\sec^2 y}=\frac{1}{1+\tan^2 y}=\frac{1}{1+x^2}.$$

即

$$(\arctan x)'=\frac{1}{1+x^2}.$$

类似地，有

$$(\operatorname{arc}\cot x)'=\frac{-1}{1+x^2}.$$

三、基本导数公式

综合前面的讨论，我们有如下的导数基本公式：

（1）$(C)'=0$ （C 为常数）；（2）$(x^\mu)'=\mu x^{\mu-1}$ （μ 为常数）；

（3）$(a^x)'=a^x\ln a$ （$a>0$，$a\neq 1$）；（4）$(\mathrm{e}^x)'=\mathrm{e}^x$；

（5）$(\log_a x)'=\dfrac{1}{x\ln a}$　$(a>0,\ a\neq 1)$；　　（6）$(\ln x)'=\dfrac{1}{x}$；

（7）$(\sin x)'=\cos x$；　　（8）$(\cos x)'=-\sin x$；

（9）$(\tan x)'=\sec^2 x$；　　（10）$(\cot x)'=-\csc^2 x$；

（11）$(\sec x)'=\sec x\tan x$；　　（12）$(\csc x)'=-\csc x\cot x$；

（13）$(\arcsin x)'=\dfrac{1}{\sqrt{1-x^2}}$；　　（14）$(\arccos x)'=\dfrac{-1}{\sqrt{1-x^2}}$；

（15）$(\arctan x)'=\dfrac{1}{1+x^2}$；　　（16）$(\operatorname{arccot} x)'=\dfrac{-1}{1+x^2}$。

例 6　求函数 $y=x^a-a^x+a^a\,(a>0,\ a\neq 1)$ 的导数.

解　$y'=(x^a-a^x+a^a)'=ax^{a-1}-a^x\ln a$.

习 题 2-2

1．求下列函数的导数：

（1）$y=x^{10}-10^x+10^{10}$；　（2）$y=xe^x$；　（3）$y=\log_3 x-\log_5 x$；

（4）$y=10^x\lg x$；

（5）$y=\dfrac{1}{\ln x}$；　（6）$y=\tan x+\cot x$；　（7）$y=\dfrac{\sin x}{x}$；

（8）$y=x\tan x\ln x$；　（9）$y=x\arcsin x$；　（10）$y=\dfrac{\operatorname{arccot} x}{x}$。

2．求下列函数的导数：

（1）$y=(2+3x)(4-7x)$；　（2）$y=\sqrt{x\sqrt{x\sqrt{x}}}$；　（3）$y=x^{e}-e^x+e^{e}$；

（4）$y=\ln x-2\lg x+3\log_2 x$；　（5）$y=\dfrac{1}{1+x+x^2}$；　（6）$y=\dfrac{5x^2-3x+4}{x^2-1}$；

（7）$s=\dfrac{1+\sin t}{1+\cos t}$；　（8）$y=\dfrac{2\csc x}{1+x^2}$；　（9）$y=\dfrac{\cot x}{e^x}$；

（10）$y=\dfrac{2\ln x+x^3}{3\ln x+x^2}$.

3．求下列函数在给定点处的导数：

（1）$y=\sin x-\cos x$，求$y'\big|_{x=\frac{\pi}{6}}$和$y'\big|_{x=\frac{\pi}{4}}$；　（2）$f(t)=\dfrac{1-\sqrt{t}}{1+\sqrt{t}}$，求$f'(4)$；

（3）$f(x)=\dfrac{3}{5-x}+\dfrac{x^2}{5}$，求$f'(0)$和$f'(2)$.

4．求曲线 $y=2\sin x+x^2$ 上横坐标为 $x=0$ 的点处的切线方程和法线方程.

第三节　初等函数的导数

一、复合求导法则

定理　设函数 $u=\varphi(x)$ 在点 x 处可导，函数 $y=f(u)$ 在对应的点 u 处可导，则复合函数 $y=f[\varphi(x)]$ 在点 x 处可导，且有

$$\frac{\mathrm{d}y}{\mathrm{d}x}=\frac{\mathrm{d}y}{\mathrm{d}u}\frac{\mathrm{d}u}{\mathrm{d}x}.$$

证　对于自变量的增量 Δx，设函数 $u=\varphi(x)$ 和 $y=f(u)$ 的增量分别为 Δu 和 Δy. 不防设当 $\Delta x\neq 0$ 时，$\Delta u\neq 0$，则由

$$\frac{\Delta y}{\Delta x}=\frac{\Delta y}{\Delta u}\frac{\Delta u}{\Delta x}.$$

两边令 $\Delta x\to 0$，取极限，得

$$\frac{\mathrm{d}y}{\mathrm{d}x}=\frac{\mathrm{d}y}{\mathrm{d}u}\frac{\mathrm{d}u}{\mathrm{d}x}.$$

证毕

此法则也称为复合函数求导的**链锁法则**. 即函数 $y=f[\varphi(x)]$ 对自变量 x 的导数等于 f 对中间“链环” u 的导数乘以 u 对 x 的导数.

例 1　设 $y=\sin 2x$，求 $\frac{\mathrm{d}y}{\mathrm{d}x}$.

解　$y=\sin 2x$ 可看作由 $y=\sin u$，$u=2x$ 复合而成，所以

$$\frac{\mathrm{d}y}{\mathrm{d}x}=\frac{\mathrm{d}y}{\mathrm{d}u}\frac{\mathrm{d}u}{\mathrm{d}x}=\cos u\cdot 2=2\cos 2x.$$

例 2　设　$y=\sin^2 x$，求 $\frac{\mathrm{d}y}{\mathrm{d}x}$.

解　$y=\sin^2 x$ 可看作由 $y=u^2$，$u=\sin x$ 复合而成，所以

$$\frac{\mathrm{d}y}{\mathrm{d}x}=\frac{\mathrm{d}y}{\mathrm{d}u}\frac{\mathrm{d}u}{\mathrm{d}x}=2u\cos x=2\sin x\cos x=\sin 2x.$$

在运算熟练后，可以只在心中引进中间变量，而不必写出来.

例 3　设 $y=\mathrm{e}^{x^2}$，求 $\frac{\mathrm{d}y}{\mathrm{d}x}$.

解　$y=\mathrm{e}^{x^2}$ 看作由 $y=\mathrm{e}^u$，$u=x^2$ 复合而成，所以

$$\frac{\mathrm{d}y}{\mathrm{d}x}=(\mathrm{e}^{x^2})'=\mathrm{e}^{x^2}(x^2)'=\mathrm{e}^{x^2}\cdot 2x=2x\mathrm{e}^{x^2}.$$

复合函数的求导法则可以推广到多个中间变量的情形. 我们以两个中间变量为例，设 $y=f(u)$，$u=\varphi(v)$，$v=\psi(x)$，则

$$\frac{dy}{dx}=\frac{dy}{du}\frac{du}{dx}, \qquad 而 \qquad \frac{du}{dx}=\frac{du}{dv}\frac{dv}{dx},$$

故复合函数 $y=f\{\varphi[\psi(x)]\}$ 的导数为

$$\frac{dy}{dx}=\frac{dy}{du}\frac{du}{dv}\frac{dv}{dx}.$$

当然，这里假定上式右端所出现的导数在相应点处都存在.

例 4 设 $y=\sin^4 5x$，求 $\frac{dy}{dx}$.

解 $y=\sin^4 5x$ 可看作由 $y=u^4$，$u=\sin 5x$ 复合而成，但 $u=\sin 5x$ 仍为复合函数，继续分解为

$$u=\sin v，v=5x，$$

所以

$$\begin{aligned}\frac{dy}{dx}&=(\sin^4 5x)'=4\sin^3 5x\cdot(\sin 5x)'\\&=4\sin^3 5x\cdot\cos 5x\cdot(5x)'\\&=4\sin^3 5x\cdot\cos 5x\cdot 5\\&=20\sin^3 5x\cdot\cos 5x.\end{aligned}$$

最后，就 $x>0$ 的情形证明幂函数的导数公式

$$(x^{\mu})'=(\mu x^{\mu-1}).$$

因为 $x^{\mu}=e^{\mu\ln x}$，所以

$$\begin{aligned}(x^{\mu})'&=(e^{\mu\ln x})'=e^{\mu\ln x}\cdot(\mu\ln x)'\\&=x^{u}\cdot\mu\cdot\frac{1}{x}=\mu x^{\mu-1}\end{aligned}$$

二、初等函数的导数

为了解决初等函数的求导问题，前面已经求出了常数和全部基本初等函数的导数，还推出了函数的和、差、积、商的求导法则以及复合求导法则．有了这些基本公式和求导法则，几乎所有的初等函数的导数均可求出.

例 5 设 $y=\ln(x+\sqrt{x^2+1})$，求 $\frac{dy}{dx}$.

解

$$\begin{aligned}\frac{dy}{dx}&=(\ln(x+\sqrt{x^2+1}))'\\&=\frac{1}{x+\sqrt{x^2+1}}(x+\sqrt{x^2+1})'=\frac{1}{x+\sqrt{x^2+1}}\left(1+\frac{x}{\sqrt{x^2+1}}\right)=\frac{1}{\sqrt{x^2+1}}.\end{aligned}$$

习 题 2-3

1．求下列函数的导数：

（1）$y=\dfrac{x}{\sqrt{1-x^2}}$；（2）$y=x\arctan x-\dfrac{1}{2}\ln(1+x^2)$；

（3）$y=\ln\tan\dfrac{x}{2}$；（4）$y=\sqrt{x}\sin\sqrt{x}+\cos\sqrt{x}$；

（5）$y=\cos^2(x^2+1)$；（6）$y=x\sqrt{1-x^2}+\arcsin x$；

（7）$y=x-\ln(1+e^x)$；（8）$y=(2x)^2+a^a \quad (a>0,\ a\neq 1)$；

（9）$y=\dfrac{e^{2x}}{1-x}$；（10）$y=\ln(x+\sqrt{x^2+a^2}) \quad (a>0)$；

2．讨论下列函数在指定点处的连续性和可导性：

（1）$f(x)=\begin{cases} x, & x\leqslant 1 \\ -x^2+2x, & x>1 \end{cases}$ 在 $x=1$ 处；（2）$f(x)=\begin{cases} x\sin\dfrac{1}{x}, & x\neq 0 \\ 0, & x=0 \end{cases}$ 在 $x=0$ 处；

（3）$f(x)=\begin{cases} x^3\sin\dfrac{1}{x}, & x\neq 0 \\ 0, & x=0 \end{cases}$ 在 $x=0$ 处.

3．设 $f(x)$ 可导，求下列函数的导数 $\dfrac{dy}{dx}$：

（1）$y=f[f(\sin x)]$；（2）$y=f(\sin^2 x)+f(\cos^2 x)$；

（3）$y=[f(x)]^n$；（4）$y=f(x^n)$；

（5）$y=f(e^x)e^{f(x)}$；（6）$y=\ln f(x)$；

第四节 高 阶 导 数

我们知道，变速直线运动的速度 $v(t)$ 是路程函数 $s(t)$ 对时间 t 的导数，即

$$v=\frac{ds}{dt} \quad 或 \quad v=s' ,$$

而加速度又是速度 $v=v(t)$ 对时间 t 的变化率，即速度 v 对时间 t 的导数：

$$a=\frac{dv}{dt}=\frac{d}{dt}\left(\frac{ds}{dt}\right) \quad 或 \quad a=(s')' .$$

这种导数的导数 $\dfrac{d}{dt}\left(\dfrac{ds}{dt}\right)$ 或 $(s')'$ 叫做 s 对 t 的二阶导数．所以，直线运动的加速度就是路程函数 $s=s(t)$ 对时间 t 的二阶导数.

一般地，考虑函数 $y=f(x)$ 的导函数 $y'(x)$，若它还可导，则称它的导数为函数 $y=f(x)$ 的**二阶导数**，记作

$$f''(x),\quad y'',\quad \frac{\mathrm{d}^2 y}{\mathrm{d}x^2}\quad 或\quad \frac{\mathrm{d}^2 f}{\mathrm{d}x^2}.$$

与导数类似，在一点 x_0 处的二阶导数仍用符号

$$f''(x_0),\quad y''\big|_{x=x_0}\quad \frac{\mathrm{d}^2 y}{\mathrm{d}x^2}\Big|_{x=x_0}\quad 或\quad \frac{\mathrm{d}^2 f}{\mathrm{d}x^2}\Big|_{x=x_0}$$

表示.

相应地，把 $y=f(x)$ 的导数 $f'(x)$ 叫做函数 $y=f(x)$ 的一阶导数.

同样地，若 $f''(x)$ 在 x 处可导，则 $f''(x)$ 的导数就称为 $f(x)$ 的**三阶导数**，记作

$$f'''(x),\quad y''',\quad \frac{\mathrm{d}^3 y}{\mathrm{d}x^3}\quad 或\quad \frac{\mathrm{d}^3 f}{\mathrm{d}x^3}.$$

依次类推，可以定义函数 $f(x)$ 的 n 阶导数．即，若 $f(x)$ 的 $n-1$ 阶导数可导，则 $f(x)$ 的 $n-1$ 阶导数的导数称为 $f(x)$ 的 **n 阶导数**，记作

$$f^{n}(x),\quad y^{(n)},\quad \frac{\mathrm{d}^n y}{\mathrm{d}x^n}\quad 或\quad \frac{\mathrm{d}^n f}{\mathrm{d}x^n}.$$

函数 $y=f(x)$ 具有 n 阶导数，也常说成函数 $f(x)$ 为 n 阶可导．如果函数 $f(x)$ 在点 x 处具有 n 阶导数，那么 $f(x)$ 在点 x 的某一邻域内必定具有一切低于 n 阶的导数.

二阶与二阶以上的导数统称为**高阶导数**.

例 1　设 $y=ax+b$，求 y''.

解 $y'=a$，$y''=0$.

下面介绍几个初等函数的 n 阶导数.

例 2　设 $y=x^n$（n 为正整数），求 $y^{(n)}$ 与 $y^{(n+1)}$.

解 $y'=(x^n)'=nx^{n-1}$，$y''=(nx^{n-1})'=n(n-1)x^{n-2}$，

$$y'''=\left[n(n-1)x^{n-2}\right]'=n(n-1)(n-2)x^{n-3}，\cdots\cdots$$

容易看出：　$\mathrm{y}^{(n)}=n!$

注意到 $\mathrm{y}^{(n)}=n!$ 为常数，于是

$$y^{(n+1)}=0.$$

例 3　设 $y=\ln(1+x)$，求 y 的 n 阶导数.

解　$y'=[\ln(1+x)]'=\dfrac{1}{1+x}=(1+x)^{-1}$，　$y''=\left[(1+x)^{-1}\right]'=(-1)(1+x)^{-2}$，

$$y'''=\left[(-1)(1+x)^{-2}\right]'=(-1)(-2)(1+x)^{-3}，\cdots\cdots$$

$$y^{n}=(-1)(-2)\cdots(-(n-1))(1+x)^{-n}=(-1)^{n-1}1\cdot 2\cdots(n-1)(1+x)^{-n}=(-1)^{n-1}\frac{(n-1)!}{(1+x)^{n}}$$

例 4 设 $y=\sin x$，求 y 的 n 阶导数.

解 $y'=(\sin x)'=\cos x=\sin\left(x+\dfrac{\pi}{2}\right)$，$y''=\left[\sin\left(x+\dfrac{\pi}{2}\right)\right]'=\cos\left(x+\dfrac{\pi}{2}\right)=\sin\left(x+2\cdot\dfrac{\pi}{2}\right)$，

$$y'''=\left[\sin\left(x+2\cdot\frac{\pi}{2}\right)\right]'=\cos\left(x+2\cdot\frac{\pi}{2}\right)=\sin\left(x+3\cdot\frac{\pi}{2}\right)，\cdots\cdots$$

$$y^{(n)}=\sin\left(x+n\cdot\frac{\pi}{2}\right).$$

即

$$(\sin x)^{(n)}=\sin\left(x+\frac{n\pi}{2}\right).$$

用类似方法可得

$$(\cos x)^{(n)}=\cos\left(x+\frac{n\pi}{2}\right).$$

例 5 求指数函数 $y=\mathrm{e}^x$ 的 n 阶导数.

解 $$y'=\mathrm{e}^x，y''=\mathrm{e}^x，y'''=\mathrm{e}^x，y^{(4)}=\mathrm{e}^x.$$

一般地，可得

$$y^{(n)}=\mathrm{e}^x，$$

即

$$(\mathrm{e}^x)^{(n)}=\mathrm{e}^x.$$

习 题 2-4

1．设 $y=1-x^2-x^4$，求 y''，y'''.

2．设 $y=(x+10)^6$，求 $y'''|_{x=2}$.

3．求下列各函数的二阶导数：

（1）$y=x\mathrm{e}^{x^2}$　　（2）$y=\dfrac{1}{1+x^3}$　　（3）$y=\dfrac{1}{a+\sqrt{x}}$

（4）$y=(1+x^2)\arctan x$　　（5）$y=\cos^2 x\ln x$　　（6）$y=\dfrac{\mathrm{e}^x}{x}$

（7）$y=\sin^4 x+\cos^4 x$　　（8）$y=\sin x\sin 2x\sin 3x$

4．验证函数 $y=a\cos\ln x+b\sin\ln x$ 满足关系式.

$$x^2y''+xy'+y=0.$$

5．设 $y_1=\arcsin x$，$y_2=\arccos x$．求证：y_1 和 y_2 都满足方程

$$(1-x^2)y''-xy'=0$$

6．设 $y=(x+\sqrt{1+x^2})^m$，求证

$$(1+x^2)y''+xy'=m^2y.$$

7．写出下列函数的 n 阶导数的一般表达式：

（1）$y=xe^x$；　　（2）$y=x\ln x$；

（3）$y=\sin^2 x$；　　（4）$y=\dfrac{1}{(1-x)^2}$．

8．验证函数 $y=e^x\sin x$ 满足关系式

$$y''-2y'+2y=0.$$

第五节　隐函数与参数求导法则

一、隐函数求导法则

设方程 $F(x, y)=0$ 确定 y 是 x 的函数，称为**隐函数**，并且 $y=y(x)$ 可导．这里介绍不必从方程 $F(x, y)=0$ 解出 $y=y(x)$，就可求出 y 对 x 的导数的方法，即**隐函数求导法则**．

例 1　显然

$$x^2+y^2-r^2=0$$

是一个自变量为 x 因变量为 y 的隐函数．为了求 y 对 x 的导数，将上式两边逐项对 x 求导，并将 y^2 看作 x 的复合函数．右端的导数显然为 0，则有

$$\frac{d}{dx}(x^2)+\frac{d}{dx}(y^2)-\frac{d}{dx}(r^2)=0,$$

即
$$2x+2y\frac{dy}{dx}=0$$

于是得到
$$x+y\frac{dy}{dx}=0,$$

所以
$$\frac{dy}{dx}=-\frac{x}{y}.$$

从上例可以看到，在等式两边逐项对自变量求导数，即可得到一个包含 y' 的一次方程，解出 y'，即得隐函数的导数．

例 2　求由方程 $e^y+xy-e=0$ 所确定的隐函数 y 的导数 $\dfrac{dy}{dx}$．

解　方程两端皆对自变量 x 求导．注意到 y 为 x 的函数，根据复合求导法则，有

$$e^y\frac{dy}{dx}+y+x\frac{dy}{dx}=0,$$

所以
$$\frac{dy}{dx}=-\frac{y}{x+e^y}\quad(x+e^y\neq 0).$$

例 3　设由方程$\sqrt{x^2+y^2}=e^{\arctan\frac{y}{x}}$所确定的隐函数为$y=y(x)$，求$\frac{dy}{dx}$，$\frac{d^2y}{dx^2}$.

解　方程两边对x求导，注意到y是x的函数，有

$$\frac{1}{2\sqrt{x^2+y^2}}(2x+2y\cdot y')=e^{\arctan\frac{y}{x}}\cdot\frac{1}{1+\left(\frac{y}{x}\right)^2}\cdot\frac{y'x-y}{x^2},$$

即
$$\frac{x+yy'}{\sqrt{x^2+y^2}}=e^{\arctan\frac{y}{x}}\frac{y'x-y}{x^2+y^2},$$

注意到$\sqrt{x^2+y^2}=e^{\arctan\frac{y}{x}}$，有

$$x+yy'=y'x-y,$$

所以
$$y'=\frac{x+y}{x-y}.$$

上式两边再对x求导，注意到y还是x的函数，有

$$y''=\frac{(1+y')(x-y)-(x+y)(1-y')}{(x-y)^2}$$
$$=\frac{2(x^2+y^2)}{(x-y)^3}$$

在某些场合，利用**对数求导法**求导数比用通常的方法简便．这种方法是先在$y=f(x)$的两边取对数，然后再根据隐函数求导法则求出y的导数．

例 4　设$y=x^{\sin x}\,(x>0)$，求y'.

解　两边取对数，得

$$\ln y=\sin x\cdot\ln x,$$

两边求导，注意到y是x的函数，因此$\ln y$是x的复合函数，故

$$\frac{1}{y}y'=\cos x\cdot\ln x+\sin x\cdot\frac{1}{x},$$

于是
$$y'=y(\cos x\cdot\ln x+\sin x\cdot\frac{1}{x})=x^{\sin x}(\cos x\cdot\ln x+\frac{\sin x}{x}).$$

例 5　设$y=\frac{\sqrt{(x-1)(x-2)}}{\sqrt{(x-3)(x-4)}}$，求$y'$．

解　两边取对数(假定$x>4$)，得

$$\ln y=\frac{1}{2}[\ln(x-1)+\ln(x-2)-\ln(x-3)-\ln(x-4)],$$

上式两边对 x 求导，注意到 y 是 x 的函数，得

$$\frac{1}{y}y'=\frac{1}{2}\left(\frac{1}{x-1}+\frac{1}{x-2}-\frac{1}{x-3}-\frac{1}{x-4}\right),$$

于是

$$\begin{aligned}y'&=\frac{1}{2}y\left(\frac{1}{x-1}+\frac{1}{x-2}-\frac{1}{x-3}-\frac{1}{x-4}\right)\\&=\frac{1}{2}\sqrt{\frac{(x-1)(x-2)}{(x-3)(x-4)}}\left(\frac{1}{x-1}+\frac{1}{x-2}-\frac{1}{x-3}-\frac{1}{x-4}\right)\end{aligned}$$

当 $x<1$ 时，$y=\sqrt{\dfrac{(1-x)(2-x)}{(3-x)(4-x)}}$；

当 $2<x<3$ 时，$y=\sqrt{\dfrac{(x-1)(x-2)}{(3-x)(4-x)}}$；

用同样方法可得与上面相同的结果.

二、参数求导法则

一般地，若参数方程

$$\begin{cases}x=\varphi(t)\\y=\psi(t)\end{cases}\tag{1}$$

确定 y 与 x 间的函数关系 $y=y(x)$（或 $x=x(y)$），则称此函数关系所表达的函数为由参数方程（1）所确定的函数.

下面介绍借助于参数 t 求 $\dfrac{dy}{dx}$ 的方法，称为**参数求导法则**. 假定函数 $x=\varphi(t)$、$y=\psi(t)$ 都可导，且 $\varphi'(t)\neq0$. 于是根据复合求导法则与反函数导数公式，得

$$\frac{dy}{dx}=\frac{dy}{dt}\frac{dt}{dx}=\frac{dy}{dt}\frac{1}{\frac{dx}{dt}}=\frac{\psi'(t)}{\varphi'(t)},$$

即

$$\frac{dy}{dx}=\frac{\psi'(t)}{\varphi'(t)}\tag{2}$$

如果 $\varphi(t)$与 $\psi(t)$二阶可导，只要将（2）式再对 x 求导，注意到 $\dfrac{dy}{dx}$ 一般是 t 的函数，所以仍记住把 t 看作中间变量，运用复合求导法则和反函数的导数公式，得

$$\frac{d^2y}{dx^2}=\frac{d}{dx}\left(\frac{dy}{dx}\right)=\frac{d}{dt}\left(\frac{\psi'(t)}{\varphi'(t)}\right)\frac{dt}{dx}$$

$$=\frac{\psi''(t)\varphi'(t)-\psi'(t)\varphi''(t)}{[\varphi'(t)]^2}\frac{1}{\varphi'(t)}$$

$$=\frac{\psi''(t)\varphi'(t)-\psi'(t)\varphi''(t)}{[\varphi'(t)]^3},$$

即
$$\frac{\mathrm{d}^2y}{\mathrm{d}x^2}=\frac{\psi''(t)\varphi'(t)-\psi'(t)\varphi''(t)}{[\varphi'(t)]^3}.$$

在求二阶导数时，不必死套公式，而要掌握求导的思路.

例 6 求由方程 $\begin{cases}x=a\cos t\\ y=b\sin t\end{cases}$ $(0\leqslant t\leqslant 2\pi)$ 所确定的函数 y 对 x 的一阶、二阶导数.

解
$$\frac{\mathrm{d}y}{\mathrm{d}x}=\frac{\psi'(t)}{\varphi'(t)}=\frac{(b\sin t)'}{(a\cos t)'}=\frac{b\cos t}{-a\sin t}=-\frac{b}{a}\cot t,$$

$$\frac{\mathrm{d}^2y}{\mathrm{d}x^2}=\frac{\mathrm{d}}{\mathrm{d}t}\left(-\frac{b}{a}\cot t\right)\frac{1}{\frac{\mathrm{d}x}{\mathrm{d}t}}=\frac{b}{a}\csc^2 t\cdot\frac{1}{-a\sin t}=\frac{-b}{a^2\sin^3 t}$$

习 题 2-5

1．求下列函数的导数：

（1）$y=x^{2x}$；（2）$y=\left(\frac{x}{1+x}\right)^x$；（3）$x^y=y^x$

（4）$y=\sqrt[3]{\frac{x(x^2+1)}{(x^2-1)^2}}$；（5）$y=\frac{\sqrt{x+2}(3-x)^4}{(x+1)^5}$；（6）$y=\sqrt{x\cdot\sin x\cdot\sqrt{1-\mathrm{e}^x}}$；

2．求下列曲线在指定点处的切线方程和法线方程：

（1）$y\mathrm{e}^x+\ln y=1$ 在$(0,\ 1)$处；

（2）$\begin{cases}x=\sin t\\ y=\cos 2t\end{cases}$ 在$t=\frac{\pi}{6}$处．

3．验证由方程 $xy-\ln y=1$ 所确定的函数 y 满足方程

$$y^2+(xy-1)y'=0.$$

4．求过点（4，－2）且切于椭圆 $x^2+xy+y^2=3$ 的切线方程.

5．求由下列方程所确定的隐函数 y 的二阶导数 $\frac{\mathrm{d}^2y}{\mathrm{d}x^2}$：

（1）$x^2-y^2=1$；（2）$y=\tan(x+y)$；

（3）$y=1+x\mathrm{e}^y$；（4）$b^2x^2+a^2y^2=a^2b^2$；

（5）$\mathrm{e}^x+xy=\mathrm{e}$，求 $\frac{\mathrm{d}^2y}{\mathrm{d}x^2}\big|_{x=1}$；（6）$x^3+x^2y+y^3=a^3$，求 $\frac{\mathrm{d}^2y}{\mathrm{d}x^2}\big|_{x=0}$；

6 求下列参数方程所确定的函数的导数：

（1）$\begin{cases}x=a\cos^3\varphi\\y=a\sin^3\varphi\end{cases}$，求$\dfrac{\mathrm{d}y}{\mathrm{d}x},\dfrac{\mathrm{d}^2y}{\mathrm{d}x^2}$；　　（2）$\begin{cases}x=1-t^2\\y=t-t^3\end{cases}$，求$\dfrac{\mathrm{d}y}{\mathrm{d}x},\dfrac{\mathrm{d}^2y}{\mathrm{d}x^2}$.

第六节　函数的微分

一、微分的概念

1. 微分的定义

先讨论一个实例.

例　设一块正方形金属薄片受温度变化的影响，其边长由 x_0 变到 $x_0+\Delta x$（如图 2-7 所示），问此薄片的面积改变了多少？

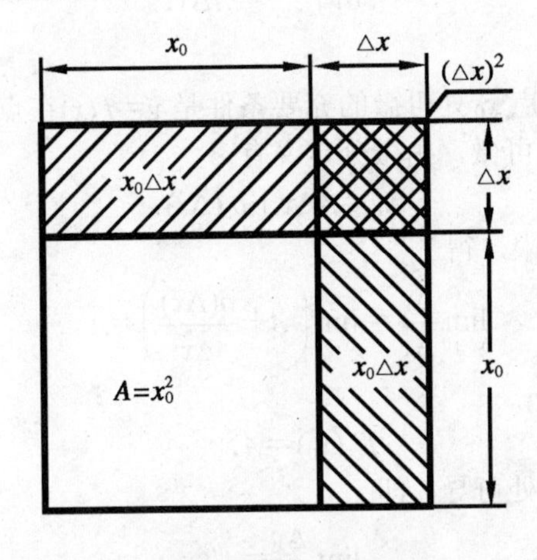

习题 2-7

解　设正方形的边长等于 x，则正方形的面积 $A=x^2$. 薄片受温度变化的影响对面积的改变量，可看成是当自变量 x 从 x_0 变到 $x_0+\Delta x$ 时，函数 A 相应的改变量 ΔA，即

$$\begin{aligned}\Delta A&=(x_0+\Delta x)^2-x_0^2\\&=2x_0\Delta x+(\Delta x)^2\end{aligned}$$

从上式可以看出，ΔA 可分为两部分. 第一部分 $2x_0\Delta x$ 为 Δx 的线性函数，即图 2-7 中带有斜线的两个矩形面积之和，它是面积改变量的主要部分. 第二部分 $(\Delta x)^2$，当 $\Delta x\to 0$ 时是比 Δx 高阶的无穷小，即 $(\Delta x)^2=o(\Delta x)\ (\Delta x\to 0)$. 它在图中是带有交叉斜线的小正方形面积. 由此可见，如果边长改变很小，即 $|\Delta x|$ 很小时，面积的改变量 ΔA 可近似地用第一部分来代替. 即

$$\Delta A\approx 2x_0\Delta x.$$

一般地，如果函数 $y=f(x)$满足一定条件，则函数的改变量 Δy 可表示为

$$\Delta y=A\Delta x+o(\Delta x),$$

其中 A 是不依赖于 Δx 的常数，因此 $A\Delta x$ 是 Δx 的线性函数，且 Δy 与 $A\Delta x$ 之差是比 Δx 高阶的无穷小，即

$$\Delta y-A\Delta x=o(\Delta x).$$

所以，当 $A\neq 0$，且 $|\Delta x|$ 很小时，我们就可以近似地用 $A\Delta x$ 来代替 Δy.

定义 设函数 $y=f(x)$在某区间内有定义，x_0 及 $x_0+\Delta x$ 在这区间内，如果函数的改变量 $\Delta y=f(x_0+\Delta x)-f(x_0)$可表示为

$$\Delta y=A\Delta x+o(\Delta x),$$

其中 A 是不依赖于 Δx 的常数，而 $o(\Delta x)$是比 Δx 高阶的无穷小，那么称函数 $y=f(x)$在点 x_0 **可微**，而 $A\Delta x$ 称为函数 $y=f(x)$在点 x_0 相应于自变量改变量 Δx 的**微分**，记作 $\mathrm{d}y|_{x=x_0}$，即

$$\mathrm{d}y|_{x=x_0}=A\Delta x.$$

2．函数可微的条件

定理 函数 $y=f(x)$在点 x_0 处可微的充要条件是 $y=f(x)$在点 x_0 处可导.

证 设 $y=f(x)$在点 x_0 可微，由微分定义有

$$\Delta y=A\Delta x+o(\Delta x),$$

上式两端除以 Δx，再取极限，得

$$\lim_{\Delta x\to 0}\frac{\Delta y}{\Delta x}=\lim_{\Delta x\to 0}\left(A+\frac{o(\Delta x)}{\Delta x}\right)=A,$$

即 $y=f(x)$在 x_0 处可导，且

$$f'(x_0)=A.$$

反之，设 $y=f(x)$在 x_0 处可导，即

$$\lim_{\Delta x\to 0}\frac{\Delta y}{\Delta x}=f'(x_0),$$

由极限与无穷小的关系，有

$$\frac{\Delta y}{\Delta x}=f'(x_0)+\alpha,$$

其中 $\lim\limits_{\Delta x\to 0}\alpha=0$，由此有

$$\Delta y=f'(x_0)\Delta x+\alpha\Delta x,$$

因 $\alpha\Delta x=o(\Delta x)$，且 $f'(x_0)$ 不依赖于 Δx，根据微分定义，$y=f(x)$在点 x_0 处可微. **证毕**

由定理证明可见，函数 $y=f(x)$在 x_0 处可导与在 x_0 处可微是等价的，且当 $f(x)$在 x_0 处可微时，其微分

$$\mathrm{d}y|_{x=x_0}=f'(x_0)\Delta x.$$

若函数 $y=f(x)$在某一区间 I 内每一点处都可微，则称函数 $y=f(x)$**在区间 I 内可微**. 函

数在区间内任意点 x 的微分称为函数的微分，记作 $\mathrm{d}y$ 或 $\mathrm{d}f(x)$，即

$$\mathrm{d}y=f'(x)\Delta x .$$

特别地，当 $f(x)=x$ 时，$\mathrm{d}f(x)=\mathrm{d}x=(x)'\Delta x=\Delta x$，即自变量 x 的微分 $\mathrm{d}x$ 等于自变量 x 的改变量 Δx．于是，函数 $y=f(x)$ 在点 x 处的微分 $\mathrm{d}y$ 又可写作

$$\mathrm{d}y=f'(x)\mathrm{d}x$$

从而有

$$\frac{\mathrm{d}y}{\mathrm{d}x}=f'(x) .$$

这就是说，函数的微分 $\mathrm{d}y$ 与自变量的微分 $\mathrm{d}x$ 之商等于该函数的导数，因此，导数也叫做**微商**．

显然，函数的微分 $\mathrm{d}y=f'(x)\Delta x$ 与 x 和 Δx 有关．

例 1　求函数 $y=x^2$ 在 $x=1$ 和 $x=3$ 处的微分．

解　函数 $y=x^2$ 在 $x=1$ 处的微分为

$$\mathrm{d}y\big|_{x=1}=(x^2)'\big|_{x=1}\mathrm{d}x=2\mathrm{d}x ;$$

在 $x=3$ 处的微分为

$$\mathrm{d}y\big|_{x=3}=(x^2)'\big|_{x=3}\mathrm{d}x=6\mathrm{d}x .$$

例 2　求函数 $y=x^3$ 当 $x=2$，$\Delta x=0.02$ 时的微分．

解　先求函数在任意点 x 的微分，

$$\mathrm{d}y=(x^3)'\mathrm{d}x=3x^2\mathrm{d}x,$$

再求函数当 $x=2$，$\mathrm{d}x=\Delta x=0.02$ 时的微分，

$$\mathrm{d}y\big|_{\substack{x=2\\ \mathrm{d}x=0.02}}=3x^2\mathrm{d}x\big|_{\substack{x=2\\ \mathrm{d}x=0.02}}=3\cdot 2^2\cdot 0.02=0.24 .$$

例 3　求函数 $y=\dfrac{x}{1-x^2}$ 的微分．

解　$$y'=\frac{1-x^2-x(-2x)}{(1-x^2)^2}=\frac{1+x^2}{(1-x^2)^2} .\qquad \mathrm{d}y=\frac{1+x^2}{(1-x^2)^2}\mathrm{d}x$$

当 $f(x)$ 在 x_0 处可微时，Δy 与 Δx 有下列关系：

$$\Delta y=f'(x_0)\Delta x+o(\Delta x).$$

因此在 $f'(x_0)\neq 0$ 的条件下，我们称 $\mathrm{d}y=f(x_0)\Delta x$ 是 Δy 的**线性主部**．

二、微分的运算法则

1．基本初等函数的微分公式

（1）$\mathrm{d}C=0$（C 为常数）；　　（2）$\mathrm{d}x^{\mu}=\mu x^{\mu-1}\mathrm{d}x$（$\mu$ 为常数）；

（3）$da^x=a^x\ln a dx$（$a>0$，$a\neq1$）； （4）$de^x=e^x dx$；

（5）$d\log_a x=\dfrac{1}{x\ln a}dx$ （$a>0$，$a\neq1$）； （6）$d\ln x=\dfrac{1}{x}dx$；

（7）$d\sin x=\cos x dx$； （8）$d\cos x=-\sin x dx$；

（9）$d\tan x=\sec^2 x dx$； （10）$d\cot x=-\csc^2 x dx$；

（11）$d\sec x=\sec x\tan x dx$； （12）$d\csc x=-\csc x\cot x dx$；

（13）$d\arcsin x=\dfrac{1}{\sqrt{1-x^2}}dx$； （14）$d\arccos x=\dfrac{-1}{\sqrt{1-x^2}}dx$；

（15）$d\arctan x=\dfrac{1}{1+x^2}dx$； （16）$d\operatorname{arccot} x=\dfrac{-1}{1+x^2}dx$.

2．四则微分法则

（1）$d[u(x)\pm v(x)]=du(x)\pm dv(x)$；

（2）$d[u(x)v(x)]=v(x)du(x)+u(x)dv(x)$；

（3）$d[cu(x)]=cdu(x)$（c 为常数）；

（4）$d\left[\dfrac{u(x)}{v(x)}\right]=\dfrac{v(x)du(x)-u(x)dv(x)}{v^2(x)}$ $[v(x)\neq0]$.

由函数的四则求导法则可推得上面的法则．下面仅对乘积的微分法则进行推导：

设 $u=u(x)$，$v=v(x)$，则

$$d(uv)=(uv)'dx=(u'v+uv')dx$$
$$=u(u'dx)+u(v'dx)=vdu+udv.$$

3．复合微分法则

根据微分的定义，当 u 是自变量时，函数 $y=f(u)$的微分是

$$dy=f'(u)du,$$

此时 $du=\Delta u$.

现在，设 $y=f(u)$，而 $u=\varphi(x)$，由于

$$dy=f'(u)\varphi'(x)dx,$$

但 $\varphi'(x)dx=du$，所以，复合函数 $y=f[\varphi(x)]$ 的微分公式也可以写成

$$dy=f'(u)du$$

由此可见，无论 u 是自变量还是可微的中间变量，函数 $y=f(u)$的微分总保持同一形式

$$dy=f'(u)du.$$

这就是函数的**复合微分法则**，这一性质称为**微分形式不变性**.

例 4 设 $y=\sin(2x+1)$，求 dy.

解 把 $2x+1$ 看成中间变量 u，则

$$dy=d(\sin u)=\cos u du=\cos(2x+1)d(2x+1)=\cos(2x+1)\cdot 2dx=2\cos(2x+1)dx$$

例 5　求 $x^2+2xy-y^2=a^2$ 确定的隐函数 $y=f(x)$ 的微分 dy.

解　根据复合微分法则，方程两端求微分

$$2xdx+2ydx+2xdy-2ydy=0,$$

$$(y-x)dy=(x+y)dx,$$

故有

$$dy=\frac{(x+y)}{(y-x)}dx$$

例 6　在下列等式的括号中填入适当的函数，使等式成立.

（1）d（　）$=xdx$；

（2）d（　）$=\cos\omega t dt$.

解　（1）我们知道 $d(x^2)=2xdx$.

可见

$$xdx=\frac{1}{2}d(x^2)=d(\frac{x^2}{2}),$$

即

$$d(\frac{x^2}{2})=xdx.$$

一般地，有 $d(\frac{x^2}{2}+C)=xdx$（C 为任意常数）.

（2）因为　$d(\sin\omega t)=\omega\cos\omega t dt$

可见

$$\cos\omega t dt=\frac{1}{\omega}d(\sin\omega t)=d(\frac{1}{\omega}\sin\omega t),$$

即

$$d(\frac{1}{\omega}\sin\omega t)=\cos\omega t dt.$$

一般地，有 $d(\frac{1}{\omega}\sin\omega t+C)=\cos\omega t dt$（$C$ 为任意常数）.

习 题 2-6

1．已知 $y=x^3-x$，在 $x=2$ 时计算当 Δx 分别等于 1，0.1，0.01 时的 Δy 及 dy.

2．求下列函数在指定点的导数与微分：

（1）$y=\frac{1}{x}$，$x=1$；　　（2）$y=\ln x$，$x=1$

（3）$y=\cos x$，$x=0$；　　（4）$y=\sin 2x$，$x=\frac{\pi}{4}$

3．设 u，v 是 x 的可微函数，求 dy：

（1）$y=uv^{-2}$；　　（2）$y=-\frac{1}{2}(u^2+v^2)$

（3）$y=\arctan\frac{u}{v}$；　　（4）$y=\ln\sin(u+v)$.

4．求下列函数的微分：

（1）$y=(1-x^2)^n$；（2）$y=\sqrt{x+\sqrt{x^2+1}}$

（3）$y=\dfrac{x^{2n}}{(1+x^2)^n}$；（4）$y=\sqrt{\arcsin\sqrt{x}}$

（5）$y=\ln^2(x+\sqrt{1+x^2})$；（6）$y=e^x+e^{e^x}+e^{e^{2x}}$．

5．将适当的函数填入下列括号内，使等式成立：

（1）$d(\quad)=2dx$；（2）$d(\quad)=3xdx$；

（3）$d(\quad)=\cos tdt$；（4）$d(\quad)=\sin\omega xdx$；

（5）$d(\quad)=\dfrac{1}{1+x}dx$；（6）$d(\quad)=e^{-2x}dx$；

（7）$d(\quad)=\dfrac{1}{\sqrt{x}}dx$；（8）$d(\quad)=\sec^2 3xdx$；

6．证明对于线性函数$y=ax+b$，其函数改变量Δy与微分dy相同．

7．设$f(x)=2\sqrt{x-\sin^2 x}\ (x>0)$，当$x$有微小改变量$\Delta x$时，求$f(x)$改变量的线性主部．

第七节　微分学中值定理

本节中我们利用导数的几何意义，很容易地得到三个重要定理，即微分学中值定理，它们是微分学的基本定理．今后我们将会看到它们在微积分的理论和应用中均占有重要地位．

一、罗尔定理（Rolle）　若函数$f(x)$在闭区间$[a, b]$上连续，在开区间(a, b)内可导，且在区间端点的函数值相等，即$f(a)=f(b)$，则在(a, b)内至少有一点$\xi\ (a<\xi<b)$，使得$f'(\xi)=0$．

根据导数的几何意义，罗尔定理有着明显的几何解释．在图2-8中，设函数$y=f(x)$ $(a\leqslant x\leqslant b)$的图形是曲线弧$\overset{\frown}{AB}$．罗尔定理的三个条件分别表示，$\overset{\frown}{AB}$是一条连续的曲线弧，除端点外，处处具有不垂直于$x$轴的切线，且两个端点的纵坐标相等．则显然有结论：在曲线弧$\overset{\frown}{AB}$上至少有一点C，在该点处曲线的切线是水平的．

罗尔定理的分析证明在其他参考书中可以找见，这里从略了．

取消$f(a)=f(b)$的条件，可将罗尔定理改造成下面更重要的拉格朗日中值定理．

二、拉格朗日中值定理（Lagrange）如果函数$f(x)$在闭区间$[a, b]$上连续，在开区间(a, b)内可导，则在(a, b)内至少有一点$\xi\ (a<\xi<b)$，使等式

$$f(b)-f(a)=f'(\xi)(b-a) \tag{1}$$

成立．

拉格朗日中值定理的几何意义也是显然的．首先，拉格朗日中值定理的结论(1)式可以

变形为

$$\frac{f(b)-f(a)}{b-a}=f'(\xi)$$

由图 2-9 可以看出，$\dfrac{f(b)-f(a)}{b-a}$ 为弦 $\widehat{AB}$ 的斜率，而 $f'(\xi)$ 为曲线在点 C 处的切线斜率．而当连续曲线 $y=f(x)$ 的弧 $\widehat{AB}$ 上除端点外处处具有不垂直于 Ox 轴的切线时，弧 $\widehat{AB}$ 上确实至少有一点 C，使曲线在点 C 处的切线平行于弦 $\overline{AB}$．定理的分析证明从略了，我们再作如下几点说明：

1．拉格朗日中值定理是罗尔定理的推广．

2．$b<a$ 时，公式（1）仍成立，均称为**拉格朗日中值公式**（或**微分学中值公式**）．

3．公式（1）的几种变形：

（1）$f(b)-f(a)=f'[a+\theta(b-a)](b-a) \quad (0<\theta<1)$，

（2）$f(x+\Delta x)-f(x)=f'(x+\theta\Delta x)\Delta x \quad (0<\theta<1)$

或

$$\Delta y=f'(x+\theta\Delta x)\Delta x \quad (0<\theta<1) \tag{2}$$

公式（2）称为**有限增量公式**．因此拉格朗日中值定理又称为**有限增量定理**或**微分中值定理**．与 $\Delta y\approx f'(x)\mathrm{d}x$ 相比，有限增量公式是精确表达式，有着更重要的理论价值．

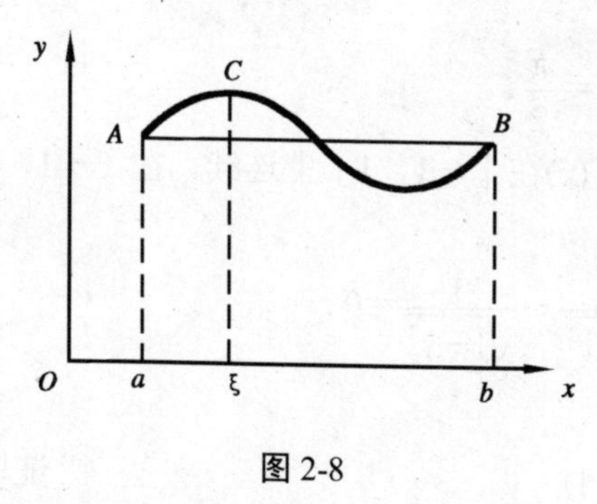

图 2-8

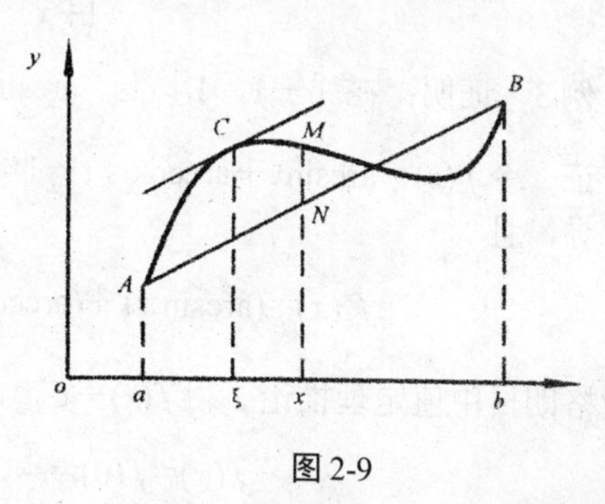

图 2-9

由拉格朗日中值定理，可推出以下两个重要推论．

推论 1 设函数 $f(x)$ 在 (a,b) 内可导，则 $f'(x)\equiv 0\ (x\in(a,b))$ 的充要条件是 $f(x)\equiv c$（常数）$(x\in(a,b))$．

推论 2 设函数 $f(x)$ 与 $g(x)$ 在 (a,b) 内可导，则 $f'(x)\equiv g'(x)\ (x\in(a,b))$ 的充要条件是 $f(x)\equiv g(x)+C\ (x\in(a,b))$，其中 C 为常数．

例 1 设 $f(x)=(x+1)(x-1)(x-2)$．证明 $f'(x)=0$ 有两个实根，并指出它们所在的区间（不具体求出导数）．

证 显然 $f(x)$ 在 $(-\infty,+\infty)$ 内连续，可导，且 $f(-1)=f(1)=f(2)=0$．由罗尔定理可知，在区间 $(-1,1)$ 和 $(1,2)$ 内分别至少有 ξ_1 和 ξ_2，使得 $f'(\xi_1)=f'(\xi_2)=0$．所以方

程 $f'(x)=0$ 至少有两个实根分别在（-1，1）和(1，2)内．又 $f'(x)=0$ 是一个不高于 2 次的代数方程，由代数学基本定理知 $f'(x)$ 最多有两个实根．因此 $f'(x)=0$ 恰有两个实根且分别在（-1，1）和（1，2）内．

例 2 证明：当 $x>0$ 时，$\frac{1}{1+x}<\ln(1+x)<x$．

证 设 $f(x)=\ln(1+x)$，显然 $f(x)$ 在区间［0，x］上满足拉格朗日中值定理的条件，根据定理，应有

$$f(x)-f(0)=f'(\xi)(x-0),\quad 0<\xi<x$$

由于 $f(0)=0$，$f'(x)=\frac{1}{1+x}$，因此上式即为

$$\ln(1+x)=\frac{x}{1+\xi}.$$

又由 $0<\xi<x$，有

$$\frac{x}{1+x}<\frac{x}{1+\xi}<x,$$

即

$$\frac{x}{1+x}<\ln(1+x)<x$$

证毕

例 3 证明：在［-1，1］上，$\arcsin x+\arccos x=\frac{\pi}{2}$．

证 令 $f(x)=\arcsin x+\arccos x$，$-1\leqslant x\leqslant 1$，则 $f(x)$ 在［-1，1］上连续，在（-1，1）内可导，且

$$f'(x)=(\arcsin x)'+(\arccos x)'=\frac{1}{\sqrt{1-x^2}}-\frac{1}{\sqrt{1-x^2}}=0.$$

由拉格朗日中值定理推论 1 得 $f(x)\equiv C$，故

$$f(x)=f(0)=\frac{\pi}{2}\quad(-1\leqslant x\leqslant 1)$$

证毕

例 4 设 $\frac{a_0}{n+1}+\frac{a_1}{n}+\cdots+\frac{a_{n-1}}{2}+a_n=0$，试证明方程

$$a_0x^n+a_1x^{n-1}+\cdots+a_{n-1}x+a_n=0$$

在 0 与 1 之间至少有一实根．

证 设

$$f(x)=\frac{a_0}{n+1}x^{n+1}+\frac{a_1}{n}x^n+\cdots+\frac{a_{n-1}}{2}x^2+a_nx,$$

则 $f(x)$ 在闭区间［0，1］上连续，在开区间（0，1）内可导，且

$$f(0)=0,\ f(1)=\frac{a_0}{n+1}+\frac{a_1}{n}+\cdots+\frac{a_{n-1}}{2}+a_n=0,$$

由罗尔定理知，在(0，1)内至少存在一点ξ，使$f'(\xi)=0$，而

$$f'(x)=a_0x^n+a_1x^{n-1}+\cdots+a_{n-1}x+a_n,$$

即

$$a_0\xi^n+a_1\xi^{n-1}+\cdots+a_{n-1}\xi+a_n=0,$$

ξ为方程$a_0x^n+a_1x^{n-1}+\cdots+a_{n-1}x+a_n=0$在（0，1）内的一个实根．　　证毕

三、柯西中值定理（Cauchy）　如果函数$f(x)$与$g(x)$在闭区间［a，b］上连续，在开区间（a，b）内可导，且$g'(x)$在（a，b）内每一点处均不为零，则在（a，b）内至少有一点ξ，使等式

$$\frac{f(b)-f(a)}{g(b)-g(a)}=\frac{f'(\xi)}{g'(\xi)} \tag{3}$$

成立．

证略．

此定理中，如果$g(x)=x$，则$g(b)-g(a)=b-a$，$g'(x)=1$，那么(3)式可写成

$$\frac{f(b)-f(a)}{b-a}=f'(\xi).$$

这就是拉格朗日中值公式，因此柯西中值定理是拉格朗日中值定理的推广．

习 题 2-7

1．验证罗尔定理对函数$f(x)=\dfrac{1}{1+x^2}$在区间［-2，2］上的正确性．

2．验证拉格朗日中值定理对函数$f(x)=4x^3-5x^2+x-2$在区间［0，1］上的正确性．

3．不用求出函数$f(x)=(x-1)(x-2)(x-3)(x-4)$的导数，说明方程$f'(x)=0$有几个实根，并指出它们所在的区间．

4．用中值定理证明以下不等式

（1）当$a>b>0$，$n>1$时　$nb^{n-1}(a-b)<a^n-b^n<na^{n-1}(a-b)$；

（2）当$a>b>0$时，　$\dfrac{a-b}{a}<\ln\dfrac{a}{b}<\dfrac{a-b}{b}$；

（3）$|\sin a-\sin b|\leqslant|a-b|$；

（4）$e^x>xe$（$x>1$）．

第三章 不 定 积 分

上一章我们介绍了一元函数微分学，讨论了如何从已知函数求出其导函数的问题，本章将研究它的反问题，即求一个函数，使其导函数恰好是某一个已知函数，这是积分学的基本问题之一.

第一节 不定积分的概念与性质

一、原函数与不定积分概念

在前面微分学部分我们曾经讨论了若一质点作变速直线运动，其运动方程（路程与时间的关系）为 $s=s(t)$，则其运动速度为 $v(t)=s'(t)$. 但在实际生活中常常需要解决相反的问题：已知运动速度 $v(t)$，将运动方程即路程函数 $s(t)$ 还原出来. $s(t)$ 称为 $v(t)$ 的原函数.

定义 1 设函数 $F(x)$ 与 $f(x)$ 在区间 I 上都有定义，若在 I 上 $F'(x)=f(x)$，则称 $F(x)$ 为 $f(x)$ 在区间 I 上的一个**原函数**.

例如，$\sin x$ 是 $\cos x$ 在（$-\infty$，$+\infty$）上的一个原函数，因为 $(\sin x)'=\cos x$；$\frac{1}{5}x^5$ 是 x^4 在区间（$-\infty$，$+\infty$）上的一个原函数，因为 $(\frac{1}{5}x^5)'=x^4$.

研究原函数，必须解决以下两个重要问题：

第一，在什么条件下，一个函数的原函数存在？如果存在，是否只有一个？

第二，若已知某函数的原函数存在，怎样把它求出来？

关于第一个问题，我们有下面两个定理：

定理 1（原函数存在定理）若函数 $f(x)$ 在区间 I 上连续，则 $f(x)$ 在 I 上存在原函数 $F(x)$. 这就是说，连续函数一定有原函数.

由于初等函数在其有定义的区间上是连续的，因此从定理 1 可知每个初等函数在其定义区间上都有原函数.

定理 2 设 $F(x)$ 是 $f(x)$ 在区间 I 上的一个原函数，则

（1）$F(x)+c$ 也是 $f(x)$ 在区间 I 上的一个原函数，其中 c 为任意常数.

（2）$f(x)$在区间 I 上的任一原函数都可表示成 $F(x)+c$ 的形式.

证　先证（1）. 因为在 I 上，$(F(x)+c)'=F'(x)=f(x)$，所以 $F(x)+c$ 也是 $f(x)$在区间 I 上的一个原函数.

再证（2）.设 $\Phi(x)$也是 $f(x)$在区间 I 上的一个原函数，则在区间 I 上有

$$[\Phi(x)-F(x)]'=\Phi'(x)-F'(x)=f(x)-f(x)\equiv 0$$

根据拉格朗日中值定理有

$$\Phi(x)-F(x)\equiv c$$

即

$$\Phi(x)=F(x)+c$$

由 $\Phi(x)$的任意性即得所要证的结果.　**证毕**

这个定理表明，如果一个函数有原函数，则必有无穷多个，且它们彼此间相差一个常数. 根据原函数的这种性质我们引入下面定义.

定义 2　$f(x)$ 在区间 I 上的全体原函数称为 $f(x)$在 I 上的**不定积分**，记作

$$\int f(x)\mathrm{d}x$$

其中 $\int$ 为**积分号**，$f(x)$称为**被积函数**，$f(x)\mathrm{d}x$ 称为**被积表达式**，x 称为**积分变量**.

由此定义及定理 2，若 $F(x)$为 $f(x)$在区间 I 上的一个原函数，则

$$\int f(x)\mathrm{d}x=F(x)+c$$

其中 c 为任意常数.

例如

$$\int \cos x\mathrm{d}x=\sin x+c$$

$$\int x^4\mathrm{d}x=\frac{1}{5}x^5+c$$

例 1　验证 $\int a^x\mathrm{d}x=\dfrac{a^x}{\ln a}+c\quad(a>0,\ a\neq 1)$

证　由

$$\left(\frac{a^x}{\ln a}\right)'=\frac{1}{\ln a}(a^x)'=\frac{1}{\ln a}\cdot a^x\ln a=a^x$$

知 $\dfrac{a^x}{\ln a}$ 是 a^x 的一个原函数，所以原式成立.

例 2　验证 $\int\dfrac{1}{x}\mathrm{d}x=\ln|x|+c\quad(x\neq 0)$

证　当 $x>0$ 时，$(\ln|x|)'=(\ln x)'=\dfrac{1}{x}$

当 $x<0$ 时，$(\ln|x|)'=(\ln(-x))'=\dfrac{1}{-x}\cdot(-x)=\dfrac{1}{x}$

无论 x 大于 0 还是小于 0，$\ln|x|$ 都是 $\frac{1}{x}$ 的一个原函数，故原式成立.

例 3 设曲线过点(1，0)，且其任一点处的切线斜率等于这点横坐标的两倍，求此曲线的方程.

解 设所求曲线的方程为 $y=F(x)$，由题设曲线上任意一点(x, y)处切线的斜率为

$$\frac{dy}{dx}=2x$$

即 $F(x)$是 $2x$ 的一个原函数．因为 $\int 2x\mathrm{d}x=x^2+c$

故必存在一常数 c 使 $F(x)=x^2+c$，即曲线方程为 $y=x^2+c$（对于任意常数 c，$y=x^2+c$ 表示一族平行曲线)，又所求曲线通过点(1，0)，所以

$$0=1^2+c,\quad c=-1$$

于是所求曲线方程为

$$y=x^2-1$$

二、基本积分公式

怎样求原函数（即求一给定函数的不定积分）呢？由不定积分 $\int f(x)\mathrm{d}x=F(x)+c$，其中 $F'(x)=f(x)$知，求原函数是求导数的逆运算，从而由每一个基本初等函数的导数公式，就可相应地得到一个不定积分公式．现将最常用的基本公式（基本积分表）列出如下：

1． $\int 0\mathrm{d}x=c$； 2． $\int 1\mathrm{d}x=x+c$ （常简写为 $\int \mathrm{d}x=x+c$）；

3． $\int x^{\mu}\mathrm{d}x=\frac{1}{\mu+1}x^{\mu+1}+c$；$(\mu\neq-1,\ x>0)$； 4． $\int \frac{1}{x}\mathrm{d}x=\ln|x|+c$ $(x\neq 0)$；

5． $\int \mathrm{e}^x\mathrm{d}x=\mathrm{e}^x+c$； 6． $\int a^x\mathrm{d}x=\frac{1}{\ln a}a^x+c$ $(a>0,\ a\neq 1)$；

7． $\int \cos x\mathrm{d}x=\sin x+c$； 8． $\int \sin x\mathrm{d}x=-\cos x+c$；

9． $\int \sec^2 x\mathrm{d}x=\tan x+c$； 10． $\int \csc^2 x\mathrm{d}x=-\cot x+c$；

11． $\int \sec x\tan x\mathrm{d}x=\sec x+c$； 12． $\int \csc x\cot x\mathrm{d}x=-\csc x+c$；

13． $\int \frac{1}{\sqrt{1-x^2}}\mathrm{d}x=\arcsin x+c$； 14． $\int \frac{1}{\sqrt{1+x^2}}\mathrm{d}x=\arctan x+c$．

以上基本积分公式是求不定积分的基础，读者应牢牢记住.

例 4 求 $\int \frac{\mathrm{d}x}{x\sqrt{x\sqrt{x}}}$．

解
$$\frac{1}{x\sqrt{x\sqrt{x}}}=\frac{1}{x(x\cdot x^{\frac{1}{2}})^{\frac{1}{2}}}=x^{-\frac{7}{4}}$$

在基本积分公式 3 中，取 $u=-\frac{7}{4}$ 得

$$\int\frac{1}{x\sqrt{x\sqrt{x}}}\mathrm{d}x=\int x^{-\frac{7}{4}}\mathrm{d}x=-\frac{4}{3}x^{-\frac{3}{4}}+c .$$

例 5　求 $\int 3^x\mathrm{e}^{2x}\mathrm{d}x$.

解　因为
$$3^x\mathrm{e}^{2x}=(3\mathrm{e}^2)^x$$
所以在积分公式 6 中取 $a=3\mathrm{e}^2$，便得

$$\int 3^x\mathrm{e}^{2x}\mathrm{d}x=\int(3\mathrm{e}^2)^x\mathrm{d}x=\frac{1}{\ln(3\mathrm{e}^2)}(3\mathrm{e}^2)^x+c=\frac{3^x\mathrm{e}^{2x}}{\ln 3+2}+c$$

三、不定积分的性质

根据不定积分的定义，可以推得它有如下性质：

性质 1　$\left[\int f(x)\mathrm{d}x\right]'=f(x)$.

性质 2　$\int f'(x)\mathrm{d}x=f(x)+c$.

从以上两性质可进一步看出，在不计相差一个常数的情况下，求导运算和不定积分运算相互抵消，即求导数与求积分互为逆运算．同时应注意，性质 2 中等式右端的任意常数 c 不能丢掉，因为等式左端是一个不定积分．

由导数的线性运算法则，可推得下面不定积分运算的线性性质．

性质 3　$\int kf(x)\mathrm{d}x=k\int f(x)\mathrm{d}x$.

性质 4　$\int[f(x)\pm g(x)]\mathrm{d}x=\int f(x)\mathrm{d}x\pm\int g(x)\mathrm{d}x$.

下面对性质 4 予以证明，其他类似可得．

因为

$$\left[\int f(x)\mathrm{d}x\pm\int g(x)\mathrm{d}x\right]'=\left[\int f(x)\mathrm{d}x\right]'\pm\left[\int g(x)\mathrm{d}x\right]'=f(x)\pm g(x)$$

即 $\int f(x)\mathrm{d}x\pm\int g(x)\mathrm{d}x$ 为 $f(x)\pm g(x)$ 的原函数．又由于 $\int f(x)\mathrm{d}x$ 与 $\int g(x)\mathrm{d}x$ 中都含任意常数，而任意常数的和或差仍为任意常数，所以 $\int f(x)\mathrm{d}x\pm\int g(x)\mathrm{d}x$ 为 $f(x)\pm g(x)$ 的全体原函数，即不定积分．　**证毕**

性质 3 与性质 4 合并，且可推广到有限个函数的情况：

$$\int[k_1f_1(x)+k_2f_2(x)+\cdots+k_nf_n(x)]\,\mathrm{d}x$$
$$=k_1\int f_1(x)\mathrm{d}x+k_2\int f_2(x)\mathrm{d}x+\cdots+k_n\int f_n(x)\mathrm{d}x\,.$$

根据上述性质及基本积分表，可求得较简单的函数的不定积分.

例 6 求 $I=\int\frac{(x-\sqrt{x})\,(1+\sqrt{x})}{\sqrt[3]{x}}\mathrm{d}x$.

解 $I=\int\frac{x\sqrt{x}-\sqrt{x}}{\sqrt[3]{x}}\mathrm{d}x=\int(x^{\frac{7}{6}}-x^{\frac{1}{6}})\mathrm{d}x=\int x^{\frac{7}{6}}\mathrm{d}x-\int x^{\frac{1}{6}}\mathrm{d}x=\frac{6}{13}x^{\frac{13}{6}}-\frac{6}{7}x^{\frac{7}{6}}+c$.

例 7 求 $I=\int(\sin x+10^x-\frac{3}{\sqrt{1-x^2}}+\frac{2}{x})\mathrm{d}x$

解
$$I=\int\sin x\mathrm{d}x+\int10^x\,\mathrm{d}x-3\int\frac{1}{\sqrt{1-x^2}}\mathrm{d}x+2\int\frac{1}{x}\,\mathrm{d}x$$
$$=-\cos x+\frac{10^x}{\ln10}-3\arcsin x+2\ln|x|+c\,.$$

例 8 求一般多项式函数
$$p(x)=a_0+a_1x+a_2x^2+\cdots+a_nx^n$$
的不定积分，其中 a_0，a_1，a_2，…，a_n 为常数.

解
$$\int p(x)\mathrm{d}x=\int a_0\mathrm{d}x+a_1\int x\mathrm{d}x+a_2\int x^2\mathrm{d}x+\cdots+a_n\int x^n\mathrm{d}x$$
$$=c+a_0x+\frac{a_1}{2}x^2+\frac{a_2}{3}x^3+\cdots+\frac{a_n}{n+1}x^{n+1}$$

例 9 求 $\int\frac{2x^2}{1+x^2}\mathrm{d}x$.

解 $\int\frac{2x^2}{1+x^2}\mathrm{d}x=2\int\frac{1+x^2-1}{1+x^2}\mathrm{d}x=2\int(1-\frac{1}{1+x^2})\mathrm{d}x=2\int\mathrm{d}x-2\int\frac{1}{1+x^2}\mathrm{d}x=2x-2\arctan x+c$

例 10 求 $I=\int\frac{1+2x^2}{x^2(1+x^2)}\mathrm{d}x$.

解 $I=\int\frac{1+x^2+x^2}{x^2(1+x^2)}\mathrm{d}x=\int\frac{1}{x^2}\mathrm{d}x+\int\frac{1}{1+x^2}\mathrm{d}x=-\frac{1}{x}+\arctan x+c$

例 11 求 $\int\tan^2x\mathrm{d}x$.

解 $\int\tan^2x\mathrm{d}x=\int(\sec^2x-1)\mathrm{d}x=\int\sec^2x\mathrm{d}x-\int\mathrm{d}x=\tan x-x+c$

例 12 求 $I=\int\frac{1}{\sin^2\frac{x}{2}\cos^2\frac{x}{2}}\mathrm{d}x$.

解　$$I=\int\frac{1}{\left(\frac{\sin x}{2}\right)^2}\mathrm{d}x=4\int\frac{1}{\sin^2 x}\mathrm{d}x=4\int\csc^2 x\mathrm{d}x=-4\cot x+c$$

习 题 3-1

1．一曲线通过点 $(\mathrm{e}^2, 3)$，且任一点处切线的斜率等于该点横坐标的倒数，求该曲线的方程．

2．一质点作直线运动，已知其速度为 $v(t)=5\sin t$，且 $s(0)=5$，求该质点的运动规律．

3．验证：

$$\int 2\sin x\cos x\mathrm{d}x=\sin^2 x+c\,,$$

$$\int 2\sin x\cos x\mathrm{d}x=-\cos^2 x+c\,.$$

能不能说明 $2\sin x\cos x$ 有两族原函数？为什么？

4．求下列不定积分：

（1）$\int x^2\sqrt[3]{x}\mathrm{d}x$；

（2）$\int\frac{1}{\sqrt{2gh}}\mathrm{d}h$；（$g$ 为常数）

（3）$\int\frac{(x-3)^2}{\sqrt{x}}\mathrm{d}x$；

（4）$\int\sqrt[m]{x^n}\mathrm{d}x$；（$m$、$n$ 为正整数）

（5）$\int(2^x+\mathrm{e}^x)\mathrm{d}x$；

（6）$\int(ab^y+a^yb)^2\mathrm{d}y$；（$a$、$b$ 为正整数）

（7）$\int\frac{\mathrm{e}^x}{10^x}\mathrm{d}x$；

（8）$\int\frac{2^t-3^t}{5^t}\mathrm{d}t$；

（9）$\int\mathrm{e}^x\left(1-\frac{\mathrm{e}^{-x}}{\sqrt{x}}+\frac{2\mathrm{e}^{-x}}{\sqrt{1-x^2}}\right)\mathrm{d}x$；

（10）$\int\frac{(\sqrt{x})^3+1}{\sqrt{x}+1}\mathrm{d}x$；

（11）$\int\frac{x^4}{1+x^2}\mathrm{d}x$；

（12）$\int\frac{1+x+x^2}{x(1+x^2)}\mathrm{d}x$；

（13）$\int\sin^2\frac{x}{2}\mathrm{d}x$；

（14）$\int\sec x(\sec x-\tan x)\mathrm{d}x$；

（15）$\int\frac{\cos 2x}{\cos x-\sin x}\mathrm{d}x$；

（16）$\int\frac{\cos 2x}{\sin^2 x\cos^2 x}\mathrm{d}x$；

第二节　换元积分法

利用基本积分表与不定积分的性质，所能计算的不定积分相当有限，有必要进一步来研究不定积分的求法．

由复合函数的求导公式，我们引出如下换元积分法（简称换元法）．

一、第一换元法（凑微分法）

考察不定积分 $\int\cos 2x\mathrm{d}x$，它不能直接用基本积分公式积出，但若把被积表达式 $\cos 2x\mathrm{d}x$ 看成 $\cos 2x$ 与 $\mathrm{d}x$ 的乘积，再借助变量代换的方法及基本积分表，问题就容易解决了.

$$\int\cos 2x\mathrm{d}x=\int\cos 2x\cdot\frac{1}{2}\mathrm{d}(2x)=\frac{1}{2}\int\cos 2x\mathrm{d}(2x).$$

$$\xlongequal{令u=2x}\frac{1}{2}\int\cos u\mathrm{d}u=\frac{1}{2}\sin u+c=\frac{1}{2}\sin 2x+c.$$

上述积分方法称为**第一换元积分法**，也称为**凑微分法**. 这种方法可以推广到一般形式.

定理 1 设 $f(u)$ 具有原函数 $F(u)$，$u=\varphi(x)$ 可导，则

$$\int f[\varphi(x)]\varphi'(x)\mathrm{d}x=F[\varphi(x)]+c.$$

证 由复合函数求导法则，得

$$\{F[\varphi(x)]\}'=F'[\varphi(x)]\varphi'(x),$$

又 $F'(u)=f(u)$，从而 $F'[\varphi(x)]=f[\varphi(x)]$，所以

$$\{F[\varphi(x)]\}'=f[\varphi(x)]\varphi'(x),$$

即 $F[\varphi(x)]$ 是 $f[\varphi(x)]\varphi'(x)$ 的一个原函数，从而定理 1 得证. **证毕**

例 1 求 $\int(1-2x)^9\mathrm{d}x$.

解 被积函数 $(1-2x)^9$ 是一个复合函数，由 $(1-2x)^9=u^9$，$u=1-2x$ 复合而成，那么在被积表达式中凑出 $1-2x$ 微分的形式，便有

$$\int(1-2x)^9\mathrm{d}x=\int(1-2x)^9\left(-\frac{1}{2}\right)\mathrm{d}(1-2x)$$

$$=-\frac{1}{2}\int(1-2x)^9\mathrm{d}(1-2x)=-\frac{1}{2}\times\frac{1}{10}(1-2x)^{10}+c=-\frac{1}{20}(1-2x)^{10}+c.$$

例 2 求 $\int\sin(5x+3)\mathrm{d}x$.

解 被积函数是由 $\sin(5x+3)=\sin u$，$u=5x+3$ 复合成的，应凑出 $5x+3$ 的微分，有

$$\int\sin(5x+3)\mathrm{d}x=\int\sin(5x+3)\cdot\frac{1}{5}\mathrm{d}(5x+3)$$

$$=\frac{1}{5}\int\sin(5x+3)\mathrm{d}(5x+3)=-\frac{1}{5}\cos(5x+3)+c$$

一般地，对于 $\int f(ax+b)\mathrm{d}x$ 形式的不定积分，总可凑出 $ax+b$ 的微分，把它化为

$$\int f(ax+b)\mathrm{d}x=\frac{1}{a}\int f(ax+b)\mathrm{d}(ax+b).$$

例 3　求 $\int \frac{1}{a^2+x^2}\mathrm{d}x$.

解　$$\int \frac{1}{a^2+x^2}\mathrm{d}x=\int \frac{1}{a^2}\frac{1}{1+(\frac{x}{a})^2}\mathrm{d}x=\frac{1}{a}\int \frac{1}{1+(\frac{x}{a})^2}\mathrm{d}(\frac{x}{a})=\frac{1}{a}\arctan\frac{x}{a}+c$$

例 4　求 $\int \frac{1}{\sqrt{a^2-x^2}}\mathrm{d}x$（$a>0$）.

解　$$\int \frac{1}{\sqrt{a^2-x^2}}\mathrm{d}x=\int \frac{1}{a}\frac{1}{\sqrt{1-(\frac{x}{a})^2}}\mathrm{d}x=\int \frac{\mathrm{d}(\frac{x}{a})}{\sqrt{1-(\frac{x}{a})^2}}=\arcsin\frac{x}{a}+c$$

例 5　求 $\int \frac{1}{x^2-a^2}\mathrm{d}x$.

解　由于 $\frac{1}{x^2-a^2}=\frac{1}{2a}(\frac{1}{x-a}-\frac{1}{x+a})$

所以

$$\begin{aligned}\int \frac{1}{x^2-a^2}\mathrm{d}x&=\frac{1}{2a}\int(\frac{1}{x-a}-\frac{1}{x+a})\mathrm{d}x=\frac{1}{2a}(\int\frac{1}{x-a}\mathrm{d}x-\int\frac{1}{x+a}\mathrm{d}x)\\&=\frac{1}{2a}\left[\int\frac{1}{x-a}\mathrm{d}(x-a)-\int\frac{1}{x+a}\mathrm{d}(x+a)\right]\\&=\frac{1}{2a}[\ln|x-a|-\ln|x+a|]+c=\frac{1}{2a}\ln\left|\frac{x-a}{x+a}\right|+c\end{aligned}$$

用类似思路，将分母因式分解，对被积函数作恒等变形，常常可将其化为比较容易积分的形式.

例 6　求 $\int \frac{1}{2x^2+3x-2}\mathrm{d}x$.

解　由于 $$\frac{1}{2x^2+3x-2}=\frac{1}{(2x-1)(x+2)}=\frac{1}{5}(\frac{2}{2x-1}-\frac{1}{x+2})$$

所以

$$\begin{aligned}\int \frac{1}{2x^2+3x-2}\mathrm{d}x&=\frac{1}{5}\int(\frac{2}{2x-1}-\frac{1}{x+2})\mathrm{d}x=\frac{1}{5}(\int\frac{2}{2x-1}\mathrm{d}x-\int\frac{1}{x+2}\mathrm{d}x)\\&=\frac{1}{5}\left[\int\frac{2}{2x-1}\mathrm{d}(2x-1)-\int\frac{1}{x+2}\mathrm{d}(x+2)\right]\\&=\frac{1}{5}[\ln|2x-1|-\ln|x+2|]+c=\frac{1}{5}\ln\left|\frac{2x-1}{x+2}\right|+c\ .\end{aligned}$$

例 7 求 $\int x^2\sqrt{x^3-5}\mathrm{d}x$.

解 由于 $x^2\mathrm{d}x=\frac{1}{3}\mathrm{d}(x^3)=\frac{1}{3}\mathrm{d}(x^3-5)$

所以

$$\int x^2\sqrt{x^3-5}\mathrm{d}x=\int(x^3-5)^{\frac{1}{2}}\cdot\frac{1}{3}\mathrm{d}(x^3-5)=\frac{1}{3}\cdot\frac{2}{3}\mathrm{d}(x^3-5)^{\frac{3}{2}}+c=\frac{2}{9}(x^3-5)^{\frac{3}{2}}+c .$$

一般地，对形如 $\int x^{\mu-1}f(ax^\mu+b)\mathrm{d}x$ 的不定积分可以凑出 $ax^\mu+b$ 的微分，化为：

$$\int x^{\mu-1}f(ax^\mu+b)\mathrm{d}x=\frac{1}{a\mu}\int f(ax^\mu+b)\mathrm{d}(ax^\mu+b) .$$

例 8 求 $\int\frac{\mathrm{e}^{5\sqrt{x}}}{\sqrt{x}}\mathrm{d}x$.

解 $$\int\frac{\mathrm{e}^{5\sqrt{x}}}{\sqrt{x}}\mathrm{d}x=\int x^{-\frac{1}{2}}\mathrm{e}^{5x^{\frac{1}{2}}}\mathrm{d}x=\frac{2}{5}\int\mathrm{e}^{5x^{\frac{1}{2}}}\mathrm{d}(5x^{\frac{1}{2}})=\frac{2}{5}\mathrm{e}^{5x^{\frac{1}{2}}}+c=\frac{2}{5}\mathrm{e}^{5\sqrt{x}}+c .$$

例 9 求 $\int\frac{1}{x(x^7+1)}\mathrm{d}x$.

解 由于 $\frac{1}{x(x^7+1)}=\frac{1}{x}-\frac{x^6}{x^7+1}$.

所以

$$\int\frac{1}{x(x^7+1)}\mathrm{d}x=\int\left(\frac{1}{x}-\frac{x^6}{x^7+1}\right)\mathrm{d}x=\int\frac{1}{x}\mathrm{d}x-\frac{1}{7}\int\frac{1}{(x^7+1)}\mathrm{d}(x^7+1)$$
$$=\ln|x|-\frac{1}{7}\ln|x^7+1|+c=\frac{1}{7}\ln\left|\frac{x^7}{x^7+1}\right|+c .$$

一般地，$$\int\frac{f'(x)}{f(x)}\mathrm{d}x=\int\frac{1}{f(x)}\mathrm{d}f(x)=\ln|f(x)|+c .$$

例 10 求 $\int\tan x\mathrm{d}x$.

解 $$\int\tan x\mathrm{d}x=\int\frac{\sin x}{\cos x}\mathrm{d}x=-\int\frac{1}{\cos x}\mathrm{d}(\cos x)=-\ln|\cos x|+c$$

同理有 $$\int\cot x\mathrm{d}x=\ln|\sin x|+c .$$

例 11 求 $\int\csc x\mathrm{d}x$.

解 $$\int\csc x\mathrm{d}x=\int\frac{1}{\sin x}\mathrm{d}x=\int\frac{1}{2\sin\frac{x}{2}\cos\frac{x}{2}}\mathrm{d}x$$

$$=\int\frac{d(\frac{x}{2})}{\tan\frac{x}{2}\cos^2\frac{x}{2}}=\int\frac{\sec^2\frac{x}{2}}{\tan\frac{x}{2}}d(\frac{x}{2})$$

$$=\int\frac{1}{\tan\frac{x}{2}}d(\tan\frac{x}{2})=\ln\left|\tan\frac{x}{2}\right|+c$$

$$=\ln|\csc x-\cot x|+c$$

上式最后一步用到三角恒等式:

$$\tan\frac{x}{2}=\frac{\sin\frac{x}{2}}{\cos\frac{x}{2}}=\frac{2\sin^2\frac{x}{2}}{2\sin\frac{x}{2}\cos\frac{x}{2}}=\frac{1-\cos x}{\sin x}=\csc x-\cot x\ .$$

同理可得

$$\int\sec x dx=\ln|\sec x+\tan x|+c\ .$$

另外，对一些三角函数的不定积分，可以通过三角恒等变换达到化简目的.

例 12　求 $\int\sin^2 x\cos^5 x dx$.

解　$\int\sin^2 x\cos^5 x dx=\int\sin^2 x\cos^4 x\cos x dx=\int\sin^2 x(1-\sin^2 x)^2 d(\sin x)$

$$=\int(\sin^2 x-2\sin^4 x+\sin^6 x)d(\sin x)=\frac{1}{3}\sin^3 x-\frac{2}{5}\sin^5 x+\frac{1}{7}\sin^7 x+c.$$

例 13　求 $\int\sin 5x\cos 3x dx$.

解　$\int\sin 5x\cos 3x dx=\int\frac{1}{2}(\sin 8x+\sin 2x)dx=\frac{1}{2}\int\sin 8x dx+\frac{1}{2}\int\sin 2x dx$

$$=\frac{1}{16}\int(\sin 8x d(8x)+\frac{1}{4}\int\sin 2x d(2x)=-\frac{1}{16}\cos 8x-\frac{1}{4}\cos 2x+c\ .$$

一般地，对形如 $\int\sin^m x\cos^n x dx$ $(m\neq n)$的不定积分，当 m、n 均为偶数时，可用 $\sin^2 x+\cos^2 x=1$ 消去 $\sin x$ 或 $\cos x$，再用半角公式降低它的幂次直到可积出；当 m、n 至少一个为奇数，不防假设 n 为奇数时，可将 $\cos x dx$ 凑成 $\sin x$ 的微分，再用公式 $\sin^2 x+\cos^2 x=1$ 把 $\cos^{n-1}x$ 化成 $\sin x$ 的函数便可积出. 对形如 $\int\sin\alpha x\cos\beta x dx$、$\int\sin\alpha x\sin\beta x dx$ 及 $\int\cos\alpha x\cos\beta x dx$ $(\alpha\neq\beta)$的不定积分，需要用积化和差的公式便可化简之.

从上面的例子可以看出，第一换元积分法理论上很简单，但关键是选取适当的中间变量. 这需要一定的技巧，且没有一般的规则可循. 因此要掌握第一换元法，除了对导数公式十分熟练之外，还要做较多的练习，熟悉一些典型例子才行.

二、第二换元法

在第一换元法中，我们把积分 $\int f(x)\mathrm{d}x$ 的积分变量 x 看成自变量，来凑一中间变量 $u=\varphi(x)$ 的微分．这里，我们把 x 看成一中间变量，再引入一变换 t：$x=\psi(t)$，得到

$$\int f(x)\mathrm{d}x=\int f[\psi(t)]\psi'(t)\mathrm{d}t,$$

使它变为较容易的积分．当然这种换元法是在一定条件下才成立的．首先 $f[\psi(t)]\psi'(t)$ 要存在且有原函数；其次，求出的 $\int f[\psi(t)]\psi'(t)\mathrm{d}t$ 是 t 的函数，必须用 $x=\psi(t)$的反函数 $t=\psi^{-1}(t)$代回去，这就要求 $x=\psi(t)$的反函数存在．从而有定理如下．

定理 2　设 $x=\psi(t)$是单调可导函数，且 $\psi'(t)\neq 0$．若 $f[\psi(t)]\psi'(t)$有原函数，则有

$$\int f(x)\mathrm{d}x=\left[\int f[\psi(t)]\psi'(t)\mathrm{d}t\right]_{t=\psi^{-1}(x)}$$

其中 $t=\psi^{-1}(x)$ 是 $x=\psi(t)$的反函数．

证　设 $\Phi(t)$是 $f[\psi(t)]\psi'(t)$的一个原函数．记 $\Phi[\psi^{-1}(x)]=F(x)$，由复合函数和反函数的求导法则得

$$F'(x)=\frac{\mathrm{d}\Phi}{\mathrm{d}t}\frac{\mathrm{d}t}{\mathrm{d}x}=f[\psi(t)]\psi'(t)\frac{1}{\psi'(t)}=f[\psi(t)]=f(x)$$

即 $F(x)$是 $f(x)$的一个原函数，从而有

$$\int f(x)\mathrm{d}x=F(x)+c=\Phi\left[\psi^{-1}(x)\right]+c=\left[\int f[\psi(t)]\psi'(t)\mathrm{d}t\right]_{t=\psi^{-1}(x)}$$

证毕

例 14　求 $\int\frac{\sqrt{x-1}}{x}\mathrm{d}x$．

解　被积函数中含有因子 $\sqrt{x-1}$，用第一换元法不易积出．那就想办法去掉根号，可设 $\sqrt{x-1}=t$，则 $x=t^2+1$，$\mathrm{d}x=2t\mathrm{d}t$，从而有

$$\begin{aligned}\int\frac{\sqrt{x-1}}{x}\mathrm{d}x&=\int\frac{t}{t^2+1}2t\mathrm{d}t=2\int\frac{t^2}{t^2+1}\mathrm{d}t=2\int(1-\frac{1}{t^2+1})\mathrm{d}t=2(t-\arctan t)+c\\&=2(\sqrt{x-1}-\arctan\sqrt{x-1})+c.\end{aligned}$$

例 15　求 $\int\frac{1}{\sqrt{x}+\sqrt[3]{x}}\mathrm{d}x$．

解　计算这个积分的主要困难是被积函数中含有两个根式 $\sqrt{x}$ 及 $\sqrt[3]{x}$，要将两根式同时去掉，可令 $\sqrt[6]{x}=t$，则 $x=t^6$，$\mathrm{d}x=6t^5\mathrm{d}t$，从而所求积分为：

$$\int\frac{1}{\sqrt{x}+\sqrt[3]{x}}\mathrm{d}x=\int\frac{t}{t^3+t^2}6t^5\mathrm{d}t=6\int\frac{t^3}{t+1}\mathrm{d}t=6\int(t^2-t+1-\frac{1}{t+1})\mathrm{d}t$$

$$=6\int(\frac{1}{3}t^3-\frac{1}{2}t^2+t-\ln|t+1|)+c=2\sqrt{x}-3\sqrt[3]{x}+6\sqrt[6]{x}-6\ln|\sqrt[6]{x}+1|+c.$$

例 16　求 $\int\frac{1}{\sqrt{1+e^x}}dx$.

解　为了去掉根式，可令 $\sqrt{1+e^x}=t$，则 $x=\ln(t^2-1)$，$dx=\frac{2t}{t^2-1}dt$，从而所求积分为

$$\int\frac{1}{\sqrt{1+e^x}}dx=\int\frac{1}{t}\frac{t^2}{t^2-1}dt=2\int\frac{1}{t^2-1}dt=\int(\frac{1}{t-1}-\frac{1}{t+1})dt=\ln|t-1|-\ln|t+1|+c$$

$$=\ln\left|\frac{t-1}{t+1}\right|+c=\ln\frac{\sqrt{1+e^x}-1}{\sqrt{1+e^x}+1}+c.$$

例 17　求 $\int\frac{1}{x}\sqrt{\frac{1+x}{x}}dx$.

解　为了去掉根式，可令 $\sqrt{\frac{1+x}{x}}=t$，则 $x=\frac{1}{t^2-1}$，$dx=-\frac{2t}{(t^2-1)^2}dt$，从而有

$$\int\frac{1}{x}\sqrt{\frac{1+x}{x}}dx=\int(t^2-1)\cdot t\cdot\left[-\frac{2t}{(t^2-1)^2}\right]dt=-2\int\frac{t^2}{t^2-1}dt=-2\int(1+\frac{1}{t^2-1})dt$$

$$=-2\int dt-2\int\frac{1}{t^2-1}dt=-2t-\ln\left|\frac{t-1}{t+1}\right|+c$$

$$=-2\sqrt{\frac{1+x}{x}}-\ln\frac{\sqrt{\frac{1+x}{x}}-1}{\sqrt{\frac{1+x}{x}}+1}+c$$

$$=-2\sqrt{\frac{1+x}{x}}-2\ln(\sqrt{\frac{1+x}{x}}-1)-\ln|x|+c.$$

由以上例子可以看出，当被积函数含有一次项根式 $\sqrt[m]{ax+b}$ 或 $\sqrt[n]{\frac{ax+b}{cx+d}}$ 时，可直接令此根式为 t，即可消去根号，若含两个根式 $\sqrt[m]{ax+b}$ 及 $\sqrt[n]{ax+b}$，则可令 $\sqrt[l]{ax+b}=t$，其中 l 为 m 与 n 的最小公倍数.

下面再来考虑当被积函数中含有二次项根式时又如何积分.

例 18　求 $\int\sqrt{1-x^2}\,dx$.

解　为了去掉被积函数中的根号，可令 $x=\sin t$，$t\in(-\frac{\pi}{2},\frac{\pi}{2})$，于是被积函数化为

$$\sqrt{1-x^2}=\sqrt{1-\sin^2 t}=|\cos t|=\cos t$$

而此时 $dx=\cos t dt$，所以

$$\int\sqrt{1-x^2}dx=\int\cos t\cdot\cos t dt=\int\cos^2 t dt=\int\frac{1+\cos 2t}{2}dx$$
$$=\frac{1}{2}\left(\int dt+\int\cos 2t dt\right)=\frac{1}{2}(t+\frac{1}{2}\sin 2t)+c$$
$$=\frac{1}{2}(t+\sin t\cos t)+c=\frac{1}{2}(\arcsin x+x\sqrt{1-x^2})+c.$$

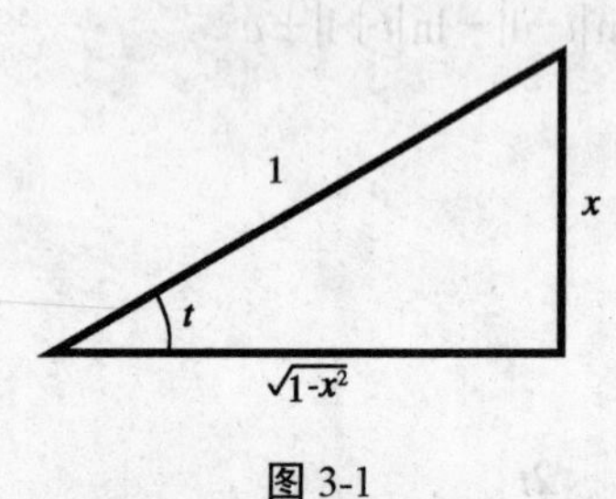

图 3-1

最后一步是根据换元关系式 $x=\sin t$ 把变量 t 换回到 x，通常可作一个以 t 为锐角的直角三角形（如图 3-1 所示），从而求得 t 的其他三角函数值.

例 19　求 $\int\frac{1}{\sqrt{a^2+x^2}}dx$ （$a>0$）.

解　为了去掉根号，可令 $x=a\tan t$，$t\in(-\frac{\pi}{2},\frac{\pi}{2})$，则 $dx=a\sec^2 t dt$，从而

$$\int\frac{1}{\sqrt{a^2+x^2}}dx=\int\frac{1}{\sqrt{a^2+a^2\tan^2 t}}a\sec^2 t dt=\int\frac{\sec^2 t}{\sqrt{1+\tan^2 t}}dt=\int\sec t dt=\ln(\sec t+\tan t)+c$$

由换元关系式 $x=a\tan t$ 得 $\tan t=\frac{x}{a}$，作直角三角形（如图 3-2 所示），得 $\sec t=\frac{\sqrt{a^2+x^2}}{a}$，于是

$$\int\frac{1}{\sqrt{a^2+x^2}}dx=\ln(\frac{\sqrt{a^2+x^2}}{a}+\frac{x}{a})+c=\ln(x+\sqrt{a^2+x^2})+c',$$

其中 $c'=c-\ln a$.

例 20　求 $\int\frac{1}{\sqrt{x^2-a^2}}dx$ （$a>0$）.

解　令 $x=a\sec t$，$t\in(0,\frac{x}{2})$ 则 $dx=a\sec t\tan t dt$，于是

$$\int\frac{1}{\sqrt{x^2-a^2}}dx=\int\frac{1}{\sqrt{a^2\sec^2 t-a^2}}a\sec t\tan t dxt$$
$$=\int\frac{1}{\sqrt{\sec^2 t-1}}\sec t\tan t dt=\int\sec t dt=\ln|\sec t+\tan t|+c.$$

由关系式 $x=a\sec t$ 有 $\sec t=\frac{x}{a}$，作直角三角形（如图 3-3 所示），得 $\tan t=\sqrt{x^2-a^2}/a$. 从而

$$\int\frac{1}{\sqrt{x^2-a^2}}\mathrm{d}x=\ln\left|\frac{x}{a}+\frac{\sqrt{x^2-a^2}}{a}\right|+c=\ln\left|x+\sqrt{x^2-a^2}\right|+c'.$$

其中 $c'=c-\ln a$.

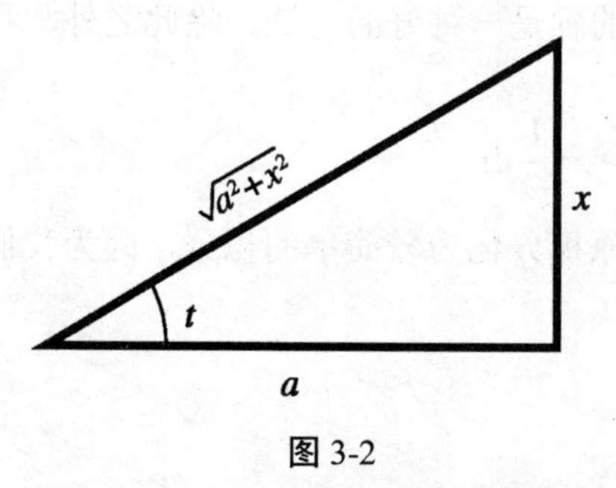

图 3-2

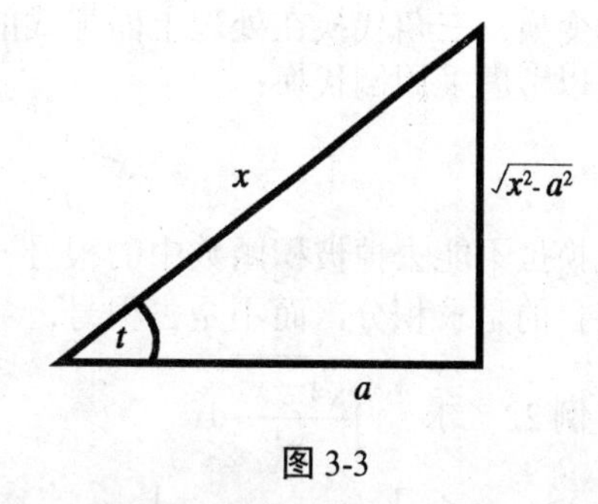

图 3-3

例 21　求 $\int\frac{x}{\sqrt{2x^2+8x+3}}\mathrm{d}x$.

解　因为 $2x^2+8x+3=2(x^2+4x+4)-5=2(x+2)^2-5$，所以作变换 $x+2=u$，从而

$$\int\frac{x}{\sqrt{2x^2+8x+3}}\mathrm{d}x=\int\frac{u-2}{\sqrt{2u^2-5}}\mathrm{d}u=\frac{1}{\sqrt{2}}\int\frac{u}{\sqrt{u^2-\frac{5}{2}}}\mathrm{d}u-\frac{2}{\sqrt{2}}\int\frac{1}{\sqrt{u^2-\frac{5}{2}}}\mathrm{d}u$$

$$=\frac{1}{\sqrt{2}}\int\left(u^2-\frac{5}{2}\right)^{-\frac{1}{2}}\cdot\frac{1}{2}\mathrm{d}\left(u^2-\frac{5}{2}\right)-\sqrt{2}\int\frac{1}{\sqrt{u^2-\frac{5}{2}}}\mathrm{d}u$$

$$=\frac{1}{\sqrt{2}}\sqrt{u^2-\frac{5}{2}}-\sqrt{2}\int\frac{1}{\sqrt{u^2-\frac{5}{2}}}\mathrm{d}u\,.$$

由例 20 知

$$\int\frac{1}{\sqrt{u^2-\frac{5}{2}}}\mathrm{d}u=\ln\left|u+\sqrt{u^2-\frac{5}{2}}\right|+c.$$

所以

$$\int\frac{x}{\sqrt{2x^2+8x+3}}\mathrm{d}x=\frac{1}{\sqrt{2}}\sqrt{u^2-\frac{5}{2}}-\sqrt{2}\ln\left|u+\sqrt{u^2-\frac{5}{2}}\right|+c$$

$$=\frac{1}{2}\sqrt{2(x+2)^2-5}-\sqrt{2}\ln\left|(x+2)+\frac{1}{\sqrt{2}}\sqrt{2(x+2)^2-5}\right|+c$$

$$=\frac{1}{2}\sqrt{2x^2+8x+3}-\sqrt{2}\ln\left|x+\frac{1}{\sqrt{2}}\sqrt{2x^2+8x+3}+2\right|+c.$$

从以上例子可以看出，如果被积函数中含有二次根式 $\sqrt{ax^2+bx+c}$，它总可以化成 $\sqrt{a^2-x^2}$，$\sqrt{a^2+x^2}$ 及 $\sqrt{x^2-a^2}$（$a>0$）中的一种，然后分别用三角代换 $x=a\sin t$，$x=a\tan t$ 或 $x=a\sec t$，即可消去根号．在具体解题时，应分析被积函数的具体情况，选取尽可能简捷的变换．三角代换在处理上面形式的不定积分时的确是一种好的方法，除此之外，我们还可以考虑采用倒代换：

$$x=\frac{1}{t},\qquad \mathrm{d}x=-\frac{1}{t^2}\mathrm{d}t$$

倒代换虽不能去掉被积函数中的根号，但有时能将原积分化为较简单的积分，因为我们的最终目的是求积分，而不是去根号．

例 22　求 $\int\frac{\sqrt{1-x^2}}{x^4}\mathrm{d}x$．

解　令 $x=\frac{1}{t}$，则 $\mathrm{d}x=-\frac{1}{t^2}dt$，于是原积分化为

$$\int\frac{\sqrt{1-x^2}}{x^4}\mathrm{d}x=\int\frac{\sqrt{1-\frac{1}{t^2}}}{\frac{1}{t^4}}\cdot\left(-\frac{1}{t^2}\right)\mathrm{d}t=-\int t\sqrt{t^2-1}\mathrm{d}t=-\frac{1}{2}\int\sqrt{t^2-1}\mathrm{d}(t^2-1)$$

$$=-\frac{1}{3}(t^2-1)^{\frac{3}{2}}+c=-\frac{(1-x^2)^{\frac{3}{2}}}{3x^3}+c\,.$$

注：这里是按 $t>0$ 计算的，当 $t<0$ 时类似可得同样的结果．

例 23　求 $\int\frac{1}{x^2\sqrt{a^2-x^2}}\mathrm{d}x$（$a>0$）．

解　$$\int\frac{1}{x^2\sqrt{a^2-x^2}}\mathrm{d}x\xlongequal{x=\frac{1}{t}}\int\frac{1}{\frac{1}{t^2}\sqrt{a^2-\frac{1}{t^2}}}\left(-\frac{1}{t^2}\right)\mathrm{d}t$$

$$=-\int\frac{t}{\sqrt{a^2t^2-1}}\mathrm{d}t=-\frac{1}{2a^2}\int\frac{1}{\sqrt{a^2t^2-1}}\mathrm{d}(a^2t^2-1)$$

$$=-\frac{1}{a^2}\sqrt{a^2t^2-1}+c=-\frac{\sqrt{a^2-x^2}}{a^2x}+c\,.$$

换元积分法理论上难度不大，但选取恰当的换元关系式，技巧性较强，望读者在做题过程中不断总结．

例 24　求 $\int\frac{1+\sin x}{\sin x(1+\cos x)}\mathrm{d}x$．

解　被积函数中含有三角函数 $\sin x$ 和 $\cos x$，没有什么简单公式能直接消去其中之一且

不使被积函数变得过于复杂，也不能直接用凑微分法，那么只好找一个参变量 t，它既能表示 $\sin x$，又能表示 $\cos x$，且还存在相应的反函数．由三角函数知识，可令 $t=\tan\frac{x}{2}$，则由万能公式有

$$\sin x=\frac{2\tan\frac{x}{2}}{1+\tan^2\frac{x}{2}}=\frac{2t}{1+t^2},$$

$$\cos x=\frac{1-\tan^2\frac{x}{2}}{1+\tan^2\frac{x}{2}}=\frac{1-t^2}{1+t^2}.$$

此时 $x=2\arctan t$，$\mathrm{d}x=\frac{2}{1+t^2}\mathrm{d}t$，于是原不定积分化为

$$\int\frac{1+\sin x}{\sin x(1+\cos x)}\mathrm{d}x=\int\frac{1+\frac{2t}{1+t^2}}{\frac{2t}{1+t^2}(1+\frac{1-t^2}{1+t^2})}\frac{2}{1+t^2}\mathrm{d}t$$

$$=\frac{1}{2}\int\frac{1+t^2+2t}{t}\mathrm{d}t=\frac{1}{2}\int(\frac{1}{t}+t+2)\mathrm{d}t=\frac{1}{2}(\ln|t|+\frac{1}{2}t^2+2t)+c=\frac{1}{2}\ln\left|\tan\frac{x}{2}\right|+\frac{1}{4}\tan^2\frac{x}{2}+\tan\frac{x}{2}+c.$$

本例我们旨在介绍换元的方法，此法称为**“万能代换法”**．由于此种换元比较繁，往往是不得已而为之．

本节的例题中，有几个积分是以后经常会遇到的．现归纳如下，作为基本积分表的补充：

15．$\int\tan x\mathrm{d}x=-\ln|\cos x|+c$；　　16．$\int\cot x\mathrm{d}x=\ln|\sin x|+c$；

17．$\int\sec x\mathrm{d}x=\ln|\sec x+\tan x|+c$；　　18．$\int\csc x\mathrm{d}x=\ln|\csc x-\cot x|+c$；

19．$\int\frac{1}{a^2+x^2}\mathrm{d}x=\frac{1}{a}\arctan\frac{x}{a}+c$；　　20．$\int\frac{1}{x^2-a^2}\mathrm{d}x=\frac{1}{2a}\ln\left|\frac{x-a}{x+a}\right|+c$；

21．$\int\frac{1}{\sqrt{a^2-x^2}}\mathrm{d}x=\arcsin\frac{x}{a}+c$；　　22．$\int\frac{1}{\sqrt{x^2\pm a^2}}\mathrm{d}x=\ln\left|x+\sqrt{x^2\pm a^2}\right|+c$．

习　题 3-2

1．求使下列等式成立的常数 k：

（1）$\mathrm{d}x=k\mathrm{d}(1-2x)$；　　（2）$x\mathrm{d}x=k\mathrm{d}(x^2)$；

（3）$\frac{1}{\sqrt{x}}\mathrm{d}x=k\mathrm{d}(\sqrt{x})$；　　（4）$\frac{2}{x^2}\mathrm{d}x=k\mathrm{d}(\frac{1}{x}-2)$；

（5）$e^{-x}dx=kd(e^{-x})$；（6）$\sin 3x dx=kd(\cos 3x)$；

（7）$\frac{1}{x}dx=kd(2-3\ln x)$；（8）$\frac{1}{1+4x^2}dx=kd(\arctan 2x)$；

（9）$\frac{x}{\sqrt{1-x^2}}dx=kd\sqrt{1-x^2}$；（10）$\frac{1}{\sqrt{1-x^2}}dx=kd(1-\arcsin x)$.

2．若 $\int f(x)dx=F(x)+c$，求：

（1）$\int f(ax+b)dx\quad(a\neq 0)$；（2）$\int f(ax^2+b)xdx\quad(a\neq 0)$；

（3）$\int f(a\sqrt{x})\frac{1}{\sqrt{x}}dx\quad(a\neq 0)$；（4）$\int f(\frac{1}{x})\frac{1}{x^2}dx$；

（5）$\int f(\ln|x|)\frac{1}{x}dx$；（6）$\int f(\cos x)\sin x dx$；

（7）$\int f(\tan x)\frac{1}{\cos^2 x}dx$；（8）$\int f(\sin x)\cos x dx$；

（9）$\int f(\arcsin x)\frac{dx}{\sqrt{1-x^2}}$；（10）$\int f(\arctan x)\frac{1}{1+x^2}dx$.

3．求下列不定积分：

（1）$\int(1-3x)^{20}dx$；（2）$\int e^{3x}dx$；

（3）$\int\cos^2 2x dx$；（4）$\int\frac{1}{x\sqrt{1-\ln^2 x}}dx$；

（5）$\int\frac{\sin\sqrt{x}}{\sqrt{x}}dx$；（6）$\int\frac{x}{1+x^2}dx$；

（7）$\int\frac{1}{e^x+e^{-x}}dx$；（8）$\int\frac{1}{4x^2+12x+9}dx$；

（9）$\int\frac{1}{x^2+2x+2}dx$；（10）$\int\frac{1}{\sqrt{2-3x^2}}dx$；

（11）$\int\left[\sin(2x+\frac{\pi}{4})\right]^{-2}dx$；（12）$\int\frac{\cot x}{\ln(\sin x)}dx$；

（13）$\int\sin 2x\cos 3x dx$；（14）$\int\sin 5x\sin 7x dx$；

（15）$\int\cos x\cos\frac{x}{2}dx$；（16）$\int\sec^4 x dx$；

（17）$\int\cos^3 x\sin^2 x dx$；（18）$\int\cos^2 x\sin^4 x dx$；

（19）$\int\frac{\sin x}{\cos^3 x}dx$；（20）$\int\frac{\sin x+\cos x}{\sqrt{\sin x-\cos x}}dx$；

（21）$\int\frac{x(2-x^2)}{1-x^4}dx$；（22）$\int\frac{x}{x^8-1}dx$；

（23）$\int\frac{x^2+1}{x^4+1}dx$；（24）$\int\frac{2\cdot 3^x-5\cdot 2^x}{3^x}dx$；

（25）$\int\frac{\ln x}{x\sqrt{1+\ln x}}dx$；　（26）$\int\frac{x}{\sqrt{1+\sqrt[3]{x^2}}}dx$；

（27）$\int\frac{x^2}{(1+x^2)^2}dx$；　（28）$\int\frac{1}{x\sqrt{x^2-1}}dx$；

（29）$\int\frac{1}{\sqrt{x}+\sqrt[4]{x}}dx$；　（30）$\int\sqrt{\frac{1-x}{1+x}}dx$；

（31）$\int\frac{1}{2-\sin x}dx$；　（32）$\int\frac{1}{1+\sin x+\cos x}dx$．

4．已知$f'(\cos x+2)=\sin^2x+\tan^2x$，求$f(x)$．

第三节　分部积分法

上一节，我们在复合求导法则的基础上，得到了换元积分法，从而使大量的不定积分计算问题得到解决，但对于像$\int x\cos x\mathrm{d}x$，$\int\ln x\mathrm{d}x$，$\int\arcsin x\mathrm{d}x$等这样一类积分还难于计算，为此本节将介绍另一种基本积分方法——**分部积分法**，它与微分学中乘积的微分公式相对应．

设函数$u=u(x)$，$v=v(x)$具有连续的导函数，由两个函数乘积的微分法则知

$$\mathrm{d}(uv)=u\mathrm{d}v+v\mathrm{d}u,$$

即

$$u\mathrm{d}v=\mathrm{d}(uv)-v\mathrm{d}u,$$

对上式两边积分，得

$$\int u\mathrm{d}v=uv-\int v\mathrm{d}u \tag{1}$$

公式（1）称为**分部积分公式**．此公式说明，对积分$\int u\mathrm{d}v$与$\int v\mathrm{d}u$，只要能求出其中之一，另一个的积分结果即可得到．

例1　求　$\int x\cos x\mathrm{d}x$．

解　现用分部积分法来求它．首先要选取适当的u、v，把被积表达式$x\cos x\mathrm{d}x$分解成u与$\mathrm{d}v$的乘积，这是用分部积分法的关键，也是用该方法的难点．这里我们选取$u=x$，$\mathrm{d}v=\cos x\mathrm{d}x=\mathrm{d}\sin x$，那么，$\mathrm{d}u=\mathrm{d}x$，$v=\sin x$，代入分部积分公式（1）得

$$\int x\cos x\mathrm{d}x=\int x\mathrm{d}\sin x=x\sin x-\int\sin x\mathrm{d}x=x\sin x+\cos x+c．$$

求这个积分时，若选取$u=\cos x$，$\mathrm{d}v=x\mathrm{d}x$，那么$\mathrm{d}u=-\sin x\mathrm{d}x$，$v=\frac{x^2}{2}$，再代入公式

得

$$\int x\cos x\mathrm{d}x=\int \cos x\mathrm{d}(\frac{x^2}{2})=\frac{x^2}{2}\cos x-\int \frac{x^2}{2}\mathrm{d}(\cos x)=\frac{x^2}{2}\cos x+\int \frac{x^2}{2}\sin x\mathrm{d}x .$$

上式右端不定积分 $\int \frac{x^2}{2}\sin x\mathrm{d}x$ 比原来的 $\int x\cos x\mathrm{d}x$ 更不容易求出，所以这种选择 u 和 dv 的方法不可取.

那么，如何选取 u 与 $\mathrm{d}v$ 呢？u、$\mathrm{d}v$ 的选取一般遵循以下原则：

（1）v 要容易求出；

（2）$\int v\mathrm{d}u$ 要比 $\int u\mathrm{d}v$ 更容易积出.

例 2　求 $\int xe^x\mathrm{d}x$.

解　令 $u=x$，$\mathrm{d}v=\mathrm{e}^x dx$，则 $\mathrm{d}u=\mathrm{d}x$，$v=\mathrm{e}^x$，于是得

$$\int x\mathrm{e}^x\mathrm{d}x=\int x\mathrm{d}(\mathrm{e}^x)=x\mathrm{e}^x-\int \mathrm{e}^x\mathrm{d}x=x\mathrm{e}^x-\mathrm{e}^x+c .$$

读者容易验证，若令 $u=\mathrm{e}^x$，$\mathrm{d}v=x\mathrm{d}x$ 也不可行.

对于分部积分公式在做题过程中可以多次使用，但还是要遵循上面两条原则，用一次公式得到的不定积分至少不能比前一次的难.

例 3　求 $\int x^2\mathrm{e}^x\mathrm{d}x$.

解　令 $u=x^2$，$\mathrm{d}v=\mathrm{e}^x\mathrm{d}x$，则 $\mathrm{d}u=2x\mathrm{d}x$，$v=e^x$，于是得

$$\int x^2\mathrm{e}^x\mathrm{d}x=\int x^2\mathrm{d}(\mathrm{e}^x)=x^2\mathrm{e}^x-\int \mathrm{e}^x\mathrm{d}(x^2)=x^2\mathrm{e}^x-2\int x\mathrm{e}^x\mathrm{d}x \quad \text{（用例2结果）}$$

$$=x^2\mathrm{e}^x-2(x\mathrm{e}^x-\mathrm{e}^x)+c=\mathrm{e}^x(x^2-2x+2)+c .$$

需要注意的是，上例中在第二次用分部积分法时，u、$\mathrm{d}v$ 的选取必须与第一次一致，即必须还选取 $v=\mathrm{e}^x$，否则，再用一次将会还原到题目上，成了一个恒等式.

对于有理多项式 $p(x)=a_k x^k+a_{k-1}x^{k-1}+\mathrm{L}+a_1x+a_0$ 其中 k 为正整数，a_0，a_1，…，a_k 为常数. 由前面三个例子可知，形如：

$$\int p(x)\sin ax\mathrm{d}x\text{、}\int p(x)\cos ax\mathrm{d}x\text{、}\int p(x)\mathrm{e}^{ax+b}\mathrm{d}x$$

（这里 a、b 为常数）的不定积分，都可以用分部积分法，并且都选取多项式为 u，这样用一次分部积分公式，多项式最高次幂降低一次，用 k 次后就可降为零次多项式，即可求得积分结果.

例 4　求 $\int x\arctan x\mathrm{d}x$.

解　令 $u=\arctan x$，$\mathrm{d}v=x\mathrm{d}x$，则原不定积分可化为

$$\int x\arctan x\mathrm{d}x=\int \arctan x\mathrm{d}(\frac{x^2}{2})=\frac{x^2}{2}\arctan x-\int \frac{x^2}{2}\mathrm{d}(\arctan x)=\frac{1}{2}x^2\arctan x-\frac{1}{2}\int \frac{x^2}{1+x^2}\mathrm{d}x$$

$$=\frac{1}{2}x^2\arctan x-\frac{1}{2}\int(1-\frac{1}{1+x^2})\mathrm{d}x=\frac{1}{2}x^2\arctan x-\frac{1}{2}(x-\arctan x)+c$$

$$=\frac{1}{2}(x^2+1)\arctan x-\frac{1}{2}x+c\,.$$

例 5　求 $\int\arcsin x\mathrm{d}x$.

解　令 $u=\arcsin x$，$\mathrm{d}v=\mathrm{d}x$，则原不定积分化为

$$\int\arcsin x\mathrm{d}x=x\arcsin x-\int x\mathrm{d}(\arcsin x)=x\arcsin x-\int\frac{x}{\sqrt{1-x^2}}\mathrm{d}x$$

$$=x\arcsin x+\frac{1}{2}\int(1-x^2)^{-\frac{1}{2}}\mathrm{d}(1-x^2)=x\arcsin x+\sqrt{1-x^2}+c\,.$$

由以上两例知，对不定积分

$$\int p(x)\arcsin x\mathrm{d}x、\int p(x)\arctan x\mathrm{d}x\,,$$

可用分部积分法，且选取有理多项式 $p(x)$ 与 $\mathrm{d}x$ 的积为 $\mathrm{d}v$，即 $\mathrm{d}v=p(x)\mathrm{d}x$，则用一次分部积分公式可消去被积函数中的反三角函数.

例 6　求 $\int(x^2+x+1)\ln x\mathrm{d}x$.

解　令 $u=\ln x$，$\mathrm{d}v=(x^2+x+1)\mathrm{d}x$，则原不定积分化为

$$\int(x^2+x+1)\ln x\mathrm{d}x=\int\ln x\mathrm{d}(\frac{x^3}{3}+\frac{x^2}{2}+x)=(\frac{x^3}{3}+\frac{x^2}{2}+x)\ln x-\int(\frac{x^3}{3}+\frac{x^2}{2}+x)\mathrm{d}(\ln x)$$

$$=(\frac{x^3}{3}+\frac{x^3}{2}+x)\ln x-\int(\frac{x^2}{3}+\frac{x}{2}+1)\mathrm{d}x=(\frac{x^3}{3}+\frac{x^2}{2}+x)\ln x-(\frac{1}{9}x^3+\frac{1}{4}x^2+x)+c\,.$$

由此例知，对形如 $\int p(x)\ln x\mathrm{d}x$ 的不定积分可用分部积分法，且选取 $u=\ln x$，则用一次分部积分公式后即可消去被积函数中的对数函数.

例 7　求 $I=\int\mathrm{e}^{ax}\cos bx\mathrm{d}x$.

解　令 $u=\mathrm{e}^{ax}$，$\mathrm{d}v=\cos bx\mathrm{d}x$，则

$$I=\int\mathrm{e}^{ax}\cos bx\mathrm{d}x=\frac{1}{b}\int\mathrm{e}^{ax}\mathrm{d}(\sin bx)=\frac{1}{b}\mathrm{e}^{ax}\sin bx-\frac{1}{b}\int\sin bx\mathrm{d}(\mathrm{e}^{ax})$$

$$=\frac{1}{b}\mathrm{e}^{ax}\sin bx-\frac{a}{b}\int\mathrm{e}^{ax}\sin bx\mathrm{d}x=\frac{1}{b}\mathrm{e}^{ax}\sin bx+\frac{a}{b^2}\int\mathrm{e}^{ax}\mathrm{d}(\cos bx)$$

$$=\frac{1}{b}\mathrm{e}^{ax}\sin bx+\frac{a}{b^2}\mathrm{e}^{ax}\cos bx-\frac{a}{b^2}\int\cos bx\mathrm{d}(\mathrm{e}^{ax})$$

$$=\frac{1}{b}\mathrm{e}^{ax}\sin bx+\frac{a}{b^2}\mathrm{e}^{ax}\cos bx-\frac{a^2}{b^2}\int\mathrm{e}^{ax}\cos bx\mathrm{d}x$$

$$=\frac{1}{b}e^{ax}\sin bx+\frac{a}{b^2}e^{ax}\cos bx-\frac{a^2}{b^2}I$$

移项解得

$$I=\frac{e^{ax}}{a^2+b^2}(b\sin bx+a\cos bx)+c\ .$$

在例 7 中，e^{ax} 与 $\cos bx$ 的原函数或导函数都比较简单，而且仍为指数函数或三角函数，这样选哪个为 u 都行，但要注意在第二次用分部积分公式时选择的 u 应与第一次的是同一类函数才行．再者，这种通过移项求出不定积分时不要丢了常数 c．

类似例 7，有

$$\int e^{ax}\sin bx\mathrm{d}x=\frac{e^{ax}}{a^2+b^2}(a\sin bx-b\cos bx)+c\ .$$

例 8 求 $I_n=\int\cos^n x\mathrm{d}x$，其中 n 为正整数．

解 $I_n=\int\cos^{n-1}x\mathrm{d}(\sin x)=\sin x\cos^{n-1}x-\int\sin x\mathrm{d}(\cos^{n-1}x)$

$$=\sin x\cos^{n-1}x+(n-1)\int\sin^2 x\cos^{n-2}x\mathrm{d}x$$

$$=\sin x\cos^{n-1}x+(n-1)\int(1-\cos^2 x)\cos^{n-2}x\mathrm{d}x$$

$$=\sin x\cos^{n-1}x+(n-1)\int\cos^{n-2}x\mathrm{d}x-(n-1)\int\cos^n x\mathrm{d}x$$

$$=\sin x\cos^{n-1}x+(n-1)I_{n-2}-(n-1)I_n\ ,$$

移项整理得递推公式：

$$I_n=\frac{1}{n}\sin x\cos^{n-1}x+\frac{n-1}{n}I_{n-2} \tag{2}$$

用一次递推公式（2），降低两次幂，最后就归结为求 $I_1=\int\cos x\mathrm{d}x$，或 $I_0=\int\mathrm{d}x$，显然 $I_1=\sin x+c$，$I_0=x+c$，从而可求得 $\int\cos^n x\mathrm{d}x$．

用同样的方法也可求得递推公式：

$$\int\sin^n x\mathrm{d}x=-\frac{1}{n}\sin^{n-1}x\cos x+\frac{n-1}{n}\int\sin^{n-2}x\mathrm{d}x \tag{3}$$

换元积分法和分部积分法是求不定积分的最基本的、最重要的两种方法，它们不能相互代替，也不能把它们完全割裂开来，往往在同一个题目中两种方法都要用到．例如用换元关系 $x=a\tan t$ 及递推公式（2）可得以下递推公式：

$$\int\frac{1}{(x^2+a^2)^n}\mathrm{d}x=\frac{1}{2a^2(n-1)}\left[\frac{x}{(x^2+a^2)^{n-1}}+(2n-3)\int\frac{1}{(x^2+a^2)^{n-1}}\mathrm{d}x\right] \tag{4}$$

读者可以自己验证递推公式（4）．

例 9 求 $\int e^{\sqrt{x}}dx$.

解 令 $\sqrt{x}=t$，则 $x=t^2$，$dx=2tdt$，于是

$$\int e^{\sqrt{x}}dx=\int e^t\cdot 2tdt=2\int te^t dt=2\int td(e^t)=2te^t-2\int e^t dt$$
$$=2e^t(t-1)+c=2e^{\sqrt{x}}(\sqrt{x}-1)+c.$$

例 10 求 $\int\frac{xe^x}{\sqrt{e^x-2}}dx\ \ (x>1)$.

解 为了去根号，令 $\sqrt{e^x-2}=t$，则 $e^x=t^2+2$，$x=\ln(t^2+2)$，$dx=\frac{2t}{t^2+2}dt$，于是

$$\int\frac{xe^x}{\sqrt{e^x-2}}dx=\int\frac{\ln(t^2+2)\cdot(t^2+2)}{t}\cdot\frac{2t}{(t^2+2)}dt=2\int\ln(t^2+2)dt$$
$$=2t\ln(t^2+2)-2\int td(\ln(t^2+2))=2t\ln(t^2+2)-4\int\frac{t^2}{t^2+2}dt$$
$$=2t\ln(t^2+2)-4\int(1-\frac{2}{t^2+2})dt=2t\ln(t^2+2)-4(t-2\cdot\frac{1}{\sqrt{2}}\arctan\frac{t}{\sqrt{2}})+c$$
$$=2x\sqrt{e^x-2}-4\sqrt{e^x-2}+4\sqrt{2}\arctan\sqrt{\frac{e^x}{2}-1}+c.$$

至此，我们已经学过了求不定积分的基本方法及常见函数积分方法. 反回头来，我们看所谓的求不定积分，其实是用初等函数把某一给定函数的积分（或原函数）表示出来. 必须指出，在这种意义下，不是所有的初等函数的积分都可以求出来的，例如下列不定积分

$$\int e^{x^2}dx,\quad \int\frac{\sin x}{x}dx,\quad \int\frac{1}{\ln x}dx,$$
$$\int\frac{1}{\sqrt{1+x^4}}dx,\quad \int\sqrt{1-k^2\sin^2 x}dx\quad (k\neq 0,1)$$

虽然按原函数存在定理，在其连续区间内存在，但它们都不能用初等函数表示出来，此即通常所谓**积不出来的不定积分**. 从另一角度来说，初等函数的导函数是初等函数，但初等函数的原函数（或不定积分）却不一定是初等函数.

最后顺便说明一点，积分需要一定的技巧，有时还需要做许多复杂的计算. 为了应用的方便，往往把常用的积分汇集成表，称为**积分表**. 积分表是按照被积函数的类型分类编排的，求积分时，可根据被积函数的类型直接地或经过简单变形后，在积分表中查得所需结果. 本书末附有一个简单的积分表，以供读者查阅. 但对初学者来说，在作不定积分的练习时，应尽量运用前面所介绍的各种方法，通过一定数量的训练，力争达到运算自如的地步.

习 题 3-3

1．求下列不定积分：

（1）$\int x\sin x\mathrm{d}x$　　（2）$\int x\mathrm{e}^{-x}\mathrm{d}x$

（3）$\int(x^2-2x+5)\mathrm{e}^{2x}\mathrm{d}x$　　（4）$\int x^3\arctan x\mathrm{d}x$

（5）$\int\ln x\mathrm{d}x$　　（6）$\int\sec^3 x\mathrm{d}x$

（7）$\int\mathrm{e}^x\sin 2x\mathrm{d}x$　　（8）$\int(\arcsin x)^2\mathrm{d}x$

（9）$\int\cos(\ln x)\mathrm{d}x$　　（10）$\int\mathrm{e}^{\sqrt[3]{x}}\mathrm{d}x$

（11）$\int\frac{x\arctan x}{\sqrt{1+x^2}}\mathrm{d}x$　　（12）$\int\frac{\arctan\mathrm{e}^x}{\mathrm{e}^x}\mathrm{d}x$

2．已知f（x）的一个函数为$\frac{\sin x}{x}$ 求 $\int xf'(x)\mathrm{d}x$.

3．推导$I_n=\int\tan^n x\mathrm{d}x$（$n$为正整数）的递推公式.

第四章 定积分

在上一章，作为导数的逆运算，引进了不定积分，它是积分学的第一个基本问题．本章要讨论的定积分，是积分学的第二个基本问题，这类问题在几何、物理及力学中有着广泛的应用．例如，求平面曲线围成的图形的面积；求变速直线运动的路程；求变力所做的功等问题，在数学上都归结为定积分的问题．本章将从几何学、物理学问题出发引入定积分的定义，然后讨论它的性质及计算方法，重点要求掌握微积分基本定理．

第一节 定积分的概念

一、两个实例

例 1 求曲边梯形的面积．

在初等数学中，以矩形面积公式为基础，解决了直边图形面积的计算，如三角形、梯形的面积．但在生产实际中，经常遇到曲边图形的面积计算，最基本的图形是曲边梯形．所谓曲边梯形，如图 4-1 所示，它是三边为直线，其中两边平行，第三边与之垂直，第四边是曲线的平面图形．下面讨论它的面积计算问题．

设曲边梯形的底是区间$[a，b]$，曲边是连续函数$y=f(x)$，如图 4-2 所示．我们知道

矩形面积＝高×底．

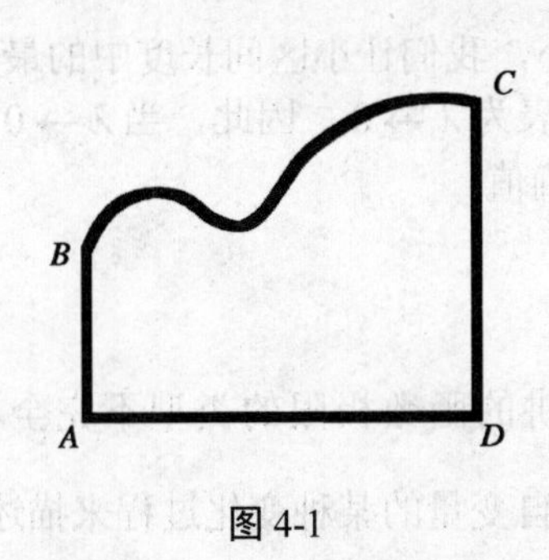

图 4-1

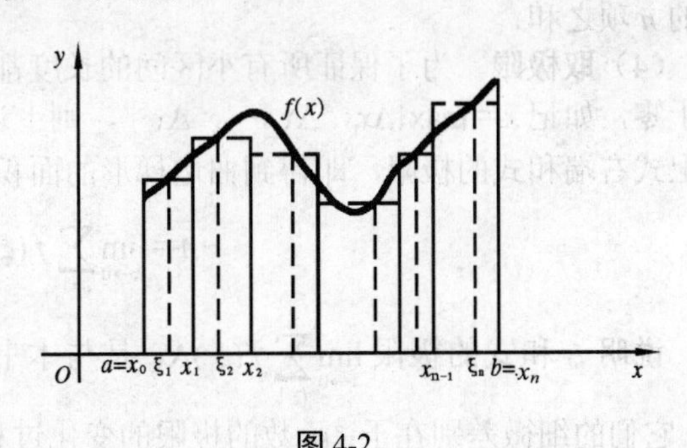

图 4-2

曲边梯形与矩形的主要差别，在于曲边梯形的高是变化的，而矩形的高是不变的．为

此，将曲边梯形分割成若干个小曲边梯形，对于每一个小曲边梯形，由于它的底很窄，梯形的高变化不大，可以看作高不变. 这时，每个小曲边梯形的面积可以近似地用小矩形的面积来代替，把这些小曲边梯形面积的近似值加起来，就得到曲边梯形面积的近似值. 分割的越细，所得的近似值就越接近于曲边梯形的面积. 因此，我们将其无限细分（即每个小矩形的底边长趋于零）时所得的近似值的极限值，就是曲边梯形的面积.

于是，可将求曲边梯形的具体方法叙述如下.

（1）**分割** 在区间$[a, b]$中任意插入若干个分点

$$a=x_0<x_1<x_2<\cdots<x_{n-1}<x_n=b,$$

把区间$[a, b]$分成 n 个小区间

$$[x_0, x_1]、[x_1, x_2]、\cdots、[x_{n-1}, x_n].$$

每一个小区间的长度为 $\Delta x_i=x_i-x_{i-1}$（$i=1, 2, \cdots n$）. 经过各分点作平行于 y 轴的直线段，把曲边梯形分为 n 个小曲边梯形（见图 4-2）.

（2）**替代** 在每个小区间$[x_{i-1}, x_i]$（$i=1, 2, \cdots n$）上，任取一点 ξ_i，以这些小区间为底，ξ_i 处的值 $f(\xi_i)$为高的小矩形代替相应的小曲边梯形，则得小曲边梯形面积 ΔA_1、ΔA_2、…、ΔA_n 的近似值：

$$\Delta A_1 \approx f(\xi_1)\Delta x_1;$$
$$\Delta A_2 \approx f(\xi_2)\Delta x_2;$$
$$\cdots\cdots$$
$$\Delta A_n \approx f(\xi_n)\Delta x_n.$$

（3）**求和** 把各个小矩形面积相加，就得到曲边梯形面积 A 的近似值：

$$A\approx\sum_{i=1}^{n} f(\xi_i)\Delta x_i,$$

其中，符号“Σ”是求和的意思，$\sum\limits_{i=1}^{n} f(\xi_i)\Delta x_i$ 表示 $f(\xi_i)\Delta x_i$ 中 i 依次为 1、2、…、n 时，所得的 n 项之和.

（4）**取极限** 为了保证所有小区间的长度都无限缩小，我们让小区间长度中的最大值趋于零，如记 $\lambda=\max\{\Delta x_1, \Delta x_2,\cdots, \Delta x_n\}$，则上述条件可表为 $\lambda\to 0$，因此，当 $\lambda\to 0$ 时，取上式右端和式的极限，即得到曲边梯形的面积 A 的精确值：

$$A=\lim_{\lambda\to 0}\sum_{i=1}^{n} f(\xi_i)\Delta x_i .$$

说明 和式的极限 $\lim\limits_{\lambda\to 0}\sum\limits_{i=1}^{n} f(\xi_i)\Delta x_i$ 是与本书第一章讲的函数极限的类型不完全相同的. 它们的细微差别在于：函数的极限的变化过程都是按自变量的某种变化过程来描述的，而和式的极限的变化过程是用 $\lambda\to 0$ 来描述的.

例2　求变速直线运动的路程

设一物体作变速直线运动，其速度 $v=v(t)$ 是时间区间 $[T_1, T_2]$ 上的连续函数，且 $v(t)\geqslant 0$，计算物体从时刻 T_1 到 T_2 这段时间内所走过的路程 s.

对于匀速直线运动的路程，有公式：路程＝速度×时间．但是，对于作变速直线运动的物体，由于速度不是常量，因此所求路程 s 不能直接按上述公式来计算．由于物体运动的速度 $v=v(t)$ 是连续变化的，所以完全采用例1的办法．可求得变速直线运动的路程 s 的精确值．即仍需以下四个步骤：

（1）**分割**　将总路程 s 任意分成 n 段小路程．

在时间区间 $[T_1, T_2]$ 内，任意插入分点

$$T_1=t_0<t_1<t_2<\cdots<t_{n-1}<t_n=T_2,$$

把 $[T_1, T_2]$ 分成 n 个小时间区间 $[t_{i-1}, t_i]$（$i=1, 2, \cdots, n$），每个小时间区间的长度为 $\Delta t_i=t_i-t_{i-1}$（$i=1, 2, \cdots, n$），物体在每个小时间区间内走过的路程为 Δs_i（$i=1, 2, \cdots, n$）.

（2）**替代**　求每段小路程的近似值．

在每个小时间区间 $[t_{i-1}, t_i]$ 上，任取一个时刻 τ_i，以 $v(\tau_i)$ 近似代替 $[t_{i-1}, t_i]$ 上各时刻的速度，从而可求得每段小路程 Δs_i 的近似值

$$\Delta s_i\approx v(\tau_i)\Delta t_i\ (i=1, 2, \cdots, n).$$

（3）**求和**　求总路程 s 的近似值．

把每段小路程的近似值加起来，即得总路程 s 的近似值

$$s\approx\sum_{i=1}^{n}v(\tau_i)\Delta t_i .$$

（4）**取极限**　取极限得到总路程 s 的精确值：

将时间区间 $[T_1, T_2]$ 无限细分下去，且当小时间区间的最大长度 $\lambda=\max\{\Delta t_1, \Delta t_2,\cdots, \Delta t_n\}\to 0$ 时，极限 $\lim\limits_{\lambda\to 0}\sum\limits_{i=1}^{n}v(\tau_i)\Delta t_i$ 值就是变速直线运动的物体从时刻 T_1 到 T_2 的时间内所走过的路程 s．即有

$$s=\lim_{\lambda\to 0}\sum_{i=1}^{n}v(\tau_i)\Delta t_i \tag{2}$$

二、定积分的概念

以上两个例子，一个是几何问题，一个是物理问题，尽管它们的实际意义不同，但处理这些问题的方法及最终数量表达式是相同的．在实际中，类似的问题还很多，因此我们抛开其实际意义，抓住它们在数量关系上的本质特征，概括抽象出下述定积分的定义．

定义 设函数$f(x)$在区间$[a，b]$上有定义，任取分点

$$a=x_0<x_1<x_2<\cdots<x_{n-1}<x_n=b,$$

将$[a，b]$分为n个子区间$[x_{i-1}，x_i]$（$i=1，2，\cdots，n$），其长度为$\Delta x_i=x_i-x_{i-1}$；在$[x_{i-1}，x_i]$上任取一点ξ_i（$x_{i-1}\leqslant\xi_i\leqslant x_i$），作和式

$$I_n=\sum_{i=1}^{n}f(\xi_i)\Delta x_i,$$

如果当$\lambda=\max\limits_{1\leqslant i\leqslant n}\{\Delta x_i\}\to 0$时，不论子区间怎么划分以及$\xi_i$怎样选取，极限

$$\lim_{\lambda\to 0}I_n=\lim_{\lambda\to 0}\sum_{i=1}^{n}f(\xi_i)\Delta x_i$$

都存在，则称此极限值为函数$f(x)$在区间$[a，b]$上的定积分，记作$\int_a^b f(x)\mathrm{d}x$，即

$$\int_a^b f(x)\mathrm{d}x=\lim_{\lambda\to 0}\sum_{i=1}^{n}f(\xi_i)\Delta x_i.$$

其中x称为**积分变量**，$f(x)$称为**被积函数**，$f(x)\mathrm{d}x$称为**被积表达式**．$[a，b]$称为**积分区间**，a与b分别称为积分的下限与上限，$\int$称为**积分号**．

根据定积分的定义，上面两个例子就可以用定积分来表达．

在例1中，曲边梯形面积A是$f(x)$（$f(x)\geqslant 0$）在$[a，b]$上的定积分，即

$$A=\lim_{\lambda\to 0}\sum_{i=1}^{n}f(\xi_i)\Delta x_i=\int_a^b f(x)\mathrm{d}x$$

在例2中，变速直线运动的路程s是速度函数$v=v(t)$在$[T_1，T_2]$上的定积分，即

$$s=\lim_{\lambda\to 0}\sum_{i=1}^{n}v(\tau_i)\Delta t_i=\int_{T1}^{T_2}v(t)\mathrm{d}t.$$

有关定积分概念应注意的几个问题：

（1）定积分$\int_a^b f(x)\mathrm{d}x$是一个极限值，所以定积分是一个定数，这个定数只与被积函数$f(x)$和积分区间$[a，b]$有关，而与积分变量取哪个字母无关，例如，如果只把积分变量x改为t，则有

$$\int_a^b f(x)\mathrm{d}x=\int_a^b f(t)\mathrm{d}t.$$

（2）上述定义中，我们只考虑了下限a小于上限b的情形．当$a>b$时，同样可以给出定积分$\int_a^b f(x)\mathrm{d}x$的定义，只不过这时分点的顺序反过来写成

$$a=x_0>x_1>x_2>\cdots>x_{n-1}>x_n=b.$$

$\Delta x_i=x_i-x_{i-1}<0$，于是有

$$\int_a^b f(x)\mathrm{d}x=-\int_b^a f(x)\mathrm{d}x.$$

一般情形 $a\neq b$，特别当 $a=b$ 的时候，规定积分的值为零，即

$$\int_a^b f(x)\mathrm{d}x=0\,.$$

从几何上看，这个规定是合理的，因为这时曲边梯形的底边缩成一点，故曲边梯形面积为零.

（3）按上述定积分的定义，当和式极限存在时，我们就说 $f(x)$ 在 $[a,\ b]$ 上的定积分存在，或者称 $f(x)$ 在 $[a,\ b]$ 上**可积**.

函数 $f(x)$ 在 $[a,\ b]$ 上满足什么条件时可积呢？下面两个定理给出这个问题的充分条件.

定理 1　设 $f(x)$ 在区间 $[a,\ b]$ 上连续，则 $f(x)$ 在 $[a,\ b]$ 上可积.

定理 2　设 $f(x)$ 在区间 $[a,\ b]$ 上有界，且只有有限个第一类间断点，则 $f(x)$ 在 $[a,\ b]$ 上可积.

三、定积分的几何意义

如果在 $[a,\ b]$ 上 $f(x)\geqslant 0$，则根据第一节实例 1 可知，$\int_a^b f(x)\mathrm{d}x$ 在几何上表示由曲线 $y=f(x)$，直线 $x=a$、$x=b$、$y=0$ 所围成的曲边梯形的面积（如图 4-2 所示）.

如果在 $[a,\ b]$ 上 $f(x)<0$，则由曲线 $y=f(x)$，直线 $x=a$、$x=b$、$y=0$ 所围成的曲边梯形在 x 轴下方，这时 $f(\xi_i)<0$，$\Delta x_i>0$，故 $I_n=\sum\limits_{i=1}^{n}f(\xi_i)\Delta x_i<0$，$\int_a^b f(x)\mathrm{d}x=\lim\limits_{\lambda\to 0}\sum\limits_{i=1}^{n}f(\xi_i)\Delta x_i<0$，于是定积分 $\int_a^b f(x)\mathrm{d}x$ 的几何意义是曲边梯形面积的相反数（如图 4-3 所示）.

如果在 $[a,\ b]$ 上 $f(x)$ 有正也有负，则定积分的几何意义是在 $[a,\ b]$ 上曲边梯形面积的代数和，即在 x 轴上方取正号，下方取负号（如图 4-4 所示）.

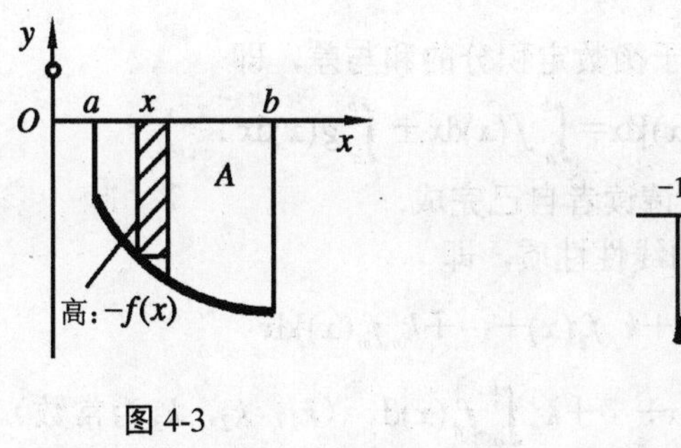

图 4-3

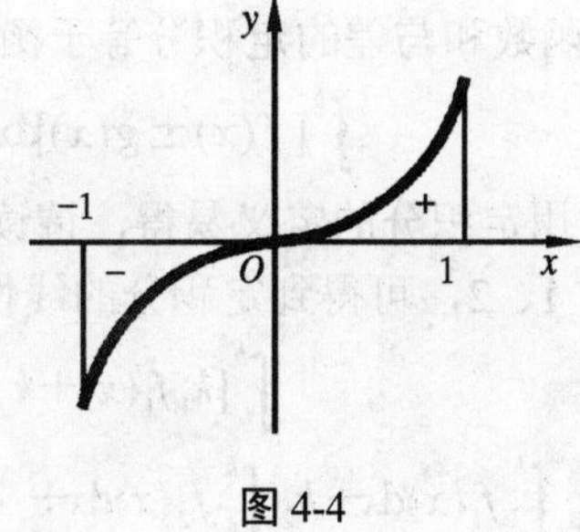

图 4-4

习 题 4-1

1．已知一质量分布不均匀的细直棒，其长为 l，线密度 $\rho=\rho(x)$，其中 $0\leqslant x\leqslant l$.

（1）用积分和式表示棒的质量 m 的近似值；

（2）用定积分表示 m 的准确值.

2．式子 $\int_1^2 \ln x\mathrm{d}x=\int_1^2 \ln u\mathrm{d}u$ 是否正确？为什么？

3．根据定积分的几何意义，判断下列定积分值的正、负.

（1）$\int_0^{\frac{\pi}{2}} \sin x\mathrm{d}x$　　（2）$\int_{-1}^2 x^2\mathrm{d}x$

4．利用定积分的几何意义，说明下列等式.

（1）$\int_0^1 \sqrt{1-x^2}\mathrm{d}x=\frac{\pi}{4}$；　　（2）$\int_{-\frac{\pi}{2}}^{\frac{\pi}{2}} \sin x\mathrm{d}x=0$；

（3）$\int_{-\frac{\pi}{2}}^{\frac{\pi}{2}} \cos x\mathrm{d}x=2\int_0^{\frac{\pi}{2}} \cos x\mathrm{d}x$.

第二节　定积分的性质

为讨论定积分的计算，本节介绍定积分的基本性质．下列各性质中，积分的上、下限的大小，如不特别指出，均不加限制；同时假定各性质中所列函数都是可积的.

性质 1　被积函数的常数因子可以提到积分号外面来，即

$$\int_a^b kf(x)\mathrm{d}x=k\int_a^b f(x)\mathrm{d}x \text{（}k\text{ 为常数）}.$$

证　$$\int_a^b kf(x)\mathrm{d}x=\lim_{\lambda\to 0}\sum_{i=1}^n kf(\xi_i)\Delta x_i$$

$$=k\lim_{\lambda\to 0}\sum_{i=1}^n f(\xi_i)\Delta x_i=k\int_a^b f(x)\mathrm{d}x.$$

性质 2　函数和与差的定积分等于函数定积分的和与差，即

$$\int_a^b [f(x)\pm g(x)]\mathrm{d}x=\int_a^b f(x)\mathrm{d}x\pm\int_a^b g(x)\mathrm{d}x.$$

证明同样用定积分的定义易得，请读者自己完成.

结合性质 1、2，可得到定积分的线性性质，即

$$\int_a^b [k_1 f_1(x)+k_2 f_2(x)+\cdots+k_n f_n(x)]\mathrm{d}x$$

$$=k_1\int_a^b f_1(x)\mathrm{d}x+k_2\int_a^b f_2(x)\mathrm{d}x+\cdots+k_n\int_a^b f_n(x)\mathrm{d}x \text{（}k_1,\ k_2,\ k_3\text{ 为常数）。}$$

性质 3（定积分对积分区间的可加性）不论 a、b、c 的相对位置如何，恒有

$$\int_a^b f(x)\mathrm{d}x=\int_a^c f(x)\mathrm{d}x+\int_c^b f(x)\mathrm{d}x.$$

证　先设 $a<c<b$．因定积分存在，故积分和的极限与 $[a,\ b]$ 的分法无关，因此，总可使 c 成为分点，于是

$$\sum_{[a,b]} f(\xi_i)\Delta x_i = \sum_{[a,c]} f(\xi_i)\Delta x_i + \sum_{[c,b]} f(\xi_i)\Delta x_i .$$

当 $\lambda = \max\limits_{1\leq i\leq n}\{\Delta x_i\} \to 0$ 时，对上式两端同时取极限便得

$$\int_a^b f(x)\mathrm{d}x = \int_a^c f(x)\mathrm{d}x + \int_c^b f(x)\mathrm{d}x .$$

其次，当 $a<b<c$ 时，则由上面的证明知

$$\int_a^c f(x)\mathrm{d}x = \int_a^b f(x)\mathrm{d}x + \int_b^c f(x)\mathrm{d}x .$$

因而

$$\int_a^b f(x)\mathrm{d}x = \int_a^c f(x)\mathrm{d}x - \int_b^c f(x)\mathrm{d}x = \int_a^c f(x)\mathrm{d}x + \int_c^b f(x)\mathrm{d}x$$

类似可以证明 a、b、c 相对位置的其他情况.

性质 4　若在区间 $[a,\ b]$ 上 $f(x)\equiv 1$，则

$$\int_a^b 1\cdot \mathrm{d}x = b-a .$$

性质 5　如果在区间 $[a,\ b]$ 上 $f(x)\geqslant 0$，则

$$\int_a^b f(x)\mathrm{d}x \leqslant 0 \quad (a<b).$$

推论 1　如果在区间 $[a,\ b]$ 上，$f(x)\leqslant g(x)$，则

$$\int_a^b f(x)\mathrm{d}x \leqslant \int_a^b g(x)\mathrm{d}x \quad (a<b).$$

推论 2

$$\left|\int_a^b f(x)\mathrm{d}x\right| \leqslant \int_a^b |f(x)|\mathrm{d}x \quad (a<b).$$

证　因为 $-|f(x)| \leqslant f(x) \leqslant |f(x)|$，由推论 1 及性质 1 可得

$$-\int_a^b |f(x)|\mathrm{d}x \leqslant \int_a^b f(x)\mathrm{d}x \leqslant \int_a^b |f(x)|\mathrm{d}x .$$

即

$$\left|\int_a^b f(x)\mathrm{d}x\right| \leqslant \int_a^b |f(x)|\mathrm{d}x .$$

证毕

注　$|f(x)|$ 在区间 $[a,\ b]$ 上的可积性可由 $f(x)$ 在区间 $[a,\ b]$ 上的可积性推出（证明从略）.

性质 6（定积分估值定理）设 M 和 m 分别是函数 $f(x)$ 在区间 $[a,\ b]$ 上的最大值与最小值，则

$$m(b-a) \leqslant \int_a^b f(x)\mathrm{d}x \leqslant M(b-a) \quad (a<b).$$

证　因为 $m \leqslant f(x) \leqslant M$，由性质 5 的推论 1，得

$$\int_a^b m\mathrm{d}x \leqslant \int_a^b f(x)\mathrm{d}x \leqslant \int_a^b M\mathrm{d}x ,$$

再由性质 1 及性质 4，得

$$m(b-a) \leqslant \int_a^b f(x)\mathrm{d}x \leqslant M(b-a) .$$

证毕

例 1　试估计 $\int_0^2 \frac{5-x}{9-x^2}\mathrm{d}x$ 的范围.

解　容易求出 $f(x)=\frac{5-x}{9-x^2}$ 在[0，2]上的最大值 $M=\frac{3}{5}$ 与最小值 $m=\frac{1}{2}$（详细求法参见第五章第四节）.

于是

$$\frac{1}{2}(2-0)\leqslant \int_0^2 \frac{5-x}{9-x^2}\mathrm{d}x \leqslant \frac{3}{5}(2-0),$$

即

$$1\leqslant \int_0^2 \frac{5-x}{9-x^2}\mathrm{d}x \leqslant \frac{6}{5}$$

性质 7（定积分中值定理）如果函数 $f(x)$ 在区间 $[a,b]$ 上连续，则在积分区间 $[a,b]$ 上至少存在一点 ξ，使下式成立

$$\int_a^b f(x)\mathrm{d}x=f(\xi)(b-a)\ \ (a\leqslant\xi\leqslant b),$$

这个公式叫做**积分中值公式**.

证　因为函数 $f(x)$ 在区间 $[a,b]$ 上连续，所以函数 $f(x)$ 在 $[a,b]$ 上必有最大值 M 和最小值 m. 由性质 6，得

$$m(b-a)\leqslant \int_a^b f(x)\leqslant M(b-a),$$

不等式除以 $b-a$，得

$$m\leqslant \frac{1}{b-a}\int_a^b f(x)\mathrm{d}x\leqslant M.$$

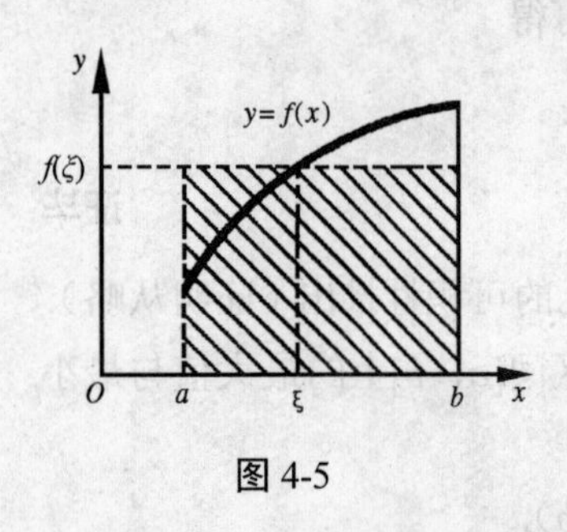

图 4-5

这表明，数值 $\frac{1}{b-a}\int_a^b f(x)\mathrm{d}x$ 介于函数 $f(x)$ 的最小值 m 与最大值 M 之间. 根据闭区间上连续函数的介值定理，在区间 $[a,b]$ 上至少存在一点 ξ，使得

$$f(\xi)=\frac{1}{b-a}\int_a^b f(x)\mathrm{d}x\ \ (a\leqslant\xi\leqslant b),$$

即

$$\int_a^b f(x)\mathrm{d}x=f(\xi)(b-a).$$

证毕

显然，积分中值公式 $\int_a^b f(x)\mathrm{d}x=f(\xi)(b-a)$（$a\leqslant\xi\leqslant b$）不论 $a<b$ 或 $a>b$ 都是成立的.

定积分中值定理的几何意义：$[a,b]$ 内至少存在一点 ξ，使得 $[a,b]$ 上以 $y=f(x)$ 为曲边的曲边梯形面积等于同底边而高为 $f(\xi)$ 的矩形面积（如图 4-5 所示）.

习 题 4-2

1．比较下列每对定积分值的大小；

（1）$\int_0^1 2^x\mathrm{d}x$ 与 $\int_0^1 \mathrm{e}^x\mathrm{d}x$ ；　　（2）$\int_0^1 x^2\mathrm{d}x$ 与 $\int_0^1 x^3\mathrm{d}x$ ；

（3）$\int_1^2 \ln x\mathrm{d}x$ 与 $\int_1^2 (\ln x)^2\mathrm{d}x$ ；　　（4）$\int_0^{\frac{\pi}{2}} \sin^6 x\mathrm{d}x$ 与 $\int_0^{\frac{\pi}{2}} \sin^4 x\mathrm{d}x$.

2．试估计下列各定积分值的范围：

（1）$\int_1^2 \frac{x}{x^2+1}\mathrm{d}x$ ；　　（2）$\int_{\frac{\pi}{4}}^{\frac{5}{4}\pi} (1+\sin^2 x)\mathrm{d}x$ ；

（3）$\int_0^1 \mathrm{e}^{-\frac{\pi^2}{2}}\mathrm{d}x$ ；　　（4）$\int_1^4 (x^2+1)\mathrm{d}x$.

3．设 p 为常数，证明：

$$\lim_{n\to 0}\int_n^{n+p}\frac{\sin x}{x}\mathrm{d}x=0$$

第三节　微积分基本定理

前面已经介绍了定积分的概念及其基本性质，但到目前为止，我们还只能根据定义计算定积分．一般说来，用这种方法计算定积分是非常困难的，从本章第一节所举例子即可看出．我们期望寻求计算定积分简便易行的方法，这就是我们本章所要讨论的重点．

一、变上限定积分

设函数 $f(x)$ 在 $[a, b]$ 上连续，任取一点 $x\in[a,b]$，则 $\int_b^x f(x)\mathrm{d}x$ 存在．这个积分称为**变上限定积分**，它是上限 x 的函数，记作 $\Phi(x)$，即

$$\Phi(x)=\int_a^x f(x)\mathrm{d}x \quad (a\leqslant x\leqslant b),$$

在这里，右端的 x 既表示积分变量，又表示积分上限，为避免混淆，我们根据定积分值与积分变量表达符号无关的事实，把上面的积分变量改用 t 表示，则上面的定积分可写成

$$\Phi(x)=\int_a^x f(t)\mathrm{d}t .$$

从几何意义上看，$\Phi(x)$ 表示图 4-6 中曲边梯形阴影部分的面积．这个面积随 x 变化而变化，当 x 给定时，面积 $\Phi(x)$ 随之而定，因而 $\Phi(x)$ 是 x 的函数，称为**面积函数**．关于 $\Phi(x)$，有下面的定理：

定理 1　若函数 $f(x)$ 在 $[a, b]$ 上连续，则变上限的定积分

$$\Phi(x)=\int_a^x f(t)\mathrm{d}t ,$$

在 $[a, b]$ 上可导，且它的导数是

$$\Phi'(x)=\frac{\mathrm{d}}{\mathrm{d}x}\int_a^x f(t)\mathrm{d}t=f(x)\quad(a\leqslant x\leqslant b).$$

证　给 x 以增量 Δx，使 $x+\Delta x$ 仍在$[a,\ b]$上，则

$$\Delta\Phi=\Phi(x+\Delta x)-\Phi(x)=\int_a^{x+\Delta x}f(t)\mathrm{d}t-\int_a^x f(t)\mathrm{d}t$$

$$=\int_a^x f(t)\mathrm{d}t+\int_x^{x+\Delta x}f(t)\mathrm{d}t-\int_a^x f(t)\mathrm{d}t=\int_x^{x+\Delta x}f(t)\mathrm{d}t,$$

根据积分中值定理，在 x 和 $x+\Delta x$ 之间至少存在一点 ξ（如图 4-6 所示）使

$$\Delta\Phi=\int_x^{x+\Delta x}f(t)\mathrm{d}t=f(\xi)\,(x+\Delta x-x)=f(\xi)\Delta x,$$

从而 $\dfrac{\Delta\Phi}{\Delta x}=f(\xi)$，$\xi$ 在 x 和 $x+\Delta x$ 之间，当 $\Delta x\to 0$ 时，$x+\Delta x\to x$，$\xi\to x$，由 $f(x)$的连续性可知，$f(\xi)\to f(x)$，故

$$\Phi'(x)=\lim_{\Delta x\to 0}\frac{\Delta\Phi}{\Delta x}=\lim_{\xi\to x}f(\xi)=f(x).$$

证毕

这个定理指出了两个重要结论：第一，连续函数 $f(x)$的变上限 x 的定积分的导数是 $f(x)$本身；第二，根据原函数的定义可知，$\Phi(x)$ 是 $f(x)$的一个原函数，这说明连续函数的原函数一定存在．此定理也称为**原函数存在定理**．

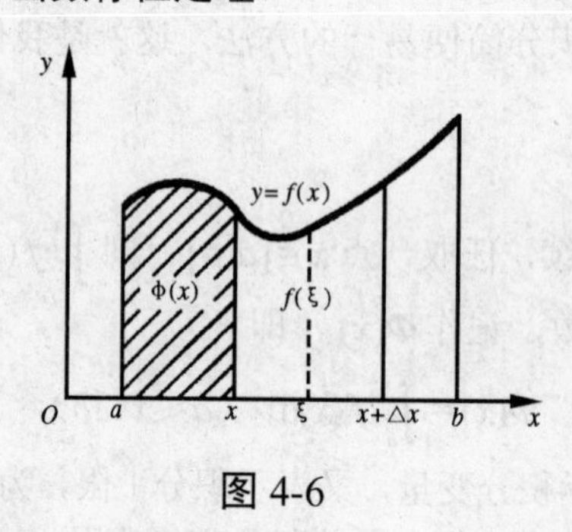

图 4-6

二、微积分基本定理

先看一个例子——求变速直线运动的路程．由本章第一节知道，物体在时间间隔$[T_1,\ T_2]$内走过的路程可用速度函数 $v(t)$ 在$[T_1,\ T_2]$上的定积分 $\int_{T_1}^{T_2}v(t)\mathrm{d}t$ 表示；另一方面，这段路程又可以用位置函数 $S(t)$在$[T_1,\ T_2]$上的增量 $S(T_2)-S(T_1)$来表示．由此可见，$S(t)$与 $v(t)$ 间有如下关系

$$\int_{T_2}^{T_2}v(t)\mathrm{d}t=S(T_2)-S(T_1)\tag{1}$$

因为 $S'(t)=v(t)$，即 $S(t)$是 $v(t)$ 的原函数．所以上面关系式表示：$v(t)$ 在$[T_1,\ T_2]$上的定

积分等于 $v(t)$ 的原函数 $S(t)$ 在 $[T_1, T_2]$ 上的增量：

$$S(T_2)-S(T_1).$$

从上述特殊问题中得到的关系，在一定条件下具有普遍性，即有下面的定理.

定理 2 若 $F(x)$ 是 $[a, b]$ 上的连续函数 $f(x)$ 的原函数，则

$$\int_a^b f(x)\mathrm{d}x=F(b)-F(a) \tag{2}$$

证 因 $F(x)$ 与 $\Phi(x)=\int_a^x f(t)\mathrm{d}t$ 都是 $f(x)$ 的原函数，而一个函数的任意原函数之间只相差一个常数，故

$$\int_a^x f(t)\mathrm{d}t=F(x)+c$$

当 $x=a$ 时，有 $0=F(a)+c$，$c=-F(a)$；

当 $x=b$ 时，有 $\int_a^b f(t)\mathrm{d}t=F(b)+c=F(b)-F(a)$.

由于定积分与积分变量的形式无关，所以有

$$\int_a^b f(x)\mathrm{d}x=F(b)-F(a).$$

证毕

为书写方便，记 $F(b)-F(a)=F(x)\Big|_a^b$（或 $\left[F(x)\right]_a^b$）. 即有

$$\int_a^b f(x)\mathrm{d}x=F(x)\Big|_a^b=F(b)-F(a).$$

定理 2 称为**微积分基本定理**. 公式（2）称为**牛顿—莱布尼兹公式**. 它将定积分的计算归结为求被积函数原函数的增量问题，这揭示了定积分与不定积分间的关系. 即一个连续函数在 $[a, b]$ 上的定积分等于它的任一原函数在 $[a, b]$ 上的增量. 这就极大地简化了定积分的计算.

例 1 求 $\int_{-1}^1 \frac{\mathrm{d}x}{1+x^2}$.

解 因为 $\arctan x$ 是 $\frac{1}{1+x^2}$ 的一个原函数，所以

$$\int_{-1}^1 \frac{\mathrm{d}x}{1+x^2}=\arctan x\Big|_{-1}^1=\arctan 1-\arctan(-1)=\frac{\pi}{2}.$$

例 2 求 $\int_0^\pi |\cos x|\mathrm{d}x$.

解

$$\int_0^\pi |\cos x|\mathrm{d}x=\int_0^{\frac{\pi}{2}} \cos x\mathrm{d}x+\int_{\frac{\pi}{2}}^\pi (-\cos x)\mathrm{d}x$$

因为 $\sin x$ 是 $\cos x$ 的一个原函数，所以

$$\int_0^\pi |\cos x|\mathrm{d}x=\sin x\Big|_0^{\frac{\pi}{2}}-\sin x\Big|_{\frac{\pi}{2}}^\pi=2$$

例 3 求$\dfrac{d}{dx}\int_a^{x^2} f(t)dt$.

解 设$u=x^2$，故$\int_a^{x^2} f(t)dt=\int_a^u f(t)dt$是$x$的复合函数，按函数的复合求导法则，有

$$\frac{d}{dx}\int_a^{x^2} f(t)dt=\frac{d}{du}(\int_a^u f(t)dt)\frac{du}{dx}=f(u)\cdot 2x=2xf(x^2).$$

更一般地，我们有

$$\frac{d}{dx}\int_{u(x)}^{v(x)} f(t)dt=f[v(x)]v'(x)-f[u(x)]u'(x).$$

习 题 4-3

1．求$y=\int_0^x \sin t dt$当$x=0$，$x=\dfrac{\pi}{4}$时的导数.

2．计算下列定积分：

（1）$\int_4^9 \sqrt{x}(1+\sqrt{x})dx$；（2）$\int_1^2 \dfrac{(x+1)(x^3-3)}{3x^2}dx$；（3）$\int_0^{\sqrt{3}a} \dfrac{dx}{a^2+x^2}$；

（4）$\int_0^{\frac{\pi}{4}} \tan^2 x dx$；（5）$\int_{-2}^{-1} (\dfrac{1}{3})^x dx$；（6）设$f(x)=\begin{cases} x+1, & x\leqslant 1 \\ 2x^2 & x>1 \end{cases}$，求$\int_0^2 f(x)dx$.

3．求下列函数的导数

（1）$F(x)=\int_0^x xf(t)dt$；（2）$F(x)=\sin(\int_0^{x^2} f(t)dt)$.

第四节 定积分的算法

在上节，我们介绍了牛顿—莱布尼兹公式，它把计算定积分的问题化为求被积函数不定积分的问题，即利用不定积分求出被积函数的原函数，然后求原函数的增量．但从第三章中可知，仅利用基本积分表与积分性质，能够计算的不定积分非常有限，对于复杂函数求积分的方法通常有换元积分法和分部积分法．相类似地，在一定条件下，求定积分问题也有这两种方法，下面将分别讨论之．读者在学习时，要注意它与不定积分的换元法和分部积分法的异同点．

一、定积分的换元法

先看一个例子

例 1 计算$\int_1^4 \dfrac{dx}{1+\sqrt{x}}$.

解　先求$\frac{1}{1+\sqrt{x}}$的原函数，令$\sqrt{x}=t$，则$x=t^2$，$dx=2tdt$，

$$\int\frac{dx}{1+\sqrt{x}}=\int\frac{2t}{1+t}dt=2\int(1-\frac{1}{1+t})dt=2(t-\ln|1+t|)+c$$

因为　当$x=1$时，$t=1$；$x=4$时，$t=2$，所以

$$\int_1^4\frac{dx}{1+\sqrt{x}}=\int_1^2\frac{2t}{1+t}dt=2(t-\ln|1+t|)\Big|_1^2=2(1+\ln\frac{2}{3})$$

本例的步骤是：

（1）换元，令$\sqrt{x}=t$，$x=t^2$，则$dx=2tdt$.

（2）变限，即确定新积分变量的积分限．当$x=1$时，$t=1$；当$x=4$时，$t=2$.

（3）用牛顿—莱布尼兹公式计算新积分．

由此可见，定积分的换元法不必像不定积分的换元法那样还原成原变量，而只需在换元的同时换限即可．一般地，有如下定理．

定理1　若$f(x)$在$[a,b]$上连续，作变换$x=\varphi(t)$，使满足

（1）$\varphi(\alpha)=a$，$\varphi(\beta)=b$；

（2）当t在$[\alpha,\beta]$（或$[\beta,\alpha]$）上变化时，$\varphi(t)$单调且有连续导数$\varphi'(t)$，则有

$$\int_a^b f(x)dx=\int_\alpha^\beta f[\varphi(t)]\varphi'(t)dt.$$

证　因$f(x)$在$[a,b]$上连续，故其原函数存在，设为$F(x)$．由牛顿—莱布尼兹公式得

$$\int_a^b f(x)dx=F(b)-F(a).$$

另一方面，因$f[\varphi(t)]\varphi'(t)$在$[\alpha,\beta]$（或$[\beta,\alpha]$）上连续，故其原函数存在，由于

$$\frac{d}{dt}F[\varphi(t)]=\frac{d}{dx}F(x)\frac{dx}{dt}=f(x)\varphi'(t)=f[\varphi(t)]\varphi'(t),$$

即$F[\varphi(t)]$为$f[\varphi(t)]\varphi'(t)$的原函数，故

$$\int_\alpha^\beta f[\varphi(t)]\varphi'(t)dt=F[\varphi(t)]\Big|_\alpha^\beta=F[\varphi(\beta)]-F[\varphi(\alpha)]=F(b)-F(a),$$

所以

$$\int_a^b f(x)dx=\int_\alpha^\beta f[\varphi(t)]\varphi'(t)dt.$$

证毕

例2　计算$\int_0^a x^2\sqrt{a^2-x^2}dx$（$a>0$）.

解　第一步（换元）　设$x=a\sin t$，则$dx=a\cos tdt$.

第二步（换限）当$x=0$时$t=0$；当$x=a$时，$t=\frac{\pi}{2}$.

第三步（积分）

$$\int_0^a x^2\sqrt{a^2-x^2}\mathrm{d}x=\int_0^{\frac{\pi}{2}} a^2\sin^2 ta^2\cos^2 t\mathrm{d}t=\frac{a^2}{4}\int_0^{\frac{\pi}{2}}\sin^2 2t\mathrm{d}t$$

$$=\frac{a^4}{4}\int_0^{\frac{\pi}{2}}\frac{1-\cos 4t}{2}\mathrm{d}t=\frac{a^4}{8}\int_0^{\frac{\pi}{2}}(1-\cos 4t)\mathrm{d}t=\frac{a^4}{8}\left[t-\frac{1}{4}\sin 4t\right]_0^{\frac{\pi}{2}}=\frac{\pi}{16}a^4 .$$

例 3 证明

（1）若 $f(x)$ 在 $[-a, a]$ 上连续，且为偶函数，则 $\int_{-a}^a f(x)\mathrm{d}x=2\int_0^a f(x)\mathrm{d}x$.

（2）若 $f(x)$ 在 $[-a, a]$ 上连续，且为奇函数，则 $\int_{-a}^a f(x)\mathrm{d}x=0$.

证 由定积分性质 3，有

$$\int_{-a}^a f(x)\mathrm{d}x=\int_{-a}^0 f(x)\mathrm{d}x+\int_0^a f(x)\mathrm{d}x ,$$

为了把第一项积分区间 $[-a, 0]$ 变换成 $[0, a]$，用换元法，设 $x=-t$，则 $\mathrm{d}x=-\mathrm{d}t$. 当 $x=-a$ 时，$t=a$；当 $x=0$ 时，$t=0$，于是

$$\int_{-a}^0 f(x)\mathrm{d}x=-\int_a^0 f(-t)\mathrm{d}t=\int_0^a f(-t)\mathrm{d}t=\int_0^a f(-x)\mathrm{d}x .$$

故

$$\int_{-a}^a f(x)\mathrm{d}x=\int_0^a f(-x)\mathrm{d}x+\int_0^a f(x)\mathrm{d}x=\int_0^a [f(-x)+f(x)]\mathrm{d}x .$$

（1）若 $f(x)$ 为偶函数，即 $f(-x)=f(x)$. 则 $f(x)+f(-x)=2f(x)$

从而

$$\int_{-a}^a f(x)\mathrm{d}x=2\int_0^a f(x)\mathrm{d}x$$

（2）若 $f(x)$ 为奇函数，即 $f(-x)=-f(x)$. 则 $f(x)+f(-x)=0$

从而

$$\int_{-a}^a f(x)\mathrm{d}x=0$$

例 3 的两个结论是很重要的. 借助它常可简化计算关于偶函数、奇函数的对称于原点的区间上的积分，例如由于 $\frac{x^2\sin x}{\sqrt{1+\cos^2 x}}$ 是奇函数，所以

$$\int_{-\frac{\pi}{4}}^{\frac{\pi}{4}}\frac{x^2\sin x}{\sqrt{1+\cos^2 x}}\mathrm{d}x=0 .$$

例 4 设 $f(x)$ 为（$-\infty$，$+\infty$）上以 T 为周期的连续函数，试证明：对任何实数 a，有

$$\int_a^{a+T} f(x)\mathrm{d}x=\int_0^T f(x)\mathrm{d}x .$$

证 由定积分的性质 3 有

$$\int_a^{a+T} f(x)\mathrm{d}x=\int_a^0 f(x)\mathrm{d}x+\int_0^T f(x)\mathrm{d}x+\int_T^{a+T} f(x)\mathrm{d}x ,$$

对等式右端第三个积分换元 $x=t+T$，又 T 为 $f(x)$ 的周期，则

$$\int_T^{a+T} f(x)\mathrm{d}x=\int_0^a f(t+T)\mathrm{d}(t+T)=\int_0^a f(t)\mathrm{d}t=-\int_a^0 f(x)\mathrm{d}x .$$

将其代入上面等式即得结论成立. **证毕**

例 4 说明，周期函数在任何长度为一个周期的区间上的定积分都是相等的.

这里特别指出，换元法在定积分的计算中占有相当重要的位置，同时换元法技巧性较强，有三角代换、倒代换、根式代换等，因篇幅有限，这里不再举例，读者可参照不定积分的有关内容进一步探讨.

二、定积分的分部积分法

先看下例.

例 5 计算 $\int_0^\pi x\cos x\mathrm{d}x$.

解 由不定积分的分部积分法知

$$\int x\cos x\mathrm{d}x=\int x\mathrm{d}(\sin x)=x\sin x-\int\sin x\mathrm{d}x=x\sin x+\cos x+c ,$$

于是有

$$\int_0^\pi x\cos x\mathrm{d}x=(x\sin x+\cos x)\Big|_0^\pi=-2 .$$

这种解法是先求出原函数，再代入上限、下限算出积分结果.

实际上，对于定积分来说，积出一部分结果后，可以先将积分限代入，余下的部分再继续积分，即

$$\int_0^\pi x\cos x\mathrm{d}x=x\sin x\Big|_0^\pi-\int_0^\pi\sin x\mathrm{d}x=\cos x\Big|_0^\pi=-2 .$$

下面给出关于定积分的分部积分法的定理.

定理 2 若 $u=u(x)$，$v=v(x)$ 在 $[a,b]$ 上都有连续导数，则

$$\int_a^b u\mathrm{d}v=uv\Big|_a^b-\int_a^b v\mathrm{d}u . \tag{1}$$

证 因 $\mathrm{d}(uv)=u\mathrm{d}v+v\mathrm{d}u$ 即

$$u\mathrm{d}v=\mathrm{d}(uv)-v\mathrm{d}u ,$$

对等式两边在 $[a,b]$ 上取积分，得

$$\int_a^b u\mathrm{d}v=uv\Big|_a^b-\int_a^b v\mathrm{d}u .$$ **证毕**

公式（1）即为定积分的分部积分公式.

例 6 计算 $\int_0^1 x\mathrm{e}^x\mathrm{d}x$.

解 令 $u=x$，$\mathrm{d}v=\mathrm{e}^x\mathrm{d}x$，则 $\mathrm{d}u=\mathrm{d}x$，$v=\mathrm{e}^x$，所以

$$\int_0^1 x\mathrm{e}^x\mathrm{d}x=x\mathrm{e}^x\Big|_0^1-\int_0^1\mathrm{e}^x\mathrm{d}x=\mathrm{e}-\mathrm{e}^x\Big|_0^1=\mathrm{e}-(\mathrm{e}-1)=1 .$$

例 7 证明 $I_n=\int_0^{\frac{\pi}{2}}\cos^n x\mathrm{d}x=\int_0^{\frac{\pi}{2}}\sin^n x\mathrm{d}x$

$$=\begin{cases}\dfrac{(n-1)(n-3)\cdots 3\cdot 1}{n(n-2)\cdots 4\cdot 2}\cdot\dfrac{\pi}{2},\ n\text{为偶数},\\ \dfrac{(n-1)(n-3)\cdots 4\cdot 2}{n(n-2)\cdots 5\cdot 3},\ n\text{为奇数}.\end{cases}$$

证 先证 $\int_0^{\frac{\pi}{2}}\cos^n x\mathrm{d}x=\int_0^{\frac{\pi}{2}}\sin^n x\mathrm{d}x$.

设 $x=\dfrac{\pi}{2}-t$ ，则 $\mathrm{d}x=-\mathrm{d}t$ ．当 $x=0$ 时，$t=\dfrac{\pi}{2}$ ；$x=\dfrac{\pi}{2}$ 时，$t=0$ ．所以

$$\int_0^{\frac{\pi}{2}}\cos^n x\mathrm{d}x=\int_{\frac{\pi}{2}}^0\cos^n\left(\frac{\pi}{2}-t\right)(-\mathrm{d}t)=\int_0^{\frac{\pi}{2}}\sin^n t\mathrm{d}t,$$

即

$$\int_0^{\frac{\pi}{2}}\cos^n x\mathrm{d}x=\int_0^{\frac{\pi}{2}}\sin^n x\mathrm{d}x.$$

当 $n=0$ 时，$I_0=\int_0^{\frac{\pi}{2}}\mathrm{d}x=x\Big|_0^{\frac{\pi}{2}}=\dfrac{\pi}{2}$；

当 $n=1$ 时，$I_1=\int_0^{\frac{\pi}{2}}\sin x\mathrm{d}x=-\cos x\Big|_0^{\frac{\pi}{2}}=1$.

以下讨论 $n\geqslant 2$ 的情形：

$$\begin{aligned}I_n&=\int_0^{\frac{\pi}{2}}\sin^n x\mathrm{d}x=\int_0^{\frac{\pi}{2}}\sin^{n-1}x\cdot\sin x\mathrm{d}x=-\int_0^{\frac{\pi}{2}}\sin^{n-1}x\mathrm{d}(\cos x)\\&=-\cos x\cdot\sin^{n-1}x\Big|_0^{\frac{\pi}{2}}+\int_0^{\frac{\pi}{2}}\cos x\mathrm{d}(\sin^{n-1}x)\\&=0+\int_0^{\frac{\pi}{2}}\cos x\cdot(n-1)\sin^{n-2}x\cdot\cos x\mathrm{d}x\\&=(n-1)\int_0^{\frac{\pi}{2}}\sin^{n-2}x(1-\sin^2 x)\mathrm{d}x\\&=(n-1)\int_0^{\frac{\pi}{2}}\sin^{n-2}x\mathrm{d}x-(n-1)\int_0^{\frac{\pi}{2}}\sin^n x\mathrm{d}x,\end{aligned}$$

即有

$$I_n=(n-1)I_{n-2}-(n-1)I_n,$$

于是得递推公式

$$I_n=\frac{n-1}{n}I_{n-2}\ (n\geqslant 2).\tag{2}$$

由递推公式（2）可得如下结果

$$I_n=\frac{n-1}{n}I_{n-2}=\frac{n-1}{n}\cdot\frac{n-3}{n-2}I_{n-4}=\frac{n-1}{n}\cdot\frac{n-3}{n-2}\cdot\frac{n-5}{n-4}I_{n-6}\cdots,$$

当 n 为偶数时，最后可得 $I_0=\dfrac{\pi}{2}$；

当 n 为奇数时，最后可得 $I_1=1$．

所以

$$I_n=\int_0^{\frac{\pi}{2}}\sin^n x\mathrm{d}x=\begin{cases}\dfrac{n-1}{n}\cdot\dfrac{n-3}{n-2}\cdot\dfrac{n-5}{n-4}\cdots\dfrac{3}{4}\cdot\dfrac{1}{2}\cdot\dfrac{\pi}{2} & (n\text{ 为偶数})\\ \dfrac{n-1}{n}\cdot\dfrac{n-3}{n-2}\cdot\dfrac{n-5}{n-4}\cdots\dfrac{4}{5}\cdot\dfrac{2}{3}\cdot 1 & (n\text{ 为奇数})\end{cases}\tag{3}$$

习 题 4-4

1．用换元法求下列定积分：

（1）$\displaystyle\int_0^1\frac{\sqrt{x}}{1+\sqrt{x}}\mathrm{d}x$；　（2）$\displaystyle\int_0^{\frac{\pi}{2}}\frac{\cos x}{1+\sin^2 x}\mathrm{d}x$；

（3）$\displaystyle\int_0^1 t\mathrm{e}^{-\frac{t^2}{2}}\mathrm{d}t$；　（4）$\displaystyle\int_1^{\mathrm{e}^2}\frac{\mathrm{d}x}{x\sqrt{1+\ln x}}$；

（5）$\displaystyle\int_0^1\frac{\mathrm{d}x}{\mathrm{e}^x+\mathrm{e}^{-x}}$；　（6）$\displaystyle\int_0^1\frac{\mathrm{d}x}{\sqrt{3+6x-x^2}}$；

（7）$\displaystyle\int_0^{\frac{\pi}{2}}\frac{\cos\theta}{\sin\theta+\cos\theta}\mathrm{d}\theta$；　（8）$\displaystyle\int_{\sqrt{2}}^2\frac{1}{x\sqrt{x^2-1}}\mathrm{d}x$；

（9）$\displaystyle\int_1^5(|2-x|+|\sin x|)\mathrm{d}x$；　（10）$\displaystyle\int_{-\frac{1}{2}}^{\frac{1}{2}}\cos x\ln\frac{1-x}{1+x}\mathrm{d}x$；

（11）$\displaystyle\int_0^{\pi}\sqrt{\sin x-\sin^3 x}\mathrm{d}x$；　（12）$\displaystyle\int_0^4\cos(\sqrt{x}-1)\mathrm{d}x$；

（13）$\displaystyle\int_{-2}^0\frac{1}{x^2+2x+2}\mathrm{d}x$；　（14）$\displaystyle\int_0^{N\pi}\cos^2 x\mathrm{d}x$（$N$ 为正整数）．

2．求下列定积分：

（1）$\displaystyle\int_0^{\frac{\pi}{2}}x\sin x\mathrm{d}x$；　（2）$\displaystyle\int_0^1\mathrm{e}^{\sqrt{x}}\mathrm{d}x$；

（3）$\displaystyle\int_0^{\frac{\pi}{2}}\mathrm{e}^x\sin x\mathrm{d}x$；　（4）$\displaystyle\int_1^2\sqrt{x}\ln x\mathrm{d}x$；

（5）$\displaystyle\int_{\frac{1}{\mathrm{e}}}^{\mathrm{e}}|\ln x|\mathrm{d}x$；　（6）$\displaystyle\int_{\frac{\pi}{4}}^{\frac{\pi}{3}}\frac{x}{\sin^2 x}\mathrm{d}x$；

（7）$\displaystyle\int_0^1 x\arctan x\mathrm{d}x$；　（8）$\displaystyle\int_1^{\mathrm{e}}\sin(\ln x)\mathrm{d}x$；

（9）$\displaystyle\int_0^{\pi}(x\sin x)^2\mathrm{d}x$；　（10）$\displaystyle\int_0^1(1-x^2)^{\frac{n}{2}}\mathrm{d}x$（$n$ 为正整数）

第五节　广义积分

前面讨论了定积分，它要求在有限的积分区间上被积函数有界．但在实际问题中，经常会遇到积分区间无限与被积函数无界的情形，这里我们把定积分概念在这两方面加以推广，称之为广义积分．

一、无穷限广义积分

定义 1　设函数 $f(x)$ 在区间 $[a, +\infty)$ 上连续，若对任意的 $b>a$，有极限 $\lim\limits_{b\to+\infty}\int_a^b f(x)\mathrm{d}x$ 存在，则称此极限值为 $f(x)$ 在 $[a, +\infty)$ 上的**广义积分**，记作 $\int_a^{+\infty} f(x)\mathrm{d}x$，即

$$\int_a^{+\infty} f(x)\mathrm{d}x=\lim_{b\to+\infty}\int_a^b f(x)\mathrm{d}x$$

此时称广义积分 $\int_a^{+\infty} f(x)\mathrm{d}x$ **收敛**．若上述极限不存在，则称广义积分 $\int_a^{+\infty} f(x)\mathrm{d}x$ **发散**．

由牛顿—莱布尼兹公式，如果 $F(x)$ 是 $f(x)$ 在 $[a, +\infty)$ 上的一个原函数，那么

$$\int_a^{+\infty} f(x)\mathrm{d}x=\lim_{b\to+\infty}[F(b)-F(a)]=F(+\infty)-F(a)=F(x)\Big|_a^{+\infty},$$

其中 $F(+\infty)=\lim\limits_{b\to+\infty}F(b)$．

类似地，可定义 $f(x)$ 在 $(-\infty, b]$ 上的广义积分

$$\int_{-\infty}^b f(x)\mathrm{d}x=\lim_{a\to-\infty}\int_a^b f(x)\mathrm{d}x,$$

上述极限存在时称广义积分 $\int_{-\infty}^b f(x)\mathrm{d}x$ **收敛**，否则称其**发散**．

对于广义积分 $\int_{-\infty}^{+\infty} f(x)\mathrm{d}x$ 定义为

$$\int_{-\infty}^{+\infty} f(x)\mathrm{d}x=\int_{-\infty}^{c} f(x)\mathrm{d}x+\int_{c}^{+\infty} f(x)\mathrm{d}x,$$

其中 c 为任意常数．当且仅当上式右边两个广义积分都收敛时称广义积分 $\int_{-\infty}^{+\infty} f(x)\mathrm{d}x$ **收敛**，否则称为**发散**．

例 1　讨论广义积分 $\int_1^{+\infty}\frac{1}{x^p}\mathrm{d}x$（$p$ 为常数）的敛散性．

解　当 $p=1$ 时

$$\int_1^{+\infty}\frac{1}{x}\mathrm{d}x=\lim_{b\to+\infty}\int_1^b\frac{1}{x}\mathrm{d}x=\lim_{b\to+\infty}[\ln b-\ln 1]=+\infty$$

当 $p\neq1$ 时

$$\int_1^{+\infty}\frac{1}{x^p}\mathrm{d}x=\lim_{b\to+\infty}\int_1^b\frac{1}{x^p}\mathrm{d}x=\lim_{b\to+\infty}[\frac{1}{1-p}(b^{1-p}-1)]$$

$$=\begin{cases}\dfrac{1}{p-1} & p>1\\ +\infty & p<1\end{cases},$$

所以广义积分 $\int_1^{+\infty}\frac{1}{x^p}\mathrm{d}x$，当 $p>1$ 时收敛，$p\leqslant 1$ 时发散．

例 2　计算广义积分 $\int_{-\infty}^{+\infty}\frac{1}{1+x^2}\mathrm{d}x$.

解

$$\int_{-\infty}^{+\infty}\frac{1}{1+x^2}\mathrm{d}x=\int_{-\infty}^{0}\frac{1}{1+x^2}\mathrm{d}x+\int_{0}^{+\infty}\frac{1}{1+x^2}\mathrm{d}x$$

$$=\lim_{a\to-\infty}\int_a^0\frac{1}{1+x^2}\mathrm{d}x+\lim_{b\to+\infty}\int_0^b\frac{1}{1+x^2}\mathrm{d}x$$

$$=\lim_{a\to-\infty}\arctan x\Big|_a^0+\lim_{b\to+\infty}\arctan x\Big|_0^b$$

$$=\lim_{a\to-\infty}(-\arctan a)+\lim_{b\to+\infty}\arctan b=\frac{\pi}{2}+\frac{\pi}{2}=\pi .$$

二、无界函数广义积分

定义 2　设函数 $f(x)$ 在区间（a，b］上连续，而 $\lim\limits_{x\to a^+}f(x)=\infty$（即 $f(x)$ 在 a 处无界）．若右极限 $\lim\limits_{\varepsilon\to0^+}\int_{a+\varepsilon}^b f(x)\mathrm{d}x$ 存在，则称此极限为 $f(x)$ 在（a，b］上的**广义积分**，仍然记作 $\int_a^b f(x)\mathrm{d}x$. 即

$$\int_a^b f(x)\mathrm{d}x=\lim_{\varepsilon\to0^+}\int_{a+\varepsilon}^b f(x)\mathrm{d}x .$$

此时称广义积分 $\int_a^b f(x)\mathrm{d}x$ **收敛**，若右极限不存在，则称此广义积分**发散**.

类似地，若 $f(x)$ 在［a，b）上连续，在 b 处无界，则广义积分 $\int_a^b f(x)\mathrm{d}x$ 定义为

$$\int_a^b f(x)\mathrm{d}x=\lim_{\varepsilon\to0^+}\int_a^{b-\varepsilon} f(x)\mathrm{d}x ,$$

右极限存在时称该广义积分**收敛**，否则，称为**发散**.

函数 $f(x)$ 在区间 $[a,b]$ 上除 $c\,(a<c<b)$ 外连续，而在 c 处无界，定义广义积分 $\int_a^b f(x)\mathrm{d}x$ 为

$$\int_a^b f(x)\mathrm{d}x=\int_a^c f(x)\mathrm{d}x+\int_c^b f(x)\mathrm{d}x$$

当且仅当上式右端的两个广义积分都收敛时，称广义积分 $\int_a^b f(x)\mathrm{d}x$ **收敛**，否则称为**发散**.

例 3 计算广义积分 $\int_0^a \frac{1}{\sqrt{a^2-x^2}}\mathrm{d}x$ （$a>0$）.

解 因为 $\lim\limits_{x\to a^-}\frac{1}{\sqrt{a^2-x^2}}=+\infty$，即被积函数在 a 处无界，所以广义积分

$$\int_0^a \frac{1}{\sqrt{a^2-x^2}}\mathrm{d}x=\lim_{\varepsilon\to 0^+}\int_0^{a-\varepsilon}\frac{1}{\sqrt{a^2-x^2}}\mathrm{d}x=\lim_{\varepsilon\to 0^+}\arcsin\frac{x}{a}\Big|_0^{a-\varepsilon}$$

$$=\lim_{\varepsilon\to 0^+}\arcsin\frac{(a-\varepsilon)}{a}=\arcsin 1=\frac{\pi}{2}.$$

例 4 计算 $\int_{-1}^1 \frac{1}{x^2}\mathrm{d}x$.

解 被积函数 $\frac{1}{x^2}$ 在积分区间$[-1，1]$上除 $x=0$ 外连续，且在 $x=0$ 处被积函数无界，所以 $\int_{-1}^1 \frac{1}{x^2}\mathrm{d}x$ 是广义积分，又由于

$$\int_0^1 \frac{1}{x^2}\mathrm{d}x=\lim_{\varepsilon\to 0^+}\int_\varepsilon^1 \frac{1}{x^2}\mathrm{d}x=\lim_{\varepsilon\to 0^+}(-\frac{1}{x}\Big|_\varepsilon^1)=\lim_{\varepsilon\to 0^+}(\frac{1}{\varepsilon}-1)=+\infty,$$

即广义积分 $\int_0^1 \frac{1}{x^2}\mathrm{d}x$ 发散，由广义积分的定义知 $\int_{-1}^1 \frac{1}{x^2}\mathrm{d}x$ 发散.

这里请读者注意，由于被积函数在积分区间上不连续，所以它不是定积分，不能直接用牛顿—莱布尼兹公式，否则就会得到下面的错误结果

$$\int_{-1}^1 \frac{1}{x^2}\mathrm{d}x=-\frac{1}{x}\Big|_{-1}^1=-2.$$

习 题 4-5

1. 判别下列各广义积分的敛散性，若收敛，计算其值.

（1）$\int_0^{+\infty}\frac{\arctan x}{(1+x^2)}\mathrm{d}x$；（2）$\int_2^{+\infty}\frac{1}{x\ln x}\mathrm{d}x$；

（3）$\int_{-\infty}^{+\infty}\frac{1}{(1+x^2)^n}\mathrm{d}x$（$n$ 为正整数）；（4）$\int_{-\infty}^{+\infty}\frac{\mathrm{d}x}{x^2+2x+2}$；

（5）$\int_0^1\frac{x\mathrm{d}x}{(2-x^2)\sqrt{1-x^2}}$；（6）$\int_0^2\frac{\mathrm{d}x}{(1-x)^2}$.

第二篇　一元微积分的应用

应用是理论学习的目的．在第一篇学习一元微积分基本知识的基础上，本篇我们着重学习它们的应用．内容包括导数与微分的应用；定积分的应用；常微分方程；无穷级数和数值计算方法等．

第五章　导数与微分的应用

本章我们将运用导数研究未定式极限的求法；函数单调性及曲线性态的判定；并利用导数和微分解决一些实际问题．

第一节　未定式极限的求法

若在自变量的某一变化过程中，两个函数 $f(x)$ 与 $g(x)$ 都趋于零或都趋于无穷大，那么极限 $\lim\dfrac{f(x)}{g(x)}$ 可能存在也可能不存在．通常称这种极限为未定式，并分别简记为 $\dfrac{0}{0}$ 或 $\dfrac{\infty}{\infty}$．第一章中讨论过的极限 $\lim\limits_{x\to 0}\dfrac{\sin x}{x}$ 就是未定式 $\dfrac{0}{0}$ 型的一个例子，它的极限为 1. 而未定式 $\lim\limits_{x\to 0}\dfrac{\sin x}{x^2}$ 则不存在．解决未定式极限的计算问题通常是比较困难的，本节介绍利用函数的导数求这类极限的一种简便而重要的方法——**罗彼塔（L'Hospital）法则**．

一、$\dfrac{0}{0}$ 及 $\dfrac{\infty}{\infty}$ 型未定式

定理 1　设函数 $f(x)$ 与 $g(x)$ 满足

（1）$\lim\limits_{x\to x_0} f(x)=\lim\limits_{x\to x_0} g(x)=0$；

（2）在点 x_0 的某个邻域内（点 x_0 可以除外）可导，且 $g'(x)\neq 0$；

（3）$\lim\limits_{x\to x_0}\dfrac{f'(x)}{g'(x)}=A$（或为∞），

则有

$$\lim_{x\to x_0}\frac{f(x)}{g(x)}=\lim_{x\to x_0}\frac{f'(x)}{g'(x)} \tag{1}$$

证　由于函数在 x_0 点的极限与函数在 x_0 点的值无关，所以我们可补充 $f(x)$、$g(x)$在 $x=x_0$ 的定义 $f(x_0)=g(x_0)=0$，则 $f(x)$、$g(x)$在 x_0 点就连续了．在 x_0 附近任取一点 x，并应用第二章中的柯西中值定理得

$$\frac{f(x)}{g(x)}=\frac{f(x)-f(x_0)}{g(x)-g(x_0)}=\frac{f'(\xi)}{g'(\xi)}\ (\xi 在 x 与 x_0 之间)，$$

由于 $x\to x_0$ 时，$\xi\to x_0$，所以，对上式取极限便得（1）式成立．　　**证毕**

这就是说，当 $\lim\limits_{x\to x_0}\dfrac{f'(x)}{g'(x)}$ 存在时，$\lim\limits_{x\to x_0}\dfrac{f(x)}{g(x)}$ 也存在且等于 $\lim\limits_{x\to x_0}\dfrac{f'(x)}{g'(x)}$；当 $\lim\limits_{x\to x_0}\dfrac{f'(x)}{g'(x)}$ 为无穷大时，$\lim\limits_{x\to x_0}\dfrac{f(x)}{g(x)}$ 也是无穷大．

这种在一定条件下通过分子分母分别求导再求极限来确定未定式极限值的方法称为**罗彼塔法则**．

如果 $\lim\limits_{x\to x_0}\dfrac{f'(x)}{g'(x)}$ 还是 $\dfrac{0}{0}$ 型的未定式，且函数 $f'(x)$、$g'(x)$ 仍满足定理中 $f(x)$与 $g(x)$所应满足的条件，则可继续使用罗彼塔法则直到求出极限．

例 1　求 $\lim\limits_{x\to 0}\dfrac{\sin ax}{\sin bx}$（$b\neq 0$）．

解

$$\lim_{x\to 0}\frac{\sin ax}{\sin bx}=\lim_{x\to 0}\frac{a\cos ax}{b\cos bx}=\frac{a}{b}.$$

例 2　求 $\lim\limits_{x\to 0}\dfrac{x-\sin x}{x^3}$．

解

$$\lim_{x\to 0}\frac{x-\sin x}{x^3}=\lim_{x\to 0}\frac{1-\cos x}{3x^2}=\lim_{x\to 0}\frac{\sin x}{6x}=\frac{1}{6}.$$

例 3　求 $\lim\limits_{x\to 1}\dfrac{x^3-3x+2}{x^3-x^2-x+1}$．

解

$$\lim_{x\to 1}\frac{x^3-3x+2}{x^3-x^2-x+1}=\lim_{x\to 1}\frac{3x^2-3}{3x^2-2x-1}=\lim_{x\to 1}\frac{6x}{6x-2}=\frac{3}{2}.$$

注意，上式中的 $\lim\limits_{x\to 1}\dfrac{6x}{6x-2}$ 已不是未定式，不能再应用罗彼塔法则，否则将会导致错误的结果．

对于 $x \to x_0$ 时的 $\frac{\infty}{\infty}$ 型未定式，也有相应的罗彼塔法则.

定理 2　设函数 $f(x)$ 与 $g(x)$ 满足

（1）$\lim\limits_{x \to x_0} f(x) = \lim\limits_{x \to x_0} g(x) = \infty$；

（2）在点 x_0 的某个邻域内（点 x_0 可除外）可导，且 $g'(x) \neq 0$；

（3）$\lim\limits_{x \to x_0} \frac{f'(x)}{g'(x)} = A$（或为∞），

则有
$$\lim_{x \to x_0} \frac{f(x)}{g(x)} = \lim_{x \to x_0} \frac{f'(x)}{g'(x)}.$$

证明从略.

例 4　求 $\lim\limits_{x \to \frac{\pi}{2}} \frac{\tan x}{\tan 3x}$.

解
$$\lim_{x \to \frac{\pi}{2}} \frac{\tan x}{\tan 3x} = \lim_{x \to \frac{\pi}{2}} \frac{\sec^2 x}{3\sec^2 3x} = \frac{1}{3} \lim_{x \to \frac{\pi}{2}} \frac{\cos^2 3x}{\cos^2 x}$$
$$= \frac{1}{3} \lim_{x \to \frac{\pi}{2}} \frac{2\cos 3x(-3\sin 3x)}{2\cos x(-\sin x)} = \lim_{x \to \frac{\pi}{2}} \frac{\sin 6x}{\sin 2x} = \lim_{x \to \frac{\pi}{2}} \frac{6\cos 6x}{2\cos 2x} = 3.$$

例 5　求 $\lim\limits_{x \to 0^+} \frac{\ln \cot x}{\ln x}$

解
$$\lim_{x \to 0^+} \frac{\ln \cot x}{\ln x} = \lim_{x \to 0^+} \frac{\frac{1}{\cot x}(-\csc^2 x)}{\frac{1}{x}}$$
$$= \lim_{x \to 0^+} \frac{-x}{\sin x \cos x} = \lim_{x \to 0^+} \left(\frac{x}{\sin} \frac{-1}{\cos x}\right) = -1.$$

上述关于　$x \to a$ 时 $\frac{0}{0}$、$\frac{\infty}{\infty}$ 型未定式的罗彼塔法则对于 $x \to \infty$ 时的 $\frac{0}{0}$、$\frac{\infty}{\infty}$ 型未定式同样适用，即有
$$\lim_{x \to \infty} \frac{f(x)}{g(x)} = \lim_{x \to \infty} \frac{f'(x)}{g'(x)} \quad \left(\frac{0}{0}\text{ 型或 }\frac{\infty}{\infty}\text{ 型}\right).$$

例 6　求 $\lim\limits_{x \to +\infty} \frac{\frac{\pi}{2} - \arctan x}{\frac{1}{x}}$.

解
$$\lim_{x\to+\infty}\frac{\frac{\pi}{2}-\arctan x}{\frac{1}{x}}=\lim_{x\to+\infty}\frac{-\frac{1}{1+x^2}}{-\frac{1}{x^2}}=1.$$

例 7 求 $\lim\limits_{x\to+\infty}\frac{e^x}{x^n}$.（$n>0$）

解 $\lim\limits_{x\to+\infty}\frac{e^x}{x^n}=\lim\limits_{x\to+\infty}\frac{e^x}{nx^{n-1}}=\lim\limits_{x\to+\infty}\frac{e^x}{n(n-1)x^{n-2}}=\cdots=\lim\limits_{x\to+\infty}\frac{e^x}{n!}=+\infty$.

有些较复杂的未定式，不一定只用罗彼塔法则求解，可与其他求极限方法结合使用.

例 8 求 $\lim\limits_{x\to0}\frac{\sin x-x\cos x}{\sin^3 x}$.

解
$$\lim_{x\to0}\frac{\sin x-x\cos x}{\sin^3 x}=\lim_{x\to0}\frac{x\sin x}{3\sin^2 x\cos x}\text{（约去因子 }\sin x\text{）}$$
$$=\lim_{x\to0}\frac{x}{3\sin x\cos x}=\frac{1}{3}\lim_{x\to0}\left(\frac{x}{\sin x}\right)\left(\frac{1}{\cos x}\right)=\frac{1}{3}\lim_{x\to0}\frac{x}{\sin x}\lim_{x\to0}\frac{1}{\cos x}=\frac{1}{3}.$$

例 9 求 $\lim\limits_{x\to0}\frac{1-\cos^2 x}{x(1-e^x)}$.

解
$$\lim_{x\to0}\frac{1-\cos^2 x}{x(1-e^x)}=\lim_{x\to0}\frac{(1+\cos x)(1-\cos x)}{x(1-e^x)}=\lim_{x\to0}(1+\cos x)\lim_{x\to0}\frac{1-\cos x}{x(1-e^x)}$$

（将极限值不为零的乘积因子 $\lim\limits_{x\to0}(1+\cos x)=2$ 先提取出来）.

$$=2\lim_{x\to0}\frac{1-\cos x}{x(1-e^x)}\qquad\left(\text{因}1-\cos x\sim\frac{1}{2}x^2\ (x\to0)\right)$$
$$=2\lim_{x\to0}\frac{\frac{1}{2}x^2}{x(1-e^x)}=2\times\frac{1}{2}\lim_{x\to0}\frac{x}{1-e^x}=\lim_{x\to0}\frac{1}{-e^x}=-1.$$

在应用罗彼塔法则求极限时，应注意以下几点：

（1）每次使用前，必须检验是否属于 $\frac{0}{0}$ 或 $\frac{\infty}{\infty}$ 型未定式，若已经不是未定式，则不能再使用该法则.

例如
$$\lim_{x\to0}\frac{e^x-\cos x}{x\sin x}=\lim_{x\to0}\frac{e^x+\sin x}{x\cos x+\sin x}=\infty.$$

如果不检查，盲目地继续使用法则，将出现下面错误结果：
$$\lim_{x\to0}\frac{e^x+\sin x}{x\cos x+\sin x}=\lim_{x\to0}\frac{e^x+\cos x}{-x\sin x+2\cos x}=\frac{2}{2}=1.$$

（2）如果有可约去的因子，或有非零极限值的因子，可以先行约去或提取出去，以简化运算步骤，有时还可将无穷小的等价代换与罗彼塔法则兼用．

（3）定理的条件是充分而非必要的，也就是说，当遇到$\lim\dfrac{f'(x)}{g'(x)}$不存在时（等于无穷大的情况除外），不能断定$\lim\dfrac{f(x)}{g(x)}$不存在．

另外，某些极限问题满足罗彼达法则所要求的条件，但无法定出极限，这时需使用其他方法．

例 10　求$\lim\limits_{x\to 0}\dfrac{x^2\sin\dfrac{1}{x}}{\sin x}$．

解　如用罗彼塔法则，因为$\lim\limits_{x\to 0}\dfrac{x^2\sin\dfrac{1}{x}}{\sin x}$属于$\dfrac{0}{0}$型未定式，分子分母分别求导后的极限为

$$\lim_{x\to 0}\frac{2x\sin\dfrac{1}{x}-\cos\dfrac{1}{x}}{\cos x}$$

其振荡而无极限，但不能由此说原极限不存在．实际上

$$\lim_{x\to 0}\frac{x^2\sin\dfrac{1}{x}}{\sin x}=\lim_{x\to 0}\frac{x}{\sin x}x\sin\frac{1}{x}=\frac{\lim\limits_{x\to 0}x\sin\dfrac{1}{x}}{\lim\limits_{x\to 0}\dfrac{\sin x}{x}}=\frac{0}{1}=0\,.$$

例 11　求$\lim\limits_{x\to+\infty}\dfrac{\sqrt{1+x^2}}{x}$．

解　$$\lim_{x\to+\infty}\frac{\sqrt{1+x^2}}{x}=\lim_{x\to+\infty}\frac{\dfrac{2x}{2\sqrt{1+x^2}}}{1}=\lim_{x\to+\infty}\frac{x}{\sqrt{1+x^2}}=\lim_{x\to+\infty}\frac{1}{\dfrac{x}{\sqrt{1+x^2}}}=\lim_{x\to+\infty}\frac{\sqrt{1+x^2}}{x}.$$

使用两次罗彼塔法则后，又还原为原来的问题，此时罗彼塔法则失效．实际上

$$\lim_{x\to+\infty}\frac{\sqrt{1+x^2}}{x}=\lim_{x\to+\infty}\sqrt{\frac{1}{x^2}+1}=1\,.$$

例 12　设$f(x)$，$g(x)$在$x=0$点某邻域内连续且$g(0)\neq 0$，求

$$\lim_{x\to 0}\frac{\int_0^x f(t)\mathrm{d}t}{\int_0^x g(t)\mathrm{d}t}\,.$$

解 由变上限定积分的求导法则知原式$=\lim\limits_{x\to 0}\dfrac{f(x)}{g(x)}=\dfrac{f(0)}{g(0)}$.

*二、其他型未定式

除了$\dfrac{0}{0}$和$\dfrac{\infty}{\infty}$型未定式外，其他尚有如$0\cdot\infty$、$\infty-\infty$、0^0、1^∞和∞^0型的未定式，它们可用代数变换先化为$\dfrac{0}{0}$或$\dfrac{\infty}{\infty}$型未定式后，再利用罗彼塔法则求极限，下面以例说明之.

例 13 求$\lim\limits_{x\to 0^+}x\ln x$.

解 这是$0\cdot\infty$型未定式. 因为

$$x\ln x=\frac{\ln x}{\frac{1}{x}}$$

当$x\to 0^+$时，上式右端是$\dfrac{\infty}{\infty}$型未定式. 应用罗彼塔法则，得

$$\lim_{x\to 0^+}x\ln x=\lim_{x\to 0^+}\frac{\ln x}{\frac{1}{x}}=\lim_{x\to 0^+}\frac{\frac{1}{x}}{-\frac{1}{x^2}}=\lim_{x\to 0^+}(-x)=0 .$$

例 14 求$\lim\limits_{x\to 1}(\dfrac{x}{x-1}-\dfrac{1}{\ln x})$.

解 这是$\infty-\infty$型未定式. 因为

$$\frac{x}{x-1}-\frac{1}{\ln x}=\frac{x\ln x-x+1}{(x-1)\ln x}$$

当$x\to 1$时，上式右端是$\dfrac{0}{0}$型未定式，应用罗彼塔法则，得

$$\lim_{x\to 1}(\frac{x}{x-1}-\frac{1}{\ln x})=\lim_{x\to 1}\frac{x\ln x-x+1}{(x-1)\ln x}=\lim_{x\to 1}\frac{1+\ln x-1}{\frac{x-1}{x}+\ln x}$$

$$=\lim_{x\to 1}\frac{\ln x}{1-\frac{1}{x}+\ln x}=\lim_{x\to 1}\frac{\frac{1}{x}}{\frac{1}{x^2}+\frac{1}{x}}=\frac{1}{2} .$$

例 15 求$\lim\limits_{x\to 0^+}x^{\sin x}$.

解 这是0^0型未定式，设$y=x^{\sin x}$，取对数得

$$\ln y=\sin x\ln x,$$

当 $x \to 0^+$ 时，上式右端是 $0\cdot\infty$ 型未定式，应用罗彼塔法则，得

$$\lim_{x\to0^+}\ln y=\lim_{x\to0^+}\sin x\ln x=\lim_{x\to0^+}\frac{\ln x}{\dfrac{1}{\sin x}}=\lim_{x\to0^+}\frac{\dfrac{1}{x}}{-\dfrac{\cos x}{\sin^2 x}}$$

$$=-\lim_{x\to0^+}\frac{\sin x}{x}\cdot\frac{\sin x}{\cos x}=-\lim_{x\to0^+}\frac{\sin x}{x}\lim_{x\to0^+}\frac{\sin x}{\cos x}=0 .$$

于是由 $\lim\limits_{x\to0^+}\ln y=\ln\lim\limits_{x\to0^+}y=0$，可得

$$\lim_{x\to0^+}y=1 ,$$

即

$$\lim_{x\to0^+}x^{\sin x}=1 .$$

0^0，1^∞，∞^0 型未定式都是 $[f(x)]^{g(x)}$ 的极限，一般地用取对数（如例 15）或写成指数形式（如例 16）均可化成 $\frac{0}{0}$ 或 $\frac{\infty}{\infty}$ 型而得出结果.

例 16　求 $\lim\limits_{x\to0^+}(\cot x)^{\frac{1}{\ln x}}$.

解　这是 ∞^0 型未定式.

$$\lim_{x\to0^+}(\cot x)^{\frac{1}{\ln x}}=\lim_{x\to0^+}\mathrm{e}^{\ln(\cot x)^{\frac{1}{\ln x}}}=\lim_{x\to0^+}\mathrm{e}^{\frac{\ln\cot x}{\ln x}}=\mathrm{e}^{\lim\limits_{x\to0^+}\frac{\ln\cot x}{\ln x}} .$$

$$=\mathrm{e}^{\lim\limits_{x\to0^+}\frac{\frac{1}{\cot}(-\csc^2 x)}{\frac{1}{x}}}=\mathrm{e}^{-\lim\limits_{x\to0^+}\frac{x}{\sin x}\frac{1}{\cos x}}=\mathrm{e}^{-1}=\frac{1}{\mathrm{e}}$$

习 题 5-1

1．利用罗彼塔法则求下列极限：

（1）$\lim\limits_{x\to\pi}\dfrac{\sin 3x}{\tan 5x}$；　（2）$\lim\limits_{x\to0}\dfrac{\sin(\sin x)}{x}$；

（3）$\lim\limits_{x\to0}\dfrac{\ln(1+x)}{x}$；　（4）$\lim\limits_{x\to0}\dfrac{\mathrm{e}^x-\mathrm{e}^{-x}}{\sin x}$；

（5）$\lim\limits_{x\to a}\dfrac{\sin x-\sin a}{x-a}$；　（6）$\lim\limits_{x\to0^+}\dfrac{\ln\tan 7x}{\ln\tan 2x}$；

（7）$\lim\limits_{x\to-\infty}\dfrac{\ln(\mathrm{e}^x+1)}{\mathrm{e}^x}$；　（8）$\lim\limits_{x\to+\infty}\dfrac{x^2+\ln x}{\mathrm{e}^x}$.

2．判断下列函数的极限哪些是未定式？哪些是定式？并求出其极限：

（1）$\lim\limits_{x\to0}x^2\mathrm{e}^{\frac{1}{x^2}}$；　（2）$\lim\limits_{x\to0}x\sin\dfrac{1}{x}$

（3）$\lim\limits_{x\to1}(1-x)\tan\dfrac{\pi}{2}x$；（4）$\lim\limits_{x\to0}x\ln(x+1)$；

（5）$\lim\limits_{x\to0}(\dfrac{1}{x}-\dfrac{1}{e^x-1})$；（6）$\lim\limits_{x\to1}(\dfrac{2}{x^2-1}-\dfrac{1}{x-1})$；

（7）$\lim\limits_{x\to1}x^{\frac{1}{1-x}}$；（8）$\lim\limits_{x\to0}(\dfrac{1}{x})^{\tan x}$.

3．验证极限$\lim\limits_{x\to\infty}\dfrac{x+\sin x}{x}$存在，但不能用罗彼塔法则得出.

4．设$f(x)$在$x=0$点连续，且$f(0)\neq0$，求$\lim\limits_{x\to0}\dfrac{\int_0^x xf(t)\mathrm{d}t}{\sin\int_0^x f(t)\mathrm{d}t}$.

5．判断下列广域积分的敛散生，若收敛，计算其值：

（1）$\int_0^1\ln x\mathrm{d}x$；

（2）$\int_0^{+\infty}te^{-pt}\mathrm{d}t$；$p$为常数.

第二节 函数单调性的判别法

在第一章第一节中已经介绍了函数在区间上单调的概念，现在我们可以利用导数来研究函数的单调增减性.

从几何直观上来看，如果函数 $y=f(x)$在区间$[a，b]$上单调增加，那么它的图形是一条沿 x 轴正向上升的曲线，其上每一点处的切线斜率为正，即$f'(x)>0$（个别点处可为零）如图 5-1（a）所示；如果函数$f(x)$在$[a，b]$上单调减少，那么它的图形是一条沿x轴正向下降的曲线，其上每一点处切线的斜率为负，即$f'(x)<0$（个别点处可为零）. 如图 5-1（b）所示.

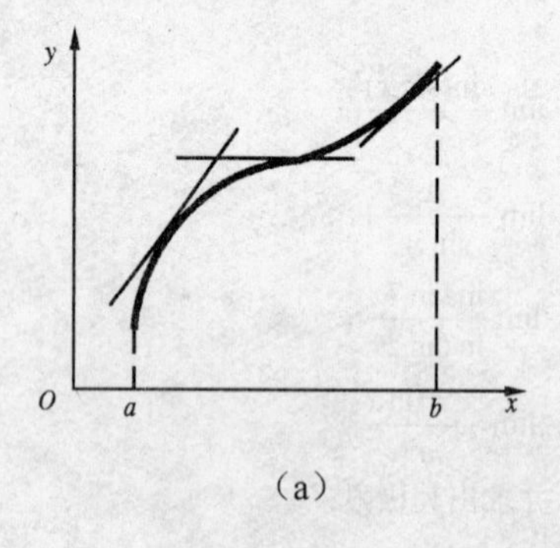

（a）

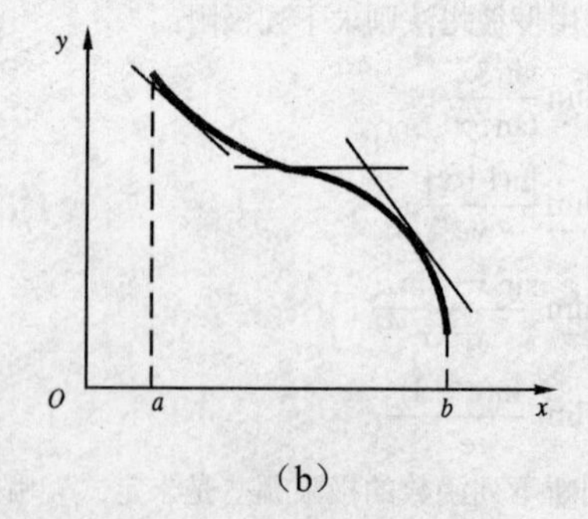

（b）

图 5-1

由此看出，函数在$[a，b]$上的单调增减性，反映出它的导数在$[a，b]$上具有固定的符号，反之，利用导数的符号，可得到函数在区间$[a, b]$上单调增减性的判定法.

定理 1　设函数$y=f(x)$在$[a, b]$上连续，在（a，b）内可导.

（1）如果在（a，b）内$f'(x)>0$，则函数$y=f(x)$在$[a, b]$上单调增加；

（2）如果在（a，b）内$f'(x)<0$，则函数$y=f(x)$在$[a, b]$上单调减少.

证　设x_1、x_2是$[a, b]$上任意两点，且$x_1<x_2$，由拉格朗日中值定理，有

$$f(x_2)-f(x_1)=f'(\xi)(x_2-x_1) \quad (x_1<\xi<x_2),$$

上式中$x_2-x_1>0$，因此，如果在（a，b）内$f'(x)>0$，那么也有$f'(\xi)>0$，于是

$$f(x_2)-f(x_1)=f'(\xi)(x_2-x_1)>0,$$

即

$$f(x_1)<f(x_2),$$

函数$y=f(x)$在$[a, b]$上单调增加. 类似地，如果在（a，b）内$f'(x)<0$，那么$f'(\xi)<0$，于是$f(x_2)-f(x_1)<0$，即$f(x_1)>f(x_2)$，函数$y=f(x)$在$[a, b]$上单调减少.　**证毕**

从上面的讨论中知道，对于无限区间定理也是成立的. 定理 1 说明了可以利用导数的正负号来判断函数的单调性.

例 1　判定函数$y=x-\sin x$在区间$[0, 2\pi]$上的单调性.

解　因为在（0，2π）内

$$y'=1-\cos x>0,$$

由定理 1 知，函数$y=x-\sin x$在$[0, 2\pi]$上单调增加.

有时，函数在其定义域上并不具有单调性，但是在定义域的不同区间上却具有单调性，称这些区间为函数的单调区间. 对于可导函数来说，曲线从单调增加到单调减少，其导数$f'(x)$从$f'(x)>0$到$f'(x)<0$，经过了使导数等于零的点，故单调区间的分界点应是使导数为零的点. 但反过来，导数值为零的点不一定是单调区间的分界点. 因此，若要确定可导函数$f(x)$的单调区间，应先求出满足方程$f'(x)=0$的一切x的值，用它们将定义域分为若干部分区间，再进一步讨论函数在各个区间上的单调性.

例 2　确定函数$f(x)=2x^3-9x^2+12x-3$的单调区间.

解　函数的定义域为（$-\infty$，$+\infty$）. 因为

$$f'(x)=6x^2-18x+12=6(x-1)(x-2),$$

当$x=1$、2时，$f'(x)=0$，$x=1$与$x=2$分定义域（$-\infty$，$+\infty$）为三个部分区间：

（1）（$-\infty$，1），在此区间内$f'(x)>0$，因此函数$f(x)$在（$-\infty$，1]上单调增加.

（2）（1，2），在此区间内$f'(x)<0$，因此函数在$[1, 2]$上单调减少.

（3）（2，$+\infty$），在此区间内$f'(x)>0$，因此函数在［2，$+\infty$）上单调增加，函数的图形如图 5-2 所示.

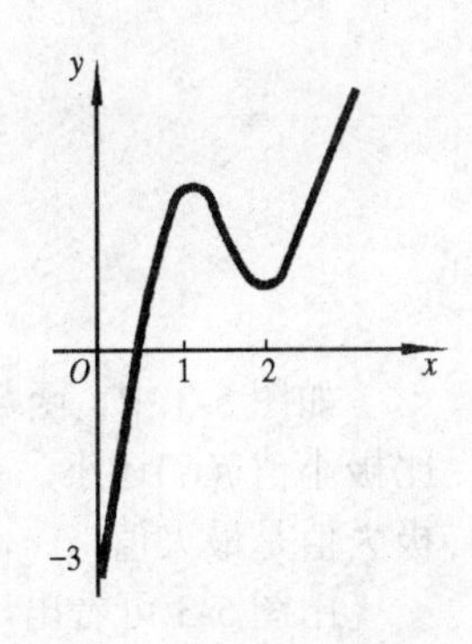

图 5-2

习 题 5-2

1．判定函数 $f(x)=\arctan x-x$ 的单调性.

2．求下列函数的单调增减区间.

（1）$y=x-e^x$；（2）$y=\sqrt[3]{(2x-a)(a-x)^2}$ （$a>0$）；

（3）$y=x^4-2x^2+2$；（4）$y=\ln(x+\sqrt{x^2+1})$．

第三节 函数极值的求法

定义 设函数 $f(x)$在区间（a，b）内有定义，x_0 是（a，b）内的一个点．如果存在着点 x_0 的一个邻域，对于这邻域内的任何点 x，除了点 x_0 外，$f(x)<f(x_0)$均成立，则称 $f(x_0)$是函数 $f(x)$的一个**极大值**；如果存在着点 x_0 的一个邻域，对于这邻域内的任何点 x，除了点 x_0 外，$f(x)>f(x_0)$均成立，则称 $f(x_0)$是函数 $f(x)$的一个**极小值**.

函数的极大值与极小值统称为函数的**极值**，使函数取得极值的点 x_0 称为**极值点**.

值得注意的是，函数的极值是函数的局部性质，是与一点附近的函数值比较而言的，它与函数在区间上的最大值或最小值不同，最大值、最小值是就整个区间比较来说的．函数在一个区间上还可能有几个极值点，而且在这个区间上有的极小值也可能大于极大值．如图 5-3 所示.

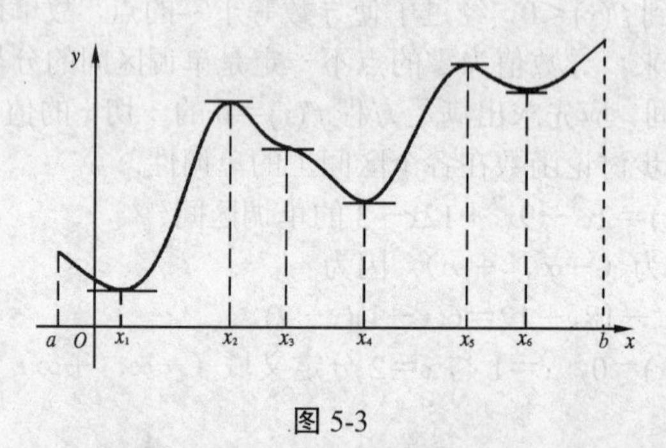

图 5-3

如图 5-3 中，函数 $f(x)$有极小值 $f(x_1)$、$f(x_4)$、$f(x_6)$，极大值 $f(x_2)$、$f(x_5)$．其中极大值 $f(x_2)$比极小值 $f(x_6)$还小．在整个区间[a，b]上，只有极小值 $f(x_1)$同时也是最小值，而没有一个极大值是最大值.

由图 5-3 可看出，可导函数 $f(x)$的图形在它的极值点处的切线都是水平的．但曲线上切线为水平的地方函数不一定取到极值．如图中（x_3，$f(x_3)$）处曲线有水平切线，但 x_3 不是极值点．于是有

定理 1（极值存在的必要条件） 设函数 $f(x)$ 在点 x_0 处可导且在 x_0 处取到极值，则 $f'(x)=0$.

$f'(x)$ 的零点，也就是使得 $f'(x)=0$ 的点 x，称为函数 $f(x)$ 的**驻点**. 极值存在的必要条件，为我们提供了寻找极值点的一个途径. 因为具有导数的函数，它的极值点一定是它的驻点. 所以对于这种函数求极值点时，可以先找出它的驻点. 不过驻点不一定就是极值点，例如对于 $y=x^3$，$y'(0)=0$，但 0 并不是它的极值点.

另外，导数不存在的点也可能是函数的极值点. 例如 $y=|x|$ 在 $x=0$ 处导数不存在，但 $x=0$ 是极小点，如图 5-4 所示.

又如函数 $y=\sqrt[3]{x}$，$y'=\dfrac{1}{3\sqrt[3]{x^2}}$，$y'(0)$ 不存在，但在点 $x=0$ 处函数无极值，如图 5-5 所示.

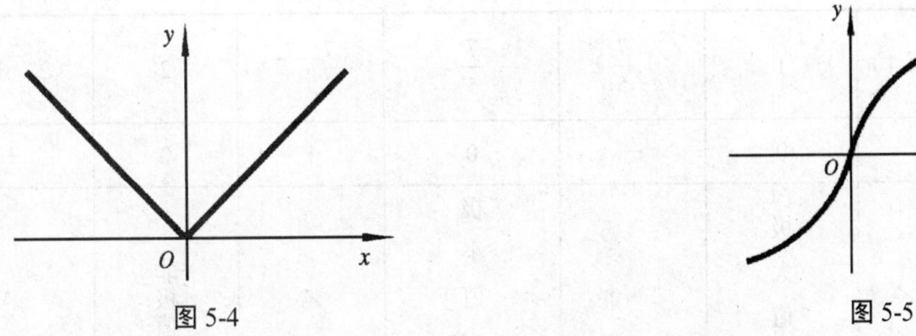

图 5-4　　图 5-5

综合上面讨论可知，函数的极值点应该在函数的驻点或导数不存在的点中去寻找.

现在的问题是如何去判断驻点以及导数不存在的点是否为极值点，以及在该点究竟取得极大值还是极小值.

下面推出两个判别极值点的法则，即函数具有极值的充分条件.

定理 2（第一充分条件） 设函数在点 x_0 的某一邻域 $N(x_0, \delta)$ 内连续并且可导（但 $f'(x_0)$ 可以不存在）.

（1）如果当 $x\in(x_0-\delta,x_0)$ 时，$f'(x)>0$，而当 $x\in(x_0,x_0+\delta)$ 时，$f'(x)<0$，则函数 $f(x)$ 在点 x_0 处取得极大值 $f(x_0)$.

（2）如果当 $x\in(x_0-\delta,x_0)$ 时，$f'(x)<0$，而当 $x\in(x_0,x_0+\delta)$ 时，$f'(x)>0$，则函数 $f(x)$ 在点 x_0 处取得极小值 $f(x_0)$.

（3）如果 $x\in(x_0-\delta,x_0+\delta)$（$x\neq x_0$）时，$f'(x)$ 不变号，则 $f(x)$ 在点 x_0 处无极值.

证 （1）当 $x\in(x_0-\delta,x_0)$ 时，$f'(x)>0$，则 $f(x)$ 在 $(x_0-\delta,x_0)$ 内单调增加，所以 $f(x)<f(x_0)$. 当 $x\in(x_0,x_0+\delta)$，$f'(x)<0$，则 $f(x)$ 在 $(x_0,x_0+\delta)$ 内单调减小，所以 $f(x)<f(x_0)$. 即对区间 $(x_0-\delta,x_0+\delta)$ 内的所有 x（$x\neq x_0$）总有 $f(x_0)>f(x)$，于是 $f(x_0)$ 为 $f(x)$ 的极大值.

（2）类似（1）可证.

（3）因为在 $(x_0-\delta,x_0+\delta)$ 内 $f'(x)$ 不变号（$x\neq x_0$），即恒有 $f'(x)>0$ 或 $f'(x)<0$. 因此 $f(x)$ 在 x_0 的左右两边均单调增加或单调减少，所以不可能在 x_0 处取得极值. **证毕**

例 1 求$f(x)=(x-1)^2(x-2)^3$的单调增减区间和极值.

解 $f(x)$的定义域为（$-\infty$，$+\infty$），先求导数

$$f'(x)=2(x-1)(x-2)^3+3(x-1)^2(x-2)^2=(x-1)(x-2)^2(5x-7)$$

令$f'(x)=0$，得驻点$x_1=1$，$x_2=\frac{7}{5}$，$x_3=2$.

这三个点将（$-\infty$，$+\infty$）分为四部分：

$$(-\infty,1),\ (1,\frac{7}{5}),\ (\frac{7}{5},2),\ (2,+\infty).$$

为方便起见，列表 5-1 讨论如下：

表 5-1

x	$(-\infty, 1)$	1	$(1,\frac{7}{5})$	$\frac{7}{5}$	$(\frac{7}{5}, 2)$	2	$(2, +\infty)$
$f'(x)$	+	0	−	0	+	0	+
$f(x)$	↗	极大值 0	↘	极小值 $\frac{-108}{3125}$	↗	非极值	↗

函数$f(x)$在$(-\infty, 1)$上单调增加，在$\left[1,\frac{7}{5}\right]$上单调减少，在点$x=1$处有极大值$f(1)=0$，函数$f(x)$在$\left[\frac{7}{5},2\right]$上单调增加，在点$x=\frac{7}{5}$处有极小值$f(\frac{7}{5})=\frac{-108}{3125}$，函数$f(x)$在$[2, +\infty)$上单调增加，$f'(x)$在$N(2,\delta)$内不变号，所以点$x=2$不是极值点.

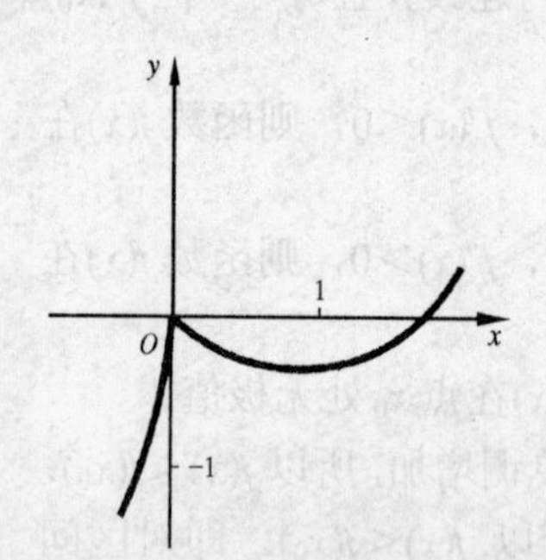

图 5-6

例 2 求函数$f(x)=x-\frac{3}{2}x^{\frac{2}{3}}$的单调增减区间和极值.

解 $f(x)$的定义域为$(-\infty,+\infty)$，求导数得$f'(x)=1-\frac{1}{\sqrt[3]{x}}$. 当$x=0$时，$f'(x)$不存在，当$x=1$时，$f'(x)=0$，所以函数$f(x)$只可能在点$x=0$，或点$x=1$处取得极值.

当$x\in(-\infty,0)$时$f'(x)>0$，故在（$-\infty$,0〕上$f(x)$单调增加；当$x\in(0,1)$时$f'(x)<0$，故在〔0,1〕上$f(x)$单调减少（但$f'(0)$不存在）. 所以$x=0$为极大点，$f(0)=0$为极大值. 当

$x \in (1, +\infty)$ 时 $f'(x) > 0$，故在 $[1, +\infty)$ 上 $f(x)$ 单调增加，且 $f'(1)=0$．所以点 $x=1$ 是极小点，$f(1)=-\frac{1}{2}$ 是极小值，如图 5-6 所示．

当函数 $f(x)$ 在驻点处的二阶导数存在且不为零时，也可以利用下列定理来判定 $f(x)$ 在驻点处取得极大值还是极小值．

定理 3（第二充分条件） 设函数 $f(x)$ 在点 x_0 处具有二阶导数，且 $f'(x_0)=0$，则

（1）当 $f''(x_0)>0$ 时，函数 $f(x)$ 在 x_0 处取得极小值；

（2）当 $f''(x_0)<0$ 时，函数 $f(x)$ 在 x_0 处取得极大值．

证 在情形（1），由于 $f''(x_0)>0$，按二阶导数的定义有

$$f''(x_0)=\lim_{x \to x_0} \frac{f'(x)-f'(x_0)}{x-x_0}>0 .$$

由极限的保号性知，在 x_0 的某邻域内必有

$$\frac{f'(x)-f'(x_0)}{x-x_0}>0 \qquad (x \neq x_0).$$

因为 $f'(x_0)=0$，所以有

$$\frac{f'(x)}{x-x_0}>0 \qquad (x \neq x_0),$$

从而知道，当 $x<x_0$ 时，$f'(x)<0$；当 $x>x_0$ 时，$f'(x)>0$，由定理 2 知 $f(x)$ 在 x_0 处取得极小值．

类似地可以证明情形（2）．　　**证毕**

定理 3 表明，如果 $f(x)$ 在驻点 x_0 处的二阶导数 $f''(x) \neq 0$，那么该驻点 x_0 一定是极值点，并且可按二阶导数 $f''(x_0)$ 的符号来判定 $f(x_0)$ 是极大值还是极小值，但是当 $f''(x_0)=0$ 时，定理就不能应用．这时可用定理 2 来判定．

例 3 求函数 $f(x)=x^3-3x$ 的极值．

解 $f'(x)=3x^2-3=3(x+1)(x-1)$，$f''(x)=6x$.

令 $f'(x)=0$，得 $x=\pm 1$，由于

$f''(-1)=-6<0$，所以 $f(-1)=2$ 为极大值；$f''(1)=6>0$，所以 $f(1)=-2$ 为极小值．

习 题 5-3

1．求下列函数的极值：

（1）$y=x(2-x)^2$；　　（2）$y=x+e^{-x}$；

（3）$y=2x+3\sqrt[3]{x^2}$；　　（4）$y=e^{-x}\sin x, (0, 2\pi)$；

（5）$y=-x^4+2x^2$；　　（6）$y=e^x\cos x$；

（7）$y=(x-5)^2\sqrt[3]{(x+1)^2}$；　　（8）$y=x+\tan x$.

2. 当 a 为何值时，函数 $f(x)=a\sin x+\frac{1}{3}\sin 3x$ 在点 $x=\frac{\pi}{3}$ 处具有极值？它是极大还是极小，并求此极值.

第四节　函数最值的求法

在实际问题中，为了发挥最大的经济效益，常常会遇到如何能使用料最省、产量最大、效率最高等等的问题．这样的问题可以化为求一个函数的最大值或最小值的问题．

由闭区间上连续函数的性质可知，如果函数 $f(x)$在闭区间$[a,b]$上连续，$f(x)$在$[a,b]$上的最大值和最小值一定存在．

若 $f(x)$在 $x_0\in(a,b)$ 处取最大值或最小值，则显然在 x_0 处亦取极值．因此，这样的函数必然或是在内部极值点上或是在边界点上达到最大值或最小值．故最大值及最小值点必在下列各种点之中：导数等于零的点、导数不存在的点或端点．只要求出这些点的函数值并加以比较便知，其中最大的就是最大值，最小的就是最小值，如图 5-7 所示．

例 1　（1）求函数 $f(x)=x^{2/3}-(x^2-1)^{1/3}$ 在区间$[-2,2]$上的最大值及最小值．

（2）求函数 $f(x)=\dfrac{5-x}{9-x^2}$ 在$[0,2]$上的最大值与最小值．

解　（1）易知 $f(x)$在闭区间$[-2,2]$上连续，且

$$f'(x)=\frac{2}{3}x^{-\frac{1}{3}}-\frac{1}{3}(x^2-1)^{-\frac{2}{3}}\cdot 2x=\frac{2}{3}\cdot\frac{(x^2-1)^{\frac{2}{3}}-x^{\frac{4}{3}}}{x^{\frac{1}{3}}(x^2-1)^{\frac{2}{3}}},$$

令 $f'(x)=0$，则有 $(x^2-1)^{\frac{2}{3}}-x^{\frac{4}{3}}=0$，得驻点

$$x=\pm\frac{\sqrt{2}}{2},$$

此外，在 $x=0$，$x=\pm1$ 处导数不存在．因此有可能取最大或最小值的点为

$$x=0,\ \pm\frac{\sqrt{2}}{2},\ \pm1,\ \pm2.$$

因为 $f(0)=1$，$f(\pm\frac{\sqrt{2}}{2})=\sqrt[3]{4}$，$f(\pm1)=1$，$f(\pm2)=\sqrt[3]{4}-\sqrt[3]{3}$，所以，所求的最大值为 $\sqrt[3]{4}$，最小值为 $\sqrt[3]{4}-\sqrt[3]{3}$（如图 5-8 所示）．

（2）同理，易知

$$f'(x)=(\frac{5-x}{9-x^2})'=\frac{-(x^2-10x+9)}{(9-x^2)^2}=-\frac{(x-1)(x-9)}{(9-x^2)^2}$$

令 $f'(x)=0$，求得驻点 $x=1$，$x=9$，但 $x=9$ 不在区间$[0,2]$内，于是只须考虑 $x=1$

及区间端点．于是对三点

$$x=0, \quad x=1, \quad x=2$$

处的函数值进行比较：

$$f(0)=\frac{5}{9}, \quad f(1)=\frac{1}{2}, \quad f(2)=\frac{3}{5}$$

从而得所求最小值和最大值分别为

$$m=\frac{1}{2}, \quad M=\frac{3}{5}.$$

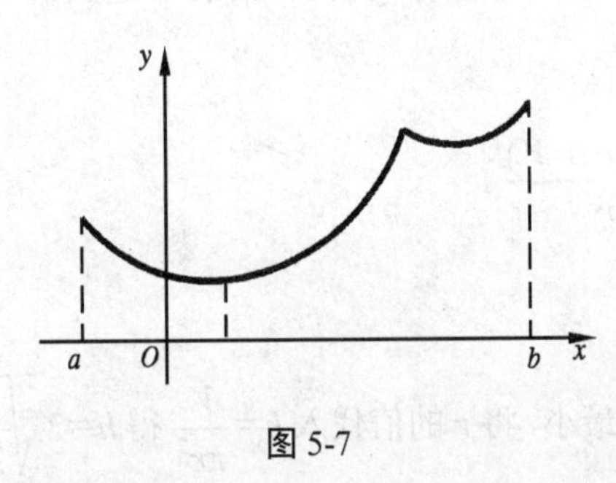

图 5-7

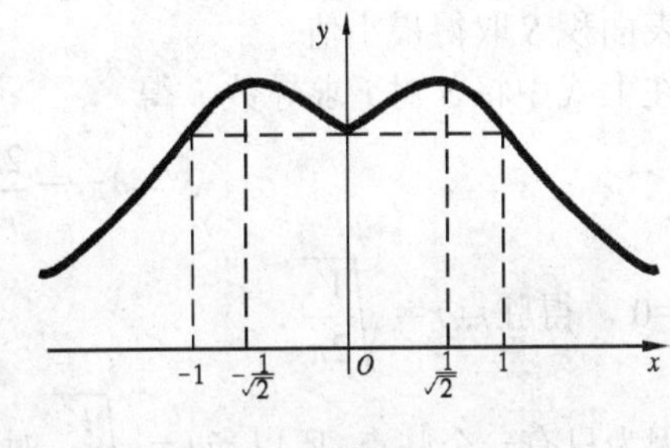

图 5-8

如果函数 $f(x)$在一个区间（有限或无限，开或闭）内可导且只有一个驻点 x_0，并且这个驻点 x_0 是函数 $f(x)$的极值点，那么，当 $f(x_0)$是极大值时，$f(x_0)$就是 $f(x)$在该区间上的最大值，如图 5-9（a）所示；当 $f(x_0)$是极小值时，$f(x_0)$就是 $f(x)$在该区间上的最小值，如图 5-9（b）所示．

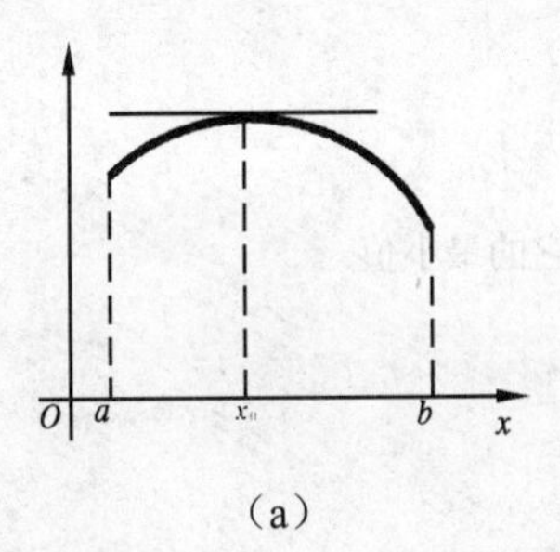

（a）

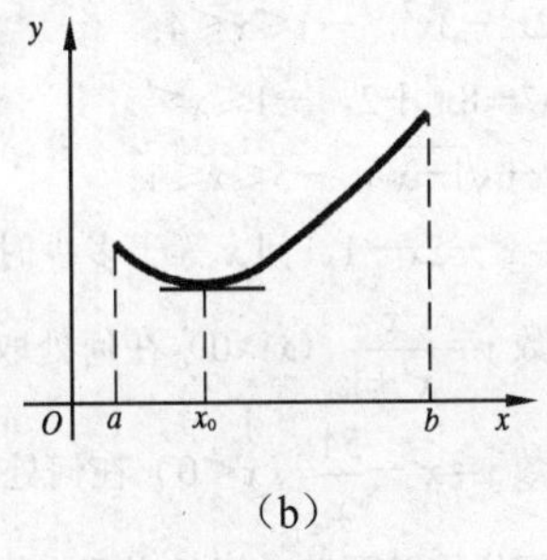

（b）

图 5-9

在实际问题中，往往根据问题的性质就可以断定可导函数 $f(x)$必在区间内部取得最大值（或最小值），且 $f(x)$在该区间内部又只有一个驻点，这时不必讨论 $f(x_0)$是不是极值，就可以断定 $f(x_0)$是最大值（或最小值）．

例 2　要做一个容积为 V 的圆柱形罐头筒，怎样设计，才能使所用的材料最省？

解　要使所用的材料最省，就是要使罐头筒的总表面积最小．

设筒的表面积为 S，筒的底圆半径为 r，高为 h，则它的侧面积为 $2\pi rh$．底圆面积为 πr^2．因

此
$$S=2\pi r^2+2\pi rh$$
再由关系式 $V=\pi r^2 h$，得 $h=\dfrac{V}{\pi r^2}$．于是
$$S=2\pi r^2+\frac{2V}{r}\quad(0<r<+\infty)$$

由问题的实际情况来看，如果半径 r 过小，由于容积一定，则上式中 $\dfrac{2V}{r}$ 就很大，因而表面积也就很大；如果 r 过大，则上、下底面积 $2\pi r^2$ 就很大，因此，必有一适当的 r 值，使得表面积 S 取得最小值．

在上式中将 S 对 r 求导数，得
$$S'=4\pi r-\frac{2V}{r^2}=\frac{2(2\pi r^3-V)}{r^2},$$
令 $S'=0$，得驻点 $r=\sqrt[3]{\dfrac{V}{2\pi}}$．

因为只有一个驻点，所以当 $r=\sqrt[3]{\dfrac{V}{2\pi}}$ 时，表面积最小，将 r 的值代入 $h=\dfrac{V}{\pi r^2}$ 得 $h=2\sqrt[3]{\dfrac{V}{2\pi}}$，所以，当所做的罐头筒的高和底圆直径相等时，所用材料最省．

习 题 5-4

1．求下列函数的最大值、最小值：

（1）$y=2x^3-3x^2$，$-1\leqslant x\leqslant 4$；

（2）$y=x^4-8x^2+2$，$-1\leqslant x\leqslant 3$；

（3）$y=x+\sqrt{1-x}$，$-5\leqslant x\leqslant 1$．

2．设 $y=x^2-2x-1$，问 x 等于多少时 y 的值最小？并求出它的最小值．

3．问函数 $y=\dfrac{x}{x^2+1}$（$x\geqslant 0$）在何处取得最大值？

4．问函数 $y=x^2-\dfrac{54}{x}$（$x<0$）在何处取得最小值？

5．某车间靠墙壁要盖一间长方形小屋，现有存砖只够砌 20m 长的墙壁，问应围成怎样的长方形才能使小屋的面积最大？

6．某防空洞的截面上部是半圆，下部是矩形，如图 5-10 所示，周长为 15m，问底宽 x 为多少时，才能使截面的面积最大．

7．因 A、B 两单位合用一变压器 M，如图 5-11 所示，若两单位用同型号线架设输电线路，问变压器应设在输电干线 $\overline{CD}$ 何处时，所需电线最短．

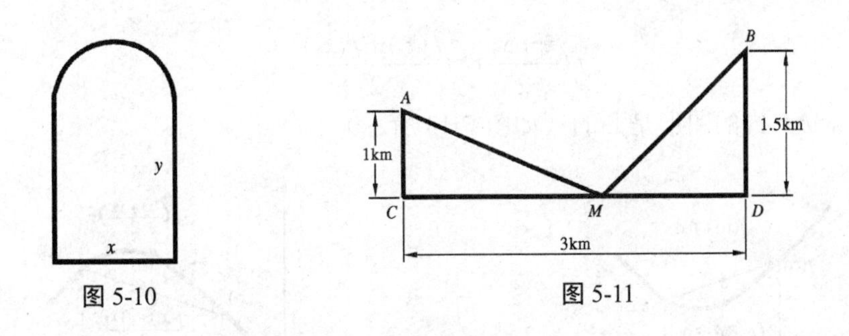

图 5-10　　图 5-11

第五节　曲线凹凸及拐点的判别法

我们已经研究了函数的单调性与极值，这对于描绘函数的图形有很大作用．但仅仅知道这些．还是不够的．例如同是区间$[a, b]$上的单调增加函数，但图形的弯曲方向也可能不同，如图 5-12 所示，$\overset{\frown}{ACB}$ 弧与 $\overset{\frown}{ADB}$ 弧同是单调增加的，但前者是凸的，而后者是凹的．下面我们就来研究曲线的凹凸性及拐点．

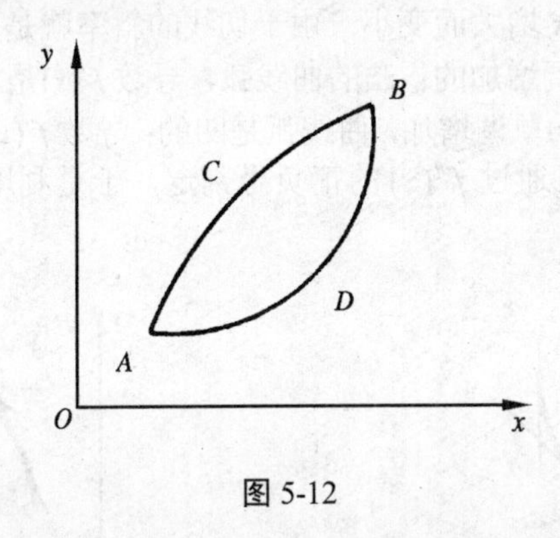

图 5-12

一、曲线的凹凸性及其判别法

从几何上看，有的曲线弧在其上任取两点，联接这两点的弦总位于这两点间的弧段的上方，如图 5-13（a）所示．而有的曲线弧，在其上任取两点，联接这两点的弦总位于这两点间的弧段的下方，如图 5-13（b）所示．曲线的这种性质就是曲线的凹凸性．

定义　设$f(x)$在（a，b）内连续，如果对（a，b）内任意两点x_1，x_2恒有

$$f\left(\frac{x_1+x_2}{2}\right)<\frac{f(x_1)+f(x_2)}{2},$$

则称$f(x)$在（a，b）内的图形是凹的．如果恒有

$$f(\frac{x_1+x_2}{2})>\frac{f(x_1)+f(x_2)}{2},$$

称$f(x)$在（a，b）内的图形是凸的（如图 5-13 所示）.

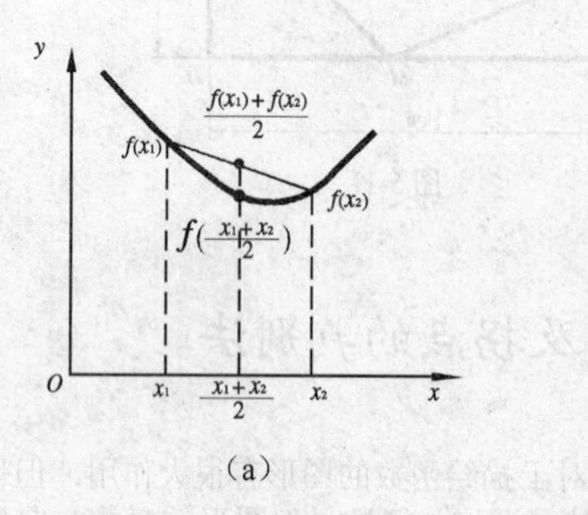

（a）

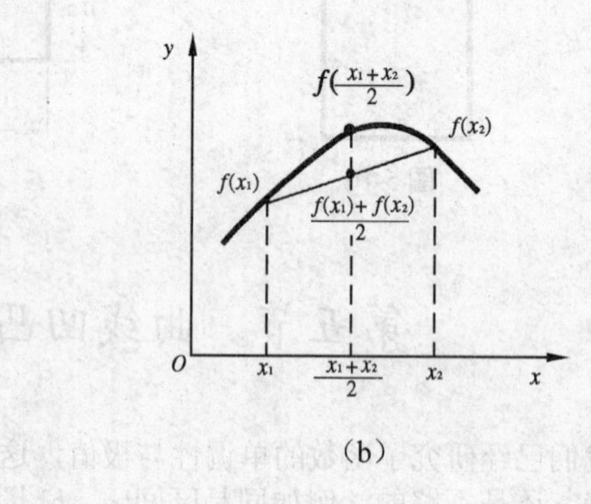

（b）

图 5-13

从图 5-14（a）、5-14（b）可以看出，对于凹曲线弧，切线的斜率随 x 增大而变大；对于凸曲线弧，切线的斜率随 x 增大而变小．由于切线的斜率就是函数 $y=f(x)$的导数，因此，凹的曲线弧，导数$f'(x)$是单调增加的；凸的曲线弧，导数$f'(x)$是单调减少的．反之，从几何直观上也可以看出，导数$f'(x)$单调增加，曲线弧是凹的；导数$f'(x)$单调减少，曲线弧是凸的.

导数 $f'(x)$的单调性，可通过 $f''(x)$ 的正负号判定，于是利用二阶导数的符号，可以得到判定曲线凹凸的方法.

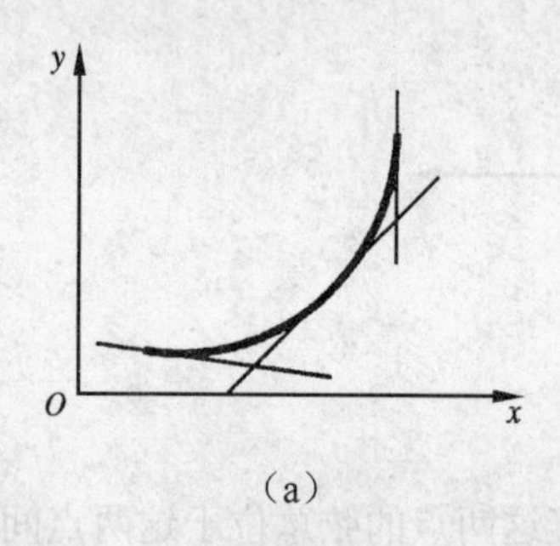

（a）

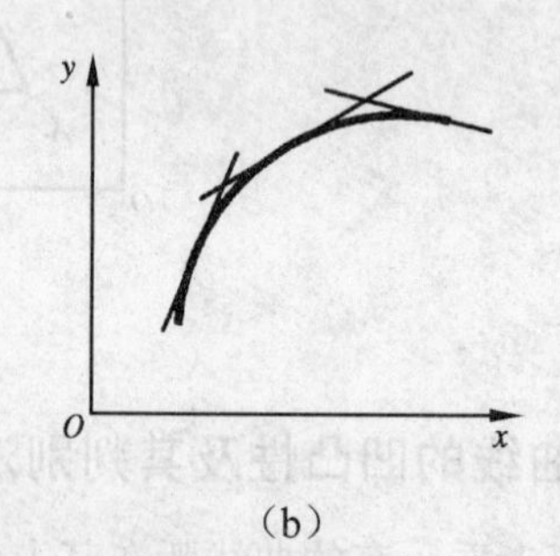

（b）

图 5-14

定理(曲线弧凹凸的判别法) 设函数 $f(x)$在（a，b）内具有二阶导数 $f''(x)$，则在该区间内

（1）当 $f''(x)>0$ 时，曲线弧 $y=f(x)$是凹的；

（2）当 $f''(x)<0$ 时，曲线弧 $y=f(x)$是凸的.

例 1 判断曲线 $y=\ln x$ 的凹凸性.

解　函数 $y=\ln x$ 的定义域为（0，$+\infty$），求导得

$$y'=\frac{1}{x},\qquad y''=-\frac{1}{x^2}.$$

当 $x>0$ 时，$y''<0$，故曲线在整个定义域内是凸的.

例 2　判断曲线 $y=x^3$ 的凹凸性.

解　函数 $y=x^3$ 的定义域为（$-\infty$，$+\infty$），求导得

$$y'=3x^2,\qquad y''=6x.$$

当 $x<0$ 时，$y''<0$，故曲线在［$-\infty,0$］内是凸的；当 $x>0$ 时，$y''>0$，故曲线在［$0,+\infty$］内是凹的.

二、曲线的拐点及其求法

定义　设函数 $y=f(x)$ 在所考虑的区间内是连续的，则曲线 $y=f(x)$ 的凹部与凸部的分界点称为曲线 $y=f(x)$ 的**拐点**.

如何来寻找曲线 $y=f(x)$ 的拐点呢？

根据曲线凹凸的判定法可知，若函数 $f(x)$ 在区间（a，b）内具有二阶连续导数 $f''(x)$，且 $f''(x)$ 在点 x_0 的左右两侧具有相反的符号，则点（x_0，$f(x_0)$）是曲线 $y=f(x)$ 的拐点，且 $f''(x)=0$．因此，曲线的拐点的横坐标应该在使 $f''(x)=0$ 的点中去寻找.

例 3　求曲线 $y=3x^4-4x^3+1$ 的拐点及凹凸区间.

解　函数 $y=3x^4-4x^3+1$ 的定义域为（$-\infty$，$+\infty$），又

$$y'=12x^3-12x^2,$$

$$y''=36x^2-24x=12x(3x-2).$$

解方程 $y''=0$，得 $x=0,\ \dfrac{2}{3}$

用 $x=0$，$x=\dfrac{2}{3}$ 把函数的定义域（$-\infty$，$+\infty$）分成部分区间，现列表 5-2 讨论如下：

表 5-2

x	（$-\infty$，0）	0	（0，$\frac{2}{3}$）	$\frac{2}{3}$	（$\frac{2}{3}$，$+\infty$）
y''	+	0	−	0	+
y	∪	有拐点	∩	有拐点	∪

注：表中∪表示曲线是凹的，∩表示曲线是凸的.

除了使 $y''(x)=0$ 的点外，二阶导数不存在的点所对应的曲线上的点也可能是拐点.

例 4　讨论曲线 $=y(x-1)\sqrt[3]{x^5}$ 的凹凸及拐点.

解 函数的定义域为（$-\infty$，$+\infty$），又有

$$y'=x^{5/3}+(x-1)\frac{5}{3}x^{2/3}=\frac{8}{3}x^{5/3}-\frac{5}{3}x^{2/3},$$

$$y''=\frac{40}{9}x^{2/3}-\frac{10}{9}x^{-1/3}=\frac{10}{9}\times\frac{4x-1}{\sqrt[3]{x}}.$$

当 $x=\frac{1}{4}$ 时，$y''=0$，而 $x=0$ 处 y'' 不存在，故以 $x=0$ 和 $x=\frac{1}{4}$ 将定义域（$-\infty$，$+\infty$）分成部分区间，并列表 5-3 讨论如下：

表 5-3

x	（$-\infty$，0）	0	（0，$\frac{1}{4}$）	$\frac{1}{4}$	（$\frac{1}{4}$，$+\infty$）
y''	+	不存在	−	0	+
y	∪	有拐点	∩	有拐点	∪

因 $y(0)=0$, $y(\frac{1}{4})=-\frac{3}{16}\frac{1}{\sqrt[3]{16}}$，拐点为（0,0）和（$\frac{1}{4},-\frac{3}{16}\frac{1}{\sqrt[3]{16}}$），如图 5-15 所示.

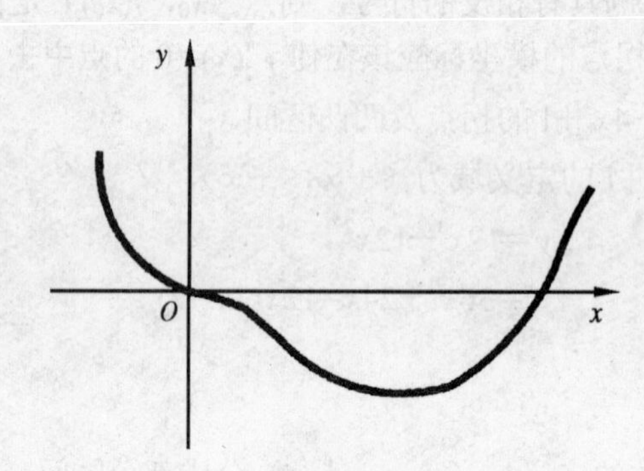

图 5-15

习 题 5-5

1．求下列函数图形的拐点及凹凸区间：

（1） $y=x^3-5x^2+3x-5$； （2） $y=(x-1)x^{\frac{2}{3}}$；

（3） $y=\sqrt[3]{x}$； （4） $y=2x^2-\frac{\pi^4}{4}$；

（5） $y=e^{\arctan x}$； （6） $y=\ln(x^2+1)$.

2．问 a，b 为何值时，点（1，3）为曲线 $y=ax^3+bx^2$ 的拐点？

3．试决定 $y=k(x^2-3)^2$ 中 k 的值，使曲线的拐点处的法线通过原点.

第六节　函数作图法

函数的图形有助于直观了解函数的性质．所以研究函数图形的描绘方法很有必要．函数图形描绘的基本方法是描点法，但使用描点法作图，由于预先对于函数图形的特征没有进行分析，往往依靠增加描点的数量来提高作图的精确性，使描绘工作带有很大的盲目性．现在应用导数来研究函数，使我们预先对函数图形的升降和极值，凹凸和拐点等情况有一个全面的了解，再加上对曲线有无铅直渐进线和水平渐近线的讨论，就可以比较准确地作出函数的图形了．

有些曲线在趋于无穷远时无限逼近某条直线，这种直线称为曲线的**渐近线**．

对于曲线 $y=f(x)$，若有 $\lim\limits_{x\to x_0^-} f(x)=+\infty$（或$-\infty$）或 $\lim\limits_{x\to x_0^+} f(x)=+\infty$（或$-\infty$），则称直线 $x=x_0$ 为曲线 $y=f(x)$ 的**铅直渐近线**．这时，点 $x=x_0$ 显然是函数 $f(x)$ 的一个无穷间断点．例如曲线

$$y=\frac{1}{x-1},$$

因
$$\lim_{x\to 1^-}\frac{1}{x-1}=-\infty,\quad \lim_{x\to 1^+}\frac{1}{x-1}=+\infty$$

所以 $y=\dfrac{1}{x-1}$ 有铅直渐近线 $x=1$，如图 5-16 所示．

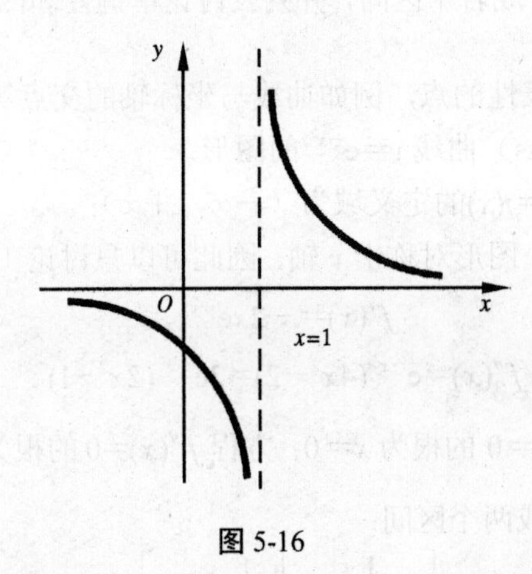

图 5-16

对于曲线 $y=f(x)$，若有 $\lim\limits_{x\to -\infty} f(x)=A$ 或 $\lim\limits_{x\to +\infty} f(x)=A$，则称直线 $y=A$ 为曲线 $y=f(x)$ 的**水平渐近线**．例如曲线

$$y=\arctan x,$$

有
$$\lim_{x\to-\infty}\arctan x=-\frac{\pi}{2},\quad \lim_{x\to+\infty}\arctan x=\frac{\pi}{2}.$$

所以曲线 $y=\arctan x$ 有水平渐近线 $y=-\dfrac{\pi}{2}$ 和 $y=\dfrac{\pi}{2}$，如图 5-17 所示.

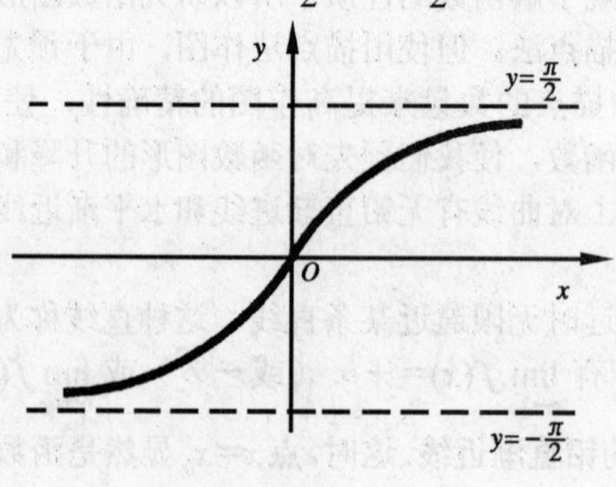

图 5-17

利用导数描绘函数图形的一般步骤如下：

（1）确定函数的定义域、值域；

（2）确定曲线的对称性、周期性；

（3）求函数 y 的一阶导数 y' 和二阶导数 y''，并求出 $y'=0$、$y''=0$ 的根和 y'、y'' 不存在的点，用这些点把定义域分成若干区间，并列表讨论单调性和凹凸性，确定极值点和拐点；

（4）求曲线的渐近线；

（5）求出若干个有代表性的点，例如曲线与坐标轴的交点等，最终绘出图形.

例 1 描绘高斯（Gauss）曲线 $y=e^{-x^2}$ 的图形.

解 （1）所给函数 $y=f(x)$ 的定义域为（$-\infty$，$+\infty$）；

（2）$y=e^{-x^2}$ 为偶函数，图形对称于 y 轴，因此可以只讨论〔0，$+\infty$）上该函数的图形；

（3）易知
$$f'(x)=-2xe^{-x^2},$$
$$f''(x)=e^{-x^2}(4x^2-2)=2e^{-x^2}(2x^2-1).$$

在［0，$+\infty$）上，方程 $f'(x)=0$ 的根为 $x=0$；方程 $f''(x)=0$ 的根为 $x=\dfrac{1}{\sqrt{2}}$. 用点 $x=0$，$\dfrac{1}{\sqrt{2}}$ 把定义域［0，$+\infty$）划分成两个区间：
$$\left[0,\frac{1}{\sqrt{2}}\right],\quad \left[\frac{1}{\sqrt{2}},+\infty\right).$$

因在 $(0,\dfrac{1}{\sqrt{2}})$ 内 $f'(x)<0$，$f''(x)<0$，所以在 $\left[0,\dfrac{1}{\sqrt{2}}\right]$ 上的曲线弧下降而且是凸的. 结合 $f'(0)=0$ 以及图形关于 y 轴对称可知，$x=0$ 处函数 $f(x)$ 有极大值.

又因在$(\frac{1}{\sqrt{2}},+\infty)$内，$f'(x)<0$，$f''(x)>0$，所以在$\left[\frac{1}{\sqrt{2}},+\infty\right]$上的曲线弧下降而且是凹的．为明确起见，我们把所得的结论列成表 5-4：

表 5-4

x	0	$(0,\ \frac{1}{\sqrt{2}})$	$\frac{1}{\sqrt{2}}$	$(\frac{1}{\sqrt{2}},\ +\infty)$
$f'(x)$	0	−	−	−
$f''(x)$	−	−	0	+
$y=f(x)$的图形	极大	凸	拐点	凹

（4）当$x\to\infty$时，$e^{-x^2}\to 0$，故$y=0$为水平渐近线．

（5）算出$x=0,\frac{1}{\sqrt{2}}$，处的函数值：

$$f(0)=1，\ f(\frac{1}{\sqrt{2}})=\frac{1}{\sqrt{e}}$$

从而得到函数$y=e^{-x^2}$图形上的两个点（0，1），$(\frac{1}{\sqrt{2}},\frac{1}{\sqrt{e}})$．

结合（3）（4）得到的结果，先作出第一象限的图形，然后根据对称性画出第二象限的图形，如图 5-18 所示．

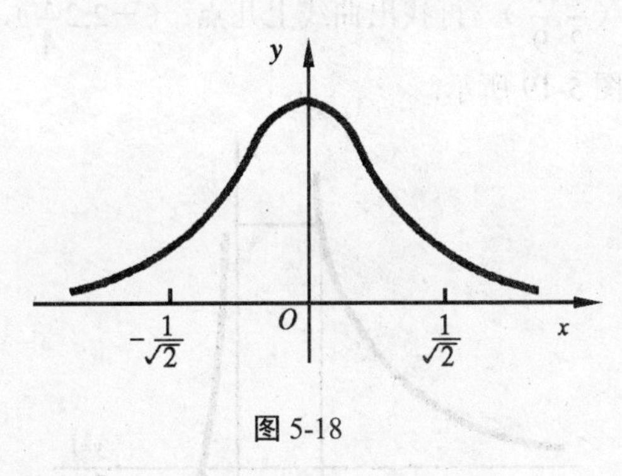

图 5-18

例 2　描绘函数$f=\frac{1-2x}{x^2}+1$的图形．

解　（1）函数$y=f(x)$的定义域为$(-\infty,\ 0)\cup(0,\ +\infty)$．

（2）

$$f'(x)=\frac{2(x-1)}{x^3}，\ f''(x)=\frac{2(3-2x)}{x^4}．$$

方程 $f'(x)=0$ 的根为 $x=1$；方程 $f''(x)=0$ 的根为 $x=\frac{3}{2}$．以点 $x=1,\frac{3}{2}$ 将定义域划分为几个部分区间：

$$(-\infty,0),\ (0,1],\ [1,\frac{3}{2}],\ [\frac{3}{2},+\infty).$$

列表 5-5 讨论如下：

表 5-5

x	$(-\infty,0)$	$(0,1)$	1	$(1,\frac{3}{2})$	$\frac{3}{2}$	$(\frac{3}{2},+\infty)$
$f'(x)$	+	−	0	+	+	+
$f''(x)$	+	+	+	+	0	−
$y=f(x)$	凹	凹	有极小值	凹	拐点	凸

（3）由于 $\lim\limits_{x\to 0}(\frac{1-2x}{x^2}+1)=\infty$，所以图形有铅直渐近线 $x=0$．

又 $\lim\limits_{x\to\infty}(\frac{1-2x}{x^2}+1)=1$，所以图形有水平渐近线 $y=1$．

（4）算出 $x=1,\frac{3}{2}$ 处的函数值：$f(1)=0$，$f(\frac{3}{2})=\frac{1}{9}$．

得图形上两点（1，0），（$\frac{3}{2},\frac{1}{9}$）．再找出曲线上几点：（$-2,2\frac{1}{4}$），（$-1,4$），（$2,\frac{1}{4}$）．

描出函数的图形如图 5-19 所示．

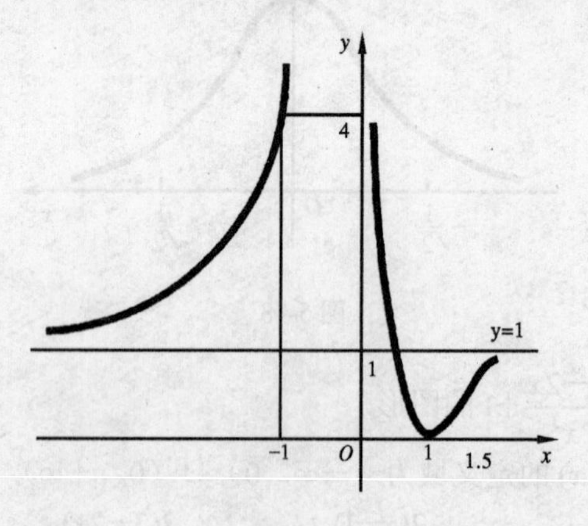

图 5-19

习 题 5-6

1．描绘下列函数图形：

（1）$y=\dfrac{x^2}{x+1}$；　　（2）$y=\dfrac{x}{1+x^2}$；

（3）$y=x^2+\dfrac{1}{x}$；　　（4）$y=\dfrac{1}{\sqrt{2\pi}}e^{-\frac{x^2}{2}}$；

（5）$y=\dfrac{1}{5}(x^4-6x^2+8x+7)$．

第七节　微分的应用

一、弧微分公式

在第二章中我们介绍了函数$y=f(x)$在x处的导数$f'(x)$是曲线$y=f(x)$在$P(x,f(x))$点的切线斜率，即

$$f'(x)=\tan\alpha,$$

如图 5-20 可见，$dy=f'(x)dx=PN\tan\alpha=NT$．所以**微分的几何意义是**：函数$y=f(x)$在点$x$处（关于$\Delta x$）的微分$dy$表示当自变量有改变量$\Delta x$时，曲线$y=f(x)$在对应点$P(x,f(x))$处的切线上纵坐标的改变量．

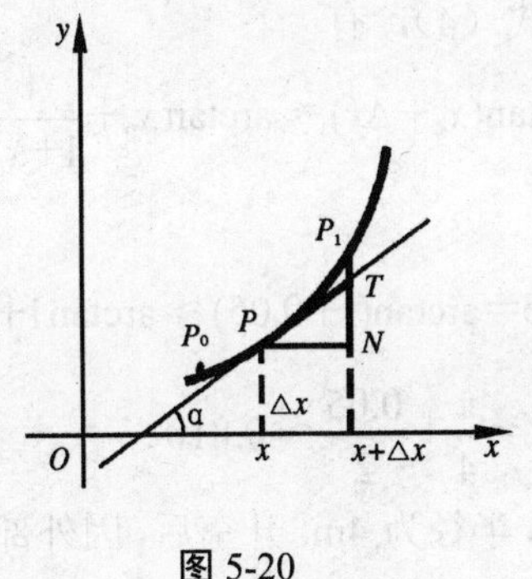

图 5-20

图 5-20 中直角三角形 PNT 的两直角边分别表示 dx 和 dy，斜边就是$\sqrt{(dx)^2+(dy)^2}$．它有什么意义呢？可以证明，曲线$y=f(x)$上小弧段$\overset{\frown}{PP_1}$的长Δs与相应的切线PT长度之差是比Δx高阶的无穷小量，根据微分定义知，曲线$y=f(x)$的弧长$s=s(x)$[①]的微分即**弧微分**

① 假定取曲线上$P_0(x_0,y_0)$为计算曲线弧长的起点，$P(x,y)$是其上任一点，则弧$\overset{\frown}{P_0P}$的长度s是x的函数．

dS＝PT，即

$$ds=\sqrt{(dx)^2+(dy)^2} \tag{1}$$

公式（1）称为**弧微分公式**，图 5-20 中直角三角形 PNT 称为**微分三角形**.

若曲线弧由参数方程 $\begin{cases} x=\varphi(t) \\ y=\psi(t) \end{cases}$ $(\alpha \leqslant t \leqslant \beta)$ 表示，则 $dx=\varphi'(t)dt$，$dy=\psi'(t)dt$，弧微分公式为

$$ds=\sqrt{\varphi'^2(t)+\psi'^2(t)}dt \tag{2}$$

二、微分在近似计算中的应用

近似计算是科学研究和工程技术中经常遇到的问题．至于用什么公式，一般有两点要求：有足够好的精度和简便的计算．用微分来作近似计算常常能满足这些要求．

我们已经知道，当函数 $y=f(x)$在点 x_0 处的导数 $f'(x_0)\neq 0$ 且$|\Delta x|$很小时（记作$|\Delta x|=1$），有

$$\Delta y=f(x_0+\Delta x)-f(x_0)\approx dy=f'(x_0)\Delta x \tag{3}$$

或

$$f(x_0+\Delta x)\approx f(x_0)+f'(x_0)\Delta x \tag{4}$$

或

$$f(x)\approx f(x_0)+f'(x_0)(x-x_0) \tag{5}$$

这里，式（3）可以用于求函数增量的近似值，而式（4）、（5）可用来求函数的近似值.

例 1 计算 arctan1.05 的近似值.

解 设 $f(x)=\arctan x$，由式（4），有

$$\arctan(x_0+\Delta x)\approx \arctan x_0+\frac{1}{1+x_0^2}\Delta x,$$

取 $x_0=1$，$\Delta x=0.05$ 有

$$\arctan 1.05=\arctan(1+0.05)\approx \arctan 1+\frac{1}{1+1^2}\times 0.05$$

$$=\frac{\pi}{4}+\frac{0.05}{2}\approx 0.810.$$

例 2 一个充好气的气球，半径为 4m. 升空后，因外部气压降低气球半径增大了 10cm，问气球的体积近似增加多少？

解 球的体积公式是

$$v=\frac{4}{3}\pi r^3,$$

当 r 由 4m 增加到 4＋0．1m 时，v 的增加为 Δv，由式（3），有

$$\Delta v\approx dv=4\pi r^2 dr\Big|_{r=4,dr=0.1}=4\times 3.14\times 4^2\times 0.1=20\ (\text{m}^3).$$

习 题 5-7

1．计算 $\sqrt{4.2}$ 的近似值．

2．计算 $\cos 30°12'$ 的近似值．

3．已知单摆的运动周期 $T=2\pi\sqrt{\dfrac{l}{g}}$（其中 $g=980\text{cm/s}^2$）．若摆长 l 由 20cm 增加到 20.1cm，问此时周期大约变化多少？

*第八节　导数的经济学应用

本节将导数应用于几个经济函数，介绍一下边际分析与弹性分析的概念．

一、成本函数与收入函数

某产品的总成本是指生产一定数量的产品所需的全部经济资源投入（劳力、原料、设备等）的价格或费用总额．设 q 为产量，C 为总成本，则**成本函数**为 $C=C(q)$．

而**收入函数** $R(q)$是指生产者出售数量为 q 的某种产品所获得的总收入．当价格 p 是常数时，显然有 $R=pq$．

设总利润为 L，则有

$$L=L(q)=R(q)-C(q).$$

二、边际分析

边际概念是经济学中的重要概念，通常指经济变化的变化率．利用导数研究经济变量的边际变化方法，即边际分析方法，是经济理论中的一个重要方法．

1．边际成本

在经济学中，**边际成本**定义为产量每增加一个单位时总成本的增量，即总成本对产量的变化率．因此，若 $C(q)$可导，则当产量 $q=q_0$ 时，边际成本 $MC=C'(q)$，或者

$$MC=\lim_{\Delta q\to 0}=\frac{C(q_0+\Delta q)-C(q_0)}{\Delta q}=\frac{\mathrm{d}C}{\mathrm{d}q}\bigg|_{q=q_0}.$$

产量为 q_0 时，边际成本 $MC=C'(q_0)$，即边际成本是总成本函数关于产量 q 的导数．．其**经济意义**是：$C'(q_0)$近似等于产量为 q 时再增加一个单位产品所需增加的成本，这是因为

$$C(q+1)-C(q)=\Delta C(q)\approx C'(q).$$

2．边际收入

在经济学中，**边际收入**定义为每多销售一个单位产品时总收入的增量，即边际收入为

总收入关于产品销售量 q 的变化率．即边际收入

$$MR=R'(q)=\lim_{\Delta q\to 0}\frac{R(q+\Delta q)-R(q)}{\Delta q},$$

其经济意义为 $R'(q)$近似等于当销售量为 q 时，再多销售一个单位产品所增加的收入，这是因为

$$R(q+1)-R(q)=\Delta R(q)\approx R'(q).$$

3．边际利润

同样地，当总利润 $L(q)$可导时，$L'(q)$称为销售量为 q 时的**边际利润**，它近似等于销售量为 q 时再多销售一个单位产品所增加的利润．

4．最大利润原则

设总利润为 L，由于 $L=L(q)=R(q)-C(q)$，所以，$L'(q)=R'(q)-C'(q)$．于是根据函数极值存在的必要条件和充分条件可得最大利润条件为

$$\begin{cases}L'(q)=0, & \text{（必要条件）}\\ L''(q)<0, & \text{（充分条件）}\end{cases} \tag{1}$$

即**最大利润原则**为

$$\begin{cases}R'(q)=C'(q), & \text{（边际收入等于边际成本）}\\ R''(q)<C''(q), & \text{（边际收入的变化率小于边际成本的变化率）}\end{cases} \tag{2}$$

例 1 已知某产品的价格与销售量的关系为 $p=10-\frac{q}{5}$，成本函数为 $C=50+2q$，求产量 q 为多少时总利润 L 最大？ 并验证是否符合最大利润原则．

解 已知 $p(q)=10-\frac{q}{5}$，$C(q)=50+2q$，

则有

$$R(q)=pq=10q-\frac{q^2}{5},$$

$$L(q)=R(q)-C(q)=8q-\frac{q^2}{5}-50,$$

$$L'(q)=8-\frac{2}{5}q.$$

令 $L'(q)=0$，得 $q=20$，这时 $L''(20)<0$，所以当 $q=20$ 时，总利润 L 最大．

此时因 $R'(20)=2$，$C'(20)=2$，有

$$R'(20)=C'(20);$$

因

$$R''(20)=-\frac{2}{5},\quad C''(20)=0,\text{ 有}$$

$$R''(20)<C''(20).$$

所以符合最大利润原则．

三、弹性分析

弹性概念是经济学中的另一个重要概念，用来定量地描述一个经济变量对另一个经济变量变化的反应程度，或者说，一个经济变量变动百分之一会使另一个经济变量变动百分之几．

定义　设函数 $f(x)$ 在点 x_0 的某邻域内有定义，且 $y_0=f(x_0)\neq 0$，如果函数的相对改变量 $\dfrac{\Delta y}{y_0}$ 与自变量的相对改变量 $\dfrac{\Delta x}{x_0}$ 之比的极限

$$\lim_{\Delta x\to 0}\frac{\Delta y/f(x_0)}{\Delta x/x_0}=\lim_{\Delta x\to 0}\frac{[f(x_0+\Delta x)-f(x_0)]/f(x_0)}{\Delta x/x_0}$$

存在，则称此极限值为函数 $y=f(x)$ 在点 x_0 处的**点弹性**，记为 $\left.\dfrac{Ey}{Ex}\right|_{x=x_0}$，即

$$\left.\frac{Ey}{Ex}\right|_{x=x_0}=\frac{x_0}{f(x_0)}f'(x_0) \tag{3}$$

如果函数 $y=f(x)$ 在区间（a，b）内可导，且 $f(x)\neq 0$，则称

$$\frac{Ey}{Ex}=\frac{x}{f(x)}f'(x) \tag{4}$$

为函数 $y=f(x)$ 在区间（a，b）内的**点弹性函数**，简称为**弹性函数**．

由弹性函数的定义知，若 q 表示某商品的市场需求量，p 为价格，且 $q=q(p)$ 可导，则称

$$\frac{Eq}{Ep}=\frac{p}{q(p)}\frac{\mathrm{d}q}{\mathrm{d}p}$$

为商品的**需求价格弹性**，简称**需求弹性**，记为 η_p，即

$$\eta_p=\frac{Eq}{Ep}=\frac{p}{q(p)}\frac{\mathrm{d}q}{\mathrm{d}p} \tag{5}$$

需求弹性 η_p 表示某商品需求量 q 对价格 p 变动的反应程度．由于**需求函数** $q=q(p)$ 为价格的减函数，故需求弹性为负，从而当 $\Delta p\to 0$ 时，需求弹性的极限非正，即一般地有 $\eta_p<0$．这表明，当商品的价格上涨（或下降）1%时，其需求量将减少（或增加）约 $|\eta_p|$%．因此，在经济学中，比较商品需求弹性大小时，采用弹性的绝对值 $|\eta_p|$．当我们说商品的需求价格弹性大时，是指其绝对值大．

当 $\eta_p=-1$（即 $|\eta_p|=1$）时，称为**单位弹性**．此时商品需求量变动的百分比与价格变动的百分比相等．

当$\eta_p<-1$（即$|\eta_p|>1$）时，称为**高弹性**．此时商品需求量变动的百分比高于价格变动的百分比，价格的变动对需求量的影响较大．

当$-1<\eta_p<0$（即$|\eta_p|<1$）时，称为**低弹性**．此时商品需求量变动的百分比低于价格变动的百分比，价格的变动对需求量的影响较小．

在商品经济中，商品经营者关心的是提价（$\Delta p>0$）或降价（$\Delta p<0$）对总收入的影响．设销售收入$R=qp$，则当价格p有微小改变量Δp时，有

$$\Delta R\approx \mathrm{d}R=\mathrm{d}(qp)=q\mathrm{d}p+p\mathrm{d}q=(1+\frac{p\mathrm{d}q}{q\mathrm{d}p})q\mathrm{d}p,$$

即

$$\Delta R\approx(1+\eta_p)q\mathrm{d}p.$$

当$\eta_p<0$时，有

$$\Delta R\approx(1-|\eta_p|)q\mathrm{d}p.$$

由此可知，当$|\eta_p|>1$（即高弹性）时，降价（$\mathrm{d}p<0$）可使收入增加（$\Delta R>0$），薄利多销多收入；提价（$\mathrm{d}p>0$）将使总收入减少（$\Delta R<0$）．当$|\eta_p|<1$（即低弹性）时，降价使总收入减少（$\Delta R<0$），提价使总收入增加．当$|\eta_p|=1$（即单位弹性）时，总收入改变近似为0（$\Delta R\approx 0$），即提价或降价对总收入无明显影响．

例2 设某商品需求函数$q=\mathrm{e}^{-\frac{p}{5}}$，求

（1）需求弹性；

（2）当$p=3$，$p=5$和$p=6$时的需求弹性．

解 （1）因为$\frac{\mathrm{d}q}{\mathrm{d}p}=-\frac{1}{5}\mathrm{e}^{-\frac{p}{5}}$，所以，由公式（5），得

$$\eta_p=-\frac{1}{5}\mathrm{e}^{-\frac{p}{5}}\cdot\frac{p}{\mathrm{e}^{-\frac{p}{5}}}=\frac{-p}{5}.$$

（2） $\eta_3=-\frac{3}{5}=-0.6$；$\eta_5=-\frac{5}{5}=-1$；$\eta_6=-\frac{6}{5}=-1.2$．

$\eta_5=-1$说明当$p=5$时，价格与需求变动的幅度相同；

$\eta_3=-0.6>-1$说明，当$p=3$时，需求变动的幅度小于价格变动的幅度．即$p=3$时，价格上涨1%时，需求只减少0.6%；

$\eta_6=-1.2<-1$说明，当$p=6$时，需求变动的幅度大于价格变动的幅度．即$p=6$时，价格上涨1%，需求减少1.2%．

例3 已知某企业某产品的需求弹性在1.5～2．4之间，如果该企业准备下年将价格降

低 10%，问这种商品的销售量预期会增加多少？ 总收入会增加多少？

解　因为$\eta_p=\frac{p}{q}\frac{\mathrm{d}q}{\mathrm{d}p}$，所以$\frac{\mathrm{d}q}{q}=\frac{\mathrm{d}p}{p}\eta_p$，$\frac{\Delta q}{q}\approx\frac{\Delta p}{p}\eta_p$．

当$\frac{\Delta p}{p}=-0.1$，$\eta_p=-1.5$时，$\frac{\Delta q}{q}\approx 0.15=\frac{15}{100}$．

当$\frac{\Delta p}{p}=-0.1$，$\eta_p=-2.4$时，$\frac{\Delta q}{q}\approx 0.24=\frac{24}{100}$．

因为$\Delta R\approx(1-|\eta_p|)q\Delta p$，所以

$$\frac{\Delta R}{R}\approx\frac{(1-|\eta_p|)q\Delta p}{qp}，\quad \frac{\Delta R}{R}\approx(1-|\eta_p|)\frac{\Delta p}{p}.$$

当$\frac{\Delta p}{p}=-0.1$，$|\eta_p|=1.5$时，$\frac{\Delta R}{R}\approx\frac{5}{100}$，

当$\frac{\Delta p}{p}=-0.1$，$|\eta_p|=2.4$时，$\frac{\Delta R}{R}\approx\frac{14}{100}$．

因此，下年降价10%时，企业销售量预期将增加约15%～24%；总收入将增加5%～14%.

习 题 5-8

1．某化工厂日产能力最高为 1000 吨，每日产品的总成本 C（单位：元）是日产量 x（单位：吨）的函数

$$C=C(x)=1000+7x+50\sqrt{x}\qquad x\in[0,1000].$$

求当日产量为 100 吨时的边际成本.

2．设某产品生产 x 单位的总收入 R 为 x 的函数 $R=R(x)=200x-0.01x^2$，求生产 50 单位产品时的总收入及平均单位产品的收入和边际收入.

3．某厂生产每批某种商品 x 单位的费用为

$$C(x)=5x+200\ （元），$$

得到的收入是

$$R(x)=10x-0.01x^2\ （元），$$

问每批应生产多少单位时才能使利润最大？

4．设某商品需求量 q 对价格 p 的函数关系为

$$q=f(p)=1600(\frac{1}{4})^p，$$

求需求 q 对于价格 p 的弹性函数.

5．设某商品需求函数为 $q=\mathrm{e}^{-\frac{p}{4}}$，求需求弹性函数及 $p=3，4，5$ 时的需求弹性.

6．某商品的需求函数为

$$q=q(p)=75-p^2 .$$

（1）求 $p=4$ 时的边际需求，并说明其经济意义；

（2）求 $p=4$ 时的需求弹性，并说明其经济意义；

（3）当 $p=4$ 时，若价格 p 上涨 1%，总收入将变化百分之几？是增加还是减少？

（4）p 为多少时，总收入最大？

第六章　定积分的应用

我们已经学习了定积分的概念、性质和计算法．这一章再讨论定积分的应用．学习这一章时，不仅要掌握一些具体的计算公式，更重要的是要学会用定积分解决实际问题的方法——微元法．

第一节　平面图形面积的求法

一、直角坐标情形

要计算在直角坐标系中平面上任意曲线所围成的图形的面积，先考虑一些较简单的情形，我们利用**微元法**导出面积公式．

1．设 $y=f(x)$，$y=g(x)$在$[a，b]$上连续，且 $f(x)\geqslant g(x)$．计算由曲线 $y=f(x)$，$y=g(x)$以及直线 $x=a$，$x=b$ 所围成的平面图形的面积 A．

设 $f(x)\geqslant g(x)>0$，（见图 6-1）

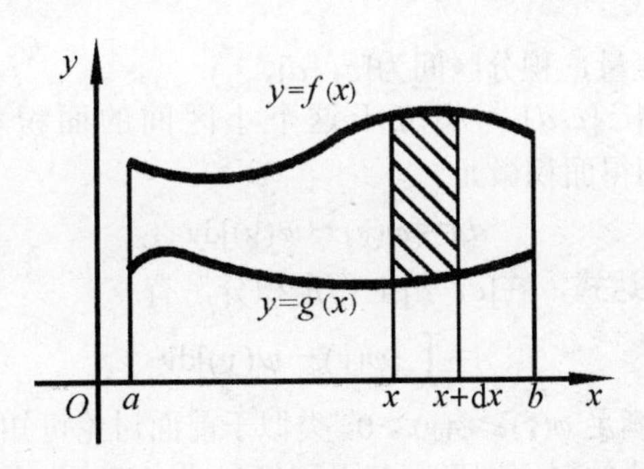

图 6-1

（1）选取 x 为积分变量，积分区间为$[a，b]$．

（2）任取 $[x,x+\mathrm{d}x]\subset[a,b]$，相应于这个小区间的面积可以近似用小矩形面积 $[f(x)-g(x)]\mathrm{d}x$ 代替，即有**面积微元**

$$\mathrm{d}A=[f(x)-g(x)]\mathrm{d}x\ .$$

（3）以 dA 为被积表达式，在$[a，b]$上作定积分，有

$$A=\int_a^b[f(x)-g(x)]\mathrm{d}x\ . \tag{1}$$

当 $g(x)=0$ 时，就得到曲边梯形面积公式

$$A=\int_a^b f(x)\mathrm{d}x\ .$$

若 $f(x)\geqslant g(x)$，但不满足 $f(x)\geqslant g(x)>0$（如图 6-2 所示），容易验证公式（1）仍成立.

注：读者容易看出，求公式（1）的第（2）步对应定积分定义中的“分割”与“替代”，而第（3）步对应“求和”与“取极限”. 此法称为定积分的**微元分析法**，简称**微元法**，这是用定积分解决实际问题的重要方法.

2．设 $x=\varphi(y)$，$x=\psi(y)$在$[c，d]$上连续，且 $\varphi(y)\geqslant\psi(y)$. 计算由曲线 $x=\varphi(y)$，$x=\psi(y)$ 以及直线 $y=c$，$y=d$ 所围成的平面图形的面积 A.

设 $\varphi(y)\geqslant\psi(y)>0$ 如图 6-3 所示，仍用微元法.

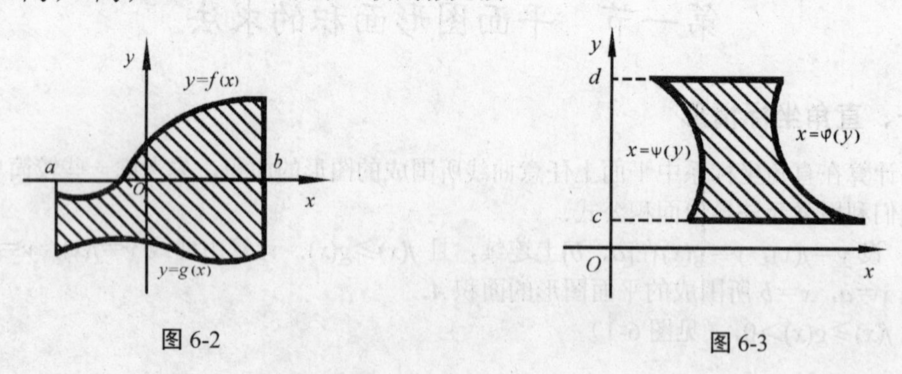

图 6-2　　　　图 6-3

（1）选取 y 为积分变量，积分区间为$[c，d]$.

（2）任取 $[y,y+\mathrm{d}y]\subset[c,d]$，相应于这个小区间的面积可以近似用小矩形面积 $[\varphi(y)-\psi(y)]\mathrm{d}y$ 代替，即得面积微元

$$dA=[\varphi(y)-\psi(y)]\mathrm{d}y\ .$$

（3）以 dA 为被积表达式，在$[c，d]$上作定积分，有

$$A=\int_c^d[\varphi(y)-\psi(y)]\mathrm{d}y \tag{2}$$

若 $\varphi(y)\geqslant\psi(y)$，但不满足 $\varphi(y)\geqslant\psi(y)>0$，类似于前面讨论可知，由曲线 $x=\varphi(y)$，$x=\psi(y)$ 及直线 $y=c$，$y=d$ 所围成的平面图形，其面积仍如式（2）所示.

3. 对于任意曲线所围成的平面图形，可以用一些平行于坐标轴的直线将其分割成若干个小平面图形，使其每一部分面积都可用公式（1）或（2）来计算（如图 6-4 所示）.

例 1　计算由抛物线 $y^2=2x$ 与直线 $y=x-4$ 所围成的图形的面积.

解　这个图形如图 6-5 所示. 为了定出这图形所在范围，先求出所给抛物线和直线的

交点．解方程组

$$\begin{cases} y^2=2x \\ y=x-4 \end{cases},$$

得交点（2，−2）和（8，4）．

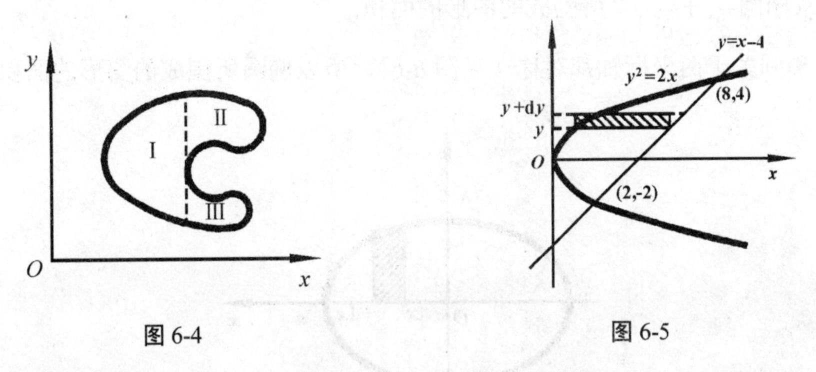

图 6-4　　图 6-5

现在选取 y 为积分变量，则积分区间为[−2，4]．由公式（2）知所求面积为

$$A=\int_{-2}^{4}[y+4-\frac{1}{2}y^2]\mathrm{d}y=18 .$$

若选 x 为积分变量，则积分区间为[0，8]，用直线 $x=2$ 将图形分成两部分，第一部分上下两条曲线边分别为 $y=\sqrt{2x}$ 及 $y=-\sqrt{2x}$；第二部分上下两条曲线边分别为 $y=\sqrt{2x}$ 及 $y=x-4$，由公式（1）知所求面积为

$$\begin{aligned} A&=\int_0^2[\sqrt{2x}-(-\sqrt{2x})]\mathrm{d}x+\int_2^8[\sqrt{2x}-(x-4)]\mathrm{d}x \\ &=\int_0^2 2\sqrt{2x}\mathrm{d}x+\int_2^8(\sqrt{2x}-x+4)\mathrm{d}x=18 . \end{aligned}$$

由例 1 我们可以看到，积分变量选得恰当，就可使计算方便简单．

二、参数方程情形

当曲边梯形的曲边 $y=f(x)$（$f(x)\geqslant 0$，$x\in[a,b]$）由参数方程

$$\begin{cases} x=\varphi(t) \\ y=\psi(t) \end{cases},$$

给出时，如果 $x=\varphi(t)$ 适合：$\varphi(\alpha)=a$，$\varphi(\beta)=b$，$\varphi(t)$在$[\alpha,\beta]$（或$[\beta,\alpha]$）上具有连续导数，$y=\psi(t)$连续，则由曲边梯形的面积公式

$$A=\int_a^b y\mathrm{d}x ,$$

应用定积分换元法，令 $x=\varphi(t)$，则

$$y=\psi(t),\quad dx=\varphi'(t)dt,$$

当 x 由 a 变到 b 时，t 由 α 变到 β，所以

$$A=\int_a^b ydx=\int_\alpha^\beta \psi(t)\varphi'(t)dt \tag{3}$$

例 2 求椭圆 $\frac{x^2}{a^2}+\frac{y^2}{b^2}=1$ 所围成的图形的面积.

解 这椭圆关于两坐标轴都对称（见图 6-6），所以椭圆所围成的图形的面积为

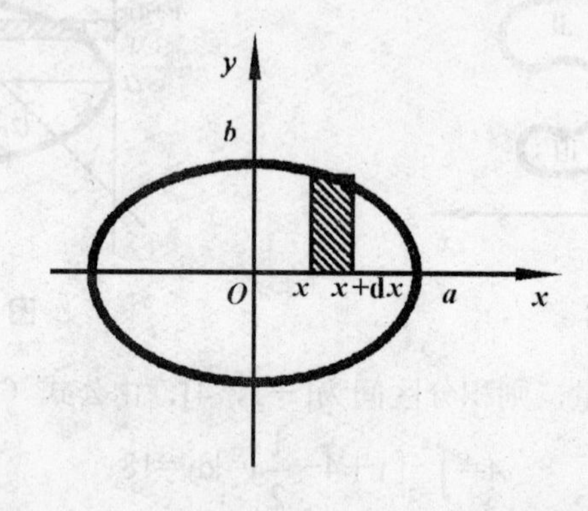

图 6-6

$$A=4A_1,$$

其中 A_1 为该椭圆在第一象限部分与两坐标轴所围图形的面积，因此

$$A=4A_1=4\int_0^a ydx,$$

利用椭圆的参数方程

$$\begin{cases} x=a\cos t, \\ y=b\sin t. \end{cases}$$

当 x 由 0 变到 a 时，t 由 $\frac{\pi}{2}$ 变到 0，所以

$$A=4\int_{\frac{\pi}{2}}^0 b\sin t(-a\sin t)dt=-4ab\int_{\frac{\pi}{2}}^0 \sin^2 tdt$$

$$=4ab\int_0^{\frac{\pi}{2}} \sin^2 tdt=4ab\cdot\frac{1}{2}\cdot\frac{\pi}{2}=\pi ab.$$

三、极坐标情形

设平面上连续曲线弧是由极坐标方程 $r=\varphi(\theta)$ 表示，它与极径 $\theta=\alpha$，$\theta=\beta$ 围成一图形

（简称为**曲边扇形**）（如图 6-7 所示），设其面积为 A，我们来求 A 的公式．这里 $\varphi(\theta)$在$[\alpha, \beta]$上连续且 $\varphi(\theta)\geqslant 0$.

由于当 θ 在$[\alpha, \beta]$上变动时，极径 $r=\varphi(\theta)$也随之变动，因此所求图形的面积不能直接利用圆扇形面积的公式 $A=\frac{1}{2}r^2\theta$ 来计算．下面我们仍用定积分的微元法来导出 A 的公式.

（1）选取 θ 为积分变量，积分区间为$[\alpha, \beta]$.

（2）任取$[\theta,\theta+\mathrm{d}\theta]\subset[\alpha,\beta]$，相应于这个小区间的窄曲边扇形的面积可以近似用半径为 $r=\varphi(\theta)$、中心角为 $\mathrm{d}\theta$ 的圆扇形的面积来代替，从而得到这窄曲边扇形面积的近似值，即曲边扇形的面积微元

$$\mathrm{d}A=\frac{1}{2}[\varphi(\theta)]^2\mathrm{d}\theta .$$

（3）以 $\frac{1}{2}[\varphi(\theta)]^2\mathrm{d}\theta$ 为被积表达式，在闭区间$[\alpha, \beta]$上积分，便得所求曲边扇形的面积为

$$A=\int_{\alpha}^{\beta}\frac{1}{2}[\varphi(\theta)]^2\mathrm{d}\theta \qquad (4)$$

例 3　计算心形线

$$r=a(1+\cos\theta) \quad (a>0)$$

所围成的图形的面积.

解　心形线所围成的图形如图 6-8 所示．这个图形对称于极轴，因此，所求图形的面积 A 是极轴以上部分图形面积 A_1 的两倍.

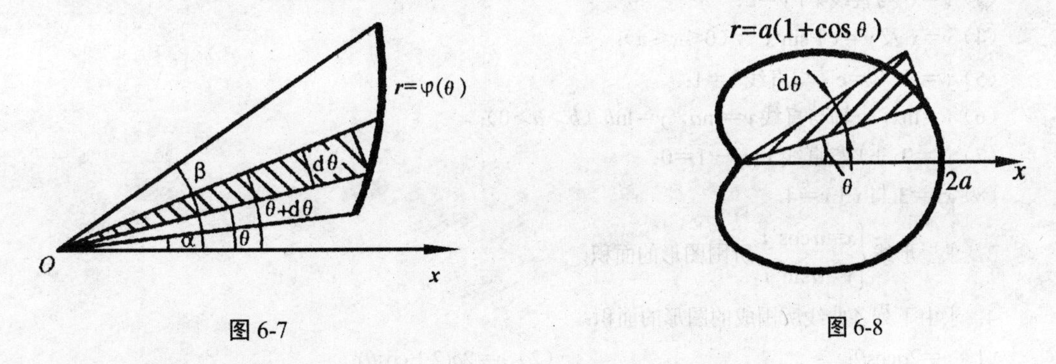

图 6-7　　图 6-8

对于极轴以上部分的图形，θ 的变化区间为$[0, \pi]$，由公式（4），得

$$A_1=\int_0^{\pi}\frac{1}{2}a^2(1+\cos\theta)^2\mathrm{d}\theta=\frac{a^2}{2}\int_0^{\pi}(1+2\cos\theta+\cos^2\theta)\mathrm{d}\theta$$

$$=\frac{a^2}{2}\int_0^{\pi}\left(\frac{3}{2}+2\cos\theta+\frac{1}{2}\cos 2\theta\right)\mathrm{d}\theta=\frac{a^2}{2}\left[\frac{3}{2}\theta+2\sin\theta+\frac{1}{4}\sin 2\theta\right]_0^{\pi}=\frac{3}{4}\pi a^2$$

因而所求面积为

$$A=2A_1=\frac{3}{2}\pi a^2 .$$

习 题 6-1

1．求图 6-9 中画斜线部分的面积．

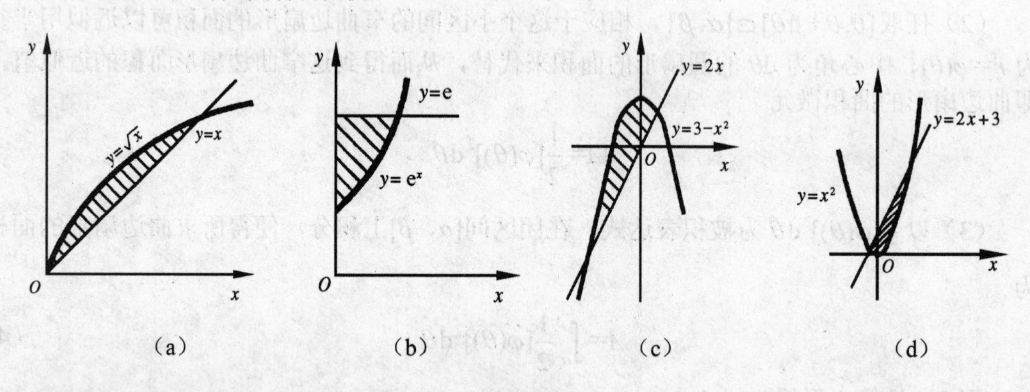

图 6-9

2．求由下列各曲线所围成的图形的面积：

（1）$y=x^2$ 与直线 $y=x$ 及 $y=2x$；

（2）$y=x^2$ 与 $y=(x-2)^2$ 及直线 $y=0$；

（3）$y=x^2$ 与直线 $x+y=2$；

（4）$y=x$ 及 $y=x+\sin^2 x$　（$0\leqslant x\leqslant\pi$）；

（5）$y=\mathrm{e}^x$，$y=\mathrm{e}^{-x}$ 与直线 $x=1$；

（6）$y=\ln x$，y 轴与直线 $y=\ln a$，$y=\ln b$（$b>a>0$）；

（7）$y^2=2x+1$ 与直线 $x-y-1=0$；

（8）$xy=3$ 与 $x+y=4$．

3．求星形线 $\begin{cases}x=a\cos^3 t\\ y=a\sin^3 t\end{cases}$ 所围图形的面积．

4．求由下列各曲线所围成的图形的面积：

（1）$y=2a\cos\theta$；　　　　（2）$r=2a(2+\cos\theta)$．

5．求对数螺线 $r=a\mathrm{e}^{\theta}$ 及矢径 $\theta=-\pi$，$\theta=\pi$ 所围成的图形的面积．

6．圆 $r\leqslant 1$ 被心形线 $r=1+\cos\theta$ 分割成两部分，求这两部分的面积．

7．求由曲线 $r=\sqrt{2}\sin\theta$ 及 $r^2=\cos 2\theta$ 所围成图形的公共部分的面积．

第二节　体积的求法

一、旋转体的体积

旋转体是由一个平面图形绕这平面内一直线旋转一周而成的立体．这直线叫做**旋转轴**．例如：圆柱、圆锥、圆台、球体可以分别看成是由矩形绕它的一条边、直角三角形绕它的直角边、直角梯形绕它的直角腰、半圆绕它的直径旋转一周而成的立体，所以它们都是旋转体．在初等数学中，已计算过这些旋转体的体积，现讨论一般旋转体体积的计算法．

设有连续曲线 $y=f(x)$，满足 $f(x)\geqslant 0$，$x\in[a,b]$．将曲线 $y=f(x)$、直线 $x=a$、$x=b$ 及 x 轴所围成的曲边梯形绕 x 轴旋转一周产生一旋转体，现在求这个旋转体的体积．

如果在区间 $[a,\ b]$ 上，垂直于 x 轴的截面面积 S 是不变的，那么这个立体是一个柱体，它的体积只须用乘法就可算出

$$V=S(b-a)\ .$$

现在截面面积随 x 而变，它是 x 的函数，我们仍应用定积分的微元法．

（1）选取 x 为积分变量，积分区间为 $[a,\ b]$．

（2）任取 $[x,x+\mathrm{d}x]\subset[a,b]$，相应于这一小区间的窄曲边梯形绕 x 轴旋转而成的薄片的体积可以近似用以 $f(x)$ 为底半径、$\mathrm{d}x$ 为高的扁圆柱体的体积 $\pi[f(x)]^2\mathrm{d}x$ 代替（如图 6-10 所示），即有体积微元

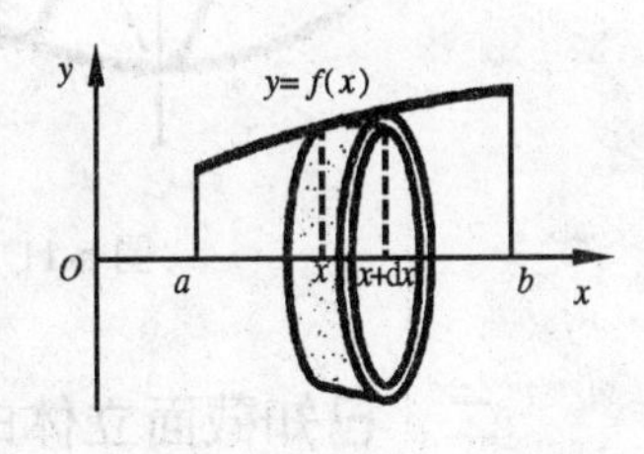

图 6-10

$$\mathrm{d}V=\pi[f(x)]^2\mathrm{d}x\ .$$

（3）以 $\pi[f(x)]^2\mathrm{d}x$ 为被积表达式，在闭区间 $[a,\ b]$ 上作定积分，便得所求旋转体体积为

$$V=\int_a^b \pi[f(x)]^2\mathrm{d}x \tag{1}$$

例 1　计算由椭圆 $\dfrac{x^2}{a^2}+\dfrac{y^2}{b^2}=1$ 所围成的图形，绕 x 轴旋转一周而成的旋转体的体积．

解　这个旋转体可以看作是由 $y=\dfrac{b}{a}\sqrt{a^2-x^2}$ 及 x 轴围成的图形绕 x 轴旋转而成的立体（称为**旋转椭球体**）（如图 6-11 所示）．

取 x 为积分变量，积分区间为 $[-a,\ a]$，根据公式（1），得

$$V=\int_{-a}^{a}\pi\left[\frac{b}{a}\sqrt{a^2-x^2}\right]^2\mathrm{d}x=\pi\int_{-a}^{a}\frac{b^2}{a^2}(a^2-x^2)\mathrm{d}x$$

$$=\pi\frac{b^2}{a^2}\left[a^2x-\frac{x^3}{3}\right]_{-a}^{a}=\frac{4}{3}\pi ab^2\ .$$

当 $a=b$ 时，旋转椭球体就成为半径为 a 的球体，它的体积为 $\frac{4}{3}\pi a^3$．

类似地，用定积分的微元法可以推出：由连续曲线 $x=\varphi(y)$（$\varphi(y)\geqslant 0$）、直线 $y=c$、$y=d$（$c<d$）与 y 轴所围成的曲边梯形，绕 y 轴旋转一周而成的旋转体（如图 6-12 所示）的体积为

$$V=\pi\int_c^d [\varphi(y)]^2 \mathrm{d}y \tag{2}$$

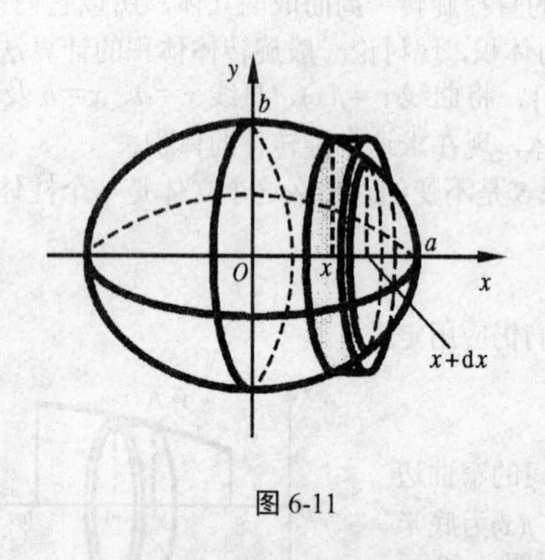

图 6-11

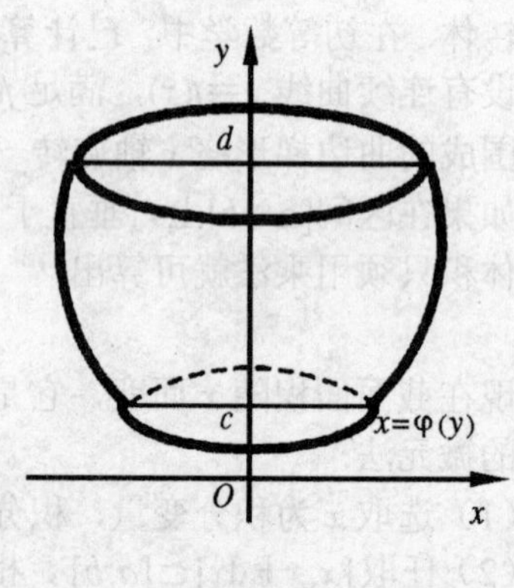

图 6-12

二、已知截面立体的体积

设有立体（如图 6-13 所示），其垂直于 x 轴的各个截面的面积是已知连续函数 $A(x)$（$a\leqslant x\leqslant b$）. 横坐标 $x=a$ 与 $x=b$ 分别对应于立体两端的截面（这个截面可能缩成一点）. 现在来求这个立体的体积.

仍应用微元法，选 x 为积分变量，积分区间为$[a, b]$．任取$[x,x+\mathrm{d}x]\subset[a,b]$，相应于这一小区间的一薄片的体积，可以近似用底面积为 $A(x)$、高为 $\mathrm{d}x$ 的扁柱体的体积代替，即有体积微元

$$\mathrm{d}V=A(x)\mathrm{d}x\ .$$

以 $A(x)\mathrm{d}x$ 为被积表达式，在闭区间$[a, b]$上作定积分，便得所求立体的体积为

$$V=\int_a^b A(x)\mathrm{d}x \tag{3}$$

例 2 一平面经过半径为 R 的圆柱体的底圆中心，并与底圆交成角 α（如图 6-14 所示）. 计算这平面截圆柱体所得立体的体积.

解 取这平面与圆柱体的底面的交线为 x 轴，底面上过圆中心、且垂直于 x 轴的直线为 y 轴．那么，底圆的方程为 $x^2+y^2=R^2$．立体中过点 x 且垂直于 x 轴的截面是一个直角三角形．它的两条直角边的长分别为 y 及 $y\tan\alpha$，即 $\sqrt{R^2-x^2}$ 及 $\sqrt{R^2-x^2}\tan\alpha$．因而截面积为

$$A(x)=\frac{1}{2}(R^2-x^2)\tan\alpha\ ,$$

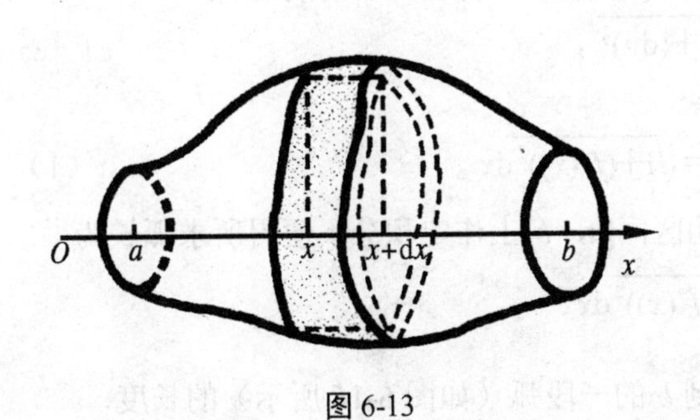

图 6-13

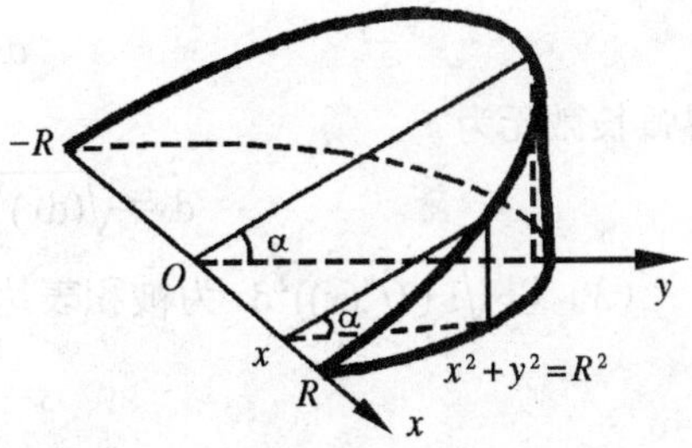

图 6-14

于是由公式（3），得所求立体体积

$$V=\int_{-R}^{R}\frac{1}{2}(R^2-x^2)\tan\alpha\mathrm{d}x=\frac{1}{2}\tan\alpha\left[R^2x-\frac{1}{3}x^3\right]_{-R}^{R}=\frac{2}{3}R^3\tan\alpha\ .$$

习 题 6-2

1．求下列已知曲线所围成的图形按指定的轴旋转所产生的旋转体的体积：

（1）$y=x^2$和x轴、$x=1$所围图形，绕x轴；

（2）$y=x^2$和$y=1$所围图形，绕x轴；

（3）$y=x^2$和$x=y^2$所围图形，绕y轴；

（4）$y=x^2$和x轴、$x=1$所围图形，绕y轴；

（5）摆线$x=a(t-\sin t)$，$y=a(1-\cos t)$的一拱，$y=0$所围图形，绕直线$y=2a$.

2．求圆盘$x^2+y^2\leqslant a^2$绕$x=-b$（$b>a>0$）旋转所成旋转体的体积.

第三节　平面曲线弧长的求法

一、直角坐标情形

设曲线弧由直角坐标方程

$$y=f(x)\qquad(a\leqslant x\leqslant b)$$

给出，其中 $f(x)$在$[a,b]$上具有一阶连续导数．现在应用微元法计算这曲线弧（如图 6-15 所示）的长度s.

（1）选取x为积分变量，积分区间为$[a,b]$.

（2）任取 $[x,x+\mathrm{d}x]\subset[a,b]$，相应于这个小区间的一段弧的长度，可以用该曲线在点（x，$f(x)$）处的切线上相应的一小段的长度来近似代替．由第五章弧微分公式

$$\mathrm{d}s=\sqrt{(\mathrm{d}x)^2+(\mathrm{d}y)^2},$$

得弧长微元为

$$\mathrm{d}s=\sqrt{(\mathrm{d}x)^2+(\mathrm{d}y)^2}=\sqrt{1+(f'(x))^2}\,\mathrm{d}x \tag{1}$$

（3）以 $\sqrt{1+(f'(x))^2}\,\mathrm{d}x$ 为被积表达式，在闭区间$[a, b]$上作定积分，便得所求弧长为

$$s=\int_a^b\sqrt{1+(f'(x))^2}\,\mathrm{d}x.$$

例 1　计算曲线 $y=\frac{2}{3}x^{\frac{3}{2}}$ 上相应于 x 从 a 到 b 的一段弧（如图 6-16 所示）的长度．

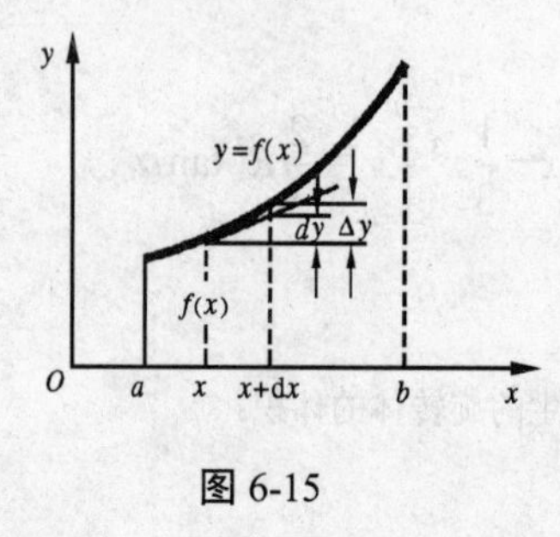

图 6-15

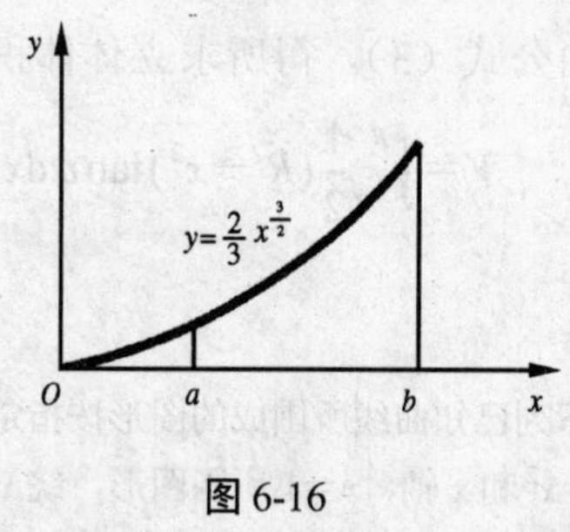

图 6-16

解　$y'=x^{\frac{1}{2}}$，从而弧长微元

$$\mathrm{d}s=\sqrt{1+(x^{\frac{1}{2}})^2}\,\mathrm{d}x=\sqrt{1+x}\,\mathrm{d}x,$$

因此，所求弧长为

$$s=\int_a^b\sqrt{1+x}\,\mathrm{d}x=\left[\frac{2}{3}(1+x)^{\frac{3}{2}}\right]_a^b=\frac{2}{3}[(1+b)^{\frac{3}{2}}-(1+a)^{\frac{3}{2}}].$$

二、参数方程情形

设曲线弧由参数方程

$$\begin{cases}x=\varphi(t)\\ y=\psi(t)\end{cases}\quad(\alpha\leqslant t\leqslant\beta)$$

给出，其中 $\varphi(t)$、$\psi(t)$在$[\alpha, \beta]$上具有连续导数．现在来计算这曲线弧的长度．

选取 t 为积分变量，积分区间为$[\alpha, \beta]$．与公式（1）相同，可取弧长微元（弧微分）为

$$
\begin{aligned}
ds &= \sqrt{(dx)^2+(dy)^2} = \sqrt{(\varphi'(t))^2(dt)^2+(\psi'(t))^2(dt)^2} \\
&= \sqrt{(\varphi'(t))^2+(\psi'(t))^2}\,dt
\end{aligned} \tag{2}
$$

在闭区间$[\alpha, \beta]$上积分，便得所求弧长为

$$s=\int_{\alpha}^{\beta}\sqrt{(\varphi'(t))^2+(\psi'(t))^2}\,dt .$$

例 2　求星形线

$$x^{\frac{2}{3}}+y^{\frac{2}{3}}=a^{\frac{2}{3}}\quad(a>0)$$

的弧长（如图 6-17 所示）.

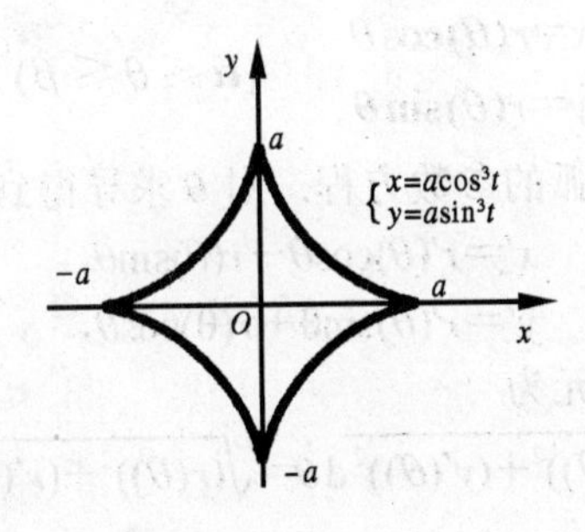

图 6-17

解　先把方程化为

$$\left(\frac{x}{a}\right)^{\frac{2}{3}}+\left(\frac{y}{a}\right)^{\frac{2}{3}}=1 .$$

令
$$\left(\frac{x}{a}\right)^{\frac{1}{3}}=\cos t,\quad \left(\frac{y}{a}\right)^{\frac{1}{3}}=\sin t ,$$

于是得到它的参数形式

$$\begin{cases} x=a\cos^3 t \\ y=a\sin^3 t \end{cases}$$

由于星形线关于两个坐标轴都对称，因此先计算第一象限内（$0\leqslant t\leqslant\frac{\pi}{2}$）曲线的弧长.

由于

$$
\begin{aligned}
dx &= -3a\cos^2 t\sin t\,dt, \\
dy &= 3a\sin^2 t\cos t\,dt,
\end{aligned}
$$

于是弧长微元

$$ds=\sqrt{(-3a\cos^2 t\sin t)^2+(3a\sin^2 t\cos t)^2}\,dt=3a\cos t\sin t\,dt ,$$

利用对称性

$$s=4\int_0^{\frac{\pi}{2}}3a\cos t\sin t\mathrm{d}t=12a(\frac{1}{2}\sin^2 t)\Big|_0^{\frac{\pi}{2}}=6a .$$

三、极坐标情形

设曲线弧由极坐标方程

$$r=r(\theta)\ (\alpha\leqslant\theta\leqslant\beta)$$

给出，其中 $r(\theta)$在$[\alpha,\beta]$上具有连续导数，现在来计算这曲线弧的长度.

由直角坐标与极坐标的关系可得

$$\begin{cases}x=r(\theta)\cos\theta\\ y=r(\theta)\sin\theta\end{cases}\quad(\alpha\leqslant\theta\leqslant\beta).$$

这就是以极角 θ 为参数的曲线弧的参数方程．对 θ 求导得到

$$x'=r'(\theta)\cos\theta-r(\theta)\sin\theta,$$
$$y'=r'(\theta)\sin\theta+r(\theta)\cos\theta,$$

于是，由弧微分公式得弧长微元为

$$\mathrm{d}s=\sqrt{(x'(\theta))^2+(y'(\theta))^2}\,\mathrm{d}\theta=\sqrt{(r(\theta))^2+(r'(\theta))^2}\,\mathrm{d}\theta \tag{3}$$

从而所求弧长为

$$s=\int_\alpha^\beta\sqrt{(r(\theta))^2+(r'(\theta))^2}\,\mathrm{d}\theta .$$

例 3　求心形线 $r=a(1+\cos\theta)$（$a>0$）的全长.

解　由于心形线对称于 x 轴，因此先计算在 x 轴上方的曲线的弧长．取 θ 为积分变量，积分区间为$[0,\pi]$，弧长微元为

$$\begin{aligned}\mathrm{d}s&=\sqrt{(r(\theta))^2+(r'(\theta))^2}\,\mathrm{d}\theta\\&=\sqrt{a^2(1+\cos\theta)^2+a^2(-\sin\theta)^2}\,\mathrm{d}\theta\\&=a\sqrt{2(1+\cos\theta)}\,\mathrm{d}\theta=2a\left|\cos\frac{\theta}{2}\right|\mathrm{d}\theta ,\end{aligned}$$

利用对称性，所求弧长为

$$s=2\int_0^\pi 2a\left|\cos\frac{\theta}{2}\right|\mathrm{d}\theta=4a(2\sin\frac{\theta}{2})\Big|_0^\pi=8a .$$

习　题　6-3

1．计算曲线 $y=\ln x$ 上相应于 $\sqrt{3}\leqslant x\leqslant\sqrt{8}$ 的一段弧的长度.

2．计算半立方抛物线 $y^2=\frac{2}{3}(x-1)^3$ 被抛物线 $y^2=\frac{1}{3}x$ 截得的一段弧长.

3．在摆线 $x=a(t-\sin t)$，$y=a(1-\cos t)$ 上求分摆线第一拱成 1∶3 的点的坐标．

4．求曲线 $r=a\sin^3\dfrac{\theta}{3}$（$0\leqslant\theta\leqslant3\pi$）的长度．

5．求对数螺线 $r=e^{a\theta}$ 相应于自 $\theta=0$ 到 $\theta=\varphi$ 的一段弧的长度．

第四节　定积分的物理学应用

一、变力沿直线的功

从物理学知道，如果物体在作直线运动的过程中有一个不变的力 F 作用在这物体上，且这力的方向与物体运动的方向一致，那么，在物体移动了距离 S 时，力 F 对物体所作的功为

$$W=F\cdot S.$$

如果物体在运动过程中所受到的力是变化的，这就会遇到变力对物体作功的问题．

设一个质点 A 在连续变力 F 作用下沿直线从 a 点位移到 b 点（变力 F 的方向给终与位移方向一致），要计算 F 所作的功 W，仍用微元法．

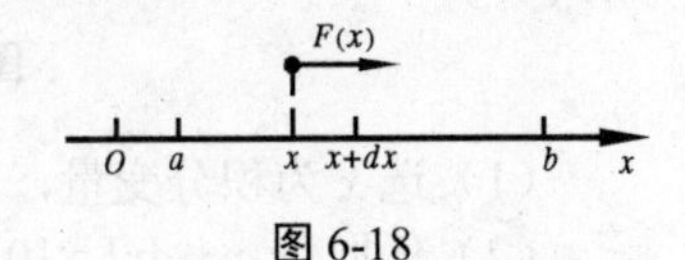

图 6-18

选取坐标系如图 6-18 所示，$F(x)$表示点 x 处质点所受的力的大小．

（1）选 x 为积分变量，积分区间为$[a,\ b]$．

（2）任取$[x,x+\mathrm{d}x]\subset[a,b]$，由于 $F(x)$连续变化，相应于这一小区间的变力所做的功可以近似看作大小为 $F(x)$的常力所作的功，于是得到功的微元为

$$\mathrm{d}W=F(x)\mathrm{d}x.$$

（3）以 $F(x)\mathrm{d}x$ 为被积表达式，在闭区间$[a,\ b]$上作定积分，便得 $F(x)$所作的功

$$W=\int_a^b F(x)\mathrm{d}x \qquad (1)$$

例 1　在底面积为 S 的圆柱形容器中盛有一定量的气体．在等温条件下，由于气体的膨胀，把容器中的一个活塞（底面积为 S）从点 a 处推移到点 b 处（如图 6-19）．计算在移动过程中，气体压力所作的功．

解　取坐标系如图 6-19 所示．活塞底的位置可以用坐标 x 来表示．由物理学知道，一定量的气体在等温条件下压强 p 与体积 V 的乘积是常数 k，即

$$pV=k \text{ 或 } p=\frac{k}{V}.$$

因为 $V=xS$，所以

$$p=\frac{k}{xS}.$$

于是，作用在活塞上的力

$$F=p\cdot S=\frac{k}{xS}\cdot S=\frac{k}{x}.$$

由公式（1)，得所求的功为

$$W=\int_a^b\frac{k}{x}\mathrm{d}x=k[\ln x]_a^b=k\ln\frac{b}{a}.$$

例 2　有一圆锥形蓄水池，池内贮满水．池深 15m，池口直径 20m．欲将池内的水全部吸出池外，需作功多少?

解　取坐标系如图 6-20 所示．

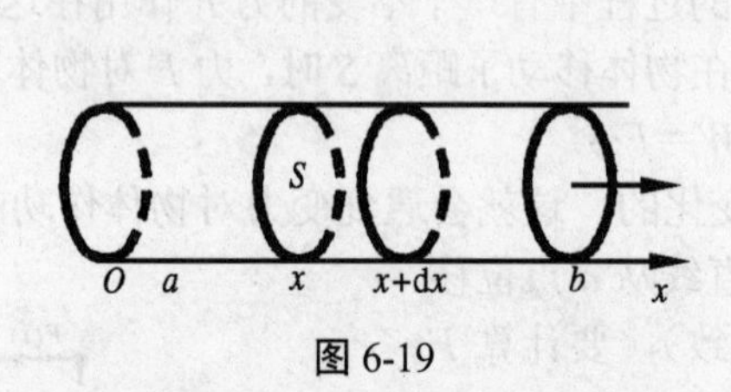

图 6-19

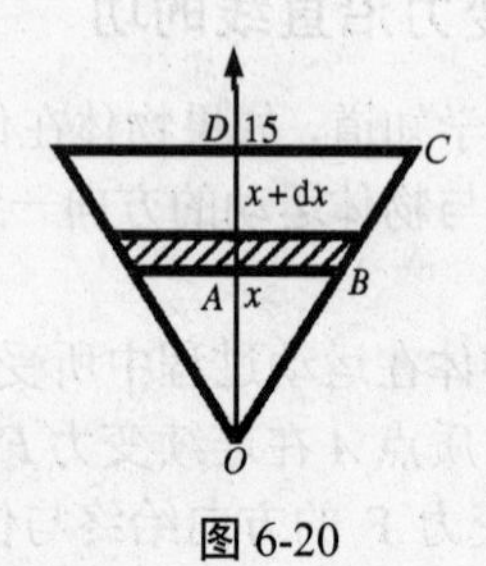

图 6-20

（1）选 x 为积分变量，积分区间为[0，15]．

（2）任取 $[x,x+\mathrm{d}x]\subset[0,15]$，相应于这一小区间的一薄层水的重力可近似看成以 AB 为底半径，$\mathrm{d}x$ 为高的薄圆柱水层的重力，而水的比重为 $9.8\mathrm{kN/m^3}$，因此

$$\mathrm{d}F=9.8\pi\cdot AB^2\cdot\mathrm{d}x.$$

又因

$$\frac{OA}{OD}=\frac{AB}{DC},$$

而 $OA=x$，$OD=15$，$DC=10$，从而

$$AB=\frac{10}{15}x=\frac{2}{3}x,$$

所以

$$\mathrm{d}F=9.8\pi\cdot(\frac{2}{3}x)^2\mathrm{d}x=9.8\pi\cdot\frac{4}{9}x^2\mathrm{d}x$$

将这层薄水抽出池外，所提上去的距离为 $15-x$，因此所作功即功的微元为

$$\mathrm{d}W=9.8\pi\cdot\frac{4}{9}x^2(15-x)\mathrm{d}x.$$

（3）以 $9.8\pi\cdot\frac{4}{9}x^2(15-x)\mathrm{d}x$ 为被积表达式，在[0，15]上积分，有

$$W=\int_0^{15}9.8\pi\cdot\frac{4}{9}x^2(15-x)\mathrm{d}x=9.8\pi\cdot\frac{4}{9}\int_0^{15}x^2(15-x)\mathrm{d}x\approx57697.5\ \text{(kJ)}.$$

二、液体静压力

由物理学知道，物体在水面下越深，受水的压力越大．通常用单位面积上所受力的大小——压强来衡量受压的情况．压强 p 随水深不同而不同．在水深为 h 处的压强为

$$p=\gamma h,$$

这里 γ 是水的比重．如果有一面积为 A 的平板水平地放置在水深 h 处，那么，平板一侧所受到水的静压力为

$$P=p\cdot A$$

如果平板铅直放置在水中，那么，由于水深不同的点处压强 p 不相等，平板一侧所受到水的静压力就不能用上述方法计算．

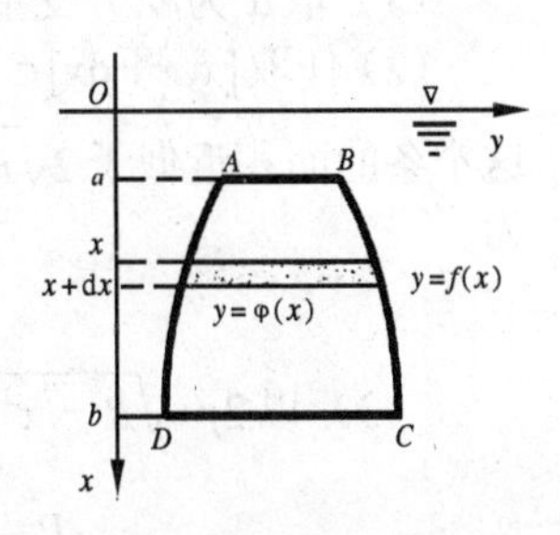

图 6-21

设有一曲边形平板 $ABCD$，铅直放置在水中．在铅直平板所在的平面上建立坐标系，通常将 y 轴置于液面上，x 轴铅直向下，如图 6-21 所示．设曲边 $\overset{\frown}{BC}$ 的方程为 $y=f(x)$，而曲边 $\overset{\frown}{AD}$ 的方程为 $y=\varphi(x)$，且 $f(x)\geqslant\varphi(x)$，直边 AB、CD 与水面平行，其方程分别为 $x=a$，$x=b$，且 $a<b$，我们用定积分的微元法来求此平板的一侧所受到水的静压力．

（1）取 x 为积分变量，积分区间为 $[a，b]$；

（2）任取 $[x,x+\mathrm{d}x]\subset[a,b]$，相应于这个小区间的窄条上，取深度为 x 处的压强 $p=\gamma x$ 近似代替窄条上各点处的压强，而窄条的面积近似等于 $[f(x)-\varphi(x)]\mathrm{d}x$，因此水静压力的微元为

$$\mathrm{d}P=\gamma x[f(x)-\varphi(x)]\mathrm{d}x.$$

（3）以 $\gamma x[f(x)-\varphi(x)]\mathrm{d}x$ 为被积表达式，在 $[a，b]$ 上积分，得所受水的静压力为

$$P=\int_a^b \mathrm{d}P=\int_a^b \gamma x[f(x)-\varphi(x)]\mathrm{d}x.$$

以上讨论完全适用于一般液体，只需将水的比重改为相应液体的比重即可．

例 3　一个横放着的圆柱形水桶，桶内盛有半桶水（如图 6-22（a）所示）．设桶的底半径为 R，水的比重为 γ，计算桶的一个端面上所受水的静压力．

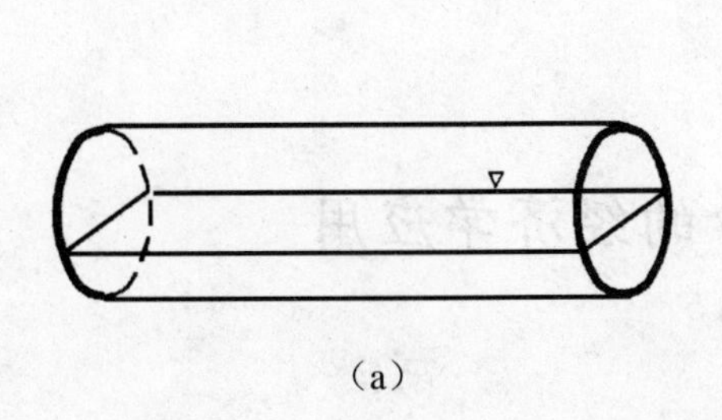

（a）

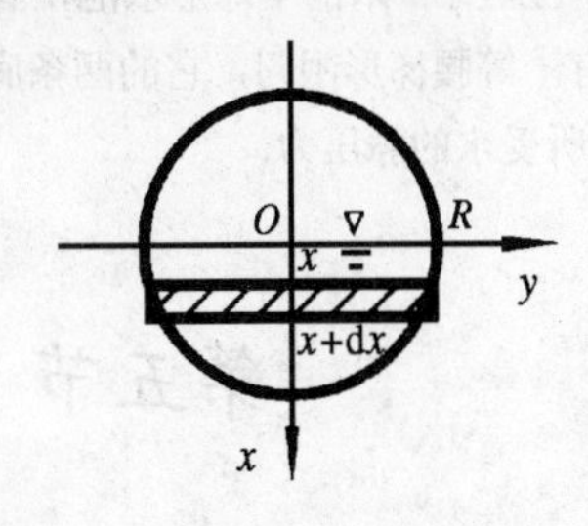

（b）

图 6-22

解 桶的一个端面是圆片，所以现在要计算的是当水平面通过圆心时，铅直放置的一个半圆片的一侧所受到水的静压力.

如图 6-22（b）所示，在这个圆片上取过圆心且铅直向下的直线为 x 轴，过圆心的水平线为 y 轴. 对这个坐标系来讲，所讨论的半圆的方程为 $x^2+y^2=R^2$（$0\leqslant x\leqslant R$）.

（1）取 x 为积分变量，积分区间为$[0,R]$.

（2）任取$[x,x+\mathrm{d}x]\subset[a,b]$，半圆片上相应于$[x,x+\mathrm{d}x]$的窄条上各点处的压强近似于 γx，这窄条的面积近似于$2\sqrt{R^2-x^2}\mathrm{d}x$. 因此，这窄条一侧所受水静压力的近似值，即压力微元为

$$\mathrm{d}P=2\gamma x\sqrt{R^2-x^2}\mathrm{d}x\,.$$

（3）以$2\gamma x\sqrt{R^2-x^2}\mathrm{d}x$为被积表达式，在$[0,R]$上积分，得所求静压力为

$$P=\int_0^R 2\gamma x\sqrt{R^2-x^2}\mathrm{d}x=-\gamma\int_0^R (R^2-x^2)^{\frac{1}{2}}\mathrm{d}(R^2-x^2)$$

$$=-\gamma\left[\frac{2}{3}(R^2-x^2)^{\frac{3}{2}}\right]_0^R=\frac{2}{3}\gamma R^3\,.$$

习 题 6-4

1．由实验知道，弹簧在拉伸过程中，需要的力 F（单位：N）与伸长量 s（单位：cm）成正比，即 $F=ks$（k 是比例常数）. 如果把弹簧拉伸 6cm，计算所作的功.

2．直径为 20cm、高为 80cm 的圆柱体内充满压强为 $10\mathrm{N/cm^2}$ 的蒸气. 设温度保持不变，要使蒸气体积缩小一半，问需要作多少功？

3．一物体按规律 $x=ct^3$ 作直线运动，媒质的阻力与速度的平方成正比. 计算物体由 $x=0$ 移到 $x=a$ 时，克服媒质阻力所作的功.

4．用铁锤将一铁钉击入木板，设木板对铁钉的阻力与铁钉击入木板的深度成正比，在击第一次时，将铁钉击入木板 1cm. 如果铁锤每次打击铁钉所作的功相等，问锤击第二次时，铁钉又击入多少？

5．半径等于 r 米的半球形水池，其中充满了水，把池内的水完全吸尽，问作功多少？

6．有一等腰梯形闸门，它的两条底边各长 10m 和 6m，高为 20m. 较长的底边与水面相齐. 计算闸门的一侧所受水的静压力.

第五节 定积分的经济学应用

一、已知边际求总量

例 1 设某产品在时刻 t 总产量的变化率（或导数）为

$$f(t)=100+12t-0.6t^2 \text{（单位/小时）}$$

求从 $t=3$ 到 $t=6$ 的总产量（t 的单位为小时）.

解　设总产量为 $q(t)$，由已知条件 $q'(t)=f(t)$. 则知总产量 $q(t)$是 $f(t)$的一个原函数，所以从 $t=3$ 到 $t=6$ 这 3 小时的总产量为

$$\int_3^6 f(t)\mathrm{d}t=\int_3^6(100+12t-0.6t^2)\mathrm{d}t$$
$$=(100t+6t^2-0.2t^3)\Big|_3^6=324.2 \text{（单位）}$$

例 2　已知每月生产某产品 x 单位（台）的边际成本和边际收入分别为 $C'(x)=4+0.4x$（万元/台），$R'(x)=16-2x$（万元/台）.

（1）若每月固定成本 $C(0)=10$ 万元，求总成本函数，总收入函数和总利润函数；

（2）每月产量为多少时，总利润最大？最大总利润是多少?

解　（1）因为总成本为固定成本与可变成本之和，即

$$C(x)=C(0)+\int_0^x C'(t)\mathrm{d}t=10+\int_0^x(4+0.4t)\mathrm{d}t=10+4x+0.2x^2.$$

而总收入函数为

$$R(x)=R(0)+\int_0^x R'(t)\mathrm{d}t=\int_0^x(16-2t)\mathrm{d}t=16x-x^2$$

（因为产量为 0 时，没有收入，所以 $R(0)=0$）.

又总利润为总收入与总成本之差，所以总利润函数为

$$L(x)=R(x)-C(x)=(16x-x^2)-(10+4x+0.2x^2)$$
$$=-10+12x-1.2x^2.$$

（2）由于 $L'(x)=12-2.4x$，令 $L'(x)=0$，得唯一驻点 $x=5$，又 $L''(x)=-2.4x<0$. 即每月产量为 5 台时，总利润最大，最大利润为

$$L(5)=-10+12\times5-1.2\times5^2=20 \text{（万元）}.$$

例 3　已知某产品的边际成本 $C'(x)=2$（元/件），固定成本为 0，边际收入 $R'(x)=20-0.02x$.

（1）产量为多少时利润最大?

（2）在最大利润产量的基础上再生产 40 件，利润会发生什么变化?

解　（1）由已知条件可知

$$L'(x)=R'(x)-C'(x)=18-0.02x,$$

令 $L'(x)=0$，解出驻点为 $x=900$. 又 $L''(x)=-0.02<0$. 所以，驻点 $x=900$ 为 $L(x)$的最大值点. 即当产量为 900 件时，可获最大利润.

（2）当产量由 900 件增至 940 件时，利润的改变量为

$$\Delta L=L(940)-L(900)=\int_{900}^{940}L'(x)\mathrm{d}x$$

$$=\int_{900}^{940}(18-0.02x)\mathrm{d}x=(18x-0.01x^2)\Big|_{900}^{940}=-16\ （元）$$

此时利润将减少 16 元.

二、资金流量及其现值

如果某项投资的收益分若干期（通常用的较多的是一年为一期），而每期期末的收益就称为**资金流量（或收益流量）**.

假设 R_1，R_2，…，R_n 分别表示第 1 期期末，第 2 期期末，……和第 n 期期末的资金流量，那么，对于第 i 期期末的资金流量 R_i（$i=1，2，\cdots，n$），其现值 $P_0(i)$是多少呢？亦即未来收益 R_i，在现时值多少钱？这就是资金流量的现值问题．下面就离散的和连续的两种情形讨论资金流量现值的求法．

1．离散复利年金公式

设初始本金（现值）为 P_0（元），年利率为 r，则第 1 年年末利息为 P_0r，本利和（即资金流量）R_1 为

$$R_1=P_0+P_0r=P_0(1+r).$$

将本利和 R_1 再存入银行，第 2 年年末的本利和为

$$R_2=R_1+R_1r=P_0(1+r)^2.$$

再把本利和存入银行，……，如此反复，第 n 年年末得本利和 R_{n} 为

$$R_n=P_0(1+r)^n \tag{1}$$

这就是以年为期的**离散复利资金流量**（亦称**普通复利年金**）的计算公式．

2．离散复利年金现值

离散复利年金现值就是按复利计息时每期（通常为每年）所发生的资金流量的现值之和．现计算如下．

设每期期末所发生的资金流量均为常数 A，利率为 r，则由离散复利年金公式（1）知，第 i 期期末所发生年金 A 的现值为$\dfrac{A}{(1+r)^i}$（$i=1，2，\cdots，n$）．所以，期数为 n 的普通复利年金现值 P_0 为

$$P_0=A\sum_{i=1}^{n}\frac{1}{(1+r)^i}=\frac{A}{r}\left[1-\frac{1}{(1+r)^n}\right] \tag{2}$$

当年金的期数永久持续下去，即 $n\to\infty$时，称为**永续年金**．由公式（2），令 $n\to\infty$，得

$$P_0=\frac{A}{r} \tag{3}$$

这就是**永续年金现值**的计算公式．

注意，如果每期期末所发生的资金流量 R_1，R_2，…，R_n 不相同时，则期数为 n 的资金流量现值为

$$P_0=\sum_{i=1}^{n} R_i=(1+r)^{-i} \tag{4}$$

例 4　某机构欲设立一项奖励基金．每年年终发放一次，奖金数额为 1 万元，若以年复利率 10%计算，试求

（1）当奖金发放年限为 10 年时，基金 P_0 应为多少?

（2）若是永续性奖金时，基金 P_0 应为多少?

解　（1）所求为普通年金现值，$A=1$，$r=0.1$，$n=10$，代入公式（2），得

$$P_0=\frac{1}{0.1}[1-\frac{1}{(1+0.1)^{10}}]\approx 6.1446 \text{（万元）},$$

（2）用永续年金现值公式（3），得

$$P_0=\frac{A}{r}=\frac{1}{0.1}=10 \text{（万元）}.$$

3．连续复利年金公式

前面已经得到离散复利年金公式（1），即第 n 年年末的本利和，其中 P_0 为初始本金（现值），r 为年利率．如果按月计息，月利率为 $\frac{r}{12}$，假如一年均分为 m 期计息，则每期的利率是 $\frac{r}{m}$，第 n 年末就有 mn 期．此时本利和为

$$R_n=P_0(1+\frac{r}{m})^{mn},$$

若将计息期无限缩短，期数 m 就无限增大，即 $m\to\infty$，于是得到连续计算复利息的复利公式为

$$R_n=\lim_{m\to 0}P_0(1+\frac{r}{m})^{mn}=P_0\lim_{m\to\infty}(1+\frac{r}{m})^{\frac{m}{r}\cdot rn}=P_0[\lim_{t\to\infty}(1+\frac{1}{t})^t]^{rn}=P_0\mathrm{e}^{rn} \tag{4}$$

此即**连续复利年金公式**，其中 P_0 是初始本金（现值），R_n 是第 n 年末本利和即第 n 年末资金流量．

4．连续复利年金现值

由公式（4）知道，在连续的情况下，资金流量是时间 t 的函数．若 t 以年为单位，则第 t 年的年金（资金流量）为 $R(t)$．这样在很短的时间间隔［t，$t+\mathrm{d}t$］内的资金流量总和的近似值（微元）是 $R(t)\mathrm{d}t$，由公式（4）知其现值（微元）为

$$\frac{R(t)}{\mathrm{e}^{rt}}\mathrm{d}t=R(t)\mathrm{e}^{-rt}\mathrm{d}t.$$

于是，到第 n 年年末资金流量总和的现值（或年金现值）就是 t 从 0 到 n 的定积分，即

$$P_0=\int_0^n R(t)\mathrm{e}^{-rt}\mathrm{d}t \tag{5}$$

特别地，当每年的资金流量 $R(t)$不变，均为常数 A（此时称为**均匀流量**）时，则

$$P_0=A\int_0^n e^{-rt}dt=\frac{A}{r}(1-e^{-rn}) \tag{6}$$

在此，令 $n\to\infty$，得到 $P_0=\frac{A}{r}$ 这与公式（3）——永续年金现值一致.

一般地，从公式（5），也可得到**非均匀流量** $R(t)$永久持续下去的现值为广义积分

$$P_0=\int_0^{+\infty}R(t)e^{-rt}dt \tag{7}$$

其中 r 为利率．此为非均匀的永续年金现值.

例 5　某一设备使用寿命为 10 年，若购进需 35000 元，若租用，每月租金为 600 元．设资金的年利率为 14%，按连续复利计算，问购进与租用哪一种方式合算?

解［方法一］　计算租金流量总值的现值，然后与购进费用比较.

由每月租金 600 元知该设备的年租金为 7200 元，则租金流量总值的现值为

$$P_0=7200\int_0^{10}e^{-0.14t}dt=\frac{7200}{0.14}(1-e^{-0.14\times10})$$

$$=54128.5\times(1-0.2466)=38756\text{（元）}.$$

因为购进费用只需 35000 元，显然购进比租用合算.

［方法二］　将购进费用折算成按租用付款，然后与实际租用相比较.

设每年付出租金为 A 元，经 10 年，资金流量总值的现值为 35000 元，于是有

$$3500=A\int_0^{10}e^{-0.14t}dt=\frac{A}{0.14}(1-e^{-0.14\times10}),$$

得出 $A\approx6504$ 元.

因实际年租金为 7200 元，所以还是购进合算.

习 题 6-5

1．已知某产品总产量的变化率为 $f(t)=2t+5$（$t\geqslant0$ 为时间），求第一个五年和第二个五年的总产量为多少?

2．已知某一产品每周生产 x 单位时，边际成本是 $f(x)=0.4x-12$（元/单位）．求总成本函数 $C(x)$．如果这种产品的销售单价是 20 元，求总利润函数 $L(x)$，并问每周生产多少单位时，才能获得最大利润?

3．设某产品的边际成本 $C'(x)=6+\frac{x}{2}$（万元/百台），边际收入 $R'(x)=12-x$（万元/百台）.

（1）求产量 x 从 1 百台增加到 3 百台时，总成本与总收入各增加多少.

（2）求产量 x 为多少时，总利润 $L(x)$最大.

（3）已知固定成本 C(0)＝5（万元），求总成本，总利润与产量 x 的函数关系式.

（4）若在最大利润产量的基础上再增加产量 2 百台，问总利润将会发生什么样的变化?

4．设某物现售价为 5000 元，分期付款购买，10 年付清，每年付款数相同．若以年利率 3%贴现，按连续复利计算，每年应付款多少元?

第七章 常微分方程

函数是客观事物的内部联系在数量方面的反映，利用函数关系又可以对客观事物的规律性进行研究．因此如何寻求函数关系，在实践中具有重要意义．微分方程正是由于生产实践的需要，在微积分的基础上进一步发展起来的应用性很强的重要数学分支．本章主要介绍微分方程最基本的概念和解决实际问题中基本的建模与解模方法．

第一节 基本概念

下面我们通过几何、力学及物理学中的例子来说明微分方程的基本概念．

例 1 一条曲线通过点 $M_0(1，2)$，且在该曲线上任一点 $M(x，y)$处的切线的斜率为 $2x$，求这曲线的方程．

解 设所求曲线的方程为 $y=y(x)$．根据导数的几何意义，可知未知函数 $y=y(x)$应满足关系式

$$\frac{\mathrm{d}y}{\mathrm{d}x}=2x \tag{1}$$

此外，未知函数 $y=y(x)$还应满足下列条件

$$y\big|_{x=1}=2 \tag{2}$$

把（1）式两端积分，得

$$y=\int 2x\mathrm{d}x \quad \text{即} \quad y=x^2+C \tag{3}$$

其中 C 是任意常数．

把条件“$x=1，y=2$”代入（3）式，得

$$2=1^2+C,$$

由此定出 $C=1$．把 $C=1$ 代入（3）式，即得所求曲线方程：

$$y=x^2+1. \tag{4}$$

例 2 把一物体从距地面 S_0 米处以初速度 v_0 垂直上抛，若空气阻力忽略不计，求物体的运动方程，即物体与地面的距离 S 和时间 t 的函数关系．

解 取 S 轴垂直于地平面向上，坐标如图 7-1 所示．设物体质量为 m，在时刻 t 与地面距离为 $S(t)$．根据二阶导数的物理意义及牛顿第二定律，未知函数 $S(t)$应满足关系式

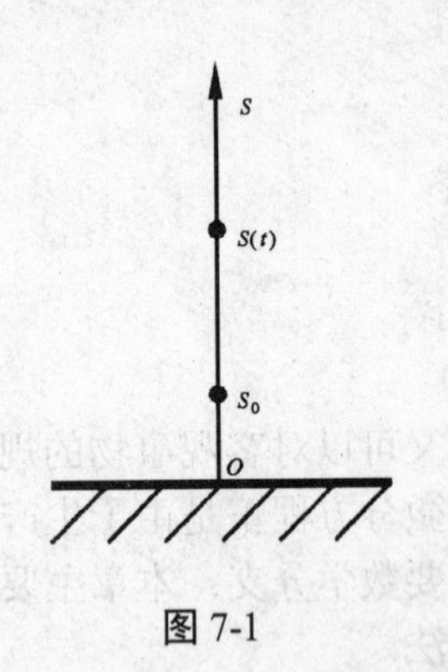

图 7-1

$$m\frac{d^2S}{dt^2}=-mg \quad 即 \quad \frac{d^2S}{dt^2}=-g \tag{5}$$

此外，根据导数的物理意义可知，$S(t)$还应满足下列条件

$$\begin{cases} S\big|_{t=0}=S_0 \\ v\big|_{t=0}=\dfrac{dS}{dt}\Big|_{t=0}=v_0 \end{cases} \tag{6}$$

对方程（5）两边积分一次，得

$$\frac{dS}{dt}=-gt+C_1 \tag{7}$$

两边再积分一次，得

$$S=-\frac{1}{2}gt^2+C_1t+C_2 \tag{8}$$

其中 C_1、C_2 均为任意常数．把条件（6）代入（7）式和（8）式，得 $C_1=v_0$，$C_2=S_0$．于是得所求物体的运动方程为

$$S=-\frac{1}{2}gt^2+v_0t+S_0 \tag{9}$$

定义 含有未知函数的导数（或微分）的方程称为微分方程．未知函数是一元函数的微分方程称为**常微分方程**．

例如，方程（1）和（5）都是微分方程且是常微分方程．

本章只讨论常微分方程，通常简称为微分方程或方程．

微分方程中出现的未知函数导数的最高阶数称为**微分方程的阶**．例如，方程（1）是一阶微分方程；方程（5）是二阶微分方程．又如，方程

$$x^3y'''+x^2y''-4xy'=3x^2$$

是三阶微分方程．

代入微分方程后能使方程成为恒等式的函数 $y(x)$称为此**微分方程的解**．

例如，容易验证函数 $y=x^2+1$，$y=x^2+C$（C 为任意常数）都满足方程（1），因而都是方程（1）的解；函数$S=-\frac{1}{2}gt^2+v_0t+S_0$，$S=-\frac{1}{2}gt^2+C_1t+C_2$，（$C_1$、$C_2$为任意常数）都满足方程（5），因而都是方程（5）的解．

含有任意常数、且独立任意常数的个数与方程的阶数相同的解称为**微分方程的通解**.

例如，函数（3）是方程（1）的解，它含有一个任意常数，所以它是一阶方程（1）的通解．又如函数（8）是方程（5）的解，它含有两个独立任意常数，所以它是二阶方程（5）的通解．

确定了通解中的任意常数后所得到的不含任意常数的解称为**微分方程的特解**．

函数（4）是方程（1）满足**初始条件**（2）的一个特解；函数（9）是方程（5）满足初

始条件（6）的一个特解.

一般地，求微分方程满足初始条件的特解这样一个问题，称为求解微分方程的**初值问题**.

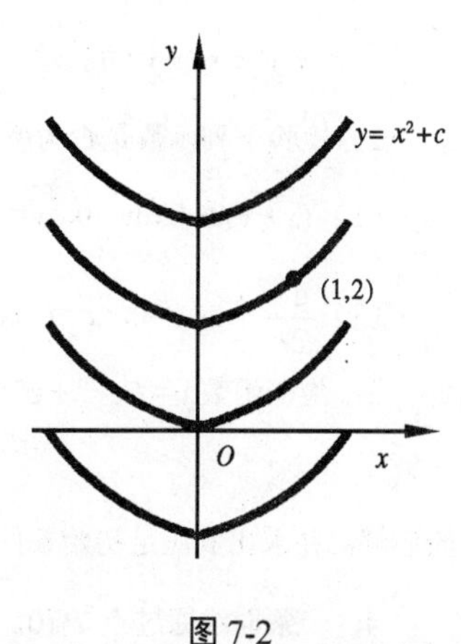

图 7-2

因为微分方程的解 $y=y(x)$的图形在平面直角坐标系中是一条曲线，所以微分方程的通解在几何上可用含有任意常数的曲线族来表示，称为**微分方程的积分曲线族**. 特解则是满足初始条件的一条**积分曲线**.

例如，方程（1）的通解 $y=x^2+C$(C 是任意常数)表示的积分曲线族就是图 7-2 中的一族抛物线. 而满足初始条件 $y\big|_{x=1}=2$ 的特解表示的是这一族积分曲线中过点（1，2）的一条积分曲线：$y=x^2+1$.

例 3 验证：函数 $y=(C_1+C_{2x})e^{2x}$（C_1、C_2 是任意常数）是微分方程

$$y''-4y'+4y=0 \tag{10}$$

的通解，并求出方程满足初始条件

$$\begin{cases} y\big|_{x=0}=0 \\ y'\big|_{x=0}=1 \end{cases}$$

的特解.

解 求 $y=(C_1+C_2x)e^{2x}$ 的一阶和二阶导数，得

$$y'=[2C_1+C_2(1+2x)]e^{2x},$$

$$y''=4[C_1+C_2(1+x)]e^{2x},$$

将 y''、y'和 y 代入方程（10）左边，得

$$左=4[C_1+C_2(1+x)]e^{2x}-4[2C_1+C_2(1+2x)]e^{2x}+4[C_1+C_2x)]e^{2x}=0$$

所以，$y=(C_1+C_2x)e^{2x}$ 是方程 $y''-4y'+4y=0$ 的通解.

把初始条件 $y\big|_{x=0}=0$ 代入 $y=(C_1+C_2x)e^{2x}$ 中，得 $C_1=0$.

把初始条件 $y'\big|_{x=0}=1$ 代入 $y'=[2C_1+C_2(1+2x)]e^{2x}$ 中，得 $2C_1+C_2=1$，由 $C_1=0$，得 $C_2=1$.

故满足初始条件的特解为 $y=xe^{2x}$.

习 题 7-1

1．指出下列微分方程的阶数：

（1）$\dfrac{dy}{dx}=y+\sin^2 x$；　　　　（2）$x(y')^2-2yy'+x=0$；

（3） $x^2y''-xy'+y=0$； （4） $L\frac{d^2Q}{dt^2}+R\frac{dQ}{dt}+\frac{Q}{C}=0$．

2．检验下列函数是否为所给方程的解，并指明是通解还是特解．

（1） $(x+y)dx+xdy=0$，$y=\frac{C^2-x^2}{2x}$； （2） $y''-2y'+y=0$，$y=xe^x$，$y=-x^2e^x$；

（3） $\frac{d^2x}{dt^2}+\omega^2x=0$，$x=C_1\cos\omega t+C_2\sin\omega t$； （4） $(y')^2+xy'-y=0$，$y=-\frac{1}{4}x^2$．

3．验证函数 $y=Ce^{-3x}+e^{-2x}$ 是方程

$$\frac{dy}{dx}+3y=e^{-2x}$$

的通解，并求出其满足初始条件 $y|_{x=0}=2$ 的特解．

4．一条曲线通过点 $P_0(0, 2)$，且此曲线上任一点 $P(x, y)$处的切线的斜率等于该点横坐标的$\frac{1}{4}$．求这曲线的方程，并画出通解和特解的图形．

5．在 $t=0$ 时，以初速 v_0 下抛一物体．设空气的阻力与速度成正比，试建立物体下落的距离随时间 t 变化的微分方程，并写出方程满足的初始条件．

第二节　一阶微分方程的解法

最简单的一阶微分方程是 $y'=f(x)$ 或 $dy=f(x)dx$．这种方程只要两边直接积分，即可求得通解 $y=\int f(x)dx=F(x)+C$．因此把这种方程称为**可直接积分的方程**．

下面介绍两种常见而简单的一阶微分方程．

一、可分离变量的一阶微分方程

定义 1　形如

$$\frac{dy}{dx}=f(x)g(y) \tag{1}$$

或

$$f_1(x)g_1(y)dx+f_2(x)g_2(y)dy=0 \tag{2}$$

的一阶方程，称为**可分离变量的微分方程**．

求解的方法是**分离变量法**．如将（1）分离变量成为 $\frac{dy}{g(y)}=f(x)dx$，两边积分，得 $\int\frac{dy}{g(y)}=\int f(x)dx$，即得方程（1）的通解 $G(y)=F(x)+C$，其中 $F(x)$、$G(y)$分别是 $f(x)$和 $\frac{1}{g(y)}$ 的原函数．

例 1　求微分方程

$$\frac{\mathrm{d}y}{\mathrm{d}x}=2xy \tag{3}$$

的通解.

解　方程（3）是可分离变量的，分离变量后得

$$\frac{\mathrm{d}y}{y}=2x\mathrm{d}x,$$

两端积分

$$\int\frac{\mathrm{d}y}{y}=\int 2x\mathrm{d}x,$$

得

$$\ln|y|=x^2+C_1,$$

从而

$$y=\pm\mathrm{e}^{x^2+C_1}=\pm\mathrm{e}^{C_1}\mathrm{e}^{x^2}.$$

因 $\pm\mathrm{e}^{C_1}$ 仍是任意常数，把它记作 C，便得方程（3）的通解

$$y=C\mathrm{e}^{x^2}.$$

例 2　求解微分方程

$$x(1+y^2)\mathrm{d}x+y(1-x^2)\mathrm{d}y=0 \tag{4}$$

解　方程（4）为可分离变量的方程，分离变量并积分，得

$$\int\frac{x}{1-x^2}\mathrm{d}x+\int\frac{y}{1+y^2}\mathrm{d}y=C_1,$$

积分后得

$$-\frac{1}{2}\ln(1-x^2)+\frac{1}{2}\ln(1+y^2)=C_1,$$

由于等号左边都是对数函数，为化简方便，将任意常数 C_1 写成 $\frac{1}{2}\ln C$，即

$$\frac{1}{2}\ln(1+y^2)-\frac{1}{2}\ln(1-x^2)=\frac{1}{2}\ln C,$$

化简得

$$\ln\frac{1+y^2}{1-x^2}=\ln C$$

即

$$\frac{1+y^2}{1-x^2}=C \quad 或 \quad 1+y^2=C(1-x^2)$$

为所求通解.

需要指出的是方程的通解形式，可以表成显函数也可以表成隐函数.

二、齐次方程

定义 2 形如

$$\frac{\mathrm{d}y}{\mathrm{d}x}=f\left(\frac{y}{x}\right) \tag{5}$$

的一阶微分方程，称为**齐次方程**.

求解的方法是，作变量代换$u=\dfrac{y}{x}$，即 $y=ux$，两边对 x 求导得

$$\frac{\mathrm{d}y}{\mathrm{d}x}=u+x\frac{\mathrm{d}u}{\mathrm{d}x},$$

代入齐次方程（5）得

$$u+x\frac{\mathrm{d}u}{\mathrm{d}x}=f(u),$$

即

$$x\frac{\mathrm{d}u}{\mathrm{d}x}=f(u)-u$$

方程（5）已化为可分离变量的方程.

例 3 解方程

$$xy'=y(1+\ln y-\ln x).$$

解 原方程可写成

$$\frac{\mathrm{d}y}{\mathrm{d}x}=\frac{y}{x}\left(1+\ln\frac{y}{x}\right),$$

因此是齐次方程. 令$\dfrac{y}{x}=u$，则

$$y=ux,\quad \frac{\mathrm{d}y}{\mathrm{d}x}=u+x\frac{\mathrm{d}u}{\mathrm{d}x},$$

于是原方程变为

$$u+x\frac{\mathrm{d}u}{\mathrm{d}x}=u(1+\ln u),$$

即

$$x\frac{\mathrm{d}u}{\mathrm{d}x}=u\ln u.$$

分离变量，得

$$\frac{\mathrm{d}u}{u\ln u}=\frac{\mathrm{d}x}{x},$$

两端积分，得

$$\ln\ln u=\ln x+\ln C,$$

或写成

$$\ln u=Cx,$$

以$u=\dfrac{y}{x}$代入上式中的 u，便得所给方程的通解为

$$y=x\mathrm{e}^{Cx}.$$

例 4　求方程

$$\frac{\mathrm{d}y}{\mathrm{d}x}=(x-y)^2$$

的通解.

解　此方程不能分离变量,但通过适当的变量代换,可把它化为可分离变量的微分方程.

令　$u=x-y$，则

$$\frac{\mathrm{d}u}{\mathrm{d}x}=1-\frac{\mathrm{d}y}{\mathrm{d}x},$$

代入原方程，得

$$\frac{\mathrm{d}u}{\mathrm{d}x}=1-u^2.$$

它是可分离变量的微分方程．分离变量后两端积分，得

$$\frac{1}{2}\ln\frac{1+u}{1-u}=x+C,$$

再将 $u=x-y$ 代回，即得原方程通解

$$\frac{1}{2}\ln\frac{1+x-y}{1-x+y}=x+C.$$

三、数学建模举例

例 5　求解 RC 电路的放电问题：设有电路如图 7-3 所示．先将开关 K 拨在 1 处，使电容器 C 充电至电动势 E．再将开关 K 拨向 2，电容器 C 通过电阻 R 放电．求放电时电容器 C 上电压 U_C 随时间 t 的变化规律 $U_C(t)$.

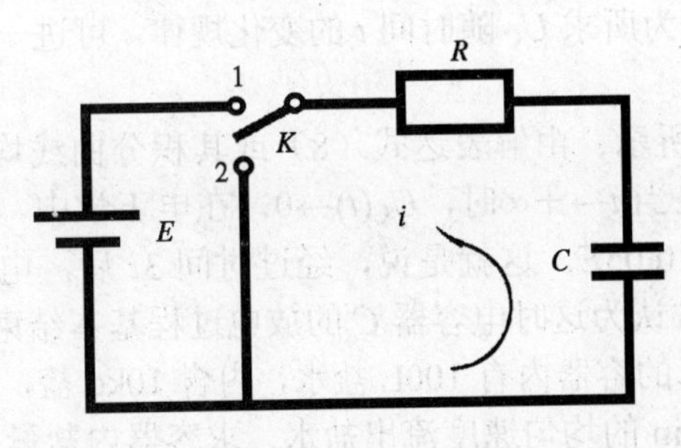

图 7-3

解　解决这样的实际问题，一般步骤有三．首先是建立数学模型，其次是求解数学模型，最后是解答问题.

（1）**建模**　即建立方程，并列出初始条件.

根据回路电压定律 $U_R+U_C=0$．其中 U_R、U_C 均未知．若记 q 为电容器 C 上的电量，则由电学知

$$U_R=Ri,\quad i=\frac{dq}{dt},\quad q=CU_C.$$

所以

$$U_R=Ri=R\frac{dq}{dt}=R\frac{d(CU_C)}{dt}=RC\frac{dU_C}{dt},$$

即

$$RC\frac{dU_C}{dt}+U_C=0 \tag{6}$$

这是 U_C 满足的微分方程．

因为当开关 K 拨向 2 之前，电容器 C 上电压 U_C 已充至 E，所以开始放电时（即 $t=0$ 时），$U_C=E$．即有初始条件

$$U_C\big|_{t=0}=E \tag{7}$$

（2）**解模** 即求解初值问题（6）与（7）．

将（6）分离变量，得

$$\frac{dU_C}{U_C}=-\frac{dt}{RC},$$

两边积分，得

$$\ln U_C=-\frac{1}{RC}t+\ln G \quad (G\text{ 为任意常数})$$

即，所求通解为

$$U_C=Ge^{-\frac{t}{RC}}$$

将初始条件（7）代入通解，得 $E=Ge^{-\frac{1}{RC}\cdot 0}$，即 $G=E$．得初值问题的解为

$$U_C=Ee^{-\frac{t}{RC}} \tag{8}$$

（3）**答问** 式（8）即为所求 U_C 随时间 t 的变化规律．可进一步阐述解（8）的实际意义如下．

其积分曲线如图 7-4 所示．由解表达式（8）或其积分曲线均可看出放电过程中电压 U_C 从 E 开始逐渐减小，且当 $t\to+\infty$ 时，$U_C(t)\to 0$．在电工学中，通常称 $\tau=RC$ 为时间常数，当 $t=3\tau$ 时，$U_C(3\tau)=0.05E$．这就是说，经过时间 3τ 后，电容 C 的电压已达到外加电压的 5%．实用上，通常认为这时电容器 C 的放电过程基本结束．放电完毕时 $U_C=0$．

例 6 设如图 7-5 所示的容器内有 100L 盐水，内含 10kg 盐，现以 3L/min 的均匀速度放进净水，同时又以 2L/min 的均匀速度流出盐水．求容器内盐量的变化规律，并问 60 分钟后容器内尚剩盐量为多少?

解 （1）**建模** 设在任一时刻 t 时，容器中的含盐量为 $x(t)$．我们看到，随着 t 的增加，容器中盐水不断被冲淡，即盐水的浓度不断变小，且因盐水不断流出，含盐量也不断减少．考察从时刻 t 到 $t+dt$（设 $dt>0$）这段时间间隔，设对应的含盐量从 x 变到 $x+dx$（$dx<0$），于

是，$-\mathrm{d}x$ 表达了这段时间内容器所减少的盐量．它应等于这段时间内所流出的盐量．由于浓度的变化是连续的，当 $\mathrm{d}t$ 很小时，浓度可以近似地看作等于时刻 t 的浓度 ρ_t，于是 $-\mathrm{d}x=2\rho_t\mathrm{d}t$．

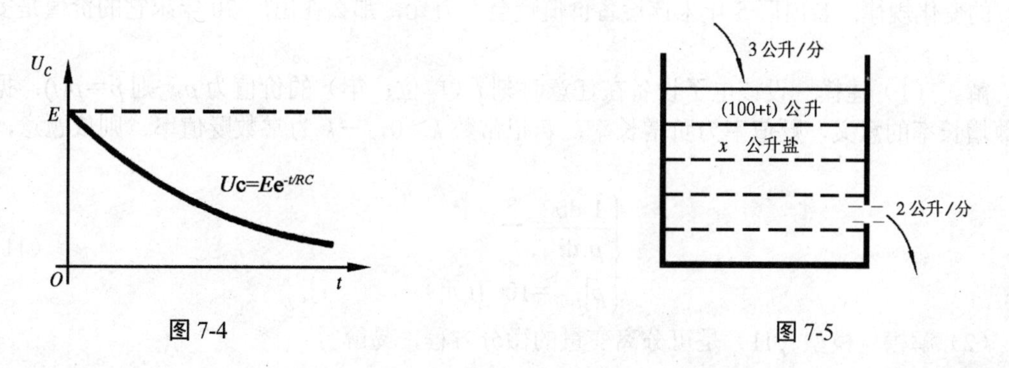

图 7-4　　图 7-5

因为在时刻 t 容器内有盐水 $100+3t-2t=100+t$(L)，含盐量为 x，于是 $\rho_t=\dfrac{x}{100+t}$．从而得微分方程

$$-\mathrm{d}x=2\frac{x}{100+t}\mathrm{d}t \quad 或 \quad \frac{\mathrm{d}x}{\mathrm{d}t}=-\frac{2x}{100+t},$$

且满足初始条件 $x\big|_{t=0}=10$．

（2）**解模**　这是可分离变量方程，分离变量后，得

$$\frac{\mathrm{d}x}{x}=\frac{-2\mathrm{d}t}{100+t},$$

两边积分

$$\int\frac{\mathrm{d}x}{x}=\int\frac{-2\mathrm{d}t}{100+t},$$

得

$$\ln x=-2\ln(100+t)+\ln C=\ln\frac{C}{(100+t)^2},$$

即

$$x=\frac{C}{(100+t)^2}.$$

以初始条件 $x(0)=10$ 代入，得

$$C=10\times 100^2=10^5.$$

所以

$$x=\frac{10^5}{(100+t)^2}\ (\mathrm{kg}) \tag{9}$$

当 $t=60$ 时，得

$$x=\frac{10^5}{(100+60)^2}=3\frac{29}{32}\approx 3.9\ (\mathrm{kg}) \tag{10}$$

（3）**答问**　（9）式就是容器内盐量（单位：kg）随时间 t（单位：分钟）的变化规律．由

此知，$x\to 0$（$t\to\infty$），且 60 分钟后容器内剩盐约 3.9kg.

例 7　设一电子设备出厂价值 10 万元，并以常数比率贬值，求其价值随时间 t（单位：年）的变化规律．若出厂 5 年末该设备价值贬至 8 万元，那么在出厂 20 年末它的价值是多少?

解　（1）**建模**　设该电子设备在任意时刻 t（单位：年）的价值为 p，则 $p=p(t)$．据函数增长率的意义，贬值率为负增长率．若记常数 $k>0$，$-k$ 为常数贬值率．则依题意，有

$$\begin{cases}\dfrac{1}{p}\dfrac{\mathrm{d}p}{\mathrm{d}t}=-k\\ p\big|_{t=0}=10(\text{万元})\end{cases}\tag{11}$$

（2）**解模**　模型（11）是可分离变量的微分方程，易解得

$$p=10\mathrm{e}^{-kt}\tag{12}$$

这就是该电子设备价值 p 随时间 t 的变化规律．其中贬值率为 $-k$，可由 $t=5$ 时 $p=8$ 得到，即代入（12）式，得

$$0.8=\mathrm{e}^{-5k}，\text{或}\quad -k=\frac{1}{5}\ln 0.8\,.$$

当 $t=20$ 时，p 的值为

$$p=10\mathrm{e}^{-20k}=10(\mathrm{e}^{-5k})^4=10\times(0.8)^4=40960\ (\text{元}),$$

即该电子设备在出厂 20 年末的价值是 40960 元.

习 题 7-2

1．求 $y\mathrm{d}x-x\mathrm{d}y=0$ 的通解.

2．求$(1+y^2)\mathrm{d}x-xy(1+x^2)\mathrm{d}y=0$ 的通解.

3．求 $y'=10^{x+y}$ 满足初始条件 $y\big|_{x=0}=-1$ 的特解.

4．求 $y'=\dfrac{x-y}{x+y}$ 的通解.

5．求 $x\dfrac{\mathrm{d}y}{\mathrm{d}x}-y=2\sqrt{xy}$ 满足初始条件 $y\big|_{x=1}=1$ 的特解.

6．物体下落中所受阻力与其下降速度成正比（比例系数为 k）．一物体于 $t=0$ 时从高空中开始下落，求下落速度 v 和时间 t 之间的函数关系 $v=v(t)$.

7．有一盛满了水的圆锥形漏斗，高为 10cm，顶角为 60°，漏斗下面有面积为 0.5cm^2 的孔，求水面高度变化的规律及水流完所需的时间．（注：通过孔口横截面的水的体积 v 对时间 t 的变化率 $Q=\dfrac{\mathrm{d}v}{\mathrm{d}t}=0.62S\sqrt{2gh}$，其中 0.62 为流量系数，$S$ 为孔口横截面积，g 为重力加速度）

8．一条曲线过点（$\dfrac{1}{2}$,1），其上任意一点的切线的斜率为 $\dfrac{xy}{(x+y)^2}$，求此曲线的方程.

第三节　一阶线性微分方程的解法

定义　形如

$$\frac{dy}{dx}+P(x)y=Q(x) \tag{1}$$

的方程称为**一阶线性微分方程**．其中 $P(x)$、$Q(x)$为已知函数，$Q(x)$又称为（1）的**自由项**．

当 $Q(x)\equiv 0$ 时，方程（1）成为

$$\frac{dy}{dx}+P(x)y=0 \tag{2}$$

称为**对应于**（1）**的一阶齐次线性微分方程**（这里齐次的含义是指方程只含 y 与 $\frac{dy}{dx}$ 的一次项而不含 y 的零次项）．

当 $Q(x)\not\equiv 0$ 时，方程（1）称为**一阶非齐次线性微分方程**．

一、一阶齐次线性微分方程的解法

方程（2）是可分离变量的方程．分离变量，得

$$\frac{dy}{y}=-P(x)dx\,,$$

两边积分，得

$$\ln y=-\int P(x)dx+C_1$$

即

$$y=e^{-\int P(x)dx+C_1}=Ce^{-\int P(x)dx} \tag{3}$$

其中 $C=e^{C_1}$ 为任意常数，它是一阶齐次线性微分方程（2）的通解．

二、一阶非齐次线性微分方程的解法

将 $\frac{dy}{dx}+P(x)y=Q(x)$ 改写为

$$\frac{dy}{y}=\frac{Q(x)}{y}dx-P(x)dx\,,$$

两边积分，得

$$\ln y=\int\frac{Q(x)}{y}dx-\int P(x)dx\,.$$

因为 $Q(x)$、y 均为 x 的函数，可令 $u(x)=\int\frac{Q(x)}{y}\mathrm{d}x$，代入上式，得

$$\ln y=u(x)-\int P(x)\mathrm{d}x\ .$$

所以
$$y=\mathrm{e}^{u(x)-\int P(x)\mathrm{d}x}=\mathrm{e}^{u(x)}\cdot\mathrm{e}^{-\int P(x)\mathrm{d}x}$$

令 $C(x)=\mathrm{e}^{u(x)}$，代入上式，得

$$y=C(x)\mathrm{e}^{-\int P(x)\mathrm{d}x} \tag{4}$$

为求 $C(x)$，对（4）式两边求导，得

$$y'=C'(x)\mathrm{e}^{-\int P(x)\mathrm{d}x}-P(x)C(x)\mathrm{e}^{-\int P(x)\mathrm{d}x},$$

再将 y 及 $\frac{\mathrm{d}y}{\mathrm{d}x}$ 代入原方程（1），得

$$C'(x)\mathrm{e}^{-\int P(x)\mathrm{d}x}-P(x)C(x)\mathrm{e}^{-\int P(x)\mathrm{d}x}+P(x)C(x)\mathrm{e}^{-\int P(x)\mathrm{d}x}=Q(x)$$

则
$$C'(x)=Q(x)\mathrm{e}^{\int P(x)\mathrm{d}x}$$

于是
$$C(x)=\int Q(x)\mathrm{e}^{\int P(x)\mathrm{d}x}\mathrm{d}x+C\ .$$

将 $C(x)$代入（4）式，得

$$y=\mathrm{e}^{-\int P(x)\mathrm{d}x}\left[\int Q(x)\mathrm{e}^{\int P(x)\mathrm{d}x}\mathrm{d}x+C\right] \tag{5}$$

即为一阶非齐次线性微分方程（1）的通解.

上述求一阶非齐次线性微分方程通解的方法称为**常数变易法**．即将对应的齐次方程通解（3）中的常数 C 变为 x 的函数 $C(x)$，代入方程（1），定出 $C(x)$的方法.

例 1 求方程

$$y'+\frac{y}{x}=\frac{\sin x}{x}$$

的通解.

解［解法一］ 这是一阶非齐次线性微分方程．我们用常数变易法求解.

先求对应的齐次线性方程

$$y'+\frac{y}{x}=0$$

的通解．分离变量，得

$$\frac{\mathrm{d}y}{y}=-\frac{\mathrm{d}x}{x},$$

两端积分，得
$$\ln y=-\ln x+\ln C\ ,$$

化简，得 $y=\dfrac{C}{x}$.

再用常数变易法．设 $y=\dfrac{C(x)}{x}$，则

$$y'=\frac{C'(x)}{x}-\frac{C(x)}{x^2},$$

代入原方程，得
$$\frac{C'(x)}{x}=\frac{\sin x}{x},$$

即
$$C'(x)=\sin x,$$

积分，得
$$C(x)=-\cos x+C.$$

所以，所求方程的通解为：

$$y=\frac{1}{x}(-\cos x+C).$$

求解一阶非齐次线性微分方程的通解，也可直接利用公式（5）．例 1 又可用下面的方法求解．

［解法二］ 因为 $P(x)=\dfrac{1}{x}$，$Q(x)=\dfrac{\sin x}{x}$ 代入公式（5），得

$$\begin{aligned}y&=\mathrm{e}^{-\int\frac{1}{x}\mathrm{d}x}\left[\int\frac{\sin x}{x}\mathrm{e}^{\int\frac{1}{x}\mathrm{d}x}\mathrm{d}x+C\right]=\mathrm{e}^{-\ln x}\left[\int\frac{\sin x}{x}\mathrm{e}^{\ln x}\mathrm{d}x+C\right]\\&=\frac{1}{x}\left[\int\sin x\mathrm{d}x+C\right]=\frac{1}{x}(-\cos x+C)\end{aligned}$$

例 2 求方程

$$(y^2-6x)y'+2y=0$$

的通解．

解 该方程可写成

$$\frac{\mathrm{d}y}{\mathrm{d}x}=\frac{2y}{6x-y^2},$$

显然它不是一阶线性微分方程．但如果把 y 看作自变量，把 $x=x(y)$ 看成未知函数，则原方程就是关于未知函数 $x(y)$ 的一阶非齐次线性方程

$$\frac{\mathrm{d}x}{\mathrm{d}y}-\frac{3}{y}x=-\frac{y}{2} \tag{6}$$

它对应的齐次线性方程

$$\frac{\mathrm{d}x}{\mathrm{d}y}-\frac{3}{y}x=0$$

的通解为 $x=Cy^3$.

再用常数变易法．设 $x=C(y)y^3$，则

$$\frac{dx}{dy}=C'(y)y^3+3C(y)y^2,$$

代入方程（6）并整理，得 $C'(y)=-\frac{1}{2y^2}$，$C(y)=\frac{1}{2y}+C$，

所以所求方程的通解为：

$$x=(\frac{1}{2y}+C)y^3.$$

三、一阶非齐次线性微分方程通解的结构

一阶非齐次线性微分方程（1）的通解（5），还可以写成

$$y=Ce^{-\int P(x)dx}+e^{-\int P(x)dx}\int Q(x)e^{\int P(x)dx}dx \tag{5'}$$

即非齐次方程（1）的通解是两项之和，其中第一项是方程（1）所对应的齐次方程（2）的通解，第二项是方程（1）的一个特解（在通解（5）中令 $C=0$ 即得）．于是可得

结论： 一阶非齐次线性微分方程（1）的通解 y 等于其对应的齐次方程（2）的通解 Y 与（1）的一个特解 $\overline{y}$ 之和，即有 $y=Y+\overline{y}$．

例 3 设有一个 ELR 电路如图 7-6 所示，其中电源电动势为 $E=E_m\sin\omega t$（E_m、ω 都是常量），电阻 R 和电感 L 都是常量，求其电流 $i(t)$．

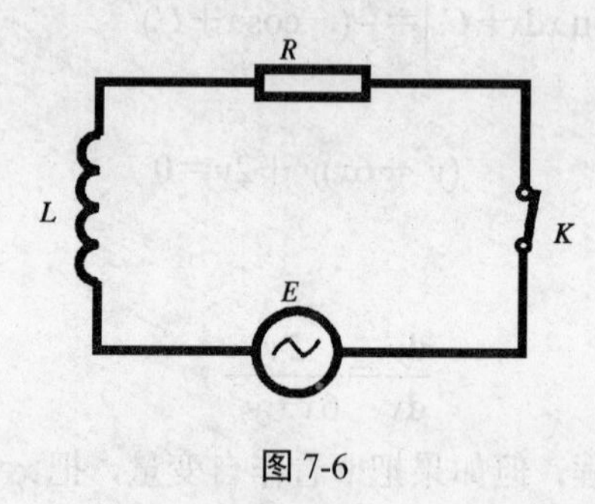

图 7-6

解 （1）**建模** 由电学知道，当电流变化时，L 上有感应电动势 $-L\frac{di}{dt}$，由回路电压定律得出

$$E-L\frac{di}{dt}-iR=0,$$

即

$$\frac{di}{dt}+\frac{R}{L}i=\frac{E}{L}.$$

把 $E=E_m\sin\omega t$ 代入上式，得

$$\frac{di}{dt}+\frac{R}{L}i=\frac{E_m}{L}\sin\omega t \tag{7}$$

未知函数 $i(t)$ 应满足方程（7）．此外，设开关闭合的时刻为 $t=0$，这时 $i(t)$ 还应满足初始条件

$$i\big|_{t=0}=0 \tag{8}$$

（2）**解模**　方程（7）是一个非齐次线性方程．可以先求出对应的齐次方程的通解，然后用常数变易法求非齐次方程的通解．当然，也可以直接应用通解公式（5）来求解．这里 $P(t)=\dfrac{R}{L}$，$Q(t)=\dfrac{E_m}{L}\sin\omega t$，代入公式（5），得

$$i(t)=e^{-\frac{R}{L}t}\left(\int\frac{E_m}{L}e^{\frac{R}{L}t}\sin\omega t\,dt+C\right).$$

应用分部积分法，得

$$\int e^{\frac{R}{L}t}\sin\omega t\,dt=\frac{e^{\frac{R}{L}t}}{R^2+\omega^2L^2}(RL\sin\omega t-\omega L^2\cos\omega t).$$

将上式代入前式并化简，得方程（7）的通解

$$i(t)=\frac{E_m}{R^2+\omega^2L^2}(R\sin\omega t-\omega L\cos\omega t)+Ce^{-\frac{R}{L}t},$$

其中 C 为任意常数．

将初始条件（8）代入上式，得

$$C=\frac{\omega LE_m}{R^2+\omega^2L^2},$$

因此，所求函数 $i(t)$ 为

$$i(t)=\frac{\omega LE_m}{R^2+\omega^2L^2}e^{-\frac{R}{L}t}+\frac{E_m}{R^2+\omega^2L^2}(R\sin\omega t-\omega L\cos\omega t) \tag{9}$$

为了便于说明(9)式所反映的物理现象，下面将 $i(t)$ 中第二项的形式稍加改变．令

$$\cos\varphi=\frac{R}{\sqrt{R^2+\omega^2L^2}},\quad \sin\varphi=\frac{\omega L}{\sqrt{R^2+\omega^2L^2}}$$

于是（9）式可写成

$$i(t)=\frac{\omega LE_m}{R^2+\omega^2L^2}e^{-\frac{R}{L}t}+\frac{E_m}{\sqrt{R^2+\omega^2L^2}}\sin(\omega t-\varphi),$$

其中
$$\varphi=\arctan\frac{\omega L}{R}.$$

当 t 增大时，上式右端第一项（叫做**暂态电流**）逐渐衰减而趋于零；第二项（叫做**稳态电流**）是正弦函数，它的周期和电动势的周期相同、而相角落后 φ.

习 题 7-3

1．求下列方程的通解：

（1）$\frac{dy}{dx}+4y+5=0$；（2）$xy'-3y=x^2$；

（3）$x\frac{dy}{dx}-y=x^2\sin x$；（4）$y'+\frac{y}{x\ln x}=1$；

（5）$\frac{dy}{dx}+2xy-xe^{-x^2}=0$；（6）$y'+y\cos x=e^{-\sin x}$；

（7）$\frac{dy}{dx}+y=e^{-x}$；（8）$(x^2-1)y'+2xy-\cos x=0$.

2．求下列微分方程满足初始条件的特解：

（1）$\frac{dy}{dx}+\frac{1-2x}{x^2}y=1$，$y|_{x=1}=0$；（2）$\cos x\frac{dy}{dx}+y\sin x=\cos^2 x$，$y|_{x=\pi}=1$.

3．求一曲线的方程，这曲线通过原点，并且它在（x，y）处的切线的斜率等于 $2x+y$.

4．人造某种放射性同位素时，设每秒产生这种同位素的原子数为 P，同位素产生的同时又在衰变，衰变速度与当时总原子数 N 成正比（比例系数 $\lambda>0$）．求这种同位素原子数 N 与时间 t 的函数关系：$N=N(t)$.

5．设有一个由电阻 $R=10\Omega$、电感 $L=2$H（亨）和电源电压 $E=20\sin 50t$V（伏）串联组成的电路．开关 K 合上后，电路中有电流通过，求电流 i 与时间 t 的函数关系．

6．在直流电路中，电阻为 R，电感为 L，电流为 I，电动势 E 与时间 t 成正比（比例系数为 k）．试求电流 I 与时间 t 的关系．

第四节　可降阶的高阶微分方程的解法

二阶及二阶以上的微分方程称为**高阶微分方程**．本节介绍三种特殊类型的高阶微分方程，通过代换，可将它们降为较低阶的微分方程来求解．

一、$y^{(n)}=f(x)$ 型

方程 $y^{(n)}=f(x)$的特点是右边只含自变量 x，所以只需通过 n 次积分就可求得方程含有 n 个任意常数的通解．

例 1　求方程 $y'''=\sin x-\cos x$ 的通解.

解　对所给方程积分三次，得

$$y''=-\cos x-\sin x+C_1,$$

$$y'=-\sin x+\cos x+C_1x+C_2,$$

$$y=\cos x+\sin x+\frac{1}{2}C_1x^2+C_2x+C_3,$$

于是，所求通解为.

$$y=\cos x+\sin x+C_1'x^2+C_2x+C_3$$

二、$y''=f(x,y')$ 型

方程

$$y''=f(x,y') \tag{1}$$

的右端不显含未知函数 y. 如果我们设 $y'=p$，那么

$$y''=\frac{\mathrm{d}p}{\mathrm{d}x}=p',$$

而方程（1）就成为

$$p'=f(x,p).$$

这是一个关于变量 x、p 的一阶微分方程. 设其通解为

$$p=\varphi(x,C_1),$$

因 $p=\dfrac{\mathrm{d}y}{\mathrm{d}x}$，又得到一个一阶微分方程

$$\frac{\mathrm{d}y}{\mathrm{d}x}=\varphi(x,C_1).$$

对它进行积分，便得方程（1）的通解为

$$y=\int\varphi(x,C_1)\mathrm{d}x+C_2.$$

例 2　解微分方程　$xy''+y'=x^2$.

解　方程中不显含 y，设 $y'=p$，$y''=p'$，则原方程化为

$$xp'+p-x^2=0,$$

即

$$p'+\frac{1}{x}p=x.$$

这是一阶线性微分方程，利用第三节公式（5），得

$$p=\mathrm{e}^{-\int\frac{1}{x}\mathrm{d}x}\left[\int x\mathrm{e}^{\int\frac{1}{x}\mathrm{d}x}\mathrm{d}x+C_1\right]=\frac{1}{3}x^2+\frac{C_1}{x},$$

再以 $y'=p$ 代入，得

$$y'=\frac{1}{3}x^2+\frac{C_1}{x},$$

再积分，得通解

$$y=\frac{1}{9}x^3+C_1\ln x+C_2.$$

*三、 $y''=f(y,y')$ 型

方程

$$y''=f(y,y') \tag{2}$$

中不明显地含自变量 x．为了求出它的解，我们令 $y'=p$，并利用复合函数的求导法则把 y'' 化为对 y 的导数，即

$$y''=\frac{\mathrm{d}p}{\mathrm{d}x}=\frac{\mathrm{d}p}{\mathrm{d}y}\cdot\frac{\mathrm{d}y}{\mathrm{d}x}=p\frac{\mathrm{d}p}{\mathrm{d}y}.$$

这样，方程（2）就成为

$$p\frac{\mathrm{d}p}{\mathrm{d}y}=f(y,p).$$

这是一个关于变量 y、p 的一阶微分方程．设它的通解为

$$y'=p=\varphi(y,C_1),$$

分离变量并积分，便得方程（2）的通解为

$$\int\frac{\mathrm{d}y}{\varphi(y,C_1)}=x+C_2.$$

例 3 解方程 $2yy''+(y')^2=0$．

解 方程中不显含 x，设 $y'=p$，则 $y''=p\frac{\mathrm{d}p}{\mathrm{d}y}$，代入方程得

$$2yp\frac{\mathrm{d}p}{\mathrm{d}y}+p^2=0,$$

即

$$p\left(2y\frac{\mathrm{d}p}{\mathrm{d}y}+p\right)=0.$$

如果 $p\neq 0$，则 $2y\frac{\mathrm{d}p}{\mathrm{d}y}+p=0$ 是可分离变量方程，分离变量后，得

$$\frac{\mathrm{d}p}{p}=-\frac{\mathrm{d}y}{2y},$$

两边积分，得

$$\ln p=-\frac{1}{2}\ln y+\ln C_3=\ln\frac{C_3}{\sqrt{y}},$$

化简后，得

$$p=\frac{C_3}{\sqrt{y}}$$

即

$$\frac{\mathrm{d}y}{\mathrm{d}x}=\frac{C_3}{\sqrt{y}},$$

分离变量后两端积分，得

$$\frac{2}{3}y^{\frac{3}{2}}=C_3x+C_4.$$

上式可写成

$$y=(C_1x+C_2)^{\frac{2}{3}} \tag{3}$$

为方程的通解．这里$C_1=\frac{3}{2}C_3$，$C_2=\frac{3}{2}C_4$，都是任意常数．

此外，当$p=0$，可得$y=C$（任意常数）．显然，它已包含在原方程的通解（3）式中．

习 题 7-4

1．求下列各微分方程的通解或满足初始条件的特解：

（1）$y'''=xe^x$；　　（2）$y''=y'+x$；

（3）$y''+\frac{2}{1-y^2}(y')^2=0$；　　（4）$y''=1+(y')^2$；

（5）$y'''=\frac{\ln x}{x^2}$，$y|_{x=1}=0$，$y'|_{x=1}=1$，$y''|_{x=1}=2$；

（6）$y''+\frac{2}{x+1}y'=0$，$y|_{x=0}=2$，$y'|_{x=0}=-1$．

2．一物体以初速v_0沿斜面下滑，设斜面的倾斜角为θ，且物体与斜面的摩擦系数为μ，试证明在t秒内物体下滑的距离为

$$s=\frac{1}{2}g(\sin\theta-\mu\cos\theta)t^2+v_0t$$

第五节　二阶线性微分方程解的结构

一、两个数学模型

在研究机械振动、电磁振荡、梁的微小弯曲、杆件中热的传导、化学反应的扩散等工程技术问题时，往往可归结为求解二阶线性微分方程的问题．首先建立弹性振动与电磁振荡两个数学模型．

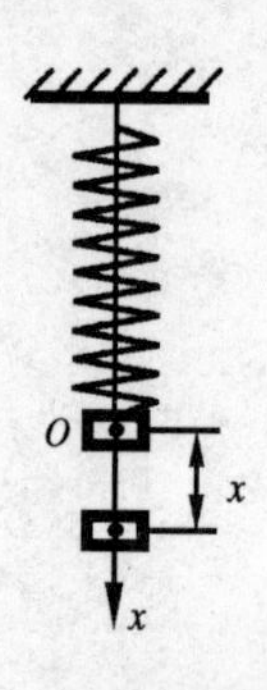

图 7-7

例 1 设有一弹簧，它的上端固定，下端挂一个质量为 m 的物体．当物体处于静止状态时，作用在物体上的重力与弹性力大小相等、方向相反．这个位置就是物体的平衡位置．如图 7-7 所示，取 x 轴铅直向下，并取物体的平衡位置为坐标原点．

如果使物体具有一个初始速度 $v_0\neq 0$，那么物体便离开平衡位置，并在平衡位置附近作上下振动．在振动过程中，物体的位置 x 随时间 t 变化，即 x 是 t 的函数：$x=x(t)$．要确定物体的振动规律，就要求出函数 $x=x(t)$．

由力学知道，弹簧使物体回到平衡位置的弹性恢复力 f（它不包括在平衡位置时和重力 mg 相平衡的那一部分弹性力）和物体离开平衡位置的位移 x 成正比

$$f=-cx,$$

其中 c 为弹簧的弹性系数，负号表示弹性恢复力的方向和物体位移的方向相反．

另外，物体在运动过程中还受到阻尼介质（如空气、油等）的阻力的作用，使得振动逐渐趋向停止．由实验知道，阻力 F_R 的方向总与运动方向相反，当振动不大时，其大小与物体运动的速度成正比，设比例系数为 μ，则有

$$F_R=-\mu\frac{\mathrm{d}x}{\mathrm{d}t}.$$

根据上述关于物体受力情况的分析，由牛顿第二定律得

$$m\frac{\mathrm{d}^2x}{\mathrm{d}t^2}=-cx-\mu\frac{\mathrm{d}x}{\mathrm{d}t}.$$

移项，并记 $2n=\frac{\mu}{m}$，$k^2=\frac{c}{m}$ 则上式化为

$$\frac{\mathrm{d}^2x}{\mathrm{d}t^2}+2n\frac{\mathrm{d}x}{\mathrm{d}t}+k^2x=0 \tag{1}$$

这就是在有阻尼的情况下，物体自由振动的微分方程——**自由振动数学模型**．

如果物体在振动过程中，还受到铅直干扰力

$$F=H\sin pt$$

的作用，则有

$$\frac{\mathrm{d}^2x}{\mathrm{d}t^2}+2n\frac{\mathrm{d}x}{\mathrm{d}t}+k^2x=h\sin pt \tag{2}$$

其中 $h=\frac{H}{m}$．这就是强迫振动的微分方程——**强迫振动数学模型**．

例 2 设有一个由电阻 R、电感 L、电容 C 和电源 E 串联组成的电路，其中 R、L 及 C 为常数，电源电动势是时间 t 的函数：$E=E_{\mathrm{m}}\sin\omega t$，这里 E_{m} 及 ω 也是常数（如图 7-8 所示）．

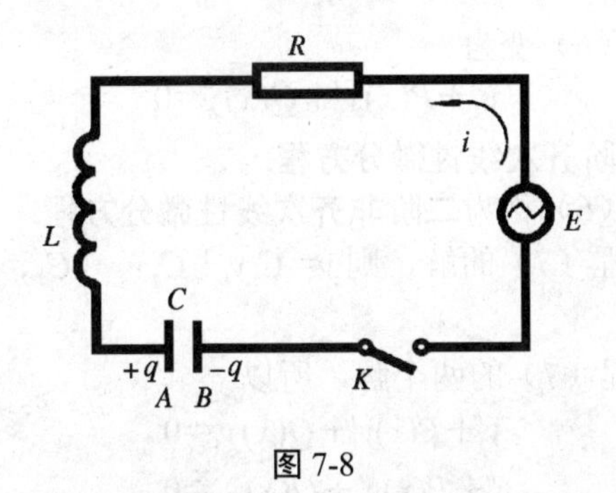

图 7-8

设电路中的电流为 $i(t)$，电容器极板上的电量为 $q(t)$，两极板间的电压为 U_C，自感电动势为 E_L．由电学知道

$$i=\frac{\mathrm{d}q}{\mathrm{d}t},\ U_C=\frac{q}{C},\ E_L=-L\frac{\mathrm{d}i}{\mathrm{d}t},$$

根据回路电压定律，得

$$E-L\frac{\mathrm{d}i}{\mathrm{d}t}-\frac{q}{C}-Ri=0,$$

即

$$LC\frac{\mathrm{d}^2U_C}{\mathrm{d}t^2}+RC\frac{\mathrm{d}U_C}{\mathrm{d}t}+U_C=E_m\sin\omega t,$$

或写成

$$\frac{\mathrm{d}^2U_C}{\mathrm{d}t^2}+2\beta\frac{\mathrm{d}U_C}{\mathrm{d}t}+\omega_0^2U_C=\frac{E_m}{LC}\sin\omega t \tag{3}$$

式中 $\beta=\frac{R}{2L}$，$\omega_0=\frac{1}{\sqrt{LC}}$．这就是 $ERLC$-串联电路振荡的微分方程——**电磁振荡数学模型**．

如果电容器经充电后撤去外电源（即 $E=0$），则方程（3）成为

$$\frac{\mathrm{d}^2U_C}{\mathrm{d}t^2}+2\beta\frac{\mathrm{d}U_C}{\mathrm{d}t^2}+\omega_0^2U_C=0 \tag{4}$$

二、二阶线性微分方程及其解的结构

例 1 和例 2 两个模型虽然是两个不同的实际问题，但是仔细观察一下所得出的方程(2)和（3），就会发现它们都归结为同一个形如

$$\frac{\mathrm{d}^2y}{\mathrm{d}x^2}+P(x)\frac{\mathrm{d}y}{\mathrm{d}x}+Q(x)y=f(x) \tag{5}$$

的方程．

定义 1　形如

$$y''+P(x)y'+Q(x)y=f(x) \tag{6}$$

的方程称为**二阶线性微分方程**，其中 $f(x)$称为方程的**自由项**．

当$f(x)\equiv 0$时，方程（6）变为

$$y''+P(x)y'+Q(x)y=0 \tag{7}$$

称为**对应于方程（6）的二阶齐次线性微分方程**.

当$f(x)\not\equiv 0$时，方程（6）称为**二阶非齐次线性微分方程**.

定理 1 若y_1、y_2是方程（7）的解，则$y=C_1y_1+C_2y_2$（C_1、C_2为任意常数）也是方程（7）的解.

证 因为y_1、y_2是方程（7）的两个解，所以

$$y_1''+P(x)y_1'+Q(x)y_1=0,$$
$$y_2''+P(x)y_2'+Q(x)y_2=0.$$

将$y=C_1y_1+C_2y_2$及其导数$y'=C_1y_1'+C_2y_2'$，$y''=C_1y_1''+C_2y_2''$代入方程（7）左边，得

$$\begin{aligned}左&=(C_1y_1''+C_2y_2'')+P(x)(C_1y_1'+C_2y_2')+Q(x)(C_1y_1+C_2y_2)\\&=(C_1y_1''+C_1P(x)y_1'+C_1Q(x)y_1)+(C_2y_2''+C_2P(x)y_2'+C_2Q(x)y_2)\\&=C_1\cdot 0+C_2\cdot 0=0=右\end{aligned}$$

即$y=C_1y_1+C_2y_2$也是方程（7）的解. **证毕**

定理 1 表明二阶齐次线性微分方程（7）的解具有叠加性. 但$y=C_1y_1+C_2y_2$不一定是方程（7）的通解. 这里C_1、C_2虽是两个任意常数，却不一定是两个独立的任意常数. 例如当$\dfrac{y_2}{y_1}=k$，即$y_2=ky_1$（k是常数）时，$y=C_1y_1+C_2y_2=C_1y_1+C_2(ky_1)=(C_1+C_2k)y_1=Cy_1$. 即$y=C_1y_1+C_2y_2$实际上只含一个任意常数. 这时它不是二阶方程（7）的通解. 当$\dfrac{y_2}{y_1}\neq$常数时，$y=C_1y_1+C_2y_2$中的确含有两个独立任意常数，因而它是方程（7）的通解.

定义 2 若$\dfrac{y_2}{y_1}=$常数，则称y_1与y_2与是**线性相关**的；否则，称y_1、y_2是**线性无关**的.

例如 x^2与e^{2x}是线性无关的；$3x^2$与$5x^2$是线性相关的.

综上所述，对于二阶齐次线性微分方程，可得

定理 2 （二阶齐次线性微分方程解的结构）若y_1、y_2是方程（7）的两个线性无关的特解，则$y=C_1y_1+C_2y_2$（C_1、C_2为任意常数）是方程（7）的通解.

例 3 求方程$y''+y=0$的通解.

解 容易验证，$y_1=\cos x$与$y_2=\sin x$是所给方程的两个解，且$\dfrac{y_2}{y_1}=\dfrac{\sin x}{\cos x}=\tan x\neq$常数，即它们是线性无关的. 因此，方程$y''+y=0$的通解为

$$y=C_1\cos x+C_1\sin x.$$

定理 3 （二阶非齐次线性微分方程解的结构）若$\bar{y}$是方程（6）的一个特解，$Y=C_1y_1+C_2y_2$是对应的齐次方程（7）的通解. 则$y=Y+\bar{y}=C_1y_1+C_2y_2+\bar{y}$就是方程（6）

的通解.

证　因为 $\overline{y}$ 是方程（6）的一个特解，所以有

$$\overline{y}''+P(x)\overline{y}'+Q(x)\overline{y}=f(x)$$

又因为 Y 是方程（7）的通解，所以有

$$Y''+P(x)Y'+Q(x)Y=0$$

将 $y=Y+\overline{y}$ 及其导数 $y'=Y'+\overline{y}'$，$y''=Y''+\overline{y}''$ 代入方程（6）得

$$\begin{aligned}左&=(Y''+\overline{y}'')+P(x)(Y'+\overline{y}')+Q(x)(Y+\overline{y})\\&=(Y''+P(x)Y'+Q(x)Y)+(\overline{y}''+P(x)\overline{y}'+Q(x)\overline{y})\\&=0+f(x)=f(x)=右\end{aligned}$$

于是 $y=Y+\overline{y}$ 是方程（6）的解．又因为 Y 是方程（7）的通解，其中必含有两个独立的任意常数，所以 $y=Y+\overline{y}$ 中也含有两个独立的任意常数．所以它是方程（6）的通解.

例 4　求方程 $y''+y=x^2$ 的通解.

解　这是二阶非齐次线性微分方程．由前例 3 知 $Y=C_1\cos x+C_2\sin x$ 是对应齐次方程 $y''+y=0$ 的通解.

又容易验证 $\overline{y}=x^2-2$ 是所给方程的一个特解．因此

$$y=C_1\cos x+C_2\sin x+x^2-2$$

是所给方程的通解.

定理 4　若 $\overline{y}_1$、$\overline{y}_2$ 分别是方程

$$y''+P(x)y'+Q(x)y=f_1(x)$$

及

$$y''+P(x)y'+Q(x)y=f_2(x)$$

的特解．则 $\overline{y}=\overline{y}_1+\overline{y}_2$ 就是方程

$$y''+P(x)y'+Q(x)y=f_1(x)+f_2(x)$$

的特解.

定理 4 表明，当二阶非齐次线性方程的右端是不同类型函数之和时，可先求出右边分别为各种不同类型项所对应方程的特解．然后再把结果相加，就得到所求方程的特解.

例 5　已知 $\overline{y}_1=-x+\dfrac{1}{3}$，$\overline{y}_2=-\dfrac{1}{4}xe^{-x}$ 分别是方程 $y''-2y'-3y=3x+1$ 和 $y''-2y'-3y=e^{-x}$ 的特解．由定理 4 即得 $\overline{y}=\overline{y}_1+\overline{y}_2=-x+\dfrac{1}{3}-\dfrac{1}{4}xe^{-x}$ 就是方程 $y''-2y'-3y=3x+1+e^{-x}$ 的一个特解.

上面得出的二阶线性微分方程解的结构定理都可以推广到 n 阶线性微分方程的情形.

习 题 7-5

1．下列函数组在其定义区间内哪些是线性无关的？

（1）e^{-x}，e^{x}；　（2）$\cos 2x$，$\sin 2x$；　（3）$\ln x$，$x\ln x$；

（4）x^2，x^3；　（5）x，$3x$；　（6）e^x，$2e^x$.

2．验证 $y_1=e^x$ 及 $y_2=xe^x$ 都是方程 $y''-2y'+y=0$ 的解，并写出此方程的通解.

3．验证函数 $\overline{y}=\dfrac{a}{4}e^{3x}$（$a\neq 0$ 为常数）是方程 $y''-2y'+y=ae^{3x}$ 的一个特解，利用上题写出它的通解.

4．验证 $y=C_1x^5+\dfrac{C_2}{x}-\dfrac{x^2}{9}\ln x$（$C_1$、$C_2$ 是任意常数）是方程 $x^2y''-3xy'-5y=x^2\ln x$ 的通解.

5．已知方程 $(x-1)y''-xy'+y=0$ 的两个特解 $y_1=x$、$y_2=e^x$，求方程满足初始条件 $y(0)=1$，$y'(0)=2$ 的特解.

6．已知 $y_1(x)=x$ 是齐次方程 $x^2y''-2xy'+2y=0$ 的一个解，求非齐次线性方程 $x^2y''-2xy'+2y=2x^3$ 的通解.

第六节　二阶常系数齐次线性微分方程

在二阶齐次线性微分方程

$$y''+P(x)y'+Q(x)y=0 \tag{1}$$

中，如果 y'、y 的系数均为常数，即方程（1）成为

$$y''+py'+qy=0 \tag{2}$$

其中 p、q 是常数，则称方程（2）为**二阶常系数齐次线性微分方程**.

由上节定理 2 知，只需求出方程（2）的两个线性无关的特解 y_1、y_2，就可写出它的通解：

$$y=C_1y_1+C_2y_2.$$

根据方程（2）的特点并观察知 $y=e^{rx}$ 是它的一个特解．这里 r 为待定系数.

由 $y=e^{rx}$ 得 $y'=re^{rx}$，$y''=r^2e^{rx}$，代入方程（2）有 $r^2e^{rx}+pre^{rx}+qe^{rx}=0$，即 $e^{rx}(r^2+pr+q)=0$．因为 $e^{rx}\neq 0$，所以

$$r^2+pr+q=0 \tag{3}$$

方程（3）称为二阶常系数齐次线性微分方程（2）的**特征方程**．于是，求微分方程（2）的特解问题就转化为求特征方程（3）的根的问题了.

特征方程（3）的根有三种不同的情形，下面分别就这三种情形来研究方程（2）的通解.

情形一　当 $\Delta=p^2-4q>0$ 时，特征方程有两个不相等的实根：$r_1\neq r_2$．由上述讨论知，$y_1=e^{r_1x}$，$y_2=e^{r_2x}$ 必是微分方程（2）的两个特解，并且

$$\frac{y_2}{y_1}=\frac{e^{r_2x}}{e^{r_1x}}e^{(r_2-r_1)x}\neq 常数,$$

即 y_1 与 y_2 线性无关．据上节齐次方程通解结构定理 2 知，方程（2）的通解是

$$y=C_1e^{r_1x}+C_2e^{r_2x} \tag{4}$$

情形二 当 $\Delta=p^2-4q=0$ 时．特征方程有两个相等的实根：$r_1=r_2$．因为 $r_1=r_2$，所以 $y_1=e^{r_1x}$ 是方程（2）的一个特解．为了求出通解，就必须再求一个与 y_1 线性无关的特解 y_2，即要求 $\frac{y_2}{y_1}\neq$ 常数，用待定函数法可推得：$y_2=xe^{r_1x}$．于是，方程（2）的通解为

$$y=(C_1+C_2x)e^{r_1x} \tag{5}$$

情形三 当 $p^2-4q<0$ 时，特征方程有一对共轭复根：$r_1=\alpha+i\beta$，$r_2=\alpha-i\beta$．同理可知 $y_1=e^{(\alpha+i\beta)x}$，$y_2=e^{(\alpha-i\beta)x}$ 是方程（2）的两个线性无关的特解．方程（2）的通解是 $y=C_1e^{(\alpha+i\beta)x}+C_2e^{(\alpha-i\beta)x}$．这是复数形式，不便应用，为此需要找出方程（2）的实数形式的通解．

由欧拉公式能性

$$e^{ix}=\cos x+i\sin x$$
$$e^{-ix}=\cos x-i\sin x$$

可得

$$y_1=e^{\alpha x}e^{i\beta x}=e^{\alpha x}(\cos\beta x+i\sin\beta x),$$
$$y_2=e^{\alpha x}e^{-i\beta x}=e^{\alpha x}(\cos\beta x-i\sin\beta x),$$

据上节定理 1，可知

$$\frac{y_1+y_2}{2}=e^{\alpha x}\cos\beta x,\quad \frac{y_1-y_2}{2i}=e^{\alpha x}\sin\beta x.$$

也是方程（2）的两个特解，由于它们的比不是常数，所以它们是线性无关的．从而方程（2）的通解的实数形式为

$$y=e^{\alpha x}(C_1\cos\beta x+C_2\sin\beta x) \tag{6}$$

其中 α、β 是特征方程的复数根的实部和虚部．

例 1 求微分方程 $y''-2y'-3y=0$ 的通解．

解 这是二阶常系数齐次线性微分方程．它的特征方程为 $r^2-2r-3=0$，特征根 $r_1=-1$，$r_2=3$ 是两个不相等的实根，因此，方程的通解为

$$y=C_1e^{-x}+C_2e^{3x}.$$

例 2 求方程

$$y''-2y'+y=0$$

满足初始条件 $y|_{x=0}=2$，$y'|_{x=0}=5$ 的特解．

解 这是二阶常系数齐次线性微分方程． 它的特征方程 $r^2-2r+1=0$，有两个相等的特征根 $r_1=r_2=1$．故微分方程的通解为

$$y=(C_1+C_2x)\mathrm{e}^x.$$

因为$y\big|_{x=0}=2$，所以 $C_1=2$，又$y'=\mathrm{e}^x(C_2+2+C_2x)$且$y'\big|_{x=0}=5$，所以 $C_2=3$．故方程满足初始条件的特解为

$$y=(2+3x)\mathrm{e}^x.$$

例 3 求微分方程

$$y''-2y'+5y=0$$

的通解．

解 所给方程的特征方程为

$$r^2-2r+5=0$$

其根$r_1=1+2i$，$r_2=1-2i$为一对共轭复根．因此所求通解为

$$y=\mathrm{e}^x(C_1\cos 2x+C_2\sin 2x).$$

综上所述，二阶常系数齐次线性微分方程（2）可以用**特征方程法**求出它的通解．其步骤为：

（i）根据方程（2）写出它的特征方程

$$r^2+pr+q=0;$$

（ii）求出特征方程的两个根r_1、r_2；

（iii）根据特征根的不同情形，直接写出方程（2）的通解．见表 7-1．

表 7-1

特征方程$r^2+pr+q=0$的两个根r_1、r_2	微分方程$y''+py'+qy=0$的通解
两个不相等的实根$r_1\neq r_2$	$y=C_1\mathrm{e}^{r_1x}+C_2\mathrm{e}^{r_2x}$
两个相等的实根$r_1=r_2$	$y=(C_1+C_2x)\mathrm{e}^{rx}$
一对共轭复根$r_{1,2}=\alpha\pm i\beta$	$y=\mathrm{e}^{\alpha x}(C_1\cos\beta x+C_2\sin\beta x)$

上面讨论二阶常系数齐次线性微分方程所用的方法和通解形式，均可推广到n阶常系数齐次线性微分方程的情形．

例 4 求微分方程$y^{(4)}-2y^{(3)}+5y''=0$的通解．

解 这里特征方程为$r^4-2r^3+5r^2=0$，即

$$r^2(r^2-2r+5)=0$$

它的根是$r_1=r_2=0$和$r_3=1+2i$，$r_4=1-2i$．因此，所给微分方程的通解为

$$y=C_1+C_2x+\mathrm{e}^x(C_3\cos 2x+C_4\sin 2x).$$

习 题 7-6

1．求下列微分方程的通解．

（1）$y''+8y'+16y=0$；　（2）$y''+y'-2y=0$；

（3）$3y''+5y'-12y=0$；　（4）$y''+6y'+13y=0$

（5）$y^{(4)}-y=0$；　（6）$y''-4y'+5y=0$．

2．求下列微分方程满足所给初始条件的特解．

（1）$y''-4y'+3y=0, y\big|_{x=0}=6, y'\big|_{x=0}=10$；　（2）$y''-3y'-4y=0, y\big|_{x=0}=0, y'\big|_{x=0}=-5$；

（3）$y''-6y'+9y=0, y\big|_{x=0}=0, y'\big|_{x=0}=2$；　（4）$\dfrac{d^2s}{dt^2}+2\dfrac{ds}{dt}+5s=0$，$s(0)=0$，$s'(0)=1$

3．设方程 $y''+9y=0$ 的一条积分曲线过点（π，−1），且在该点与直线 $y=-x+\pi-1$ 垂直，求这条曲线的方程．

4．在图 7-9 所示的电路中先将开关 K 拨向 A，达到稳定状态后再将开关 K 拨向 B，求电压 $U_C(t)$及电流 $i(t)$．已知 $E=20$V，$C=0.5\times10^{-6}$F（法），$L=0.1$H（亨），$R=2000\Omega$．

5．设二阶方程 $\dfrac{d^2x}{dt^2}+p\dfrac{dx}{dt}+qx=0$ 中，常数 p、q 都大于零，求解 $x(t)$，并证明当 $t\to+\infty$ 时，$x(t)\to0$．

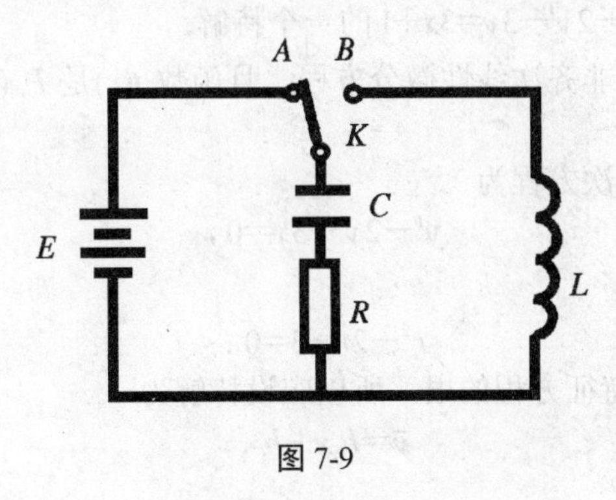

图 7-9

第七节　二阶常系数非齐次线性微分方程

二阶常系数非齐次线性微分方程的一般形式是

$$y''+py'+qy=f(x) \tag{1}$$

其中 p、q 是常数．

由第五节定理 3 知道，求二阶常系数非齐次线性微分方程的通解，归结为求对应的齐次方程的通解和非齐次方程本身的一个特解．由于二阶常系数齐次线性微分方程的通解求法已在上一节得到解决，所以这里只需讨论二阶常系数非齐次线性微分方程的一个特解 $\overline{y}$ 的求法．

下面分别研究当 $f(x)$为两种特殊类型的函数时，特解 $\overline{y}$ 的求法．

一、 $f(x)=P_m(x)e^{\alpha x}$ 型

这里 $P_m(x)$为 x 的 m 次多项式，α 为已知常数．方程（1）即为

$$y''+py'+qy=P_m(x)e^{\alpha x} \tag{2}$$

因为方程（2）的右边为 x 的多项式与指数函数的乘积，所以左边的函数 y 及其导数亦应为 x 的多项式与指数函数的乘积，这样，（2）式才可能成立．于是，可先试设特解为

$$\overline{y}=Q(x)e^{\alpha x} \tag{3}$$

其中 $Q(x)$为待定的多项式．将 $\overline{y}$ 及其一、二阶导数代入（2）式易知方程（2）具有形如

$$y=x^kQ_m(x)e^{\alpha x} \tag{4}$$

的特解，其中 $Q_m(x)$与 $P_m(x)$同为 x 的 m 次多项式，而 k 是特征方程含根 α 的重复次数（即 k 依次取 0、1 或 2）．也就是说，当 α 不是特征方程的根时，取 $k=0$；当 α 是特征方程的单根时，取 $k=1$；当 α 是特征方程的二重根时，取 $k=2$．

例 1　求微分方程 $y''-2y'-3y=3x+1$ 的一个特解．

解　这是二阶常系数非齐次线性微分方程，且函数 $f(x)$是 $P_m(x)e^{\alpha x}$ 型（其中 $P_m(x)=3x+1$，$\alpha=0$）．

与所给方程对应的齐次方程为

$$y''-2y'-3y=0,$$

它的特征方程为

$$r^2-2r-3=0.$$

由于这里 $\alpha=0$ 不是特征方程的根，所以应设特解为

$$\overline{y}=b_0x+b_1.$$

把它代入所给方程，得

$$-3b_0x-2b_0-3b_1=3x+1,$$

比较两端 x 的同次幂的系数，得

$$\begin{cases}-3b_0=3\\-2b_0-3b_1=1\end{cases}.$$

由此求得 $b_0=-1$，$b_1=\frac{1}{3}$．于是求得一个特解为

$$\overline{y}=-x+\frac{1}{3}.$$

例 2　求微分方程

$$y''-5y'+6y=xe^{2x}$$

的通解．

解　所给方程也是二阶常系数非齐次线性微分方程，且 $f(x)$呈 $P_m(x)e^{\alpha x}$ 型（其中 $P_m(x)$

$=x$，$\alpha=2$）.

与所给方程对应的齐次方程为

$$y''-5y'+6y=0,$$

它的特征方程为

$$r^2-5r+6=0.$$

有两个实根 $r_1=2$，$r_2=3$．于是所给方程对应的齐次方程的通解为

$$Y=C_1\mathrm{e}^{2x}+C_2\mathrm{e}^{3x}.$$

由于 $\alpha=2$ 是特征方程的单根，所以应设 $\overline{y}$ 为

$$\overline{y}=x(b_0x+b_1)\mathrm{e}^{2x}.$$

把它代入所给方程，得

$$-2b_0x+2b_0-b_1=x.$$

比较两边 x 的同次幂的系数，得

$$\begin{cases}-2b_0=1\\ 2b_0-b_1=0\end{cases}.$$

解得 $b_0=-\dfrac{1}{2}$，$b_1=-1$．因此求得一个特解为

$$\overline{y}=x(-\frac{1}{2}x-1)\mathrm{e}^{2x}.$$

从而所求的通解为

$$y=C_1\mathrm{e}^{2x}+C_2\mathrm{e}^{3x}-\frac{1}{2}(x^2+2x)\mathrm{e}^{2x}.$$

二、$f(x)=\mathrm{e}^{\alpha x}(A_1\cos\beta x+B_1\sin\beta x)$ 型

这里 A_1、B_1、α、β 为已知常数．方程（1）即为

$$y''+py'+qy=\mathrm{e}^{\alpha x}(A_1\cos\beta x+B_1\sin\beta x) \tag{5}$$

仿照前面的讨论，可得结论如下：

二阶常系数非齐次线性微分方程（5）具有如下形式的特解

$$\overline{y}=x^k\mathrm{e}^{\alpha x}(A_2\cos\beta x+B_2\sin\beta x) \tag{6}$$

其中 A_2、B_2 为待定常数，而 k 是特征方程含共轭复根 $\alpha\pm i\beta$ 的重复次数（即 k 依次取 0 或 1）.

上述关于二阶常系数非齐次线性微分方程特解形状的结论和求解方法，都可以推广到高阶常系数非齐次线性微分方程上去.

例 3　在第五节例 1 中，设物体受弹性恢复力 f 和干扰力 F 的作用．试求物体的运动

规律.

解 这里需要求出无阻尼强迫振动方程

$$\frac{d^2x}{dt^2}+k^2x=h\sin pt \tag{7}$$

的通解.

对应的齐次微分方程（即无阻尼自由振动方程）为

$$\frac{d^2x}{dt^2}+k^2x=0 \tag{8}$$

它的特征方程 $r^2+k^2=0$ 的根为 $r_{1,2}=\pm ik$. 故方程（8）的通解为

$$X=C_1\cos kt+C_2\sin kt .$$

令

$$C_1=A\sin\varphi，\ C_2=A\cos\varphi$$

则方程（8）的通解又可写成

$$X=A\sin(kt+\varphi),$$

其中 A，φ 为任意常数.

方程（7）右端的函数 $f(t)=h\sin pt$ 与 $f(t)=e^{\alpha t}$（$A_1\cos\beta t+B_1\sin\beta t$）相比较，就有 $\alpha=0$，$\beta=p$，$A_1=0$，$B_1=h$. 现在分别就 $p\neq k$ 和 $p=k$ 两种情形讨论如下

（1）如果 $p\neq k$，则 $\pm i\beta=\pm ip$ 不是特征方程的根，故设

$$\bar{x}=A_2\cos pt+B_2\sin pt .$$

代入方程（7）求得

$$A_2=0,\ B_2=\frac{h}{k^2-p^2}.$$

于是

$$\bar{x}=\frac{h}{k^2-p^2}\sin pt$$

从而当 $p\neq k$ 时，方程（7）的通解为

$$x=X+\bar{x}=A\sin(kt+\varphi)+\frac{h}{k^2-p^2}\sin pt .$$

上式表示，物体的运动由两部分组成，这两部分都是**简谐振动**. 上式第一项表示**自由振动**，第二项所表示的振动叫做**强迫振动**. 强迫振动是干扰力引起的，它的角频率即是干扰力的角频率 p；当干扰力的角频率与振动系统的固有频率 k 相差很小时，它的振幅 $\left|\frac{h}{k^2-p^2}\right|$ 可以很大.

（2）如果 $p=k$，则 $\pm ik=\pm ip$ 是特征方程的根. 故设

$$\bar{x}=t(A_2\cos kt+B_2\sin kt).$$

代入方程（7）求得

$$A_2=-\frac{h}{2k}\,,\quad B_2=0\,.$$

于是
$$\overline{x}=-\frac{h}{2k}t\cos kt\,.$$

从而当 $p=k$ 时，方程（7）的通解为

$$x=X+\overline{x}=A\sin(kt+\varphi)-\frac{h}{2k}t\cos kt\,.$$

上式右端第二项表明，强迫振动的振幅 $\frac{h}{2k}t$ 随时间 t 的增大而无限增大，这就发生所谓**共振现象**.为了避免共振现象,应使干扰力的角频率 p 不要靠近振动系统的固有频率 k.反之，如果要利用共振现象，则应使 $p=k$ 或使 p 与 k 尽量靠近.

有阻尼的强迫振动问题可作类似的讨论，这里从略了.

习 题 7-7

1．对于微分方程 $y''+y'-6y=P(x)$，若 $P(x)$等于：

（1）x^2；　（2）xe^{2x}；　（3）e^{2x}；　（4）$\sin 2x$.

用待定系数法求特解时，问特解 $\overline{y}$ 的形式应如何设法?

2．求下列各微分方程的通解：

（1）$y''+y=2x^2-3$；　（2）$y''-3y'+2y=(x-1)e^{2x}$；

（3）$y''+3y'+2y=e^{-x}\cos x$；　（4）$y''+y=xe^x\cos x$.

3　求下列微分方程满足给定初始条件的特解：

（1）$y''+y+\sin 2x=0$，$y(\pi)=1$，$y'(\pi)=1$；

（2）$y''-3y'+2y=5$，$y\big|_{x=0}=1$，$y'\big|_{x=0}=2$；

（3）$y''-y=4xe^x$，$y(0)=0$，$y'(0)=1$.

4　一质量为 m 的质点从水面由静止开始下降，所受阻力与下降速度成正比（比例系数为 k），求下降深度 x 与时间 t 的关系.

5．在 R、L、C 含源串联电路中，电动势为 E 的电源对电容器 C 充电．已知 $E=20$V，$C=0.2$ μF（微法），$L=0.1$H（亨），$R=1000\Omega$，试求合上开关 K 后的电流 $i(t)$及电压 $U_C(t)$.

6．设函数 $\varphi(x)$连续，且满足

$$\varphi(x)=e^x+\int_0^x t\varphi(t)dt-x\int_0^x\varphi(t)dt\,,$$

求 $\varphi(x)$.

第八章　无 穷 级 数

无穷级数是表示函数、研究函数性质以及进行数值计算等应用性很强的重要工具．本章先讨论常数项级数，然后讨论函数项级数，并讨论如何将函数展开成幂级数与三角级数的问题．

第一节　常数项级数

一、级数的概念

人们认识事物在数量方面的特性，往往有一个由近似到精确的过程．在这种认识过程中，经常会遇到由有限个数相加到无穷多个数相加的问题，由此就产生了无穷级数的概念．

定义 1　将数列

$$u_1, u_2, \cdots, u_n, \cdots,$$

依次相加所得的式子

$$u_1+u_2+\cdots+u_n+\cdots$$

称为**数项无穷级数**，简称**级数**，记为$\sum\limits_{n=1}^{\infty}u_n$，即

$$\sum_{n=1}^{\infty}u_n=u_1+u_2+\cdots+u_n+\cdots \tag{1}$$

其中第 n 项 u_n 叫做级数的**一般项**或**通项**．称级数（1）的前 n 项的和

$$S_n=u_1+u_2+\cdots+u_n,\ (n=1, 2, \cdots)$$

为级数（1）的 n **项部分和**．数列$\{S_n\}$称为级数（1）的**部分和数列**．

如果级数（1）式的部分和数列$\{S_n\}$有极限 s，即

$$\lim_{n\to\infty}S_n=s$$

则称级数（1）式是**收敛**的，这时极限值 s 称为级数（1）式的和，记作

$$s=u_1+u_2+\cdots+u_n+\cdots=\sum_{n=1}^{\infty}u_n,$$

如果部分和数列$\{S_n\}$没有极限，则称级数（1）式是**发散**的．

如果级数（1）式收敛，则其和 s 与部分和 S_n 的差 $s-S_n$ 称为级数（1）式的**余项**，记

为 r_n，即
$$r_n=s-S_n=u_{n+1}+u_{n+2}+\cdots.$$

当级数（1）收敛时，易知其部分和 S_n 是和 s 的近似值，而且用 S_n 作为 s 的近似值时，其绝对误差就是 $|r_n|$.

例 1
$$\sum_{n=1}^{\infty}\frac{1}{n}=1+\frac{1}{2}+\cdots+\frac{1}{n}+\cdots \tag{2}$$

是一个无穷级数，其通项为 $\frac{1}{n}$，此级数称为**调和级数**，讨论其敛散性.

解 调和级数的前 n 项部分和为
$$S_n=1+\frac{1}{2}+\frac{1}{3}+\cdots+\frac{1}{n}.$$

如图 8-1 所示，由曲线 $y=\frac{1}{x}$ 和直线 $x=n$，$x=n+1$ 及 x 轴所围成的曲边梯形的面积为 $\int_n^{n+1}\frac{1}{x}\mathrm{d}x$. 而阴影部分的面积为 $\frac{1}{n}$. 显然有

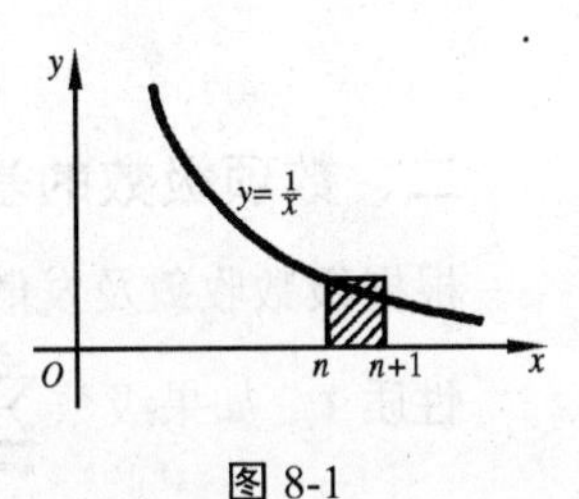

图 8-1

$$\frac{1}{n}>\int_n^{n+1}\frac{1}{x}\mathrm{d}x=\ln(n+1)-\ln n,$$

所以
$$S_n=1+\frac{1}{2}+\cdots+\frac{1}{n}>[(\ln 2-\ln 1)+(\ln 3-\ln 2)+\cdots+(\ln(n+1)-\ln n)]$$
$$=\ln(n+1)\to\infty(n\to\infty),$$

所以 $\{S_n\}$ 的极限不存在. 因此调和级数是发散的.

例 2 无穷级数
$$\sum_{n=1}^{\infty}aq^{n-1}=a+aq+aq^2+\cdots+aq^{n-1}+\cdots \tag{3}$$

称为**等比级数**（又称为**几何级数**），其中 $a\neq 0$，q 叫做级数的**公比**. 试讨论级数（3）的敛散性.

解 如果 $|q|\neq 1$，则部分和
$$S_n=a+aq+\cdots+aq^{n-1}=\frac{a(1-q^n)}{1-q}=\frac{a}{1-q}(1-q^n).$$

（1）当 $|q|<1$ 时，$q^n\to 0(n\to\infty)$，于是
$$\lim_{n\to\infty}S_n=\frac{a}{1-q},$$

故级数（3）式收敛且其和为 $\frac{a}{1-q}$.

（2）当$|q|>1$时，$q^n\to\infty(n\to\infty)$，故

$$S_n\to\infty(n\to\infty)$$

从而级数（3）式发散.

（3）如果$|q|=1$，则当$q=1$时，$S_n=na\to\infty(n\to\infty)$，故级数（3）式发散；当$q=-1$时，级数（3）式成为

$$a-a+a-a+\cdots$$

显然其部分和数列为$a, 0, a, 0, \cdots$，没有极限．故级数（3）式发散.

总之，几何级数（3）式当$|q|<1$时收敛，且其和为$\dfrac{a}{1-q}$；当$|q|\geqslant 1$时发散.

二、数项级数的基本性质

根据级数收敛及发散的定义，可以得出下面几个基本性质.

性质 1 如果级数$\sum\limits_{n=1}^{\infty}u_n=s, \sum\limits_{n=1}^{\infty}v_n=\sigma$，则级数

$$\sum_{n=1}^{\infty}(u_n\pm v_n)=s\pm\sigma .$$

这就是说，如果级数$\sum\limits_{n=1}^{\infty}u_n$和$\sum\limits_{n=1}^{\infty}v_n$都收敛，且它们的和分别为$s$和$\sigma$，则级数$\sum\limits_{n=1}^{\infty}(u_n\pm v_n)$也收敛且其和为$s\pm\sigma$.

性质 2 如果级数$\sum\limits_{n=1}^{\infty}u_n=s$，则$\sum\limits_{n=1}^{\infty}ku_n=ks$，其中$k$为常数.

这就是说，如果级数$\sum\limits_{n=1}^{\infty}u_n$收敛于和$s$，则它逐项乘以同一个常数$k$所得到的级数$\sum\limits_{n=1}^{\infty}ku_n$收敛于和$ks$.

性质 3 增加、去掉或改变级数的有限项，不会改变级数的敛散性，但其和可能改变.

以上性质很易证明，这里从略.

性质 4 如果级数$\sum\limits_{n=1}^{\infty}u_n$收敛，则对这级数的项任意加括号后所成的级数

$$(u_1+\cdots+u_{n_1})+(u_{n_1+1}+\cdots+u_{n_2})+(u_{n_{k-1}+1}+\cdots+u_{n_k})+\cdots \tag{4}$$

仍收敛，且其和不变.

***证** 设级数$\sum\limits_{n=1}^{\infty}u_n$（相应于前$n$项）的部分和为$S_n$，加括号后所成的级数（4）（相应于前$k$项）的部分和为$A_k$，则

$$A_1=u_1+\cdots+u_{n_1}=S_{n_1},$$
$$A_2=(u_1+\cdots+u_{n_1})+(u_{n_1+1}+\cdots+u_{n_2})=S_{n_2},$$
$$\cdots\cdots\cdots\cdots,$$
$$A_k=(u_1+\cdots+u_{n_1})+(u_{n_1+1}+\cdots+u_{n_2})+\cdots+(u_{n_{k-1}+1}+\cdots+u_{n_k})=S_{n_k}$$
$$\cdots\cdots\cdots\cdots.$$

可见，数列$\{A_k\}$是数列$\{S_n\}$的一个子数列．由数列$\{S_n\}$的收敛性以及收敛数列与其子数列的关系（第一章第二节定理 3）可知，数列$\{A_k\}$必定收敛，且有

$$\lim_{k\to\infty}A_k=\lim_{n\to\infty}S_n,$$

即加括号后所成的级数收敛，且其和不变．

但需要注意，如果加括号后所成的级数收敛，则不能断定去括号后原来的级数也收敛．例如，级数

$$(1-1)+(1-1)+\cdots$$

收敛于零，但级数

$$1-1+1-1+\cdots$$

却是发散的．

性质 5（级数收敛的必要条件）　如果级数$\sum_{n=1}^{\infty}u_n$收敛，则它的一般项u_n趋于零，即

$$\lim_{n\to\infty}u_n=0.$$

证　设级数$\sum_{n=1}^{\infty}u_n$的部分和为S_n，且$S_n=\to s(n\to\infty)$，则

$$\lim_{n\to\infty}u_n=\lim_{n\to\infty}(S_n-S_{n-1})=\lim_{n\to\infty}S_n-\lim_{n\to\infty}S_{n-1}$$
$$=s-s=0.$$

证毕

由性质 5 可知，如果级数的一般项不趋于零，则该级数必定发散．例如，级数

$$\frac{1}{2}-\frac{2}{3}+\frac{3}{4}-\cdots+(-1)^{n-1}\frac{n}{n+1}+\cdots,$$

它的一般项$u_n=(-1)^{n-1}\dfrac{n}{n+1}$当$n\to\infty$时不趋不零，因此，这级数是发散的．

注意　级数的一般项趋于零并不是级数收敛的充分条件，即有些级数虽然一般项趋于零，但它却是发散的．例如，调和级数（2）式，虽然它的一般项$u_n=\dfrac{1}{n}\to 0(n\to\infty)$，但由例 1 知它是发散的．

三、正项级数及其审敛法

对于级数$\sum_{n=1}^{\infty}u_n$，若$u_n\geqslant 0$，则称其为**正项级数**．显然正项级数其部分和数列$\{S_n\}$是一个单调增加的数列．于是由单调有界数列必有极限的准则知，只要$\{S_n\}$有上界，则正项级数$\sum_{n=1}^{\infty}u_n(u_n\geqslant 0)$是收敛的．因此有如下重要结论．

定理 1 正项级数$\sum_{n=1}^{\infty}u_n$收敛的充要条件是它的部分和数列$\{S_n\}$有上界．

由定理 1 可知，当判定一个正项级数是否收敛时，可以不求它的部分和数列$\{S_n\}$的极限，而只要判定$\{S_n\}$是否有上界就可以了．

从这一定理出发，可以建立下面两种常用的审敛法．

定理 2（比较审敛法） 设存在自然数N和正常数k，使当$n\geqslant N$时不等式$0\leqslant u_n\leqslant kv_n$成立，那么：

（i）如果级数$\sum_{n=1}^{\infty}v_n$收敛，则级数$\sum_{n=1}^{\infty}u_n$也收敛；

（ii）如果级数$\sum_{n=1}^{\infty}u_n$发散，则级数$\sum_{n=1}^{\infty}v_n$也发散．

证 先证（i）．不失一般性，设$N=1$．如果级数$\sum_{n=1}^{\infty}v_n$收敛，记其和为σ．由于$0\leqslant u_n\leqslant kv_n$，所以级数$\sum_{n=1}^{\infty}u_n$的部分和

$$S_n=u_1+u_2+\cdots+u_n\leqslant k(v_1+v_2+\cdots+v_n)\leqslant k\sigma,$$

即$\{S_n\}$有上界．所以，由定理 1 知级数$\sum_{n=1}^{\infty}u_n$收敛．

再证（ii）．用反证法，假设级数$\sum_{n=1}^{\infty}v_n$收敛，则由条件$0\leqslant u_n\leqslant kv_n$并根据已证的（i）可知，级数$\sum_{n=1}^{\infty}u_n$也收敛，这与已知条件矛盾．所以级数$\sum_{n=1}^{\infty}v_n$发散． **证毕**

例 3 判定级数

$$\sum_{n=1}^{\infty}\frac{1}{2n-1}=1+\frac{1}{3}+\frac{1}{5}+\cdots+\frac{1}{2n-1}+\cdots$$

的敛散性．

解　因为$u_n=\dfrac{1}{2n-1}>\dfrac{1}{2n}$，且已知级数$\sum\limits_{n=1}^{\infty}\dfrac{1}{n}$发散，故$\sum\limits_{n=1}^{\infty}\dfrac{1}{2n}$也发散，由此推得级数$\sum\limits_{n=1}^{\infty}\dfrac{1}{2n-1}$是发散的.

例 4　讨论 p-级数

$$\sum_{n=1}^{\infty}\frac{1}{n^p}=1+\frac{1}{2^p}+\frac{1}{3^p}+\cdots+\frac{1}{n^p}+\cdots$$

的敛散性，其中 p 为常数.

解　当$p\leqslant 1$时，$\dfrac{1}{n^p}\geqslant\dfrac{1}{n}$，由于调和级数$\sum\limits_{n=1}^{\infty}\dfrac{1}{n}$是发散的，所以根据定理 2 知，当$p\leqslant 1$时，$p$-级数是发散的.

当$p>1$时，考察单调减函数$y=\dfrac{1}{x^p}(x>0)$. 如图 8-2 所示，可以看出，区间$[n-1,n]$上阴影部分的面积为$\dfrac{1}{n^p}$. 该面积小于区间$[n-1,n]$上曲边梯形的面积$\int_{n-1}^{n}\dfrac{1}{x^p}\mathrm{d}x$. 所以，$p$-级数的部分和$S_n$满足：

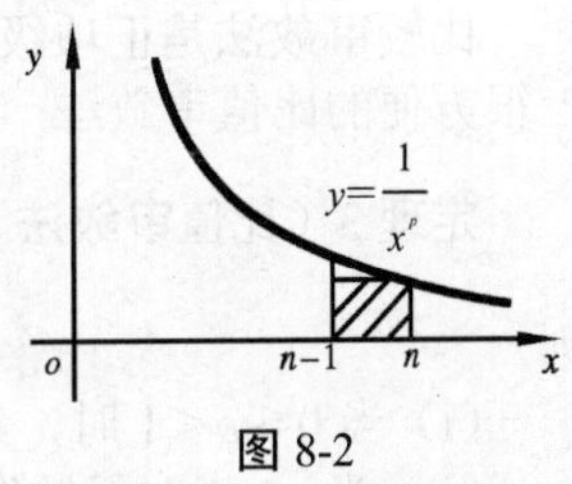

图 8-2

$$S_n=\frac{1}{1^p}+\frac{1}{2^p}+\frac{1}{3^p}+\cdots+\frac{1}{n^p}<1+\int_1^n\frac{1}{x^p}\mathrm{d}x$$

$$=1+\frac{1}{1-p}x^{1-p}\Big|_1^n=1+\frac{1}{1-p}\left[1-\frac{1}{n^{p-1}}\right]<1+\frac{1}{p-1},$$

即数列$\{S_n\}$有上界. 由定理 1 知当$p>1$时，p-级数收敛.

综上所述，p-级数$\sum\limits_{n=1}^{\infty}\dfrac{1}{n^p}$当$p\leqslant 1$时发散；当$p>1$时收敛.

例如，级数$1+\dfrac{1}{\sqrt{2}}+\dfrac{1}{\sqrt{3}}+\cdots+\dfrac{1}{\sqrt{n}}+\cdots(p=\dfrac{1}{2})$是发散的，而级数$1+\dfrac{1}{4}+\dfrac{1}{9}+\cdots+\dfrac{1}{n^2}+\cdots$ $(p=2)$是收敛的.

应用比较审敛法时，需要找一个已知敛散性的级数作为比较对象. 我们常用等比级数和 p-级数作为比较对象.

例 5　判定级数

（1）$\sum\limits_{n=1}^{\infty}\dfrac{n+1}{n(n+2)}$；　　　（2）$\sum\limits_{n=1}^{\infty}\dfrac{1}{(n+1)(n+2)}$

的敛散性.

解　（1）该级数的通项

$$u_n=\frac{n+1}{n(n+2)}=\frac{1}{n+2}+\frac{1}{n(n+2)}>\frac{1}{n+2},$$

而级数$\sum_{n=1}^{\infty}\frac{1}{n+2}$只比调和级数少了前两项. 由级数的基本性质 3 知级数$\sum_{n=1}^{\infty}\frac{1}{n+2}$发散. 再根据比较审敛法得知级数$\sum_{n=1}^{\infty}\frac{n+1}{n(n+2)}$发散.

（2）因为该级数的一般项

$$u_n=\frac{1}{(n+1)(n+2)}<\frac{1}{n^2},$$

而级数$\sum_{n=1}^{\infty}\frac{1}{n^2}$是（$p=2$ 是 p-级数）收敛的. 由比较审敛法知原级数收敛.

比较审敛法是正项级数的基本审敛法，但有时使用起来不大方便，下面介绍一种实用上很方便的比值审敛法.

定理 3（比值审敛法） 对于正项级数$\sum_{n=1}^{\infty}u_n\,(u_n>0)$，如果$\lim_{n\to\infty}\frac{u_{n+1}}{u_n}=\rho\ (0\leqslant\rho\leqslant+\infty)$，则

（i）当 $0\leqslant\rho<1$ 时，级数收敛；

（ii）当 $\rho>1$ 时级数发散；

（iii）当 $\rho=1$ 时，级数可能收敛也可能发散.

*证 （i）当 $0\leqslant\rho<1$ 时，可以取适当小的正数 ε，使得 $q=\rho+\varepsilon<1$. 根据极限定义，存在自然数 N，使当 $n\geqslant N$ 时，恒有不等式

$$\left|\frac{u_{n+1}}{u_n}-\rho\right|<\varepsilon，\text{即}$$

$$\rho-\varepsilon<\frac{u_{n+1}}{u_n}<\rho+\varepsilon,$$

由$\frac{u_{n+1}}{u_n}<\rho+\varepsilon=q$，可得$u_{n+1}<qu_n$.

依次取 $n=N，N+1，N+2，\cdots$，则有

$$u_{N+1}<qu_N,$$
$$u_{N+2}<qu_{N+1}<q^2u_N,$$
$$\cdots\cdots,$$

因为 $0<q<1$，所以几何级数$qu_N+q^2u_N+\cdots$收敛. 因此由比较审敛法知，级数$u_{N+1}+u_{N+2}+\cdots$也是收敛的，而级数$\sum_{n=1}^{\infty}u_n$只比它多了前面的 N 项. 所以，由级数的基本性质 3 知，级

数$\sum_{n=1}^{\infty}u_n$也是收敛的.

（ii）当$1<\rho\leqslant+\infty$时，根据极限定义或保号性定理，存在自然数N，使得当$n\geqslant N$时，有$\frac{u_{n+1}}{u_n}>1$，即有$u_{N+1}>u_n>0$．取$n=N+1$，$N+2$，…，则当$n\geqslant N$时，数列$\{u_n\}$是严格单调增加的，因此$\lim_{n\to\infty}u_n\neq 0$．故由级数收敛的必要条件可知级数$\sum_{n=1}^{\infty}u_n$发散.

（iii）当$\rho=1$时，级数可能收敛也可能发散．例如，调和级数$\sum_{n=1}^{\infty}\frac{1}{n}$发散，级数$\sum_{n=1}^{\infty}\frac{1}{n^2}$收敛，然而这两个级数都有$\lim_{n\to\infty}\frac{u_{n+1}}{u_n}=1$．　　**证毕**

例 6　判别级数$\sum_{n=1}^{\infty}\frac{2n-1}{2^n}$的敛散性.

解　因为

$$\frac{u_{n+1}}{u_n}=\frac{\frac{2(n+1)-1}{2^{n+1}}}{\frac{2n-1}{2^n}}=\frac{2n+1}{2n-1}\cdot\frac{1}{2}\to\frac{1}{2}\ (n\to\infty),$$

所以由比值审敛法知，级数$\sum_{n=1}^{\infty}\frac{2n-1}{2^n}$收敛.

例 7　判别级数$\sum_{n=1}^{\infty}\frac{n!}{a^n}\ (a>0)$的敛散性.

解　因为

$$\frac{u_{n+1}}{u_n}=\frac{(n+1)\,!}{a^{n+1}}\cdot\frac{a^n}{n!}=\frac{n+1}{a}\to\infty\ (n\to\infty),$$

所以由比值审敛法知，级数$\sum_{n=1}^{\infty}\frac{n!}{a^n}$发散.

例 8　判定级数$\sum_{n=1}^{\infty}\frac{\pi}{3^n}\sin^2\frac{n\pi}{6}$的敛散性.

解　由于$\lim_{n\to\infty}\frac{u_{n+1}}{u_n}$不存在，所以比值审敛法失效．我们改用比较审敛法．因为

$$\frac{\pi}{3^n}\sin^2\frac{n\pi}{6}\leqslant\frac{\pi}{3^n},$$

而级数$\sum\limits_{n=1}^{\infty}\frac{\pi}{3^n}$是公比为$\frac{1}{3}$的等比级数，是收敛的. 所以，由比较审敛法知，原级数是收敛的.

四、交错级数及其审敛法

下面讨论**任意项级数**，即数项级数中正、负项可以任意出现的级数. 本节首先论一种特殊的任意项级数——交错级数的审敛法.

各项为正负相间的级数，即形如

$$\sum_{n=1}^{\infty}(-1)^{n-1}u_n \text{ 或 } \sum_{n=1}^{\infty}(-1)^n u_n (\text{其中} u_n>0) \tag{5}$$

的级数称为**交错级数**.

定理 4（莱布尼兹审敛法） 如果交错级数$\sum\limits_{n=1}^{\infty}(-1)^{n-1}u_n$满足条件

（i）数列$\{u_n\}$单调减少，即$u_n \geqslant u_{n+1} (n=1,2\cdots)$;

（ii）$\lim\limits_{n\to\infty}u_n=0$.

则级数$\sum\limits_{n=1}^{\infty}(-1)^{n-1}u_n$收敛且其和$s\leqslant u_1$，其余项$r_n$的绝对值$|r_n|\leqslant u_{n+1}$.

*证 先取级数前 $2m$ 项的和

$$S_{2m}=(u_1-u_2)+(u_3-u_4)+\cdots+(u_{2m-1}-u_{2m}) \tag{6}$$

由条件（i）知，上式括号中的各项非负，所以S_{2m}随m增大而增大. 另一方面S_{2m}又可表示成

$$S_{2m}=u_1-(u_2-u_3)-\cdots-(u_{2m-2}-u_{2m-1})-u_{2m}\leqslant u_1 \tag{7}$$

因为上式括号中的差均是非负的. 故（6）、（7）式说明$\{S_{2m}\}$是单调增加且有上界. 因此，根据单调有界数列必有极限的准则知，数列$\{S_{2m}\}$存在极限s，且s不大于u_1，即

$$\lim_{m\to\infty}S_{2m}=s\leqslant u_1, \tag{8}$$

又因为$S_{2m+1}=S_{2m}+u_{2m+1}$，再由条件（ii）得

$$\lim_{m\to\infty}S_{2m+1}=\lim_{m\to\infty}(S_{2m}+u_{2m+1})$$
$$=s+0=s \tag{9}$$

由数列与其子列收敛的关系（第一章第二节定理 4）知$\lim\limits_{m\to\infty}S_m=s\leqslant u_1$，故级数收敛，且其和$s\leqslant u_1$.

又不准看出，余项r_n的绝对值

$$|r_n|\leqslant u_{n+1}-u_{n+2}+u_{n+3}-\cdots$$

仍是交错级数，也满足定理中两个条件，所以$|r_n|\leqslant u_{n+1}$. **证毕**

例 9　讨论级数$\sum_{n=1}^{\infty}(-1)^{n-1}\frac{1}{n^p}(p>0)$的敛散性.

解　这是交错级数，而且有$\frac{1}{n^p}\to 0\ (n\to\infty)$．又因为$(n+1)^p>n^p$所以$\frac{1}{(n+1)^p}<\frac{1}{n^p}$，即定理 4 的条件（i）、（ii）都满足．故级数$\sum_{n=1}^{\infty}(-1)^{n-1}\frac{1}{n^p}$收敛，且其和$s<1$，其余项$r_n$的绝对值$|r_n|\leqslant\frac{1}{(n+1)^p}$．

例 10　判别级数$\sum_{n=1}^{\infty}(-1)^{n-1}\frac{\ln n}{n}$的敛散性.

解　显然$u_n=\frac{\ln n}{n}\to 0\ (n\to\infty)$．再证$\{u_n\}$单调减少．为此，令$f(x)=\frac{\ln x}{x}$，则$f'(x)=\frac{1-\ln x}{x^2}$．所以当$x>\mathrm{e}$时$f'(x)<0$，故$f(x)$单调减少．因此当$n\geqslant 3$时$u_n=\frac{\ln n}{n}$单调减少．因此定理 4 的条件（i）（ii）满足，所以该级数收敛.

五、绝对收敛与条件收敛

为判定任意项级数$\sum_{n=1}^{\infty}u_n$的收敛性，通常先考察由其各项绝对值所组成的正项级数$\sum_{n=1}^{\infty}|u_n|$的敛散性．这是因为$\sum_{n=1}^{\infty}u_n$与$\sum_{n=1}^{\infty}|u_n|$的收敛性之间有如下关系.

定理 5（绝对收敛原理）　如果级数$\sum_{n=1}^{\infty}|u_n|$收敛，则级数$\sum_{n=1}^{\infty}u_n$也收敛.

证　首先作一新级数$\sum_{n=1}^{\infty}v_n$，其中$v_n=\frac{1}{2}(|u_n|+u_n)$．则$v_n\geqslant 0$且$v_n\leqslant|u_n|(n=1,2,\cdots)$．由于级数$\sum_{n=1}^{\infty}|u_n|$收敛，所以，由比较审敛法知，级数$\sum_{n=1}^{\infty}v_n$收敛．又由于$u_n=2v_n-|u_n|$，由级数的基本性质 1 知级数$\sum_{n=1}^{\infty}u_n$收敛.　**证毕**

定义 2　如果级数$\sum_{n=1}^{\infty}|u_n|$收敛，则称级数$\sum_{n=1}^{\infty}u_n$**绝对收敛**；如果级数$\sum_{n=1}^{\infty}|u_n|$发散，但级数$\sum_{n=1}^{\infty}u_n$收敛，则称级数$\sum_{n=1}^{\infty}u_n$**条件收敛**.

例 11 判定级数$\sum\limits_{n=1}^{\infty}\dfrac{\sin n\alpha}{2^n}$是否绝对收敛.

解 考虑级数$\sum\limits_{n=1}^{\infty}\dfrac{|\sin n\alpha|}{2^n}$，由于$\dfrac{|\sin n\alpha|}{2^n}\leqslant\dfrac{1}{2^n}$，而级数$\sum\limits_{n=1}^{\infty}\dfrac{1}{2^n}$收敛，所以级数$\sum\limits_{n=1}^{\infty}\dfrac{|\sin n\alpha|}{2^n}$收敛，因此原级数是绝对收敛的.

例 12 判定下列级数的敛散性．若收敛，指明是绝对收敛还是条件收敛.

（1）$\sum\limits_{n=1}^{\infty}(-1)^n\dfrac{1}{\sqrt{n^2-n}}$；（2）$\sum\limits_{n=1}^{\infty}\cos\dfrac{n\pi}{2}$；

（3）$\sum\limits_{n=1}^{\infty}\dfrac{n^2}{(-2)^n}$；（4）$\sum\limits_{n=1}^{\infty}\dfrac{(-1)^n n^n}{n!}$.

解 （1）级数是交错级数，由于

$u_{n+1}=\dfrac{1}{\sqrt{(n+1)^2-(n+1)}}=\dfrac{1}{\sqrt{n^2+n}}<u_n=\dfrac{1}{\sqrt{n^2-n}}$，且$\lim\limits_{n\to\infty}u_n=0$，所以级数$\sum\limits_{n=1}^{\infty}(-1)^n\dfrac{1}{\sqrt{n^2-n}}$收敛，但因$\left|(-1)^n u_n\right|=\dfrac{1}{\sqrt{n^2-n}}>\dfrac{1}{n}$，而级数$\sum\limits_{n=1}^{\infty}\dfrac{1}{n}$发散，所以级数$\sum\limits_{n=1}^{\infty}\left|(-1)^n\dfrac{1}{\sqrt{n^2-n}}\right|$也发散．于是原级数$\sum\limits_{n=1}^{\infty}(-1)^n\dfrac{1}{\sqrt{n^2-n}}$为条件收敛.

（2）因为当$n=4m(m=1,2,\cdots)$时，$u_n=\cos\dfrac{4m\pi}{2}=1$，而当$n=4m+1(m=0,1,2,\cdots)$时，$u_n=\cos\dfrac{(4m+1)\pi}{2}=0$，所以$\lim\limits_{x\to\infty}u_n$不存在．故级数$\sum\limits_{n=1}^{\infty}\cos\dfrac{n\pi}{2}$发散.

（3）考察正项级数$\sum\limits_{n=1}^{\infty}\dfrac{n^2}{2^n}$．因为

$$\frac{\dfrac{(n+1)^2}{2^{n+1}}}{\dfrac{n^2}{2^n}}=\frac{(n+1)^2}{2^{n+1}}\cdot\frac{2^n}{n^2}=\left(\frac{n+1}{n}\right)^2\cdot\frac{1}{2}\to\frac{1}{2}<1\ (n\to\infty),$$

所以由比值审敛法知$\sum\limits_{n=1}^{\infty}\dfrac{n^2}{2^n}$收敛，因此$\sum\limits_{n=1}^{\infty}\dfrac{n^2}{(-2)^n}$绝对收敛.

（4）对于级数$\sum\limits_{n=1}^{\infty}\dfrac{(-1)^n n^n}{n!}$，因为

$$\left|\frac{u_{n+1}}{u_n}\right|=\frac{(n+1)^{n+1}}{(n+1)!}\cdot\frac{n!}{n^n}=\left(1+\frac{1}{n}\right)^n\to \mathrm{e}>1\ (n\to\infty),$$

所以级数 $\sum_{n=1}^{\infty}|u_n|$ 发散，另一方面，由上式及极限定义知，存在自然数 N，使当 $n \geqslant N$ 时，有

$$\frac{|u_{n+1}|}{|u_n|}>1 \text{，即} |u_{n+1}|>|u_n|$$

从而 $\lim_{x\to\infty}|u_n| \neq 0$，所以 $\lim_{x\to\infty}u_n \neq 0$．故级数 $\sum_{n=1}^{\infty}u_n$ 发散．

注意　例 12 中（4）的方法具有普遍性．即有如下结论：

定理 6（比值法的绝对发散原理）　若用比值审敛法得级数 $\sum_{n=1}^{\infty}|u_n|$ 发散，则级数 $\sum_{n=1}^{\infty}u_n$ 也发散．

习 题 8-1

1．讨论下列级数与级数 $\sum_{n=1}^{\infty}u_n$ 的敛散关系：

（1）$10+\sum_{n=1}^{\infty}u_n$；　（2）$\sum_{n=1}^{\infty}10u_n$；　（3）$\sum_{n=1}^{\infty}(u_n+10)$．

2．根据级数敛散定义，判断下列级数的敛散性：

（1）$\frac{1}{1\cdot 3}+\frac{1}{3\cdot 5}+\frac{1}{5\cdot 7}+\cdots+\frac{1}{(2n-1)(2n+1)}+\cdots$；

（2）$\sum_{n=1}^{\infty}(\sqrt{n+1}-\sqrt{n})$．

3．判别下列级数的敛散性：

（1）$\frac{1}{3}+\frac{1}{6}+\frac{1}{9}+\frac{1}{12}+\cdots$；　（2）$\frac{100}{5}+\frac{100}{5^2}+\frac{100}{5^3}+\cdots$；

（3）$\frac{1}{3}+\frac{1}{\sqrt{3}}+\frac{1}{\sqrt[3]{3}}+\frac{1}{\sqrt[4]{3}}+\cdots$．

4．用比较审敛法判别下列各级数的敛散性：

（1）$\sum_{n=1}^{\infty}\frac{1}{3n-1}$；　（2）$\sum_{n=1}^{\infty}\frac{1}{3+2^n}$；　（3）$\sum_{n=1}^{\infty}\frac{1}{(n+1)(n+4)}$；

（4）$\sum_{n=1}^{\infty}\frac{1}{\sqrt{n+1}}$；　（5）$\sum_{n=1}^{\infty}\frac{1}{n\sqrt{n+1}}$；　（6）$\sum_{n=1}^{\infty}\sin\frac{\pi}{4^n}$．

5．用比值审敛法判别下列级数的敛散性：

（1）$\sum_{n=1}^{\infty}\frac{n+2}{3^n}$；　（2）$\sum_{n=1}^{\infty}\frac{(2n+1)!}{2^n}$；　（3）$\sum_{n=1}^{\infty}n^2\sin\frac{\pi}{2^n}$；

（4）$\sum_{n=1}^{\infty}\frac{n!}{n^n}$；　（5）$\sum_{n=1}^{\infty}\frac{a^n}{n!}\ (a>1)$；　（6）$\sum_{n=1}^{\infty}n\tan\frac{\pi}{2^{n+1}}$．

6．判定下列各级数的敛散性：

（1）$\frac{\ln 2}{\sqrt{2}}+\frac{\ln 3}{\sqrt{3}}+\frac{\ln 4}{\sqrt{4}}+\cdots$；（2）$\sum_{n=1}^{\infty}\frac{n}{(n+1)(n+2)}$；

（3）$\frac{1}{a+b}+\frac{1}{a+2b}+\frac{1}{a+3b}+\cdots$；（4）$\sum_{n=1}^{\infty}\cos\frac{n\pi}{2}$；（5）$\sum_{n=1}^{\infty}\frac{\pi}{3^n}\sin^2\frac{n\pi}{3}$.

7．设级数 $\sum_{n=1}^{\infty}a_n$ 与 $\sum_{n=1}^{\infty}b_n$ 都收敛，且 $a_n\leqslant c_n\leqslant b_n$，证明级数 $\sum_{n=1}^{\infty}c_n$ 收敛.

8．指出下列级数的敛散情况（绝对收敛、条件收敛还是发散的.）

（1）$\sum_{n=1}^{\infty}(-1)^{n-1}\frac{1}{\sqrt{n}}$；（2）$\sum_{n=1}^{\infty}(-1)^{n-1}\frac{n^2}{2^n}$；（3）$\sum_{n=1}^{\infty}\frac{\sin nx}{n^3}$；

（4）$\sum_{n=1}^{\infty}(-1)^{n-1}\frac{n^2}{1+n^3}$；（5）$\sum_{n=1}^{\infty}(-1)^n\frac{1}{\ln(1+n)}$；

（6）$\sum_{n=1}^{\infty}(-1)^{n-1}\frac{n^2}{4+n^2}$；（7）$\sum_{n=1}^{\infty}\frac{(-3)^n}{n!}$；（8）$\sum_{n=1}^{\infty}(-1)^n\frac{2^n}{n}$.

第二节　幂 级 数

一、幂级数的概念

定义　形如

$$\sum_{n=1}^{\infty}a_nx^n=a_0+a_1x+a_2x^2+\cdots+a_nx^n+\cdots \tag{1}$$

的函数项级数称为 x **的幂级数**，其中 $a_0, a_1, a_2, \cdots, a_n, \cdots$都是常数，$a_n$ 是 n 次幂的系数.

幂级数更一般的形式是

$$\sum_{n=0}^{\infty}a_n(x-x_0)^n=a_0+a_1(x-x_0)+a_2(x-x_0)^2+\cdots+a_n(x-x_0)^n+\cdots \tag{2}$$

有时也称（2）式为 $(x-x_0)$ 的**幂级数**．容易看出，只要在（2）式中作变量代换 $t=x-x_0$，则形式（2）就化为形式（1）了．因此下面着重讨论幂级数（1）式.

对于任一实数 x_0，令 $x=x_0$，幂级数（1）式就变成了数项级数

$$\sum_{n=0}^{\infty}a_nx_0{}^n=a_0+a_1x_0+a_2x_0^2+\cdots+a_nx_0^n+\cdots \tag{3}$$

它可能收敛也可能发散．如果级数（3）式收敛，则称 x_0 为幂级数（1）式的**收敛点**，全体收敛点之集称为幂级数（1）式的**收敛域**．如果级数（3）式发散，则称 x_0 为幂级数（1）式的**发散点**，全体发散点之集称为幂级数（1）式的**发散域**.

显然，$x_0=0$ 是任何幂级数（1）式的一个收敛点，所以幂级数（1）式的收敛域是非空的．由于对（1）式的收敛域内的任一定点 x，级数（1）均成为一个收敛的数项级数，因

而有确定的和 S．所以在收敛域上幂级数的和是 x 的函数，记为 $S(x)$．称 $S(x)$为幂级数（1）式的**和函数**，即

$$S(x)=\sum_{n=0}^{\infty}a_nx^n=a_0+a_1x+a_2x^2+\cdots+a_nx^n+\cdots.$$

与数项级数一样，我们把幂级数（1）式的前 n 项部分和记为 $S_n(x)$，即

$$S_n(x)=a_0+a_1x+\cdots+a_{n-1}x^{n-1}.$$

则在收敛域内，有

$$\lim_{x\to\infty}S_n(x)=S(x).$$

同样地，称 $r_n(x)=S(x)-S_n(x)=a_nx^n+a_{n+1}x^{n+1}+\cdots$ 为幂级数（1）式的余项．当然，在收敛域上余项才有意义，而且在收敛域上，有 $\lim\limits_{n\to\infty}r_n(x)=0$．

二、幂级数的收敛性

对于一个给定的幂级数（1）式，它的收敛域和发散域是怎样的呢？即 x 取数轴上哪些点时幂级数（1）式收敛，取哪些点时幂级数（1）式发散呢？下面将讨论这些问题．

例 1　讨论幂级数 $\sum\limits_{n=1}^{\infty}(-1)^{n-1}\dfrac{x^n}{n}$ 的收敛性．

解　因为 $\lim\limits_{n\to\infty}\dfrac{|u_{n+1}|}{|u_n|}=\lim\limits_{n\to\infty}\dfrac{|x^{n+1}|}{|x^n|}\cdot\dfrac{n}{n+1}=|x|$，所以；由第一节数项级数审敛法知

（1）当 $|x|<1$ 时，所给级数绝对收敛；

（2）当 $|x|>1$ 时，所给级数发散；

（3）当 $x=1$ 时，所给级数成为 $\sum\limits_{n=1}^{\infty}(-1)^{n-1}\dfrac{1}{n}$，条件收敛；

（4）当 $x=-1$ 时，所给级数成为 $\sum\limits_{n=1}^{\infty}(-\dfrac{1}{n})$，发散．

综上所述，可得所给幂级数的收敛域为 $(-1,1]$．

例 2　讨论幂级数 $\sum\limits_{n=1}^{\infty}(n!)x^n$ 的收敛性．

解　因为

$$\lim_{n\to\infty}\frac{|u_{n+1}|}{|u_n|}=\lim_{n\to\infty}\frac{|x^{n+1}|}{|x^n|}\cdot\frac{(n+1)!}{n!}=\lim_{n\to\infty}(n+1)|x|=+\infty(x\neq 0).$$

所以由比值审敛法的绝对发散原理知幂级数 $\sum\limits_{n=1}^{\infty}(n!)x^n$ 对任何 $x\neq 0$ 都是发散的，即仅在

$x=0$ 处收敛.

例 3 讨论幂级数 $\sum\limits_{n=1}^{\infty}\dfrac{x^n}{n!}$ 的收敛性.

解 因为

$$\lim_{n\to\infty}\frac{|u_{n+1}|}{|u_n|}=\lim_{n\to\infty}\frac{|x^{n+1}|}{|x^n|}\cdot\frac{n!}{(n+1)!}=\lim_{n\to\infty}\frac{|x|}{n+1}=0.$$

所以对任何 x，$\sum\limits_{n=1}^{\infty}\dfrac{x^n}{n!}$ 绝对收敛，即其收敛域为$(-\infty,+\infty)$.

以上三例反映出的幂级数（1）式的收敛情形是具有一般性的. 我们容易得到如下关于幂级数（1）式的重要收敛定理.

定理 1（幂级数收敛定理） 幂级数（1）式的收敛性必为下述三种情形之一:

（i）仅在 $x=0$ 处收敛;

（ii）在$(-\infty,+\infty)$内处处绝对收敛;

（iii）存在确定的正数 R，使当$|x|<R$ 时，绝对收敛，当$|x|>R$ 时发散，而在 $x=\pm R$ 处可能收敛，也可能发散.

本定理的证明用到的数学知识较多，这里从略了.

定理 1 中的 R 称为幂级数（1）式的**收敛半径**，开区间$(-R,R)$称为幂级数（1）式的**收敛区间**. 显然幂级数（1）式的收敛区间是关于原点对称的.

由幂级数（1）式在 $x=\pm R$ 处的敛散性，就可以确定它的收敛域是下列四种区间之一: $(-R,R)$，$[-R,R)$，$(-R,R]$ 或 $[-R,R]$. 如果我们将收敛半径 R 作如下推广:

$$R=\begin{cases}0，当（1）式仅在 x=0 绝对收敛\\ +\infty，当（1）式在(-\infty,+\infty)内绝对收敛\end{cases}\tag{4}$$

那么，由定理 1 知，幂级数（1）式的收敛半径 R 总是存在的.

下面讨论幂级数收敛半径的求法. 为叙述方便，当 $a_n\neq0\,(n\geqslant N, N$ 为某自然数$)$时，称幂级数（1）式为**标准的**，此外的幂级数称为**非标准的**.

1. 标准幂级数收敛半径的求法

定理 2 设标准幂级数（1）式的系数满足

$$\lim_{n\to\infty}\frac{|a_{n+1}|}{|a_n|}=\rho\ (0\leqslant\rho\leqslant+\infty)$$

那么它的收敛半径 $R=\dfrac{1}{\rho}$（其中记 $\dfrac{1}{0}=\infty,\dfrac{1}{\infty}=0$）.

证 考察幂级数（1）式的绝对值级数 $\sum\limits_{n=1}^{\infty}|a_nx^n|$. 由于

$$\lim_{n\to\infty}\frac{|a_{n+1}x^{n+1}|}{|a_nx^n|}=\lim_{n\to\infty}\left|\frac{a_{n+1}}{a_n}\right|\cdot|x|=\rho|x|,$$

所以

（i）当 $\rho=0$ 时，$\rho|x|=0$，对任何 $x\in(-\infty,\ +\infty)$ 成立，级数（1）式总绝对收敛．因此收敛半径 $R=+\infty$．

（ii）当 $\rho=+\infty$时，$\rho|x|=+\infty(x\neq 0)$．从而根据比值审敛法的绝对发散原理知，幂级数（1）式当 $x\neq 0$ 时总是发散的，而只有当 $x=0$ 时才收敛．因此其收敛半径 $R=0$．

（iii）如果 $0<\rho<+\infty$，根据正项级数的比值审敛法，当 $\rho|x|<1$，即 $|x|<\dfrac{1}{\rho}$ 时，级数 $\sum\limits_{n=0}^{\infty}|a_nx^n|$ 收敛，从而幂级数（1）绝对收敛．当 $\rho|x|>1$，即 $|x|>\dfrac{1}{\rho}$ 时，幂级数（1）式发散．因此幂级数（1）式的收敛半径 $R=\dfrac{1}{\rho}$．　　证毕

例 4　求幂级数 $\sum\limits_{n=1}^{\infty}\dfrac{x^n}{n^2}$ 的收敛半径和收敛域．

解　由于 $\left|\dfrac{a_{n+1}}{a_n}\right|=\dfrac{n^2}{(n+1)^2}\to 1\ (n\to\infty)$，所以收敛半径 $R=1$，收敛区间为（$-1,1$）．

对于区间端点 $x=\pm 1$，有 $\left|\dfrac{(\pm 1)^n}{n^2}\right|=\dfrac{1}{n^2}$，因为级数 $\sum\limits_{n=1}^{\infty}\dfrac{1}{n^2}$ 收敛，所以级数 $\sum\limits_{n=1}^{\infty}\dfrac{x^n}{n^2}$ 在 $x=\pm 1$ 处也收敛，于是该幂级数的收敛域为 $[-1,1]$．

例 5　求幂级数 $\sum\limits_{n=0}^{\infty}(n+1)x^n$ 的收敛半径和收敛域．

解　由于 $\left|\dfrac{a_{n+1}}{a_n}\right|=\dfrac{n+2}{n+1}\to 1\ (n\to\infty)$．所以收敛半径 $R=1$，收敛区间为（$-1,1$）．

对于端点 $x=\pm 1$，幂级数成为 $\sum\limits_{n=0}^{\infty}(\pm 1)^n(n+1)$ 发散，所以该幂级数的收敛域为（$-1,1$）．

2．非标准幂级数收敛半径的求法

对于这一类幂级数，一般是先通过某种变换将其化为标准幂级数，然后利用标准幂级数的方法求得．具体作法如下几例所示．

例 6　求幂级数 $\sum\limits_{n=0}^{\infty}\dfrac{(-1)^n(x-3)^n}{(n+1)^2}$ 的收敛域．

解　作变量代换 $t=x-3$，该幂级数化为标准幂级数 $\sum\limits_{n=0}^{\infty}(-1)^n\dfrac{t^n}{(n+1)^2}$．由于

$$\rho=\lim_{n\to\infty}\left|\frac{a_{n+1}}{a_n}\right|=\lim_{n\to\infty}\frac{(n+1)^2}{(n+2)^2}=1,$$

所以收敛半径 $R=1$ 且 $t=\pm1$ 时，级数也收敛. 于是级数 $\sum_{n=0}^{\infty}(-1)^n\frac{t^n}{(n+1)^2}$ 的收敛域为 $[-1,1]$. 又因为 $t=x-3$，故原级数当 $-1\leqslant x-3\leqslant 1$ 即 $2\leqslant x\leqslant 4$ 时收敛．因此，原级数的收敛域是［2，4］.

例 7 求幂级数 $\sum_{n=0}^{\infty}\frac{x^{2n}}{2^n}$ 的收敛区间.

解 因为该幂级数缺奇次幂项，即

$$a_1=a_3=\cdots=a_{2n+1}=\cdots=0.$$

为非标准式，所以不能直接应用定理 2.

［方法一］ 令 $t=\frac{x^2}{2}$，将所给级数化为 t 的幂级数

$$\sum_{n=0}^{\infty}t^n \tag{5}$$

对（5）式应用定理 2 易得其收敛区间为 $0\leqslant t\leqslant 1$，代回 $\frac{x^2}{2}=t$，得 $-\sqrt{2}<x<\sqrt{2}$. 因此，原级数的收敛区间为 $(-\sqrt{2},\sqrt{2})$.

［方法二］ 直接利用收敛半径的定义，求出 R 和收敛区间．由于

$$\lim_{n\to\infty}\frac{|u_{n+1}|}{|u_n|}=\lim_{n\to\infty}\left|\frac{x^{2(n+1)}}{2^{n+1}}\cdot\frac{2^n}{x^{2n}}\right|=\frac{1}{2}|x|^2$$

所以，当 $\frac{1}{2}|x|^2<1$，即 $|x|<\sqrt{2}$ 时，级数绝对收敛；当 $\frac{1}{2}|x|^2>1$，即 $|x|>\sqrt{2}$ 时，级数发散．因此，原级数的收敛半径 $R=\sqrt{2}$，从而收敛区间为 $(-\sqrt{2},\sqrt{2})$.

三、幂级数的运算

1．四则运算

设幂级数 $\sum_{n=0}^{\infty}a_nx^n=S_1(x)$，$\sum_{n=0}^{\infty}b_nx^n=S_2(x)$，且收敛半径分别为 R_1 和 R_2.

取 $R=\min\{R_1,R_2\}$，则在区间（$-R,R$）内有

（ⅰ）$(\sum_{n=0}^{\infty}a_nx^n)\pm(\sum_{n=0}^{\infty}b_nx^n)=\sum_{n=0}^{\infty}(a_n\pm b_n)x^n=S_1(x)\pm S_2(x)$

（ii）$(\sum_{n=0}^{\infty}a_nx^n)\cdot(\sum_{n=0}^{\infty}b_nx_n)$

$$=(a_0+a_1x+a_2x^2+\cdots+a_nx^n+\cdots)\times(b_0+b_1x+b_2x^2+\cdots+b_nx^n+\cdots)$$
$$=a_0b_0+(a_0b_1+a_1b_0)x+(a_0b_2+a_1b_1+a_2b_0)x^2+\cdots$$
$$+(a_0b_n+a_1b_{n-1}+a_2b_{n-2}+\cdots+a_nb_0)x^n+\cdots$$
$$=\sum_{n=0}^{\infty}(a_0b_n+a_1b_{n-1}+\cdots+a_nb_0)x^n=S_1(x)\cdot S_2(x)$$

由此看出，乘积级数 n 次项的系数与两多项式的乘法规则类似，再者，两级数的除法可以由乘法给出，由于比较繁锁且已超出基本要求，故从略.

2．分析运算

设幂级数 $\sum_{n=0}^{\infty}a_nx^n$ 在其收敛区间（$-R,R$）内的和函数为 $S(x)$. 则

（i）$S(x)$在（$-R$，R）内连续，即对任意 $x_0\in(-R,R)$，有

$$\lim_{x\to x_0}S(x)=\lim_{x\to x_0}(\sum_{n=0}^{\infty}a_nx^n)=\sum_{n=0}^{\infty}(\lim_{x\to x_0}a_nx^n)=S(x_0).$$

或者说，极限运算“lim”与求和运算“∑”可以交换次序.

（ii）$S(x)$在（$-R,R$）内可导，且有逐项求导公式

$$S'(x)=(\sum_{n=0}^{\infty}a_nx^n)'=\sum_{n=0}^{\infty}(a_nx^n)'=\sum_{n=1}^{\infty}na_nx^{n-1} \tag{6}$$

或者说，求导运算“'”与求和运算“$\sum$”可以交换次序.

（iii）$S(x)$在（$-R,R$）内可积，且有逐项积分公式

$$\int_0^x S(x)\mathrm{d}x=\int_0^x(\sum_{n=0}^{\infty}a_nx^n)\mathrm{d}x=\sum_{n=0}^{\infty}(\int_0^x a_nx^n\mathrm{d}x)=\sum_{n=0}^{\infty}\frac{a_n}{n+1}x^{n+1} \tag{7}$$

其中 $x\in(-R,R)$.

或者说，积分运算“$\int$”与求和运算“$\sum$”可以交换次序.

幂级数逐项求导或逐项积分后，所得的新级数收敛半径不变，但在收敛区间的端点处级数的收敛性可能改变.

此外，如果逐项求导或逐项积分后的幂级数在 $x=R$（或 $x=-R$）处收敛，则在 $x=R$（或 $x=-R$）处公式（6）或（7）仍成立.

例 8　由几何级数的结论知

$$\frac{1}{1-x}=1+x+x^2+\cdots+x^n+\cdots\ (-1<x<1) \tag{8}$$

于是将（8）式逐项求导，得

$$\frac{1}{(1-x)^2}=1+2x+3x^2+\cdots+nx^{n-1}+\cdots\ (-1<x<1) \tag{9}$$

而对（8）式从 0 到 $x\big(x\in(-1,1)\big)$ 逐项积分，得

$$-\ln(1-x)=x+\frac{x^2}{2}+\frac{x^3}{3}+\cdots+\frac{x^{n+1}}{n+1}+\cdots\ (-1\leqslant x<1) \tag{10}$$

注意　（9）式右端级数的收敛域是（-1，1），所以等式（9）只在 $x\in(-1,1)$ 时成立．而（10）式右端级数在 $x=-1$ 时仍收敛，所以等式（10）在 $x=-1$ 时成立．

另外，在（10）式中取 $x=-1$，得

$$\ln 2=1-\frac{1}{2}+\frac{1}{3}-\cdots+(-1)^{n-1}\frac{1}{n}+\cdots.$$

例 9　求幂级数 $\sum\limits_{n=0}^{\infty}(n+1)x^n$ 的和函数，并由此求级数 $\sum\limits_{n=0}^{\infty}\frac{n+1}{2^n}$ 的值．

解　容易求得幂级数 $\sum\limits_{n=0}^{\infty}(n+1)x^n$ 的收敛域为区间（-1，1）．设它的和函数为 $S(x)$，即

$$S(x)=\sum_{n=0}^{\infty}(n+1)x^n.$$

对任意 $x\in(-1,1)$，从 0 到 x 对上式逐项积分，得

$$\int_0^x S(x)\mathrm{d}x=\sum_{n=0}^{\infty}\int_0^x(n+1)x^n\mathrm{d}x=\sum_{n=0}^{\infty}x^{n+1}=\frac{x}{1-x}\ (|x|<1)$$

上式两端对 x 求导，得

$$S(x)=\left(\frac{x}{1-x}\right)'=\frac{1}{(1-x)^2}\ (|x|<1)$$

又因为 $x=\frac{1}{2}$ 在其收敛域内，代入上式，得

$$\sum_{n=0}^{\infty}\frac{n+1}{2^n}=S\left(\frac{1}{2}\right)=\frac{1}{\left(1-\frac{1}{2}\right)^2}=4.$$

习 题 8-2

1．求下列幂级数的收敛半径和收敛区间：

（1）$\sum\limits_{n=1}^{\infty}nx^n$；　　（2）$\sum\limits_{n=1}^{\infty}\frac{2^n}{n!}x^n$；

（3）$\sum\limits_{n=1}^{\infty}(-1)^{n-1}\frac{x^{n-1}}{n^2}$；　　（4）$\sum\limits_{n=1}^{\infty}\frac{x^n}{n\cdot 2^n}$．

2．求下列各级数的和函数：

（1）$\sum_{n=0}^{\infty}\frac{x^n}{2^n}\ (|x|<2)$；　　（2）$\sum_{n=1}^{\infty}\frac{n(n+1)}{2}x^{n-1}\ (|x|<1)$；

（3）$\sum_{n=0}^{\infty}\frac{x^{2n+1}}{2n+1}\ (|x|<1)$．

3．求幂级数 $\sum_{n=1}^{\infty}\frac{2n-1}{2^n}x^{2n-2}$ 的收敛域及和函数，并求数项级数 $\sum_{n=1}^{\infty}\frac{2n-1}{2^n}$ 的和.

4．证明：幂级数 $\sum_{n=0}^{\infty}\frac{x^n}{n!}$ 是微分方程初值问题 $y'=y$，$y(0)=1$ 的解．并由此求出该级数的和函数.

第三节　函数的幂级数展开

一、泰勒级数

前面讨论了幂级数的收敛域及和函数的性质．但在许多应用中，我们遇到的却是相反的问题：给定函数 $f(x)$，要考虑它是否能在某个区间内“展开成幂级数”，也就是说，是否能找到这样一个幂级数，它在某区间内收敛，且其和恰好就是给定的函数 $f(x)$．如果能找到这样的幂级数，我们就说，函数 $f(x)$在该区间内能展开成幂级数，或简单地说 $f(x)$能展开成幂级数，而该级数在收敛区间内就表达了函数 $f(x)$．下面介绍的泰勒级数就能达到这一目的。

*1．泰勒公式

在微分的应用中，有近似公式

$$f(x)\approx f(x_0)+f'(x_0)(x-x_0) \tag{1}$$

即用 $(x-x_0)$ 的一次多项式 $f(x_0)+f'(x_0)(x-x_0)$ 代替 $f(x)$，这时所产生的误差只是比 $(x-x_0)$(当 $x\to x_0$)高阶的无穷小．因此，显然有两点不足：其一，精确度较差；其二，不便于具体估计误差．为了克服这两点不足，我们需要对（1）式进行更深入的分析.

首先将（1）式写成

$$f(x)=f(x_0)+f'(x_0)(x-x_0)+R_1(x) \tag{2}$$

或者

$$R_1(x)=f(x)-\left[f(x_0)+f'(x_0)(x-x_0)\right] \tag{3}$$

$R_1(x)$ 就是利用公式（1）时所产生的误差．如果 $f(x)$在点 x_0 的某邻域 $N(x_0,\delta)$内还有二阶导数时，可以利用柯西中值定理（第二章第七节）给出 $R_1(x)$ 的更具体的表达式如下

$$R_1(x)=\frac{f''(\xi)}{2!}(x-x_0)^2\ (\xi \text{ 在 } x_0 \text{ 与 } x \text{ 之间}) \tag{4}$$

从（4）式更明显地看出，误差 $R_1(x)$ 是比 $(x-x_0)$ 高阶的无穷小，而且用（4）式估计误差时更方便．将（4）式代入（2）式，得

$$f(x)=f(x_0)+\frac{f'(x_0)}{1!}(x-x_0)+\frac{f''(\xi)}{2!}(x-x_0)^2 \tag{5}$$

其中ξ在x_0与x之间.

公式（5）称为函数$f(x)$的**一阶泰勒公式**.

进一步地，如果函数$f(x)$在x_0的某个邻域$N(x_0,\delta)$内有直到$(n+1)$阶导数，那么我们还可以提高精确度，而且也能得到估计误差的具体公式.

事实上，这时令

$$S_{n+1}(x)=f(x_0)+\frac{f'(x_0)}{1!}(x-x_0)+\frac{f''(x_0)}{2!}(x-x_0)^2+\cdots+\frac{f^{(n)}(x_0)}{n!}(x-x_0)^n \tag{6}$$

则$S_{n+1}(x)$是$(x-x_0)$的n次多项式，再令

$$R_n(x)=f(x)-S_{n+1}(x),$$

类似于公式（5）的证明，不难得到如下定理.

定理 1（泰勒中值定理） 如果函数$f(x)$在x_0的某个邻域$N(x_0,\delta)$内有直到$n+1$阶的导数，则对任意的$x\in N(x_0,\delta)$，有

$$f(x)=f(x_0)+\frac{f'(x_0)}{1!}(x-x_0)+\frac{f''(x_0)}{2!}(x-x_0)^2+\cdots+\frac{f^{(n)}(x_0)}{n!}(x-x_0)^n+R_n(x) \tag{7}$$

其中

$$R_n(x)=\frac{f^{(n+1)}(\xi)}{(n+1)!}(x-x_0)^{n+1}\quad(\xi\text{在}x_0\text{与}x\text{之间}) \tag{8}$$

公式(7)称为函数$f(x)$的**n阶泰勒公式**.(6)式的$S_{n+1}(x)$称为$f(x)$的**n阶泰勒多项式**.(8)式的$R_n(x)$称为n阶泰勒公式中的**拉格朗日型余项**，当$x\to x_0$时，它是比$(x-x_0)^n$高阶的无穷小.

当$n=0$时，泰勒公式（7）就变成了拉格朗日中值公式

$$f(x)=f(x_0)+f'(\xi)(x-x_0)\,(\xi\text{在}x_0\text{与}x\text{之间})$$

特别，取$x_0=0$时，公式（7）成为

$$f(x)=f(0)+\frac{f'(0)}{1!}x+\frac{f''(0)}{2!}x^2+\cdots+\frac{f^{(n)}(0)}{n!}x^n+\frac{f^{(n+1)}(\xi)}{(n+1)!}x^{n+1}\,(\xi\text{在}0\text{与}x\text{之间}) \tag{9}$$

公式（9）称为函数$f(x)$的**麦克劳林公式**.

例 1 写出函数$f(x)=e^x$的麦克劳林公式.

解 因为$f(x)=e^x$，所以

$$f(x)=f'(x)=f''(x)=\cdots=f^{(n)}(x)=f^{(n+1)}(x)=e^x.$$

于是将$f(0)=f'(0)=\cdots=f^{(n)}(0)=1$，$f^{(n+1)}(\xi)=e^{\xi}$代入公式（9），得

$$e^x=1+x+\frac{x^2}{2!}+\cdots+\frac{x^n}{n!}+\frac{e^{\xi}}{(n+1)!}x^{n+1}\,(\xi\text{在}0\text{与}x\text{之间})$$

2．泰勒级数

定义　设函数$f(x)$在x_0的某个邻域$N(x_0, \delta)$内具有各阶导数，则级数

$$f(x_0)+\frac{f'(x_0)}{1!}(x-x_0)+\frac{f''(x_0)}{2!}(x-x_0)^2+\cdots+\frac{f^{(n)}(x_0)}{n!}(x-x_0)^n+\cdots \tag{10}$$

称为函数$f(x)$在x_0处的**泰勒级数**，记为

$$f(x)\sim\sum_{n=0}^{\infty}\frac{f^{(n)}(x_0)}{n!}(x-x_0)^n \tag{11}$$

且$\dfrac{f^{(n)}(x_0)}{n!}$称为函数$f(x)$的**泰勒系数**$(n=0, 1, 2, \cdots)$.

特别，当$x_0=0$时，级数（10）式称为函数$f(x)$的**麦克劳林级数**，记为

$$f(x)\sim\sum_{n=0}^{\infty}\frac{f^{(n)}(0)}{n!}x^n \tag{12}$$

值得注意的是，只要函数$f(x)$的各阶导数存在，就可以写出它的泰勒级数（10）式，但是级数（10）式是否收敛？如果收敛，那么它的和函数是否一定是$f(x)$？还不得而知，所以在（11）式中，用“～”而不是等号“＝”. 如果将（11）式中的“～”换成“＝”仍成立，那么就称函数$f(x)$**可以展开成泰勒级数**.

究竟在什么条件下，函数$f(x)$可以展开成泰勒级数呢？级数（10）式前 n＋1 项的和记为$S_{n+1}(x)$，其余各项的和记为$R_n(x)$. 则易知

$$S_{n+1}(x)=f(x_0)+\frac{f'(x_0)}{1!}(x-x_0)+\frac{f''(x_0)}{2!}(x-x_0)^2+\cdots+\frac{f^{(n)}(x_0)}{n!}(x-x_0)^n,$$

$$R_n(x)=\frac{f^{(n+1)}(\xi)}{(n+1)!}(x-x_0)^{n+1}\ （\xi 在 x_0 与 x 之间）.$$

于是，有

$$f(x)-S_{n+1}(x)=R_n(x).$$

由此可见，如果在$N(x_0, \delta)$内有$\lim\limits_{n\to\infty}R_n(x)=0$，则有

$$\lim_{n\to\infty}[f(x)-S_{n+1}(x)]=\lim_{n\to\infty}R_n(x)=0,$$

即

$$f(x)=\lim_{n\to\infty}S_{n+1}(x).$$

亦即级数（10）式收敛于函数$f(x)$.

反之，如果级数（10）式收敛于函数$f(x)$，即

$$f(x)=\lim_{n\to\infty}S_{n+1}(x),$$

则有

$$\lim_{n\to\infty}R_n(x)=\lim_{n\to\infty}[f(x)-S_{n+1}(x)]=0.$$

综合以上两点，便得到函数 $f(x)$可以展开成泰勒级数的充要条件是，当$n\to\infty$时，它的余项$R_n(x)\to 0$，即有如下定理.

定理 2　函数$f(x)$能展开成泰勒级数，即

$$f(x)=\sum_{n=0}^{\infty}\frac{f^{(n)}(x_0)}{n!}(x-x_0)^n$$

的充分必要条件是，存在 $N(x_0,\ \delta)$，使得在 $N(x_0,\ \delta)$内 $f^{(n)}(x)$ 存在($n=1, 2, \cdots$)，且 $f(x)$的余项 $R_n(x)$ 当 n 趋于无穷时趋于零，即

$$\lim_{n\to\infty}R_n(x)=0,\ x\in N(x_0,\ \delta).$$

特别，当 $x_0=0$ 时，得函数 $f(x)$展开成麦克劳林级数的充要条件是，存在 $N(0,\ \delta)$，使得在 $N(0,\ \delta)$内，$f^{(n)}(x)$存在($n=1, 2, \cdots$)，且 $\lim\limits_{n\to\infty}R_n(x)=0$．

还应指出，如果函数 $f(x)$在区间 $(x_0-R,\ x_0+R)$ 内可展开成幂级数 $\sum\limits_{n=0}^{\infty}a_n(x-x_0)^n$，即

$$f(x)=\sum_{n=0}^{\infty}a_n(x-x_0)^n,\ x\in(x_0-R,\ x_0+R),$$

则必有

$$a_n=\frac{f^{(n)}(x_0)}{n!}\ (n=0, 1, 2, \cdots).$$

换句话说，函数 $f(x)$展开的成幂级数其系数是由 $f(x)$唯一确定的，而与展开的方法无关．这说明，不论用什么方法将函数展开成幂级数，其结果是相同的．这一性质通常称为**函数幂级数展开的唯一性**．

二、函数的幂级数展开

上段的讨论，为将一个给定的函数展开成 x 的幂级数奠定了理论基础．本段讨论展开的具体方法，主要有以下两种．

1．直接展开法

直接展开法是先按定义作出函数的麦克劳林级数，然后再考察它的余项 $R_n(x)$ 当 $n\to\infty$ 时，在什么区间内趋于零，从而确定 $f(x)$的麦克劳林级数在什么区间内收敛于 $f(x)$。其具体步骤如下：

（i）首先求出 $f^{(n)}(x)$，从而得到 $f^{(n)}(0)$，($n=0, 1, 2, \cdots$)．若发现某一阶导数或导数值不存在，则该函数不能展开成 x 的幂级数；

（ii）然后写出 $f(x)$的麦克劳林级数 $\sum\limits_{n=0}^{\infty}\frac{f^{(n)}(0)}{n!}x^n$，并求出它的收敛半径 R；

（iii）再在（$-R, R$）内证明

$$\lim_{n\to\infty}R_n(x)=\lim_{n\to\infty}\frac{f^{(n+1)}(\xi)}{(n+1)!}x^{n+1}=0\ \ (\xi \text{ 在 } 0 \text{ 与 } x \text{ 之间})$$

仅在此时，才有 $f(x)=\sum\limits_{n=0}^{\infty}\frac{f^{(n)}(0)}{n!}x^n$，否则上式不成立．

例 2　将函数 $f(x)=\mathrm{e}^x$ 展开成 x 的幂级数.

解　因为 $f^{(n)}(x)=\mathrm{e}^x\,(n=0,1,2,\cdots)$，所以 $f^{(n)}(0)=1\,(n=0,1,2,\cdots)$．于是

$$f(x)\sim 1+x+\frac{x^2}{2!}+\cdots+\frac{x^n}{n!}+\cdots.$$

易知此级数的收敛半径 $R=+\infty$.

再考察余项的绝对值，对任意给定的 $x\in(-\infty,\ +\infty)$ 和在 0 与 x 这间的 ξ，有

$$|R_n(x)|=\left|\frac{\mathrm{e}^{\xi}}{(n+1)\,!}x^{n+1}\right|<\mathrm{e}^{|x|}\frac{|x|^{n+1}}{(n+1)\,!}$$

因 $\mathrm{e}^{|x|}$ 有限，而 $\dfrac{|x|^{n+1}}{(n+1)\,!}$ 是收敛级数 $\displaystyle\sum_{n=0}^{\infty}\frac{|x|^{n+1}}{(n+1)\,!}$ 的一般项，故 $\mathrm{e}^{|x|}\dfrac{|x|^{n+1}}{(n+1)\,!}\to 0\ (n\to\infty)$．从而 $|R_n(x)|\to 0\ (n\to\infty)$．则由定理 2 得

$$\mathrm{e}^x=1+x+\frac{x^2}{2!}+\cdots+\frac{x^n}{n!}+\cdots\ (-\infty<x<+\infty)\tag{13}$$

例 3　将函数 $f(x)=\cos x$ 展开成 x 的幂级数.

解　因为 $f^{(n)}(x)=\cos(x+n\cdot\dfrac{\pi}{2})\ (n=0,1,2,\cdots)$，所以

$$f^{(n)}(0)=\begin{cases}(-1)^m & n=2m\\ 0 & n=2m+1\end{cases}\quad(m=0,1,2,\cdots)$$

于是

$$f(x)\sim 1-\frac{x^2}{2!}+\frac{x^4}{4!}-\cdots+(-1)^n\frac{x^{2n}}{(2n)\,!}+\cdots$$

易知级数的收敛半径 $R=+\infty$，而余项的绝对值

$$|R_n(x)|=\left|\frac{\cos(\xi+\frac{n+1}{2}\pi)}{(n+1)\,!}x^{n+1}\right|\leqslant\frac{|x|^{n+1}}{(n+1)\,!}\to 0\quad(n\to\infty),$$

因此

$$\cos x=1-\frac{x^2}{2!}+\frac{x^4}{4!}-\cdots+(-1)^n\frac{x^{2n}}{(2n)\,!}+\cdots\ (-\infty<x<+\infty)\tag{14}$$

例 4　将函数 $f(x)=(1+x)^{\alpha}$ 展开成 x 的幂级数，其中 α 为任意常数.

解　因为

$$f'(x)=\alpha(1+x)^{\alpha-1},$$

$$f''(x)=\alpha(\alpha-1)(1+x)^{\alpha-2},\cdots,$$

$$f^{(n)}(x)=\alpha(\alpha-1)\cdots(\alpha-n+1)(1+x)^{\alpha-n},\cdots$$

所以 $f(0)=1,\ f'(0)=\alpha,\ f''(0)=\alpha(\alpha-1),\cdots,\ f^{(n)}(0)=\alpha(\alpha-1)\cdots(\alpha-n+1),\cdots,$

于是

$$f(x)\sim 1+\alpha x+\frac{\alpha(\alpha-1)}{2!}x^2+\cdots+\frac{\alpha(\alpha-1)\cdots(\alpha-n+1)}{n!}x^n+\cdots,$$

此级数相邻两项的系数之比的绝对值为

$$\left|\frac{a_{n+1}}{a_n}\right|=\left|\frac{\alpha-n}{n+1}\right|\to 1\ (n\to\infty).$$

所以，级数的收敛区间为（$-1,1$）. 可以证明（因证明过程较繁而略去）$R_n(x)\to 0,(n\to\infty)$，$x\in(-1,1)$，则

$$(1+x)^\alpha=1+\alpha x+\frac{\alpha(\alpha-1)}{2!}x^2+\cdots+\frac{\alpha(\alpha-1)\cdots(\alpha-n+1)}{n!}x^n+\cdots \tag{15}$$

公式（15）叫做**牛顿二项展开式**，右端的级数称为**牛顿二项式级数**.

注 1 牛顿二项式级数的收敛域与 α 有关

当 $\alpha\leqslant -1$ 时，收敛域为（$-1,1$）;

当 $-1<\alpha<0$ 时，收敛域为（$-1,1$];

当 $\alpha>0$ 时，收敛域为 [$-1,1$].

注 2 当 α 为正整数时，（15）式右端只有 $\alpha+1$ 项，即牛顿二项式公式.

2．间接展开法

在直接展开法中，需要求出 $f^{(n)}(x)$ 的通式，这往往是困难的，而证明余项 $R_n(x)\to 0$ $(n\to\infty)$ 则更不是一件容易之事. 但是，我们可以根据函数的幂级数展开式的唯一性，利用一些已知函数的幂级数展开式，再通过对幂级数进行变量代换、四则运算或分析运算等，求出给定函数的幂级数展开式. 这种方法称为**间接展开法**.

例 5 将函数 $\sin x$ 展开成 x 的幂级数.

解 将 $\sin x$ 展开成 x 的幂级数，可以按直接展开法展开. 但是有了 $\cos x$ 的展开式（14），利用间接展开法就更方便了. 将 $\cos x$ 的展开式（14）从 0 到 x 逐项积分，得

$$\sin x=x-\frac{x^3}{3!}+\frac{x^5}{5!}-\cdots+(-1)^n\frac{x^{2n+1}}{(2n+1)!}+\cdots\ (-\infty<x<+\infty) \tag{16}$$

例 6 将函数 $\dfrac{1}{1+x^2}$ 与 $\arctan x$ 展开成 x 的幂级数.

解 因为我们已知几何级数的结果

$$\frac{1}{1-x}=1+x+x^2+\cdots+x^n+\cdots\ (-1<x<1),$$

所以，将上式中的 x 换成 $-x^2$，得

$$\frac{1}{1+x^2}=1-x^2+x^4-\cdots+(-1)^n x^{2n}+\cdots\ (-1<x<1)$$

再对上式从 0 到 x 逐项积分，得

$$\arctan x=\int_0^x \frac{dx}{1+x^2}=x-\frac{x^3}{3}+\frac{x^5}{5}-\cdots+(-1)^n\frac{x^{2n+1}}{(2n+1)}+\cdots\ (-1\leqslant x\leqslant 1).\ (*)$$

注 3　因为上式（*）右端的级数在端点 $x=\pm 1$ 处收敛，所以展式在 $x=\pm 1$ 处成立.

例 7　将函数 $\ln(1+x)$, $\ln(1-x)$ 及 $\ln\frac{1+x}{1-x}$ 分别展为 x 的幂级数.

解　因为 $\frac{1}{1-x}=1+x+x^2+\cdots+x^n+\cdots\ (-1<x<1)$，所以，将其中的 x 换成 $-x$，得

$$\frac{1}{1+x}=1-x+x^2-\cdots+(-1)^n x^n+\cdots\ (-1<x<1)$$

又 $\int_0^x \frac{dx}{1+x}=\ln(1+x)$，于是将上式逐项积分，得

$$\ln(1+x)=x-\frac{x^2}{2}+\frac{x^3}{3}-\cdots+(-1)^n\frac{x^{n+1}}{n+1}+\cdots\ (-1<x\leqslant 1) \tag{17}$$

在（17）式以 $-x$ 代 x，便是

$$\ln(1-x)=-x-\frac{x^2}{2}-\frac{x^3}{3}-\cdots-\frac{x^n}{n}-\cdots\ (-1\leqslant x<1) \tag{18}$$

（17）式减去（18）式，得

$$\ln\frac{1+x}{1-x}=2\left(x+\frac{x^3}{3}+\cdots+\frac{x^{2n+1}}{2n+1}+\cdots\right)\ (-1\leqslant x<1) \tag{19}$$

例 8　将 $\cos x$ 在 $x_0=\frac{\pi}{4}$ 处展开成泰勒级数.

解　因为

$$\cos x=\cos\left[\frac{\pi}{4}+(x-\frac{\pi}{4})\right]=\cos\frac{\pi}{4}\cos(x-\frac{\pi}{4})-\sin\frac{\pi}{4}\sin(x-\frac{\pi}{4})=\frac{\sqrt{2}}{2}\left[\cos(x-\frac{\pi}{4})-\sin(x-\frac{\pi}{4})\right],$$

在展开式（14）与（16）式中将 x 换成 $(x-\frac{\pi}{4})$，得

$$\cos(x-\frac{\pi}{4})=1-\frac{1}{2!}(x-\frac{\pi}{4})^2+\frac{1}{4!}(x-\frac{\pi}{4})^4-\cdots\qquad(-\infty<x<+\infty)$$

$$\sin(x-\frac{\pi}{4})=(x-\frac{\pi}{4})-\frac{1}{3!}(x-\frac{\pi}{4})^3+\frac{1}{5!}(x-\frac{\pi}{4})^5-\cdots\ (-\infty<x<+\infty)$$

所以

$$\cos x=\frac{\sqrt{2}}{2}\left[1-(x-\frac{\pi}{4})-\frac{1}{2!}(x-\frac{\pi}{4})^2+\frac{1}{3!}(x-\frac{\pi}{4})^3+\frac{1}{4!}(x-\frac{\pi}{4})^4-\frac{1}{5!}(x-\frac{\pi}{4})^5+\cdots\right]\quad(-\infty<x<+\infty).$$

例 9　将函数 $f(x)=\frac{1}{x^2-4}$ 展成 $(x-1)$ 的幂级数.

解 此即将 $f(x)$ 在点 $x_0=1$ 处展成泰勒级数．于是，设 $t=x-1$，得

$$\frac{1}{x^2-4}=\frac{1}{(t+1)^2-4}=\frac{1}{(t+3)(t-1)}=\frac{1}{4}\left(\frac{1}{t-1}-\frac{1}{t+3}\right)$$

$$=-\frac{1}{4}\frac{1}{1-t}-\frac{1}{12}\frac{1}{1+\frac{t}{3}}.$$

由于
$$\frac{1}{1-t}=\sum_{n=0}^{\infty}t^n \qquad (-1<t<1),$$

$$\frac{1}{1+\frac{t}{3}}=\sum_{n=0}^{\infty}(-1)^n\left(\frac{t}{3}\right)^n \qquad (-3<t<3),$$

所以
$$\frac{1}{x^2-4}=\sum_{n=0}^{\infty}\left[-\frac{1}{4}+\frac{(-1)^{n+1}}{12\cdot 3^n}\right]t^n \qquad (-1<t<1)$$

$$=\sum_{n=0}^{\infty}\left[\frac{(-1)^{n+1}}{12\cdot 3^n}-\frac{1}{4}\right](x-1)^n \qquad (0<x<2).$$

间接展开法中是将下列五个展式作为已知的，必须熟记：

$$\mathrm{e}^x=1+\frac{x}{1!}+\frac{x^2}{2!}+\cdots+\frac{x^n}{n!}+\cdots \qquad (-\infty<x<+\infty);$$

$$\sin x=x-\frac{x^3}{3!}+\frac{x^5}{5!}-\cdots+(-1)^n\frac{x^{2n+1}}{(2n+1)!}+\cdots \qquad (-\infty<x<+\infty);$$

$$\cos x=1-\frac{x^2}{2!}+\frac{x^4}{4!}-\cdots+(-1)^n\frac{x^{2n}}{2n!}+\cdots \qquad (-\infty<x<+\infty);$$

$$\ln(1+x)=x-\frac{x^2}{2}+\frac{x^3}{3}-\cdots+(-1)^{n-1}\frac{x^n}{n}+\cdots \qquad (-1<x\leqslant 1);$$

$$(1+x)^\alpha=1+\frac{\alpha}{1!}x+\frac{\alpha(\alpha-1)}{2!}x^2+\cdots+\frac{\alpha(\alpha-1)\cdots(\alpha-n+1)}{n!}x^n+\cdots \qquad (-1<x<1).$$

习 题 8-3

1．求函数 $f(x)=\cos x$ 的泰勒级数，并验证它在整个数轴上收敛于这个函数．

2．展开下列函数为 x 的幂级数，并确定其收敛区间（端点的敛散性可不讨论）：

（1）$y=4^x$；（2）$y=\ln(2+x)$；（3）$y=\cos^2 x$；

（4）$y=\cos x\sin x$；（5）$y=(1+x)\ln(1+x)$；（6）$y=\dfrac{\mathrm{e}^x}{1-x}$．

3．将函数 $y=\ln(1+x)$ 在 $x_0=2$ 处展开成泰勒级数．

4．将函数 $y=\dfrac{x}{2x-1}$ 在 $x_0=-1$ 处展开成泰勒级数．

5．将函数 $f(x)=\frac{1}{x^2+3x+2}$ 展开成 $x+4$ 的幂级数．

*第四节 傅里叶级数

一、三角级数

在物理学和工程技术中经常遇到周期现象，这些现象可以用一个周期函数来描述．最简单的周期现象是简谐振动，如单摆的振幅很小时的摆动、弹簧的振动等都可用周期为 $T=\frac{2\pi}{\omega}$ 的正弦函数 $y=A\sin(\omega t+\varphi)$ 来表示．

在实际中，还经常遇到较复杂的非正弦周期函数，它们反映了较复杂的周期运动．如电子技术中常用的周期 T 的**矩形波**和**锯齿波**（如图 8-3 所示），反映了电压 U 随时间 t 的周期性变化．

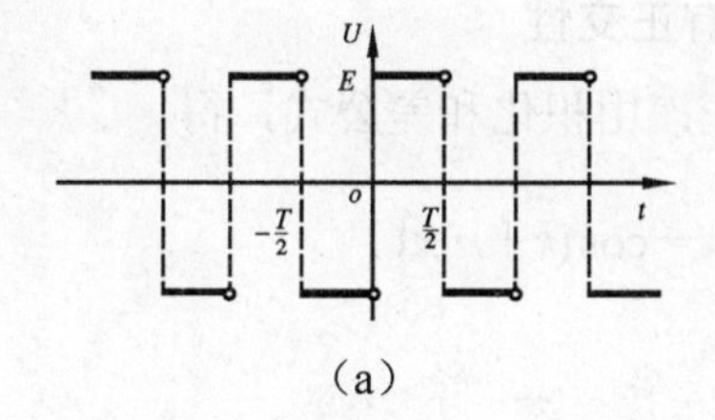

(a)

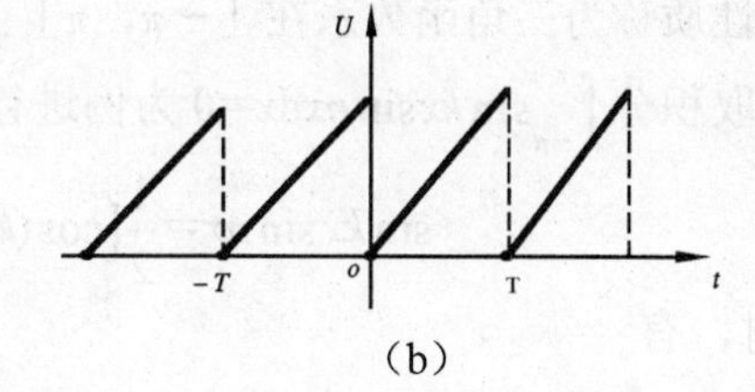

(b)

图 8-3

如同将函数展开成幂级数会带来方便一样，我们想将周期函数展开成由三角函数组成的级数，即将周期为 $T(=\frac{2\pi}{\omega})$ 的周期函数 $f(t)$ 用一系列三角函数 $A_n\sin(n\omega t+\varphi_n)$ 之和来表示，记为

$$f(t)=A_0+\sum_{n=1}^{\infty}A_n\sin(n\omega t+\varphi_n) \tag{1}$$

其中 A_0，A_n，$\varphi_n(n=1,2,\cdots)$ 都是常数．

(1)式的意义是把一个比较复杂的周期运动看成是许多不同频率的简谐振动的叠加．在电工学上，这种展开称为谐波分析．因为

$$A_n\sin(n\omega t+\varphi_n)=A_n\sin\varphi_n\cos n\omega t+A_n\cos\varphi_n\sin n\omega t\text{，}$$

故为讨论方便，我们令 $\frac{a_0}{2}=A_0$，$a_n=A_n\sin\varphi_n$，$b_n=A_n\cos\varphi_n$，$\omega t=x$，就将（1）式右端变形为

$$\frac{a_0}{2}=+\sum_{n=1}^{\infty}(a_n\cos nx+b_n\sin nx) \tag{2}$$

一般地，级数（2）称为**三角级数**，其中 a_0，a_n，b_n（$n=1,2,\ldots$）都是常数.

下面讨论三角级数（2）的收敛问题以及如何将以 2π 为周期的函数展开成三角级数（2）. 为此，先介绍三角函数系的**正交性**.

结论 三角函数系

$$1，\cos x，\sin x，\cos 2x，\sin 2x，\cdots，\cos nx，\sin nx，\cdots$$

中任意两个不同函数的乘积在 $[-\pi,\pi]$ 上的积分等于零. 即

$$\begin{aligned}&\int_{-\pi}^{\pi}\cos nx\mathrm{d}x=0,\int_{-\pi}^{\pi}\sin nx\mathrm{d}x=0 \quad (n=1,2,\cdots);\\&\int_{-\pi}^{\pi}\sin kx\cos nx\mathrm{d}x=0, \quad (k,n=1,2,3,\cdots);\\&\int_{-\pi}^{\pi}\cos kx\cos nx\mathrm{d}x=0 \quad (k,n=1,2,3,\cdots,k\neq n);\\&\int_{-\pi}^{\pi}\sin kx\sin nx\mathrm{d}x=0, \quad (k,n=1,2,3,\cdots,k\neq n).\end{aligned} \tag{3}$$

这个性质称为三角函数系在 $[-\pi,\pi]$ 上具有**正交性**.

下面取积分 $\int_{-\pi}^{\pi}\sin kx\sin nx\mathrm{d}x=0$ 为例进行验证. 由积化和差公式，得

$$\sin kx\sin nx=\frac{1}{2}[\cos(k-n)x-\cos(k+n)x],$$

当 $k\neq n$ 时，有

$$\begin{aligned}\int_{-\pi}^{\pi}\sin kx\sin nx\mathrm{d}x&=\frac{1}{2}\int_{-\pi}^{\pi}[\cos(k-n)x-\cos(n+k)x]\mathrm{d}x\\&=\frac{1}{2}\left[\frac{\sin(k-n)x}{k-n}-\frac{\sin(k+n)x}{k+n}\right]_{-\pi}^{\pi}=0,\ (k,n=1,2,3,\cdots,k\neq n).\end{aligned}$$

其余等式可以类似地进行证明.

二、以 2π 为周期的函数的傅氏级数

研究以 2π 为周期的函数 $f(x)$ 展成三角级数的思路与函数展开成幂级数类似，即先假定 $f(x)$ 能展成级数（2），从而求出 a_n、b_n，然后再研究级数（2）在什么条件下收敛于 $f(x)$.

1. 傅氏级数

设 $f(x)$ 是以 2π 为周期的函数且能展开成三角级数（2），即

$$f(x)=\frac{a_0}{2}+\sum_{k=1}^{\infty}(a_k\cos kx+b_k\sin kx), \tag{4}$$

并假设（4）式可以逐项积分，从 $-\pi$ 到 π 逐项积分，得

$$\int_{-\pi}^{\pi} f(x)\mathrm{d}x=\int_{-\pi}^{\pi}\frac{a_0}{2}\mathrm{d}x+\sum_{k=1}^{\infty}\left[a_k\int_{-\pi}^{\pi}\cos kx\mathrm{d}x+b_k\int_{-\pi}^{\pi}\sin kx\mathrm{d}x\right].$$

根据三角函数系的正交性知，右端除第一项以外的各项全为零．所以

$$a_0=\frac{1}{\pi}\int_{-\pi}^{\pi} f(x)\mathrm{d}x,$$

为求 $a_n(n=1, 2, \cdots)$，用 $\cos nx$ 乘（4）式两端，再在［$-\pi$，π］上逐项积分，得

$$\int_{-\pi}^{\pi} f(x)\cos nx\mathrm{d}x=\frac{a_0}{2}\int_{-\pi}^{\pi}\cos nx\mathrm{d}x+\sum_{k=1}^{\infty}\left[a_k\int_{-\pi}^{\pi}\cos kx\cos nx\mathrm{d}x+b_n\int_{-\pi}^{\pi}\sin kx\cos nx\mathrm{d}x\right],$$

根据三角函数系的正交性知，等式右端除 $k=n$ 的一项外，其余各项均为零．于是

$$\int_{-\pi}^{\pi} f(x)\cos nx\mathrm{d}x=a_n\int_{-\pi}^{\pi}\cos^2 nx\mathrm{d}x=\frac{a_n}{2}\int_{-\pi}^{\pi}(1+\cos 2nx)\mathrm{d}x=\frac{a_n}{2}\cdot 2\pi$$

所以

$$a_n=\frac{1}{\pi}\int_{-\pi}^{\pi} f(x)\cos nx\mathrm{d}x \qquad (n=1,2,3,\cdots).$$

类似地，用 $\sin nx$ 乘（4）式两端，再从一到 π 逐项积分，可得

$$b_n=\frac{1}{\pi}\int_{-\pi}^{\pi} f(x)\sin nx\mathrm{d}x \qquad (n=1,2,\cdots)$$

由于当 $n=0$ 时，a_n 表达式正好给出 a_0，因此得

$$\begin{cases} a_n=\dfrac{1}{\pi}\displaystyle\int_{-\pi}^{\pi} f(x)\cos nx\mathrm{d}x & (n=0,1,2,\cdots) \\ b_n=\dfrac{1}{\pi}\displaystyle\int_{-\pi}^{\pi} f(x)\sin nx\mathrm{d}x & (n=1,2,3,\cdots) \end{cases} \tag{5}$$

如果（5）式中的积分都存在，这时由它们定出的 a_n，b_n 称为函数 $f(x)$的**傅里叶系数**(简称**傅氏系数**)．将这些系数代入（4）式右端，所得的三角级数

$$\frac{a_0}{2}+\sum_{n=1}^{\infty}(a_n\cos nx+b_n\sin nx) \tag{6}$$

称为函数 $f(x)$的**傅里叶级数**(简称**傅氏级数**)，记作

$$f(x)\sim\frac{a_0}{2}+\sum_{n=1}^{\infty}(a_n\cos nx+b_n\sin nx) \tag{7}$$

需要说明的是，只要公式（5）中的积分都存在，就可计算出 $f(x)$的傅里叶系数，从而就可写出 $f(x)$的傅里叶级数，但这个傅里叶级数不一定收敛于 $f(x)$．函数 $f(x)$满足什么条件时，它的傅里叶级数收敛于 $f(x)$，或者说 $f(x)$满足什么条件时可展开成傅里叶级数？下面我们不加证明地给出一个充分条件．

2．傅氏级数收敛的充分条件

收敛定理［狄利克雷（Dirichlet）充分条件］

设函数 $f(x)$以 2π 为周期，且在［$-\pi$，π］上满足

（i）除了有限个第一类间断点外都是连续的；

（ii）只有有限个极值点.

则函数$f(x)$的傅氏级数（6）式收敛，并且

（1）当x是$f(x)$的连续点时，（6）式收敛于$f(x)$；

（2）当x是$f(x)$的间断点时，（6）式收敛于$\dfrac{f(x-0)+(x+0)}{2}$，其中$f(x-0)$、$f(x+0)$分别是$f(x)$在点x处的左、右极限.

上述定理告诉我们，只要函数在［$-\pi$，π］上至多有有限个第一类间断点，并且不作无限次振动，那么，级数除了这有限个点外均收敛于函数$f(x)$本身. 收敛定理中的两个条件简称为**狄氏条件**.

例 1　设$f(x)$是周期为2π的函数，它在［$-\pi$，π］上的表达式为

$$f(x)=\begin{cases}-1 & -\pi\leqslant x<0\\ 1 & 0\leqslant x<\pi\end{cases},$$

将$f(x)$展开成傅氏级数.

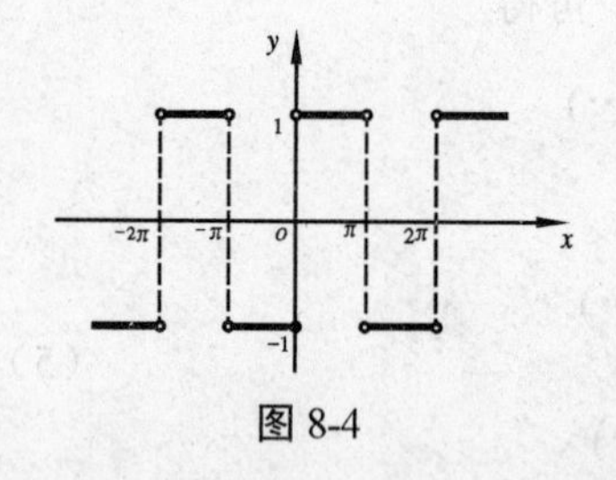

图 8-4

解　函数$f(x)$的图形如图 8-4 所示（$E=1$，$T=2\pi$）. $f(x)$满足收敛定理的条件，它在$x=k\pi$（$k=0$，±1，±2，…）处不连续，在其他点处连续，所以，由收敛定理知，对应的傅氏级数收敛. 计算傅氏系数如下：

由于$f(x)$为奇函数，所以

$$a_n=\frac{1}{\pi}\int_{-\pi}^{\pi}f(x)\cos nx\mathrm{d}x=0\qquad(n=0,1,2,\cdots)$$

$$\begin{aligned}b_n&=\frac{1}{\pi}\int_{-\pi}^{\pi}f(x)\sin nx\mathrm{d}x=\frac{2}{\pi}\int_0^{\pi}f(x)\sin nx\mathrm{d}x\\&=\frac{2}{\pi}\int_0^{\pi}\sin nx\mathrm{d}x=\frac{2}{n\pi}[-\cos n\pi+1]\\&=\frac{2}{n\pi}[1-(-1)^n]=\begin{cases}\dfrac{4}{n\pi}, & n=1,3,5,\cdots\\ 0, & n=2,4,6,\cdots\end{cases}.\end{aligned}$$

根据收敛定理，$f(x)$的傅氏级数为

$$\frac{4}{\pi}\left[\sin x+\frac{1}{3}\sin 3x+\cdots+\frac{1}{2k-1}\sin(2k-1)x+\cdots\right]=\begin{cases}f(x), & (x\neq0,\pm\pi,\pm2\pi)\\ 0, & (x=0,\pm\pi,\pm2\pi)\end{cases}\tag{8}$$

其和函数的图形如图 8-4 所示.

如果把例 1 中的函数理解为矩形波的波形函数(周期$T=2\pi$，幅值$E=1$，自变量x表示时间)，那么上面得到的展式表明：矩形波是由一系列不同频率的正弦波叠加而成的. 这些正弦波的频率依次是基波$\dfrac{4}{\pi}\sin x$频率的奇数倍. 图 8-5 清楚地显示了傅氏级数（8）式的部

分和是如何收敛于矩形波的．图 8-5（a）是矩形波与**一次谐波(基波)** $\frac{4}{\pi}\sin x$ 的图形；图 8-5（b）中虚线是一次谐波 $\frac{4}{\pi}\sin x$ 与三次谐波 $\frac{4}{\pi}\cdot\frac{1}{3}\sin 3x$，实曲线是由一次、三次谐波合成的波形．图 8-5（c）中实曲线是一次、三次、五次谐波合成的波形．如此下去，正弦波的个数越多，这些波的叠加就越逼近于矩形波．

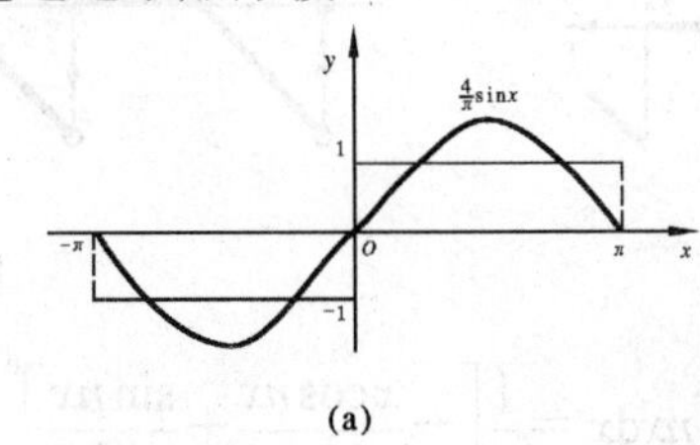

(a)

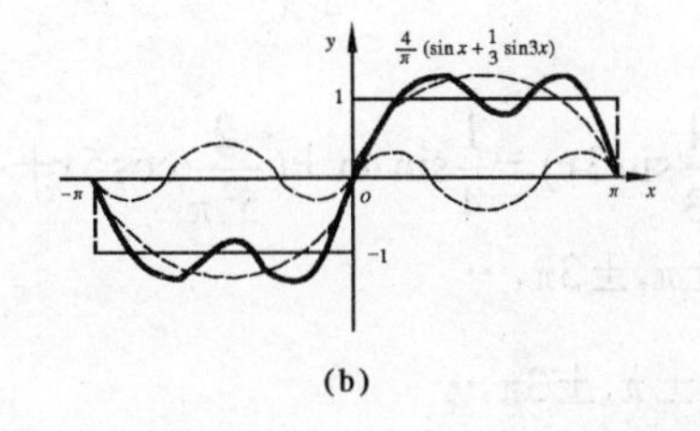

(b)

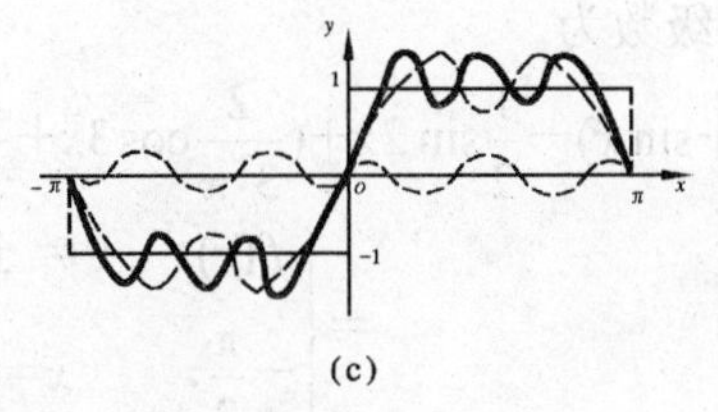

(c)

图 8-5

例 2　设 $f(x)$是周期为 2π 的函数，它在［$-\pi$，π］上的表达式为

$$f(x)=\begin{cases} x, & -\pi\leqslant x<0 \\ 0, & 0\leqslant x<\pi \end{cases},$$

试将 $f(x)$展开为傅氏级数．

解　先作出函数 $f(x)$的图形，如图 8-6 所示．容易验证 $f(x)$满足狄氏条件，$x=(2k+1)\pi$ $(k=0,\ \pm1,\ \pm2,\ \cdots)$是它的第一类间断点，因此，对应的傅氏级数在 $x=(2k+1)\pi$ 处收敛于

$$\frac{f(\pi-0)+f(-\pi+0)}{2}=\frac{0+(-\pi)}{2}=-\frac{\pi}{2}.$$

在连续点 $x\left[x\neq(2k+1)\pi\right]$ 处收敛于 $f(x)$，和函数的图形如图 8-7 所示．计算傅氏系数如下

$$a_0=\frac{1}{\pi}\int_{-\pi}^{\pi}f(x)\mathrm{d}x=\frac{1}{\pi}\int_{-\pi}^{0}x\mathrm{d}x=-\frac{\pi}{2};$$

$$a_n=\frac{1}{\pi}\int_{-\pi}^{\pi}f(x)\cos nx\mathrm{d}x=\frac{1}{\pi}\int_{-\pi}^{0}x\cos nx\mathrm{d}x=\frac{1}{\pi}\left[\frac{x\sin nx}{n}+\frac{\cos nx}{n^2}\right]_{-\pi}^{0}=\frac{1}{n^2\pi}(1-\cos n\pi)$$

$$=\begin{cases}\dfrac{2}{n^2\pi}, & 当\ n=1,3,5,\cdots时\\ 0, & 当\ n=2,4,6,\cdots时\end{cases};$$

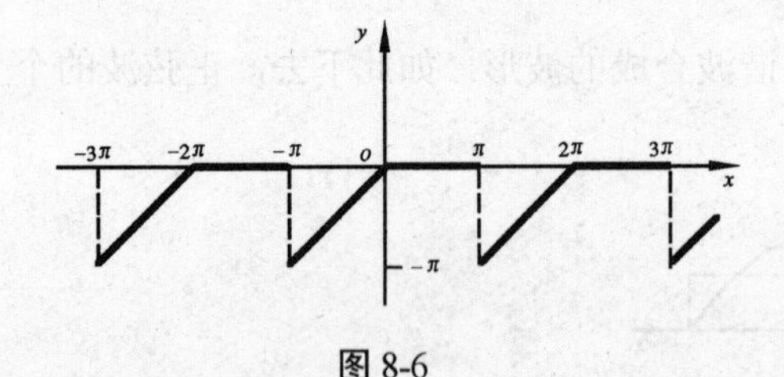

图 8-6

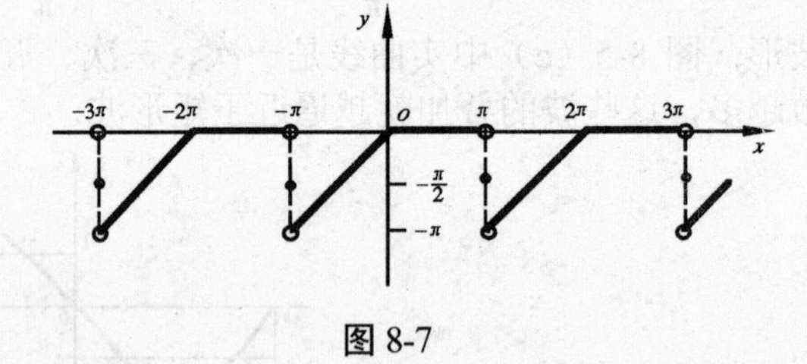

图 8-7

$$b_n=\frac{1}{\pi}\int_{-\pi}^{\pi}f(x)\sin nx\mathrm{d}x=\frac{1}{\pi}\int_{-\pi}^{0}x\sin nx\mathrm{d}x=\frac{1}{\pi}\left[-\frac{x\cos nx}{n}+\frac{\sin nx}{n^2}\right]_{-\pi}^{0}=-\frac{\cos n\pi}{n}=\frac{(-1)^{n+1}}{n}.$$

所以 $f(x)$ 的傅氏级数为

$$-\frac{\pi}{4}+(\frac{2}{\pi}\cos x+\sin x)-\frac{1}{2}\sin 2x+(\frac{2}{3^2\pi}\cos 3x+\frac{1}{3}\sin 3x)-\frac{1}{4}\sin 4x+(\frac{2}{5^2\pi}\cos 5x+\frac{1}{5}\sin 5x)-\cdots$$

$$=\begin{cases}f(x), & x\neq\pm\pi,\pm3\pi,\cdots\\ -\dfrac{\pi}{2}, & x=\pm\pi,\pm3\pi,\cdots\end{cases}.$$

例 3 设函数 $f(x)$ 以 2π 为周期，在 $[-\pi,\pi]$ 上有表达式

$$f(x)=\begin{cases}-x, & -\pi\leqslant x<0\\ x, & 0<x\leqslant\pi\end{cases}.$$

试将 $f(x)$ 展成傅氏级数.

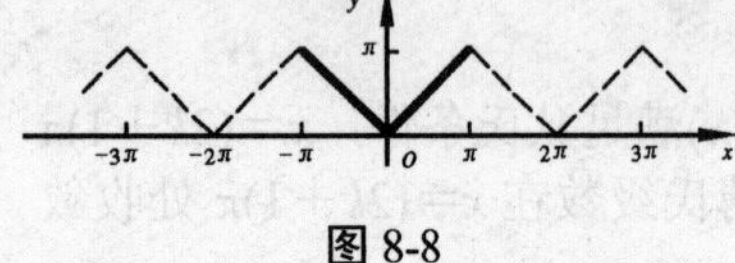

图 8-8

解 函数 $f(x)$ 的图形如图 8-8 所示. 容易验证 $f(x)$ 满足狄氏条件且连续. 所以函数 $f(x)$ 的傅氏级数的和函数就是 $f(x)$. 计算傅氏系数如下：

由于 $f(x)$ 为偶函数，所以

$$b_n=\frac{1}{\pi}\int_{-\pi}^{\pi}f(x)\sin nx\mathrm{d}x=0 \qquad (n=1,2,3,\cdots)$$

$$a_0=\frac{1}{\pi}\int_{-\pi}^{\pi}f(x)\mathrm{d}x=\frac{2}{\pi}\int_{0}^{\pi}x\mathrm{d}x=\pi$$

$$a_n=\frac{1}{\pi}\int_{-\pi}^{\pi}f(x)\cos nx\mathrm{d}x=\frac{2}{\pi}\int_{\pi}^{0}x\cos nx\mathrm{d}x=\frac{2}{\pi}\left[\frac{1}{n}x\sin nx\Big|_0^{\pi}-\frac{1}{n}\int_0^{\pi}\sin nx\mathrm{d}x\right]$$

$$=\frac{2}{\pi}\left[\frac{1}{n^2}(\cos n\pi-1)\right]=\frac{2}{n^2\pi}\left[(-1)^n-1\right]=\begin{cases}0, & n=2,4,6,\cdots\\ -\dfrac{4}{n^2\pi}, & n=1,3,5,\cdots\end{cases}.$$

于是$f(x)$的傅氏级数为

$$\frac{\pi}{2}-\frac{4}{\pi}\left[\cos x+\frac{1}{3^2}\cos 3x+\frac{1}{5^2}\cos 5x+\cdots\right]=f(x)$$

从例 1、例 3，我们容易得到奇、偶函数的傅氏级数的如下**结论**：

如果$f(x)$是以 2π 为周期的奇函数，则它的傅氏系数为

$$\begin{cases} a_n=0, & (n=0,1,2,\cdots) \\ b_n=\dfrac{2}{\pi}\displaystyle\int_0^{\pi} f(x)\sin nx\mathrm{d}x, & (n=1,2,\cdots) \end{cases} \tag{9}$$

它的傅氏级数（称为**正弦级数**）为

$$\sum_{n=1}^{\infty} b_n \sin nx=b_1\sin x+b_2\sin 2x+\cdots+b_n\sin nx+\cdots.$$

如果$f(x)$是以 2π 为周期的偶函数，则它的傅氏系数为

$$\begin{cases} a_n=\dfrac{2}{\pi}\displaystyle\int_0^{\pi} f(x)\cos nx\mathrm{d}x, & (n=0,1,2,\quad) \\ b_n=0, & (n=1,2,3,\quad) \end{cases} \tag{10}$$

它的傅氏级数为（称为**余弦级数**）

$$\frac{a_0}{2}+\sum_{n=1}^{\infty} a_n\cos nx=\frac{a_0}{2}+a_1\cos x+\cdots+a_n\cos nx+\cdots.$$

习 题 8-4

1．设函数$f(x)$以 2π 为周期，它在一个周期内的表达式为$f(x)=x(-\pi<x\leqslant\pi)$，试求它的傅氏级数，并作出它和它的傅氏级数的和函数的图形．

2．将函数 $f(x)=2\sin\dfrac{x}{3}$ 展开成傅氏级数，并作出级数的和函数的图形．

3．设函数$f(x)$以 2π 为周期，它在$(-\pi,\ \pi]$ 上有表达式$f(x)=e^x+1$，试求$f(x)$的傅氏级数，并作出和函数的图形．

4．设函数$f(x)$以 2π 为周期，它在一个周期的表达式为$f(x)=x^2$（$-\pi\leqslant x\leqslant\pi$)，试求它的傅氏级数，并作出它和它的傅氏级数的和函数的图形．

5．设周期函数$f(x)$的周期为 2π，证明：

（1）如果$f(x-\pi)=-f(x)$，则$f(x)$的傅里叶系数 $a_0=0$，$a_{2k}=0$，$b_{2k}=0$，$(k=1,2,\cdots)$

（2）如果$f(x-\pi)=f(x)$，则$f(x)$的傅里叶系数 $a_{2k+1}=0$，$b_{2k+1}=0$，$(k=0,1,2,\cdots)$.

*第五节　任意区间上的傅氏级数

在第四节中，讨论了以 2π 为周期的函数 $f(x)$的傅氏级数展开．一般说来，这时 $f(x)$在整个数轴上是有意义的．实际上，若 $f(x)$只在$[-\pi,\ \pi]$、$[0,\ \pi]$ 或（$-l,\ l$）上有定

义时，也可以讨论$f(x)$在它的定义区间上的傅氏级数展开问题．本节讨论定义在［$-\pi$，π］或［0，π］上的函数的傅氏级数展开和以$2l$为周期的函数的傅氏级数展开．

一、［$-\pi$，π］上的傅氏级数

如果函数$f(x)$只在［$-\pi$，π］上有定义且满足狄氏条件，那么$f(x)$也可以展开成傅氏级数．具体作法如下：

（i）将$f(x)$进行**周期延拓**，即在［$-\pi$，π）或（$-\pi$，π］以外补充定义，使它拓广成为以2π为周期的函数$F(x)$；

（ii）将以2π为周期的函数$F(x)$按第四节的方法展开成傅氏级数；

（iii）限制x在（$-\pi$，π）内，此时$F(x)\equiv f(x)$，便得函数$f(x)$的傅氏级数展开式，且在区间端点$x=\pm\pi$处级数收敛于

$$\frac{1}{2}[f(\pi-0)+f(-\pi+0)].$$

例 1 将函数

$$f(x)=\begin{cases}bx, & -\pi\leqslant x<0\\ ax, & 0\leqslant x<\pi\end{cases}$$

展开成傅氏级数（a，b为常数）．

解 容易验证，$f(x)$在［$-\pi$，π］上满足狄氏条件．将$f(x)$进行周期延拓成为以2π为周期的函数$F(x)$．$F(x)$在点$x=(2k+1)\pi$ $(k=0,\pm1,\pm2,\cdots)$处不连续，而在其他点处连续，如图 8-9 所示．因此，对应的傅氏级数在（$-\pi$，π）上收敛于$f(x)$．由于

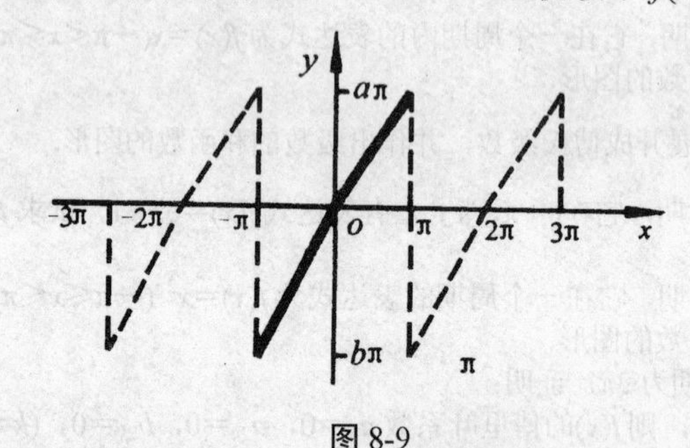

图 8-9

$$a_0=\frac{1}{\pi}\int_{-\pi}^{0}bx\mathrm{d}x+\frac{1}{\pi}\int_{0}^{\pi}ax\mathrm{d}x=\frac{(a-b)\pi}{2}.$$

$$a_n=\frac{1}{\pi}\int_{-\pi}^{0}bx\cos nx\mathrm{d}x+\frac{1}{\pi}\int_{0}^{\pi}ax\cos nx\mathrm{d}x$$

$$=\frac{b}{\pi}\cdot\left[\frac{x\sin nx}{n}+\frac{\cos nx}{n^2}\right]_{-\pi}^{0}+\frac{a}{\pi}\cdot\left[\frac{x\sin nx}{n}+\frac{\cos nx}{n^2}\right]_{0}^{\pi}$$

$$=\frac{b}{\pi}\cdot\frac{1-\cos n\pi}{n^2}+\frac{a}{\pi}\frac{\cos n\pi-1}{n^2}=\frac{b-a}{\pi}\frac{1-(-1)^n}{n^2}\quad(n=1,2,3,\cdots),$$

$$b_n=\frac{1}{\pi}\int_{-\pi}^{0}bx\sin nx\mathrm{d}x+\frac{1}{\pi}\int_{0}^{\pi}ax\sin nx\mathrm{d}x$$

$$=\frac{b}{\pi}\cdot\left[-\frac{x\cos nx}{n}+\frac{\sin nx}{n^2}\right]_{-\pi}^{0}+\frac{a}{\pi}\cdot\left[-\frac{x\cos nx}{n}+\frac{\sin nx}{n^2}\right]_{0}^{\pi}$$

$$=\frac{b}{\pi}\frac{-\pi\cos n\pi}{n}+\frac{a}{\pi}\cdot\frac{-\pi\cos n\pi}{n}=(a+b)\frac{(-1)^{n+1}}{n}\quad(n=1,2,3,\cdots),$$

所以

$$f(x)=\frac{(a-b)\pi}{4}+\sum_{n=1}^{\infty}\left[\frac{b-a}{\pi}\cdot\frac{1-(-1)^n}{n^2}\cdot\cos nx+(a+b)\cdot\frac{(-1)^{n+1}}{n}\cdot\sin nx\right]\ (-\pi<x<\pi),$$

且该级数在端点 $x=\pm\pi$ 处收敛于

$$\frac{f(-\pi+0)+f(\pi-0)}{2}=\frac{(a-b)\pi}{2}.$$

通过例 1，我们看到将函数 $f(x)$，$x\in[-\pi,\pi]$ 展开成傅氏级数，在计算 a_n 和 b_n 时，只用到 $f(x)$ 在 $[-\pi,\pi]$ 上的定义. 所以在对本段的步骤较熟练以后，就不必写出函数的延拓过程，只要直接计算 a_n 和 b_n，得到级数就可以了.

例 2　将函数

$$f(x)=\begin{cases}\dfrac{\pi}{2}+x, & -\pi\leqslant x\leqslant 0\\ \dfrac{\pi}{2}-x, & 0<x\leqslant\pi\end{cases}$$

展开成傅氏级数.

解　因为函数 $f(x)$ 在 $[-\pi,\pi]$ 上为偶函数（如图 8-10 所示），所以

$b_n=0$，$(n=1，2，3)$

$$a_0=\frac{2}{\pi}\int_0^{\pi}f(x)\mathrm{d}x=\frac{2}{\pi}\int_0^{\pi}(\frac{\pi}{2}-x)\mathrm{d}x=\frac{2}{\pi}\left[\frac{\pi x}{2}-\frac{x^2}{2}\right]_0^{\pi}=0$$

$$a_n=\frac{2}{\pi}\int_0^{\pi}f(x)\cos nx\mathrm{d}x=\frac{2}{\pi}\int_0^{\pi}(\frac{\pi}{2}-x)\cos nx\mathrm{d}x$$

$$=\int_0^{\pi}\cos nx\mathrm{d}x-\frac{2}{\pi}\int_0^{\pi}x\cos nx\mathrm{d}x$$

$$=0-\frac{2}{\pi}\left[\frac{x\sin nx}{n}+\frac{\cos nx}{n^2}\right]_0^{\pi}=\frac{2}{n^2\pi}(1-\cos n\pi)=\begin{cases}\dfrac{4}{n^2\pi}, & \text{当}\ n=1,2,5,\cdots\text{时}\\ 0, & n=2,4,6,\cdots\text{时}\end{cases},$$

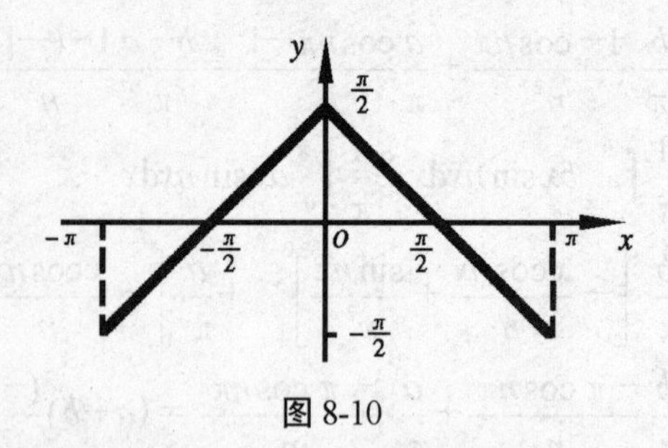

图 8-10

于是函数 $f(x)$ 的傅氏级数为余弦级数

$$f(x)=\frac{4}{\pi}\left[\frac{\cos x}{1^2}+\frac{\cos 3x}{3^2}+\frac{\cos 5x}{5^2}+\cdots\right]\ (-\pi\leqslant x\leqslant\pi).$$

注　例 2 中端点 $x=\pm\pi$ 处函数 $f(x)$ 的傅氏级数收敛于

$$\frac{f(-\pi+0)+f(\pi-0)}{2}=\frac{-\frac{\pi}{2}+\left(-\frac{\pi}{2}\right)}{2}=-\frac{\pi}{2}=f(\pm\pi),$$

但一般函数并不一定都如此，所以必须注意对端点的讨论．

二、[0，π] 上的傅氏级数

如果函数 $f(x)$ 只在 [0，π] 上有定义且满足狄氏条件，那么仍可用延拓的方法将它展开成傅氏级数．也就是先将 $f(x)$ 延拓于 [−π，0] 上成为 $F(x)$，$x\in[-\pi,\pi]$，使在 [0，π] 上有 $F(x)\equiv f(x)$．然后，利用本节第一段的方法将 $F(x)$ 展开成傅氏级数，再将 x 限制在 [0，π] 上，就得到了 $f(x)$ 在 [0，π] 上的傅氏级数．这样的延拓，通常有下列两种不同情形．

1．奇延拓

这时 $F(x)$ 在 [−π，π] 上（除 $x=0$ 外）是奇函数（如图 8-11 所示）．它的傅氏级数为正弦级数．

2．偶延拓

这时，$F(x)$ 在 [−π，π] 上是偶函数（如图 8-12 所示），它的傅氏级数为余弦级数．

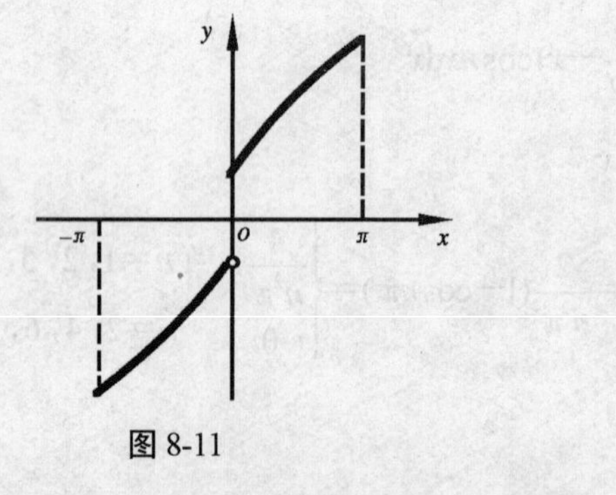

图 8-11

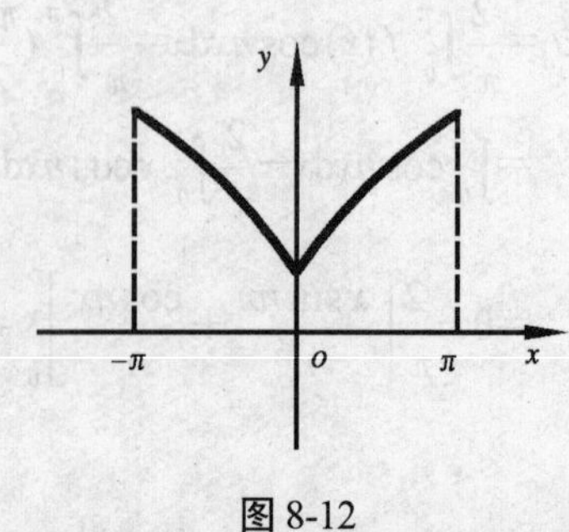

图 8-12

同例 1 以后的说明，将这类函数展开成正弦级数或余弦级数时，也不必写出延拓过程．

例 3　将函数 $f(x)=x+1$（$0\leqslant x\leqslant \pi$）分别展开成正弦级数和余弦级数．

解　先将函数 $f(x)$ 展开成正弦级数．为此，对 $f(x)$ 进行奇延拓(如图 8-13 所示)．这时

$$b_n=\frac{2}{\pi}\int_0^{\pi} f(x)\sin nx\mathrm{d}x+\frac{2}{\pi}\int_0^{\pi}(x+1)\sin nx\mathrm{d}x=\frac{2}{\pi}\left[-\frac{x\cos nx}{n}+\frac{\sin nx}{n^2}-\frac{\cos nx}{n}\right]_0^{\pi}$$

$$=\frac{2}{n\pi}(1-\pi\cos n\pi-\cos n\pi)=\begin{cases}\dfrac{2}{\pi}\dfrac{\pi+2}{n}, & \text{当 } n=1,3,5\cdots\text{时}\\[2mm] -\dfrac{2}{\pi}, & \text{当 } n=2,4,6\cdots\text{时}\end{cases}$$

于是，得 $x+1$ 的正弦级数为

$$x+1=\frac{2(x+2)}{\pi}\sum_{m=1}^{\infty}\frac{1}{2m-1}\sin(2m-1)x-2\sum_{m=1}^{\infty}\frac{1}{2m}\sin 2mx$$

$$=\frac{2}{\pi}\left[(x+2)\sin x-\frac{\pi}{2}\sin 2x+\frac{\pi+2}{3}\sin 3x-\frac{\pi}{2}\sin 4x+\cdots\right]\quad(0<x<\pi)$$

在端点 $x=0$ 及 $x=\pi$ 处，级数的和为 0，它不代表 $x+1$ 在 $x=0$ 处的值．

再展开成余弦级数．为此，对 $f(x)$ 进行偶延拓（如图 8-14 所示），这时

$$a_0=\frac{2}{\pi}\int_0^{\pi}(x+1)\mathrm{d}x=\pi+2$$

$$a_n=\frac{2}{\pi}\int_0^{\pi}(x+1)\cos nx\mathrm{d}x=\frac{2}{\pi}\left[\frac{x\sin nx}{n}+\frac{\cos nx}{n^2}+\frac{\sin nx}{n}\right]_0^{\pi}$$

$$=\frac{2}{n^2\pi}(\cos n\pi-1)=\begin{cases}0, & \text{当 } n=2,4,6\cdots\text{时}\\[2mm] -\dfrac{4}{n^2\pi}, & \text{当 } n=1,3,5\cdots\text{时}\end{cases},$$

于是，得 $x+1$ 的余弦级数为

$$x+1=\frac{\pi}{2}+1-\frac{4}{\pi}\left(\cos x+\frac{1}{3^2}\cos 3x+\frac{1}{5^2}\cos 5x+\cdots\right)\quad(0\leqslant x\leqslant\pi).$$

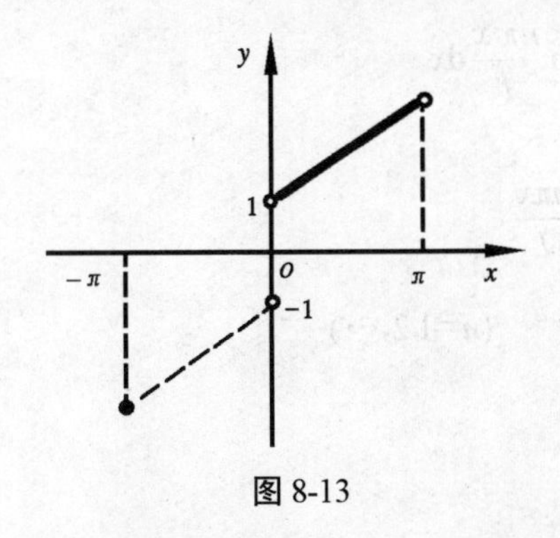

图 8-13

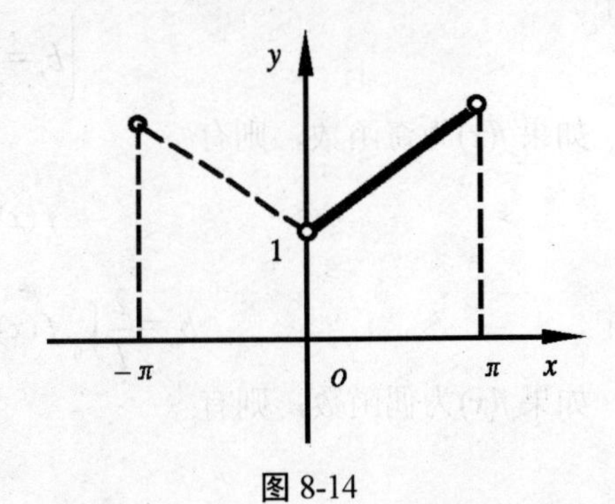

图 8-14

从例 3 可以看出，在［0，π］上定义的函数 $f(x)$ 可以用不同的延拓方法得到不同的傅氏级数展开式．一般地说，函数的傅氏级数展开式是不唯一的．但在函数的连续点处，级数都收敛于 $f(x)$．

三、以 $2l$ 为周期的函数的傅氏级数

一般的周期函数的周期不一定是 2π．因此，我们要讨论以 $2l$（l 为任意正数）为周期的函数的傅氏级数．

设函数 $f(x)$ 以 $2l$ 为周期，则通过变量代换

$$\frac{\pi x}{l}=t \qquad (\text{或} x=\frac{lt}{\pi})$$

可得以 2π 为周期的函数 $F(t)=f(\frac{lt}{\pi})$．又区间 $-l\leqslant x\leqslant l$ 变换成 $-\pi\leqslant t\leqslant\pi$．

如果 $f(x)$ 在［$-l$，l］上满足狄氏条件，则 $F(t)$ 在［$-\pi$，π］上也满足狄氏条件．$F(t)$ 在连续点处的傅氏级数展开式为

$$F(t)=\frac{a_0}{2}+\sum_{n=1}^{\infty}(a_n\cos nt+b_n\sin nt),$$

其中

$$\begin{cases} a_n=\dfrac{1}{\pi}\displaystyle\int_{-\pi}^{\pi}F(t)\cos nt\mathrm{d}t, & (n=0,1,2,\cdots) \\ b_n=\dfrac{1}{\pi}\displaystyle\int_{-\pi}^{\pi}F(t)\sin nt\mathrm{d}t, & (n=1,2,3,\cdots) \end{cases}$$

再将 $t=\frac{\pi x}{l}$ 代入以上各式，得

$$f(x)=\frac{a_0}{2}+\sum_{n=1}^{\infty}(a_n\cos\frac{n\pi x}{l}+b_n\sin\frac{n\pi x}{l}), \tag{1}$$

其中

$$\begin{cases} a_n=\dfrac{1}{l}\displaystyle\int_{-l}^{l}f(x)\cos\frac{n\pi x}{l}\mathrm{d}x \\ b_n=\dfrac{1}{l}\displaystyle\int_{-l}^{l}f(x)\sin\frac{n\pi x}{l}\mathrm{d}x \end{cases} \tag{2}$$

如果 $f(x)$ 为奇函数，则有

$$f(x)=\sum_{n=1}^{\infty}b_n\sin\frac{n\pi x}{l} \tag{3}$$

其中

$$b_n=\frac{2}{l}\int_0^l f(x)\sin\frac{n\pi x}{l}\mathrm{d}x \qquad (n=1,2,\cdots) \tag{4}$$

如果 $f(x)$ 为偶函数，则有

$$f(x)=\frac{a_0}{2}+\sum_{n=1}^{\infty}a_n\cos\frac{n\pi x}{l} \tag{5}$$

其中

$$a_n=\frac{2}{l}\int_0^l f(x)\cos\frac{n\pi x}{l}\mathrm{d}x \quad (n=0,1,2,\cdots) \tag{6}$$

如果函数 $f(x)$ 只在 $[-l,\ l]$ 上有定义，且满足狄氏条件，可进行周期延拓再展开成傅氏级数．同样，如果函数 $f(x)$ 只在 $[0,\ l]$ 上有定义，且满足狄氏条件，则可进行奇延拓展成正弦级数，也可进行偶延拓展成余弦级数．

例 4　将函数 $f(x)=x^2$ 在 $[-1,\ 1]$ 上展开为傅氏级数．

解　这里 $l=1$，由于 $f(x)=x^2$ 是偶函数，所以它的傅氏级数为余弦级数．由公式（6），得

$$a_n=\frac{2}{l}\int_0^l f(x)\mathrm{d}x=2\int_0^1 x^2\mathrm{d}x=\frac{2}{3}\ ,$$

$$a_n=\frac{2}{l}\int_0^l f(x)\cos\frac{n\pi x}{l}\mathrm{d}x=2\int_0^1 x^2\cos n\pi x\mathrm{d}x=\frac{2}{n\pi}\Big[x^2\sin n\pi x\Big]_0^1-\frac{4}{n\pi}\int_0^1 x\sin n\pi x\mathrm{d}x$$

$$=0+\frac{4}{(n\pi)^2}\Big[x\cos n\pi x\Big]_0^1-\frac{4}{(n\pi)^2}\int_0^1\cos n\pi x\mathrm{d}x=\frac{4}{(n\pi)^2}\cos n\pi=(-1)^n\frac{4}{(n\pi)^2}\quad(n=1,2,3,\cdots).$$

由于 $f(x)=x^2$ 在 $[-1,\ 1]$ 上连续，且

$$\frac{1}{2}\big[f(-1+0)+f(1-0)\big]=\frac{1}{2}(1+1)=f(-1)=f(1)\ .$$

故当 $-1\leqslant x\leqslant 1$ 时，由公式（5），得

$$x^2=\frac{1}{3}+\frac{4}{\pi^2}\sum_{n=1}^{\infty}(-1)^n\frac{1}{n^2}\cos n\pi x=\frac{1}{3}+\frac{4}{\pi^2}\left(-\frac{\cos\pi x}{1^2}+\frac{\cos 2\pi x}{2^2}-\frac{\cos 3\pi x}{3^2}+\cdots\right) \tag{7}$$

级数（7）式是以 2 为周期的傅氏级数，它的和函数在整个 x 轴上的图形如图 8-15 所示．

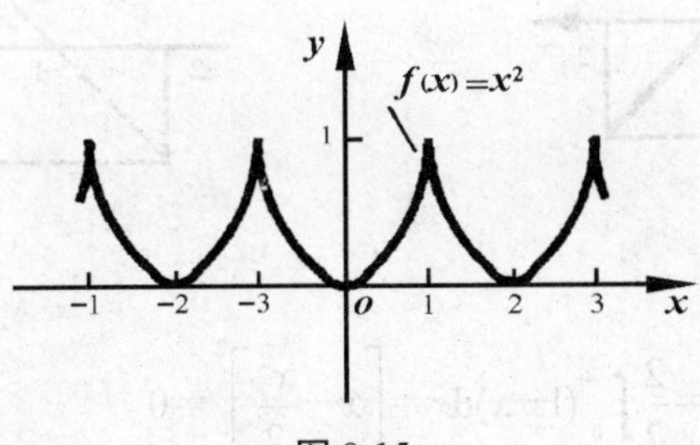

图 8-15

附带指出，在（7）式中，若取 $x=1$，则得

$$\frac{1}{1^2}+\frac{1}{2^2}+\frac{1}{3^2}+\cdots+\frac{1}{n^2}+\cdots=\frac{\pi^2}{6}$$

在（7）式中，若取 $x=0$，则得

$$\frac{1}{1^2}-\frac{1}{2^2}+\frac{1}{3^2}-\frac{1}{4^2}+\cdots+(-1)^{n-1}\frac{1}{n^2}+\cdots=\frac{\pi^2}{12}.$$

例 5　试将函数 $f(x)=1-x$（$0\leqslant x\leqslant 2$）展成正弦级数和余弦级数.

解　$f(x)$在［0，2］上有定义，且满足狄氏条件．先展成正弦级数．为此，将 $f(x)$时进行奇延拓，如图 8-16 所示．由公式（4），知

$$b_n=\frac{2}{2}\int_0^2 f(x)\sin\frac{n\pi x}{\mathrm{d}x}=\int_0^2(1-x)\sin\frac{n\pi x}{2}\mathrm{d}x$$

$$=\left[-\frac{2}{n\pi}\cos\frac{n\pi x}{2}+\frac{2x}{n\pi}\cos\frac{n\pi x}{2}-\frac{4}{n^2\pi^2}\sin\frac{n\pi x}{2}\right]_0^2$$

$$=\left[-\frac{2}{n\pi}\cos n\pi+\frac{2}{n\pi}+\frac{4}{n\pi}\cos n\pi\right]$$

$$=\frac{2}{n\pi}\left[(-1)^n+1\right]=\begin{cases}0, & (n=1,3,5,\cdots)\\ \dfrac{4}{n\pi}, & (n=2,4,6,\cdots)\end{cases},$$

所以

$$f(x)=\frac{4}{\pi}\sum_{n=1}^{\infty}\frac{1}{2n}\sin\frac{2n\pi x}{2}=\frac{2}{\pi}\sum_{n=1}^{\infty}\frac{1}{n}\sin n\pi x\quad(0<x<2)$$

当 $x=0$ 或 2 时，级数均收敛于 0.

再将 $f(x)$进行偶延拓，如图 8-17 所示，由公式（6），得

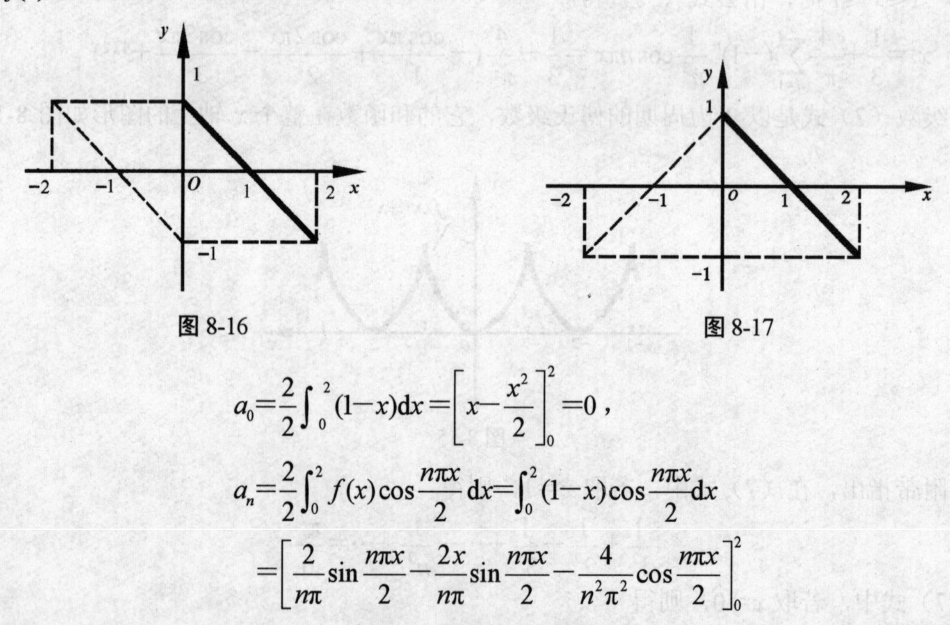

图 8-16　　　　图 8-17

$$a_0=\frac{2}{2}\int_0^2(1-x)\mathrm{d}x=\left[x-\frac{x^2}{2}\right]_0^2=0,$$

$$a_n=\frac{2}{2}\int_0^2 f(x)\cos\frac{n\pi x}{2}\mathrm{d}x=\int_0^2(1-x)\cos\frac{n\pi x}{2}\mathrm{d}x$$

$$=\left[\frac{2}{n\pi}\sin\frac{n\pi x}{2}-\frac{2x}{n\pi}\sin\frac{n\pi x}{2}-\frac{4}{n^2\pi^2}\cos\frac{n\pi x}{2}\right]_0^2$$

$$=\frac{4}{n^2\pi^2}(1-\cos n\pi)=\begin{cases}\dfrac{8}{n^2\pi^2}, & (n=1,3,5,\cdots)\\ 0, & (n=2,4,6,\cdots)\end{cases},$$

所以
$$f(x)=\frac{8}{\pi^2}\sum_{n=1}^{\infty}\frac{1}{(2n-1)^2}\cos\frac{(2n-1)\pi x}{2}\quad(0\leqslant x\leqslant 2)$$

习 题 8-5

1．将下列函数展开成傅氏级数：

（1）$f(x)=2\sin\frac{x}{3}\quad(-\pi\leqslant x<\pi)$；

（2）$f(x)=\begin{cases}c_1, & -\pi<x<0\\ c_2, & 0\leqslant x<\pi\end{cases}$；　（3）$f(x)=\begin{cases}-\dfrac{x}{\pi}, & -\pi\leqslant x\leqslant 0\\ \dfrac{2x}{\pi}, & 0<x<\pi\end{cases}$.

2．把下列函数在［0，π］上展成正弦级数或余弦级数：

（1）$f(x)=\mathrm{e}^x\ (0\leqslant x\leqslant\pi)$ 展成正弦级数和余弦级数；

（2）$f(x)=\begin{cases}1, & 0\leqslant x\leqslant h\\ 0, & h<x\leqslant\pi\end{cases}$ 展成余弦级数；

（3）$f(x)=\cos\frac{x}{2}\ (0\leqslant x\leqslant\pi)$ 展成正弦级数.

3．把下列函数展开成傅氏级数：

（1）$f(x)=x^2-x\ (-2\leqslant x\leqslant 2)$；　（2）$f(x)=-x\ (-5\leqslant x\leqslant 5)$；

（3）$f(x)=\begin{cases}\sin\dfrac{\pi}{l}x, & 0<x<\dfrac{l}{2}\\ 0, & \dfrac{l}{2}\leqslant x<l\end{cases}$ 展开成正弦级数；（4）$f(x)=\begin{cases}x, & 0\leqslant x\leqslant 1\\ 2-x, & 1<x\leqslant 2\end{cases}$ 展开成余弦级数.

*第九章　数值计算方法

在前面八章的基础上，本章再介绍数值计算方法的基本概念、理论和方法，着重介绍科学技术与工程实践中的常用算法，包括方程的近似解法、数值积分、常微分方程初值问题的数值解法及插值法函数．这将为利用现代计算工具解决实际问题提供必需而基本的方法．

第一节　误 差 简 介

利用数字去描述、研究、解决生产实践和科学研究中的问题时，都是近似的、有误差的．本节将讨论误差的各种来源及绝对误差、相对误差和有效数字的概念．

一、误差的来源

用数值计算解决科学技术中的具体问题，首先必须建立这个具体问题的数学模型．由于数学模型总是具体问题的一种简化或近似，因此数学模型本身包含有误差，这种误差称为**模型误差**．

数学模型中的很多数字是通过测量得来的，受测量工具本身精度的影响，测量的结果不可能绝对正确，由此产生的误差称为**测量误差**．

利用数值方法得到的近似解与数学模型的准确解之间有误差．例如，当$|x|$很小时，用 x 代替 $\sin x$ 的误差近似为$\frac{x^3}{6}$；用 x 代替$\ln(1+x)$的误差近似为$\frac{x^2}{2}$（见第八章第三节）．这种误差称为**截断误差**．

无理数，如π、$\sqrt{2}$等以及只能用循环小数表示的有理数，如 1/3、1/7 等在具体计算时只能取有限位小数，这样引起的误差称为**舍入误差**．

二、绝对误差与相对误差

设 x 为要测量的**真值**，x^*为 x 的近似值或是测得的数值，记

$$E(x)=x-x^*,$$

则称 $E(x)$为近似值 x^*的**绝对误差**．

由于 x 的真值无法得到，因此 $E(x)$也是无法得到的，如果能估计其绝对值的范围为

$$|E(x)|=|x-x^*|\leqslant\Delta,$$

则称 Δ 为近似值 x^*的**绝对误差限**.

例 1　$\pi=3.14159265358\cdots$，若取 $\pi^*=3.14159$，于是

$$|E(x)|\leqslant 0.000003,$$

则 $\Delta=0.000003$ 就可以作为用 3.14159 近似表示 π 的真值的绝对误差限.

绝对误差限不能完全表示近似值的近似程度的好坏．下面引入相对误差的概念．记

$$R(x)=\frac{E(x)}{x^*}=\frac{x-x^*}{x^*},$$

称 $R(x)$为近似值 x^*的**相对误差**.

显然，$R(x)$的真值也是无法得到的．若

$$|R(x)|=\left|\frac{E(x)}{x^*}\right|\leqslant\delta,$$

则称 δ 为近似值 x^*的**相对误差限**.

三、有效数字

当真值 x 有多位数时，常常按四舍五入的原则得到 x^*的近似值 x^*，例如，对 $\pi=3.14159265\cdots$，取前三位作为其近似值得 $\pi^*=3.14$，其绝对误差不超过 π^*末位的半个单位，即

$$|x-x^*|=|\pi-3.14|\leqslant\frac{1}{2}\times 0.01$$

一般地，我们有

定义（有效数字）　若近似值 x^*的绝对误差限是 x^*某一数位的半个单位，且该位到 x^*的左边第一位非零数字共有 n 位，则称 x^*有 n 位**有效数字**.

如，取 $\pi=3.14$ 作为 π 的近似值，π^*就有 3 位有效数字；取 $\pi^*=3.1416$ 作为 π 的近似值时，π^*就有 5 位有效数字.

例 2　按四舍五入的原则写出下列各数具有 5 位有效数字的近似值：176.9715；0.0468451；7.000042；2.71828.

解　按定义，上述各数具有 5 位有效数字的近似值分别为：176.97；0.046845；7.0000；2.7183.

按有效数字的定义，近似值的最后一个有效数位确实能够反映其绝对误差的大小，并且可以证明，有效数字位数越多，相对误差限越小.

习　题　9-1

1．$\sqrt{3}=1.732050808\cdots$，写出它的具有三、四、五位有效数字的近似值，并求出其绝对误差限和相对误差限.

2．计算 $\sqrt{10}-\pi$ 的值，精确到五位有效数字（$\sqrt{10}=3.16227766\cdots$）.

第二节　方程的近似解法

在解决科学技术中遇到的数学问题时，常常需要先解决高次代数方程或超越方程的求解问题，若不容易求出解的真值，就需要寻求方程的近似解.

一、根的隔离

求函数$f(x)$的近似根时，首先要确定出若干个区间，使每个区间内有且只有$f(x)$的一个根，这个步骤就叫做“**根的隔离**”.

我们常常根据连续函数的零点定理去判断函数$f(x)$在某个区间内是否有根．设$f(x)$在［a，b］上连续，若$f(a)$、$f(b)$异号，则函数$f(x)$在［a，b］内至少有一个根.

对于一般函数来说，隔离根的方法通常有以下两种：

（1）**试根法**．求出$f(x)$在若干点上的函数值，观测函数值的变化情况，从而确定隔根区间.

（2）**作图法**．画出$y=f(x)$的简图，观察曲线$y=f(x)$与x轴交点的大概位置，从而确定隔根区间.

例 1　讨论函数$f(x)=2x^3-4x^2+4x-7$根的位置.

解　因为$f'(x)=6x^2-8x+4=2x^2+4(x-1)^2>0$，所以$y=f(x)$是单调递增函数．计算$f(x)$的一些值：$f(0)=-7$，$f(1)=-5$，$f(2)=1$．由此可见，函数$f(x)$有且仅有一个根$x^*$且$x^*\in(1,\ 2)$.

例 2　将方程$x\log_a x=1$的解进行隔离（$a>1$）.

解　令$f(x)=x\log_a x-1$，则函数$f(x)$在定义域$(0,+\infty)$内连续．又当$x\to 1$时，$f(x)\to -1$，当$x\to +\infty$时，$f(x)\to +\infty$，因此$f(x)$必有根．因为

$$f'(x)=\log_a x+\log_a \mathrm{e}\begin{cases}\leqslant 0 & x\in(0,1/\mathrm{e})\\ >0 & x\in(1/\mathrm{e},+\infty)\end{cases},$$

所以在区间（0，1/e）上函数$f(x)$是单调递减的，无根；在区间$(1/\mathrm{e},+\infty)$内，函数$f(x)$是单调递增的，有且仅一个根x^*.

用作图法进行根的隔离．由于画函数

$$f(x)=x\log_a x-1$$

的图形比较困难，我们将方程改为

$$\log_a x=1/x$$

画出$y=\log_a x$和$y=1/x$的简图（如图 9-1 所示），其交点的横坐标即为原方程的解.

从图 9-1 中看出，$x^*\in(2,3)$.

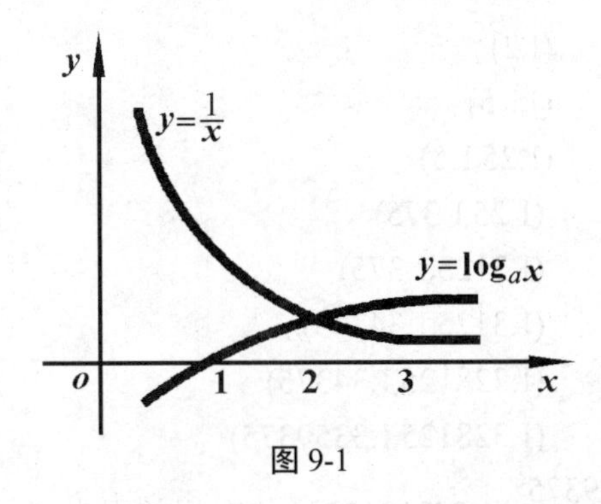

图 9-1

二、二分法

设有方程 $f(x)=0$，若 $f(x)$ 在 $[a, b]$ 上连续；$f(a)f(b)<0$，且 $f(x)$ 在 (a, b) 内仅有一个根 α，则可用二分法求 α 的近似值．可按如下步骤进行：

（1）取 (a, b) 的中点 $(a+b)/2$，计算该点函数值 $f[(a+b)/2]$.

若 $f[(a+b)/2]=0$，则得根 $\alpha=(a+b)/2$，计算结束．否则进行下一步．

若 $f[(a+b)/2]$ 与 $f(a)$ 异号，则取 $a_1=a$，$b_1=(a+b)/2$；若同号，则取 $a_1=(a+b)/2$，$b_1=b$．于是得有根区间 (a_1, b_1)，区间长为 $(b-a)/2$，$\alpha\in[a_1, b_1]$．接着进行下一步．

（2）取 (a_1, b_1) 中点 $(a_1+b_1)/2$，计算该点函数值 $f[(a_1+b_1)/2]$.

若 $f[(a_1+b_1)/2]=0$，则得根 $\alpha=(a_1+b_1)/2$，计算结束，否则进行下一步．

若 $f[(a_1+b_1)/2]$ 与 $f(a_1)$ 异号，则取 $a_2=a_1$，$b_2=(a_1+b_1)/2$；同号则取 $a_2=(a_1+b_1)/2$，$b_2=b_1$．于是得有根区间 (a_2, b_2)，区间长为 $(b-a)/2^2$，$\alpha\in[a_2, b_2]$．接着进行下一步．

……

（n）取 (a_{n-1}, b_{n-1}) 的中点 $(a_{n-1}+b_{n-1})/2$，计算该点函数值 $f[(a_{n-1}+b_{n-1})/2]$.

若 $f[(a_{n-1}+b_{n-1})/2]=0$，则得根 $\alpha=(a_{n-1}+b_{n-1})/2$，计算结束．否则进行下一步．

若 $f[(a_{n-1}+b_{n-1})/2]$ 与 $f(a_{n-1})$ 异号，则取 $a_n=a_{n-1}$，$b_n=(a_{n-1}+b_{n-1})/2$；

若同号，则取 $a_n=(a_{n-1}+b_{n-1})/2$，$b_n=b_{n-1}$．于是得有根区间 (a_n, b_n)，区间长为 $(b-a)/2^n$，$\alpha\in[a_n, b_n]$.

若取 α 的近似值为 $\alpha=(a_n+b_n)/2$，则绝对误差限为 $(b-a)/2^{n+1}$.

计算流程图见图 9-2:

例 3　求方程 $f(x)=x^3+2x-5=0$ 的近似解．

解　因为 $f'(x)=3x^3+2>0$，所以函数 $f(x)$ 为单调增函数．又 $f(1)=-2<0$，$f(2)=7>0$ 故 $f(x)$ 有唯一实根 $\alpha\in(1, 2)$.

计算结果如下：

$f(1)=-2<0$,　　　有根区间

$f(2)=7>0$ $(1,2)$

（1）$f(1.5)>0,$ $(1,1.5)$

（2）$f(1.25)<0,$ $(1.25,1.5)$

（3）$f(1.375)>0,$ $(1.25,1.375)$

（4）$f(1.3125)<0,$ $(1.3125,1.375)$

（5）$f(1.34375)>0,$ $(1.3125,1.34375)$

（6）$f(1.328125)<0,$ $(1.328125,1.34375)$

（7）$f(1.3359375)>0,$ $(1.328125,1.3359375)$

取 $\alpha^*=\dfrac{1.328125+1.3359375}{2}=1.33203125$，绝对误差限为

$$\frac{1}{2^8}=\frac{1}{256}=0.003906257,$$

α 的真值为 1.32826885…，绝对误差为 $-0.00376240\cdots$.

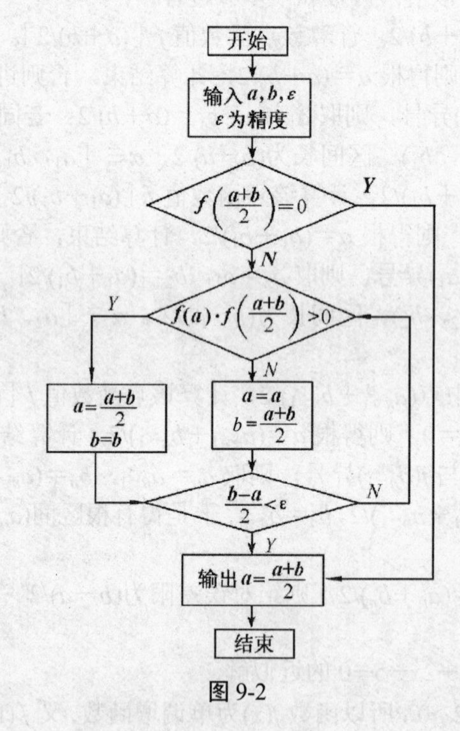

图 9-2

三、切线法

设 $f(x)$ 在 $[a, b]$ 上具有二阶导数，$f(a)f(b)<0$，且 $f'(x)$ 及 $f''(x)$ 在 $[a, b]$ 上保持定号．在

上述条件下，函数 $f(x)$在$(a，b)$内有唯一的实根 α，$[a，b]$ 为一个隔根区间．此时，$y=f(x)$ 在 $[a，b]$ 上的图形 $\overset{\frown}{AB}$ 只有如图 9-3 所示的四种不同情形．

考虑用曲线弧一端的切线来代替曲线弧，从而求出函数实根的近似值，这种方法称为**切线法**．从图 9-3 中看出，如果在纵坐标与 $f''(x)$ 同号的那个端点(此端点记作 $(x_0，f(x_0))$ ）作切线．从图 9-3 中看出，这切线与 x 轴交点的横坐标 x_1 就比 x_0 更接近函数的根 α①．

下面以图 9-3（c）：$f(a)<0,\ f(b)>0,\ f'(x)>0,\ f''(x)<0$ 的情形讨论之．此时因为 $f(a)$ 与 $f''(x)$ 同号，所以令 $x_0=a$，在端点 $(x_0，f(x_0))$ 作切线，这切线的方程为

$$y-f(x_0)=f'(x_0)(x-x_0)\ .$$

令 $y=0$，从上式中解出 x，就得到切到与 x 轴交点的横坐标为

$$x_1=x_0-\frac{f(x_0)}{f'(x_0)}$$

它比 x_0 更接近于函数的根 α.

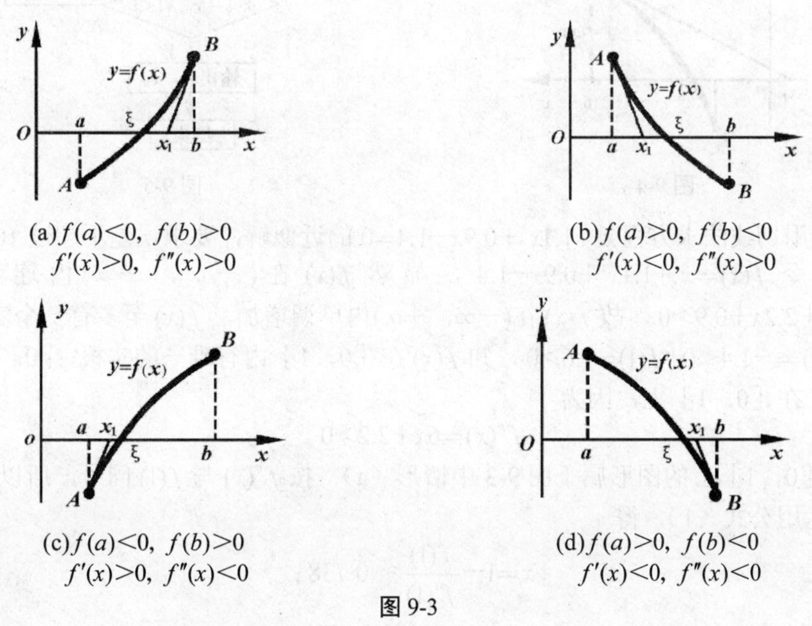

(a) $f(a)<0,\ f(b)>0$ $f'(x)>0,\ f''(x)>0$

(b) $f(a)>0,\ f(b)<0$ $f'(x)<0,\ f''(x)>0$

(c) $f(a)<0,\ f(b)>0$ $f'(x)>0,\ f''(x)<0$

(d) $f(a)>0,\ f(b)<0$ $f'(x)<0,\ f''(x)<0$

图 9-3

再在点 $(x_1，f(x_1))$ 作切线，可得方程的近似解 x_2，如此继续，一般地，在点 $(x_{n-1}，f(x_{n-1}))$ 作切线，得根的近似值

$$x_n=x_{n-1}\frac{f(x_{n-1})}{f'(x_{n-1})} \tag{1}$$

① 如图 9-4 所示，如果把切线作在纵坐标与 $f''(x)$ 异号的那个端点，就不能保证切线与 x 轴交点的横坐标 x_1 比原来的近似值 a 或 b 更接近函数的根 α.

如果 $f(b)$ 与 $f''(x)$ 同号，切线作在端点 B（如情形（a）及（d）），可记 $x_0=b$，仍按公式（1）计算切线与 x 轴交点的横坐标．

计算流程图见图 9-5．

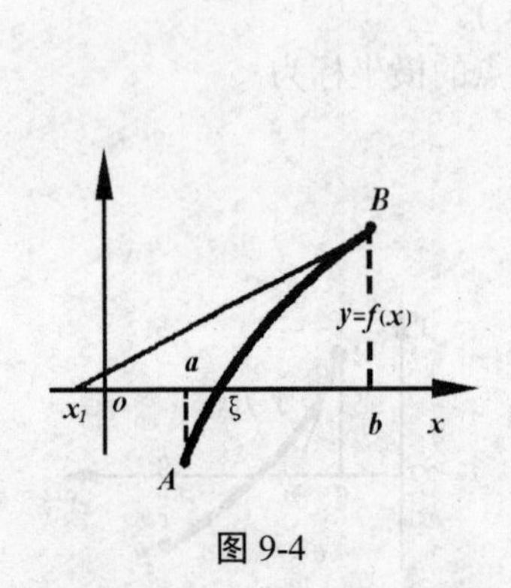

图 9-4

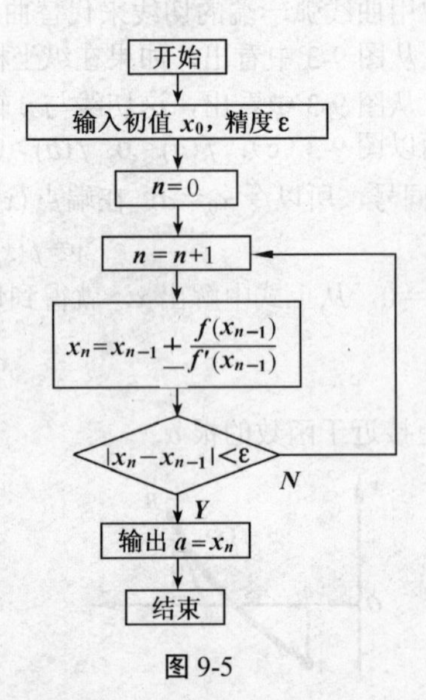

图 9-5

例 4 用切线法求方程 $x^3+1.1x^2+0.9x-1.4=0$ 的近似解，要求误差不超过 10^{-3}．

解 令 $f(x)=x^3+1.1x^2+0.9x-1.4$，显然 $f(x)$ 在 $(-\infty,+\infty)$ 内连续．由于 $f'(x)=3x^2+2.2x+0.9>0$，故 $f(x)$ 在 $(-\infty,+\infty)$ 内单调增加，$f(x)$ 至多有一个实根 α．

由 $f(0)=-1.4<0$，$f(1)=1.6>0$，知 $f(x)$ 在［0，1］内有唯一的实根，［0，1］是一个隔根区间．在［0，1］上，因为

$$f''(x)=6x+2.2>0,$$

故 $f(x)$ 在［0，1］上的图形属于图 9-3 中情形（a）．按 $f''(x)$ 与 $f(1)$ 同号，所以令 $x_0=1$．

连续运用公式（1），得

$$x_1=1-\frac{f(1)}{f'(1)}\approx 0.738;$$

$$x_2=0.738-\frac{f(0.738)}{f'(0.738)}\approx 0.674;$$

$$x_3=0.674-\frac{f(0.674)}{f'(0.674)}\approx 0.671;$$

$$x_4=0.671-\frac{f(0.671)}{f'(0.671)}\approx 0.671;$$

至此，计算不能再继续，注意到 $f(x_i)$ $(i=0, 1, \cdots)$ 与 $f''(x)$ 同号，知 $f(0.671)>0$，经

计算可知 $f(0.670)<0$，于是有

$$0.670<\alpha<0.671.$$

以 0.670 或 0.671 作为根的近似值，其误差都小于 10^{-3}.

习　题 9-2

1．试证明方程 $x^3+3x^2+6x-1=0$ 在区间(0，1)内有唯一解，并用二分法求这个解的近似值，使误差不超过 0.01.

2．试证明方程 $x^5+5x+1=0$ 在区间(−1，0)内有唯一解，并用切线法求这个解的近似值，使误差不超过 0.01.

3．求方程 $x^3+3x-1=0$ 的近似解，使误差不超过 0.01.

4．求方程 $x\lg x=1$ 的近似解，使误差不超过 0.01.

第三节　定积分的近似计算

计算积分时，一般是先求出被积函数的原函数，再应用牛顿——莱布尼兹公式计算得到结果．但是，有很多函数的原函数不能用初等函数表示，例如 $\int e^{-x^2}dx$，$\int \frac{\sin x}{x}dx$ 等等．在许多实际问题中，有些被积函数难以用公式表示，而是用图形或表格给出的；有些被积函数虽然可用公式表示，但要求出它的原函数却很困难．因此，有必要讨论定积分的近似计算问题．目前，电子计算机获得了广泛的应用，利用计算机完成定积分的近似计算，不仅计算速度快，而且计算精度高．

由于定积分 $\int_a^b f(x)dx\ (f(x)\geqslant 0)$ 不论在实际问题中的意义如何，在数值上都等于曲线 $y=f(x)$ 和直线 $x=a$、$x=b$ 与 x 轴所围成的曲边梯形的面积．因此，不论 $f(x)$ 是以什么形式给出的，只要能近似地算出相应的曲边梯形面积，就可得到所给定积分的近似值．这正是定积分近似计算的基本思想．本节介绍几种简单的定积分近似计算法．

一、矩形法

矩形法就是把曲边梯形分成若干个小曲边梯形，然后用小矩形来近似代替小曲边梯形，从而求得定积分的近似值．具体做法如下：

用分点 $a=x_0,\ x_1,\cdots,\ x_n=b$ 将 $[a,\ b]$ 区间分成 n 个长度相等的小区间，每个小区间的长度为 $\Delta x=\frac{b-a}{n}$，并设函数 $y=f(x)$ 对应于各分点的函数值为 $y_0,\ y_1,\cdots,\ y_{n-1},\ y_n$.

如图 9-6 所示，如果取小区间左端点的函数值作为小矩形的高，则这 n 个小矩形的面积分别为 $y_0\Delta x,\ y_1\Delta x,\cdots,\ y_{n-1}\Delta x$，所以有

$$\int_a^b f(x)\mathrm{d}x \approx y_0\Delta x + y_1\Delta x + \cdots + y_{n-1}\Delta x$$
$$= \frac{b-a}{n}(y_0 + y_1 + \cdots + y_{n-1}) \tag{1}$$

如果取小区间右端点的函数值作为小矩形的高，则有

$$\int_a^b f(x)\mathrm{d}x \approx y_1\Delta x + y_2\Delta x + \cdots + y_n\Delta x = \frac{b-a}{n}(y_1 + y_2 + \cdots + y_n) \tag{2}$$

公式（1）和（2）都叫做**矩形法公式**.

用公式（1）计算的流程如图 9-7 所示.

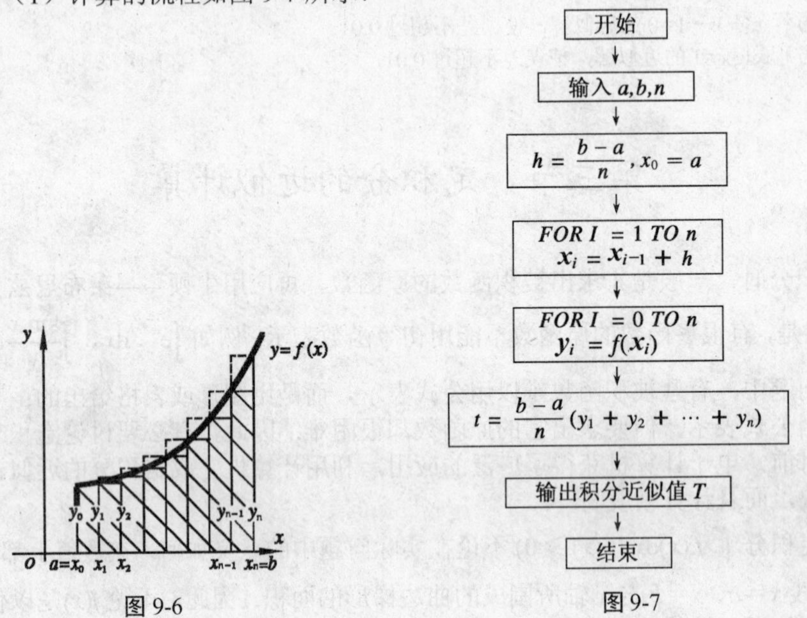

图 9-6　　　图 9-7

二、梯形法

梯形法就是在每个小区间上，以小直边梯形的面积近似代替小曲边梯形的面积，如图 9-8 所示．于是，得到定积分的近似计算公式：

$$\int_a^b f(x)\mathrm{d}x \approx \frac{1}{2}(y_0 + y_1)\Delta x + \frac{1}{2}(y_1 + y_2)\Delta x + \cdots + \frac{1}{2}(y_{n-1} + y_n)\Delta x$$
$$= \frac{b-a}{n}\left[\frac{1}{2}(y_0 + y_n) + y_1 + y_2 + \cdots + y_{n-1}\right] \tag{3}$$

公式（3）叫做**梯形法公式**．由这个公式所得的近似值，实际上就是由公式（1）、(2）所得近似值的平均值.

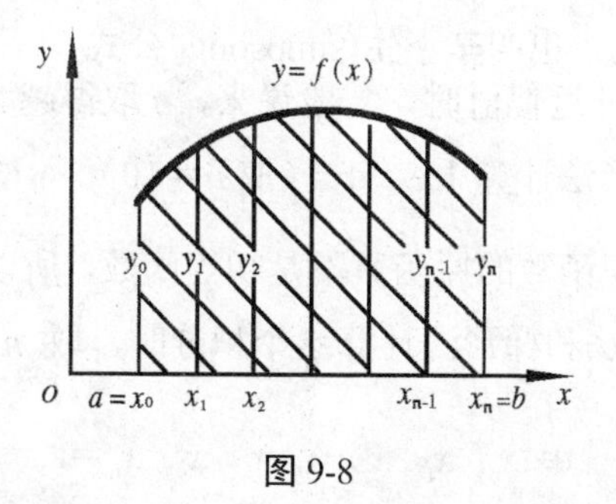

图 9-8

三、抛物线法

矩形法与梯形法都是在小范围内采用“以直代曲”. 为了提高精度，也可采用“以曲代曲”的办法. 即在小范围内可用二次函数 $y=px^2+qx+r$ 来近似代替被积函数，也就是用对称轴平行于 y 轴的抛物线上的一段弧来近似代替原来的曲线弧，从而算出定积分的近似值，这种方法叫做**抛物线法**. 具体做法如下：

用分点 $a=x_0$，x_1，x_2,…，$x_n=b$，把［a，b］分为 n(偶数）个长度相等的小区间，各分点对应的函数值为 y_0，y_1，y_2,…，y_n. 曲线 $y=f(x)$ 也相应地被分为 n 个小弧段，该曲线上的分点为 M_0，M_1，M_2,…，M_n，如图 9-9 所示.

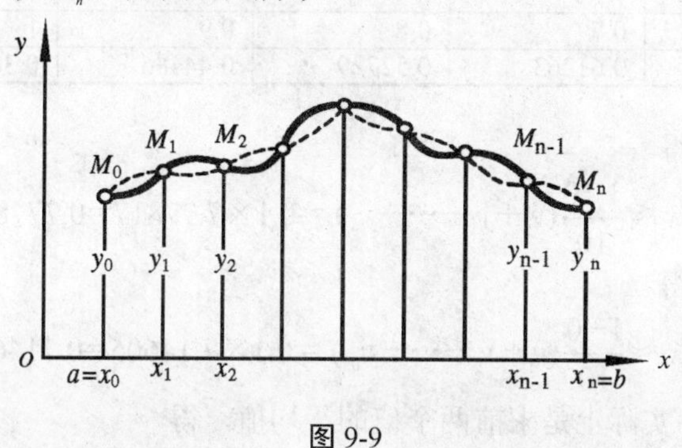

图 9-9

由于过三点可以确定一条抛物线 $y=px^2+qx+r$，在每两个相邻小区间上经过曲线上三个相应的分点作一条抛物线，这样得一个曲边梯形. 把这些曲边梯形的面积加起来就可作为所求定积分的近似值. 又由于两个相邻区间决定一条抛物线，所以用这种方法时，必须将［a，b］区间等分成偶数个小区间. 把上面 $\frac{n}{2}$ 个曲边梯形的面积加起来，就得到定积分 $\int_a^b f(x)\mathrm{d}x$ 的近似值

$$\int_a^b f(x)\mathrm{d}x \approx \frac{b-a}{3n}\left[(y_0+y_n)+2(y_2+y_4+\cdots+y_{n-2})+4(y_1+y_3+\cdots+y_{n-1})\right] \quad (4)$$

公式（4）叫做**抛物线法公式**，也叫**辛卜生**(simpson）**公式**.

用以上三种方法求定积分近似值时，一般说来，n 取得越大，近似程度就越好.

例 1 利用矩形法和梯形法计算 $\int_0^1 e^{-x^2}dx$（取 $n=10$）.

解 积分 $\int_0^1 e^{-x^2}dx$ 的被积函数的原函数不是初等函数，所以无法用牛顿-莱布尼兹公式来计算这个定积分．用矩形法和梯形法计算这个积分时，取 $n=10$，即将［0，1］区间十等分．设分点为

$$0=x_0,\ x_1,\ x_2,\cdots,\ x_8,\ x_9,\ x_{10}=1$$

相应的函数值为

$$y_0,\ y_1,\ y_2,\cdots,\ y_8,\ y_9,\ y_{10}$$

其中

$$y_i=e^{x_i^2}\quad (i=0,1,2,\cdots,10)$$

函数值 y_i 可以从指数函数表中查得，并列表 9-1 如下：

表 9-1

i	0	1	2	3	4	5
x_i	0	0.1	0.2	0.3	0.4	0.5
y_i	1.00000	0.99005	0.96079	0.91393	0.85214	0.77880
i	6	7	8	9	10	
x_i	0.6	0.7	0.8	0.9	1	
y_i	0.69768	0.61263	0.52729	0.44486	0.36788	

利用矩形法公式（1）得

$$\int_0^1 e^{-x^2}dx\approx\frac{1-0}{10}(y_0+y_1+\cdots+y_9)=0.1\times 7.77817=0.777817,$$

利用矩形法公式（2）得

$$\int_0^1 e^{-x^2}dx\approx\frac{1-0}{10}(y_1+y_2+\cdots+y_{10})=0.1\times 7.14605=0.714605,$$

利用梯形法公式（3），实际上是求前两个值的平均值，得

$$\int_0^1 e^{-x^2}dx\approx\frac{1}{2}(0.777817+0.714605)=0.746211.$$

例 2 利用抛物线法计算 $\int_0^1 e^{-x^2}dx$（取 $n=10$）.

解 利用抛物线法公式（4），得

$$\int_0^1 e^{-x^2}dx\approx\frac{1-0}{3\times 10}\left[(y_0+y_{10})+2(y_2+y_4+y_6+y_8)+4(y_1+y_3+y_5+y_7+y_9)\right]$$

$$=\frac{0.1}{3}\times(1.36788+2\times 3.03790+4\times 3.74027)=0.7468253$$

习 题 9-3

1．用三种积分近似计算法计算 $\int_1^9 \sqrt{x}\mathrm{d}x$（取 $n=4$，被积函数值取四位小数）．

2．用三种积分近似计算法计算 $\int_1^2 \frac{1}{x}\mathrm{d}x$，以求 ln2 的近似值（取 $n=10$，被积函数值取四位小数）．

3．已知 $\int_0^1 \frac{\mathrm{d}x}{1+x^2}=\frac{\pi}{4}$．试用梯形法和抛物线法计算 π 的近似值（取 $n=10$，计算到小数点后四位）．

第四节　常微分方程的数值解法

本节主要研究常微分方程初值问题

$$\begin{cases}\dfrac{\mathrm{d}y}{\mathrm{d}x}=f(x,\ y) & (1)\\ y(x_0)=y_0 & (2)\end{cases}$$

的数值解法．在实际问题中，除少数简单情况能获得（1）的初等解（用初等函数表示的解）外，大部分情况是求不出初等解的．有些初值问题即使有初等解，也往往由于形式太复杂而不为人所欢迎．

目前比较常用的方法是能在电子计算机上进行计算的数值方法．它不是直接求出显式解 $y(x)$，而是在解存在的区间上，求一系列点 x_n（$n=0, 1, 2, \cdots$）上解的近似值．

若点列 $\{x_n\}$ 是等距的，即有 $x_{n+1}-x_n=h>0$，则数值解法就是求点 $x_n=x_0+nh$ $(n=0,1,2,\cdots)$ 上相应解的值 $y(x_n)$ 的近似值 y_n．

求解问题（1）、（2）与求解积分方程

$$y(x)=y(x_0)+\int_{x_0}^{x} f[x,\ y(x)]\mathrm{d}x$$

是等价的．若已知点 x_n 上的解 $y(x_n)$，则

$$y(x_{n+1})=y(x_n)+\int_{x_n}^{x_{n+1}} f[x,\ y(x)]\mathrm{d}x \tag{3}$$

用不同的近似公式计算（3）式中的积分，就可以得出解初值问题的不同数值解法．

一、欧拉折线法(矩形法)

这种方法是用矩形公式近似代替积分公式：

$$\int_{x_n}^{x_{n+1}} f[x,\ y(x)]\mathrm{d}x \approx hf[x_n,\ y(x_n)]$$

从而求得近似解的方法．即在计算 $y(x_1)$ 时，用近似式

$$y(x_1)\approx y_1=y(x_0)+hf[(x_0,\ y(x_0)]=y_0+hf(x_0,\ y_0),$$

在计算 $y(x_2)$ 的近似值时，本应利用公式

$$y(x_2) \approx y(x_1) + hf\left[(x_1, y(x_1)\right],$$

这个公式虽然合理，但由于 $y(x_1)$ 没有求得，只能用 $y(x_1) \approx y_1$ 代入上式，于是得

$$y(x_2) \approx y_2 = y_1 + hf(x_1, y_1),$$

一般地，得

$$y(x_{n+1}) \approx y_{n+1} = y_n + hf(x_n, y_n),$$

以上方法称为**欧拉折线法**或**矩形法**.

欧拉折线法流程图见图 9-10.

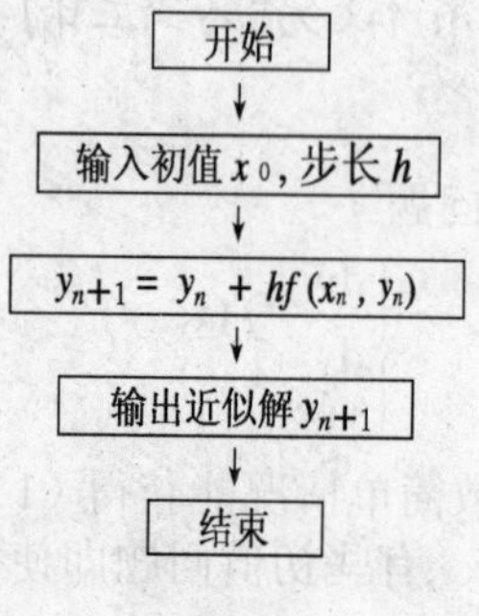

图 9-10

例 1 在区间 [0, 1.5] 上以 $h=0.1$ 为步长，求下列初值问题的数值解

$$\begin{cases} \dfrac{dy}{dx} = y - \dfrac{2x}{y} \\ y(0) = 1 \end{cases}.$$

解 此方程为伯努利方程，其解为 $y=\sqrt{1+2x}$.

下面用欧拉折线法计算，并与准确解 $y_n=\sqrt{1+2x_n}$ 进行比较（如表 9-2 所示）.

表 9-2

N	x_n	y_n		
		欧拉法	预报校正法	准确值
0	1	1	1	1
1	0.1	1.1	1.095909	1.095445
2	0.2	1.191818	1.184097	1.182316
3	0.3	1.277438	1.266201	1.264911
4	0.4	1.358213	1.343360	1.341641
5	0.5	1.435133	1.416402	1.414214
6	0.6	1.588966	1.485956	1.483240
7	0.7	1.580338	1.552514	1.549193
8	0.8	1.649783	1.616475	1.612452

（续表）

N	x_n	y_n		
		欧拉法	预报校正法	准确值
9	0.9	1.717779	1.678166	1.673320
10	1.0	1.784771	1.737867	1.732051
11	1.1	1.861189	1.795820	1.788854
12	1.2	1.917465	1.852239	1.843909
13	1.3	1.984046	1.907320	1.897367
14	1.4	2.051406	1.961249	1.949359
15	1.5	2.120054	2.014203	2

二、改进的欧拉法（梯形法）

从例 1 可看出，欧拉法的精度是不高的，一般不单独使用．现改用梯形公式计算（3）式中的积分，则得到改进的欧拉法公式

$$y_{n+1}=y_n+\frac{1}{2}h[f(x_n,\ y_n)+f(x_{n+1},\ y_{n+1})] \tag{4}$$

由于公式右端隐含 y_{n+1}，故不能直接得到 y_{n+1}，这种公式称为**隐式格式**，而欧拉法可以直接得到 y_{n+1}，称为**显式格式**.

在实际上，对于改进的欧拉公式（4），往往只迭代一次，即使用公式

$$\begin{cases} y_{n+1}^{(0)}=y_n+hf(x_n,\ y_n) \\ y_{n+1}=y_n+\dfrac{h}{2}[f(x_n,\ y_n)+f(x_{n+1},\ y_{n+1}^{(0)})] \end{cases} \tag{5}$$

通常把公式（5）称为**预报校正公式**，其中第一式称为**预报公式**，第二式称为**校正公式**.

仍做例 1，利用预报校正公式（5）计算的结果如表 9-2 中第四列所示，与准确解比较，比欧拉法准确得多.

预报校正公式的流程图见图 9-11.

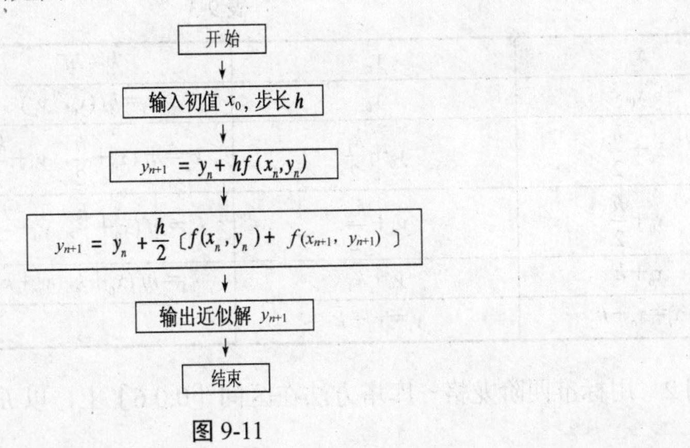

图 9-11

预报校正公式也可写成如下公式

$$\begin{cases} y_{n+1}=y_n+\frac{1}{2}k_1+\frac{1}{2}k_2 \\ k_1=hf(x_n,\ y_n) \\ k_2=hf(x_n+h,\ y_n+k_1) \end{cases} \tag{6}$$

三、龙格-库塔法

我们先分析欧拉折线法和预报校正法．运用欧拉折线法

$$\begin{cases} y_{n+1}=y_n+k_1 \\ k_1=hf(x_n,\ y_n) \end{cases}$$

时，每步计算函数f的值一次．而运用预报校正公式（6）时，每步计算函数f的值两次．从例 1 我们看出，预报校正法比欧拉折线法精度要高．如果继续增加计算函数f值的次数，能否再提高函数f值的计算精度呢？答案是肯定的（证明从略）．一般最常用的是每步计算四次函数f值的标准四阶龙格－库塔公式：

$$\begin{cases} y_{n+1}=y_n+\frac{1}{6}(k_1+2k_2+2k_3+k_4) \\ k_1=hf(x_n,\ y_n) \\ k_2=hf(x_n+\frac{h}{2},\ y_n+\frac{k_1}{2}) \\ k_3=hf(x_n+\frac{h}{2},\ y_n+\frac{k_2}{2}) \\ k_4=hf(x_n+h,\ y_n+k_3) \end{cases}$$

标准四阶龙格－库塔公式手算时常采用表 9-3 所示的表格计算．

表 9-3

x_n	y_n	$k_i=hf$	$\bar{k}$
x_0	y_0	$k_1=hf(x_0,\ y_0)$	
$x_0+\frac{h}{2}$	$y_0+\frac{k_1}{2}$	$k_2=hf(x_0+\frac{h}{2},\ y_0+\frac{k_1}{2})$	$\bar{k}=\frac{1}{6}(k_1+2k_2+2k_3+k_4)$
$x_0+\frac{h}{2}$	$y_0+\frac{k_2}{2}$	$k_3=hf(x_0+\frac{h}{2},\ y_0+\frac{k_2}{2})$	
x_0+h	y_0+k_3	$k_4=hf(x_0+h,\ y_0+k_3)$	
$x_1=x_0+h$	$y_1=y_0+\bar{k}$		

例 2 用标准四阶龙格－库塔方法在区间［0,0.6］上，以 $h=0.2$ 为步长求下列初值问

题的数值解.

$$\begin{cases} y'=y-\dfrac{2x}{y} \\ y(0)=1 \end{cases}$$

解　计算过程和结果如表 9-4 所示.

表 9-4

x_0	y_n	$\frac{k_i}{2}=0.1(y_n-\frac{2x_n}{y_n})$	$\bar{k}$
0	1.000000	0.1000000	
0.1	1.100000	0.0918182	0.1832292
0.1	1.091818	0.0908637	
0.2	1.181727	0.0843239	
0.2	1.183229	0.0849171	
0.3	1.267746	0.0794465	0.1584376
0.3	1.262676	0.0787495	
0.4	1.340728	0.0744037	
0.4	1.341667	0.0745394	
0.5	1.416026	0.0710094	0.1416245
0.5	1.412676	0.0708400	
0.6	1.482627	0.0673253	
0.6	1.483281		

因此有

$$y(0)=1,$$
$$y(0.2)=1.183229,$$
$$y(0.4)=1.341667,$$
$$y(0.6)=1.483281.$$

对此例几种不同方法计算的结果列表 9-5.

表 9-5

x_n	欧拉折线法 ($h=0.1$)	预报校正法 ($h=0.1$)	四阶 R-K 法 ($h=0.2$)	四阶 R-K 法 ($h=0.05$)	准确值 ($y_n=\sqrt{1+2x_n}$)
0	1	1	1	1	1
0.2	1.191818	1.184097	1.183229	1.183216	1.83216
0.4	1.358213	1.343360	1.341667	1.341641	1.341641
0.6	1.508966	1.485956	1.483281	1.483240	1.483240
0.8	1.649783	1.616475	1.612514	1.612452	1.612452
1.0	1.784771	1.737867	1.732142	1.732051	1.732051
1.2	1.917465	1.852239	1.844040	1.843909	1.843909
1.4	2.051406	1.961249	1.949547	1.949359	1.949359

由表 9-5 可见，虽然标准四阶龙格－库塔方法每步要计算四次 f 的值，但以 $h=0.2$ 为步长与预报校正公式 $h=0.1$ 为步长在相同点处比较，标准四阶龙格－库塔方法要精确得多.

以上介绍的几种求常微分方程数值解的方法都有某些共同点. 首先，它们在计算 y_{n+1} 时，只用到 y_n，而不直接用 y_{n-1}，y_{n-2} 等，具有这一特性的方法叫做一步法. 有了初值 y_0，就可计算 y_1，有了 y_1，就可计算 y_2，依次可算得 y_3，y_4,…，我们也说这些方法具有“自动开始”的特征. 其次，这几种方法没有规定后一步步长与前一步步长必须满足某种关系，因此在计算过程中，定步长和变步长都可以.

当 $f(x,\ y)$ 与 y 无关时，常微分方程初值问题数值解法公式便简化为数值积分公式. 这时欧拉折线法就是求定积分的矩形法，改进的欧拉法成为求定积分的梯形法，而标准四阶龙格-库塔方法就成为辛卜生方法.

习 题 9-4

1．用欧拉折线法和预报校正公式求初值问题

$$\begin{cases} y'=-2xy^2 \\ y(0)=1 \end{cases}$$

的数值解，并与准确解比较（$h=0.1$，计算 10 步，按四位小数计算）.

2．取步长 $h=0.1$，用预报校正公式解初值问题

$$\begin{cases} y'=x+y \\ y(0)=1 \end{cases} \quad (0\leqslant x\leqslant 1)$$

并将计算结果与准确值比较.

3．取步长 $h=0.2$，用标准四阶龙格-库塔方法解初值问题

$$\begin{cases} y'=x+y \\ y(0)=1 \end{cases} \quad (0\leqslant x\leqslant 1)$$

并与第 2 题比较.

4．用标准四阶龙格－库塔方法解初值问题

$$\begin{cases} y'=x^2-y^2 \\ y(-1)=0 \end{cases}$$

的解在 -0.9、-0.8、-0.7 的近似值（按四位小数计算）.

第五节 插 值 函 数

一、问题的提出

用来描述客观现象的函数 $f(x)$ 通常是很复杂的，虽然可以肯定这函数在某个范围内有意义，然而往往很难找到它的具体表达式. 在许多场合，通过实验观察或者数值计算，所得到的只有一些离散的（互不相同的）点 x_i（$i=0, 1, 2, \cdots, n$）上的函数值

$$f(x_i)=y_i \quad i=0,\ 1,\ 2,\ \cdots,\ n \qquad (1)$$

或者说得到一张数据表

表 9-6

x	x_0	x_1	x_2	$\cdots$	x_n
y	y_0	y_1	y_2	$\cdots$	y_n

这种用数据表格形式给出的函数 $y=f(x)$ 通常称为**列表函数**．点 x_i 称为**节点**．

对于这种列表函数 $y=f(x)$，如何依据函数表 9-6，计算 $f(x)$ 在给定点 x 的函数值？这就是插值方法要解决的问题．

怎样进行插值？插值方法的基本思想是，设法构造某个简单函数 $y=p(x)$ 作为 $f(x)$ 的近似表达式，然后计算 $p(x)$ 的值以得到 $f(x)$ 的近似值．

近似函数的类型可以有不同选法，但最常用的类型是代数多项式．这是因为多项式具有各阶导数，同时求值又方便．用代数多项式作为工具研究插值问题，这就是所谓**代数插值**．代数插值的数学提法如下：

对于给定的列表函数 9-6，求一个 n 次多项式 $y=p_n(x)$①，使得它在已知节点 x_i 取给定的函数值 y_i，即满足条件

$$p(x_i)=y_i,\quad i=0,1,2,\cdots,\ n \qquad (2)$$

这个问题的解 $y=p_n(x)$ 称为列表函数 9-6 的插值多项式．点 x_0，x_1，…，x_n 称为**插值节点**．插值节点 x_0，x_1，…，x_n 不一定是按其数值的大小顺序排列的．由节点所界定的如下区间 $[\min\{x_0,\ x_1,\cdots,\ x_n\},\ \max\{x_0,\ x_1,\cdots,\ x_n\}]$ 称为**插值区间**．

上述插值问题的几何意义很明显，就是通过给定的 $n+1$ 个点 $(x_0,\ y_0),(x_1,\ y_1),\cdots,(x_n,\ y_n)$，作一条 n 次代数曲线 $y=p_n(x)$，用以近似地表示曲线 $y=f(x)$．

容易证明插值问题解的唯一性．事实上，如果有两个 n 次多项式 $y=p_n(x)$ 与 $y=q_n(x)$ 均满足条件（2），那么对于 $r(x)=p_n(x)-q_n(x)$，有

$$r(x_i)=0,\ i=0,1,2,\cdots,\ n$$

即不超过 n 次的多项式 $r(x)$ 将有 $n+1$ 个零点，由此可以断定 $r(x)\equiv 0$，唯一性得证．

二、线性插值与抛物插值

设函数 $y=f(x)$ 在两点 x_0，x_1 上的值分别为 y_0，y_1，求多项式 $y=p_1(x)=a_0+a_1x$，使满足 $p_1(x_0)=y_0$，$p_1(x_1)=y_1$．这种插值称为线性插值．其几何意义就是求通过点 $A(x_0,\ y_0)$，$B(x_1,\ y_1)$ 的一条直线（如图 9-12 所示）．

① 这里所谓“n 次多项式”$p_n(x)$，实际上是泛指次数不超过 n 次的多项式，就是说，在特殊情况下，$p_n(x)$ 的次数可能低于 n.

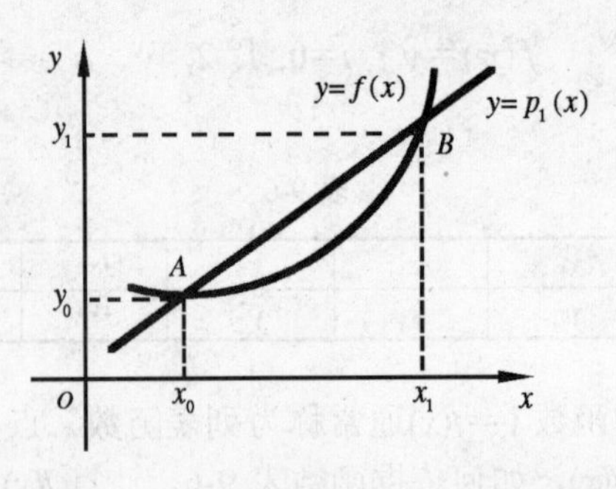

图 9-12

由解析几何知：

$$y=p_1(x)=y_0+\frac{y_1-y_0}{x_1-x_0}(x-x_0) \tag{3}$$

称 $\dfrac{f(x_j)-f(x_i)}{x_j-x_i}$ 为函数 $f(x)$ 在点 x_i，$x_j\,(x_i\neq x_j)$ 处的**一阶均差**，记为 $f(x_i,\ x_j)$．于是得

$$p_1(x)=f(x_0)+f(x_0,\ x_1)(x-x_0) \tag{4}$$

将（3）式按 y_0，y_1 整理，得

$$p_1(x)=\frac{x-x_1}{x_0-x_1}y_0+\frac{x-x_0}{x_1-x_0}y_1 \tag{5}$$

在利用各种函数表计算函数值时，常常用到线性插值．

例 1 用三位数的平方根表求平方根 $\sqrt{17.52}$．

解 查表知

$$x_0=17.5,\qquad y_0=\sqrt{x_0}=4.183,$$

$$x_1=17.6,\qquad y_1=\sqrt{x_1}=4.195,$$

由插值公式（3）得

$$p_1(x)=4.183+\frac{4.195-4.183}{17.6-17.5}(x-17.5)=4.183+0.12(x-17.5)$$

$$p_1(17.52)=4.183+0.12(17.52-17.5)\approx 4.185$$

即 $\sqrt{17.52}\approx 4.185$（$\sqrt{17.52}$ 的精确值是 4.18568990…）．

设函数 $y=f(x)$ 在点 x_0，x_1，x_2 上的值分别为 y_0，y_1，y_2，求多项式 $y=p_2(x)=a_0+a_1x+a_2x^2$，使满足条件 $p(x_i)=y_i\,(i=0,1,2)$．这种插值问题称为**抛物插值**．由于点 $(x_0,\ y_0)$，$(x_1,\ y_1)$ 在抛物线 $y=p_2(x)$ 上，故可设

$$p_2(x)=p_1(x)+a(x-x_0)(x-x_1),$$

即
$$p_2(x)=y_0+\frac{y_1-y_0}{x_1-x_0}(x-x_0)+a(x-x_0)(x-x_1).$$

上式显然满足条件 $p_2(x_0)=y_0$，$p_2(x_1)=y_1$．由条件 $p_2(x_2)=y_2$ 定出系数 a，得

$$a=\frac{\dfrac{y_2-y_1}{x_2-x_1}-\dfrac{y_1-y_0}{x_1-x_0}}{x_2-x_0}=\frac{f(x_1,\ x_2)-f(x_0,\ x_1)}{x_2-x_0},$$

称 $\dfrac{f(x_j,\ x_k)-f(x_i,\ x_j)}{x_k-x_i}$ 为函数 $f(x)$ 在 x_i，x_j，x_k（x_i，x_j，x_k 互异）处的**二阶均差**，记为

$$f(x_i,\ x_j,\ x_k).$$

于是有

$$p_2(x)=f(x_0)+f(x_0,\ x_1)(x-x_0)+f(x_0,\ x_1,\ x_2)(x-x_0)(x-x_1) \tag{6}$$

将（6）式按 y_0，y_1，y_2 整理可得

$$p_2(x)=\frac{(x-x_1)(x-x_2)}{(x_0-x_1)(x_0-x_2)}y_0+\frac{(x-x_0)(x-x_2)}{(x_1-x_0)(x_1-x_2)}y_1+\frac{(x-x_0)(x-x_1)}{(x_2-x_0)(x_2-x_1)}y_2 \tag{7}$$

例 2　取节点 $x_0=0$，$x_1=1$ 和 $x_0=0$，$x_1=\dfrac{1}{2}$，$x_2=1$ 对函数 $y=e^{-x}$ 分别建立线性和抛物插值公式．

解　首先建立线性插值公式

$$x_0=0,\ y_0=e^{-0}=1,\ x_1=1,\ y_1=e^{-1},$$

由公式（4）可得

$$e^{-x}\approx p_1(x)=1-0.6321206x.$$

下面建立抛物插值公式

$$x_0=0,\ y_0=e^{-0}=1,\ x_1=\frac{1}{2},\ y_1=e^{-\frac{1}{2}},\ x_2=1,\ y_2=e^{-1}.$$

由公式（6）可得

$$e^{-x}\approx p_2(x)=1-0.9417568x+0.3096362x^2.$$

利用 e^{-x} 的线性插值和抛物插值公式计算内插节点和外推节点处的函数值，如表 9-7 所示．从表中可以看出，抛物插值比线性插值更接近于 e^{-x}；外推近似值的绝对误差比内插近似值的绝对误差更大．

表 9-7

	x	$p_1(x)$	$p_2(x)$	e^{-x}
内插	0.2	0.87358	0.82403	0.81873
	0.4	0.74715	0.67284	0.67032
	0.6	0.62073	0.54641	0.54811
	0.8	0.49430	0.44476	0.44933
外推	1.2	0.24146	0.31577	0.30119
	1.7	−0.07460	0.29386	0.18268
	2.2	−0.39067	0.42677	0.11080
	2.7	−0.70673	0.71450	0.06721

三、拉格朗日插值公式

设函数$y=f(x)$在$n+1$个互异节点x_i上的值为$y_i(i=0, 1, 2, \cdots, n)$，求次数不超过$n$的多项式

$$p_n(x)=a_0+a_1x+a_2x^2+\cdots+a_nx^n \tag{8}$$

使满足条件

$$p_n(x_i)=y_i \qquad (i=0,1,2,\cdots, n) \tag{9}$$

这样的问题称为n次**代数插值问题**．线性插值和抛物插值问题分别是一次和二次代数插值问题．类似线性插值的公式（5）和抛物插值的公式（7），我们讨论一般的n次代数插值问题．令

$$l_k(x)=\frac{(x-x_0)\cdots(x-x_{k-1})(x-x_{k+1})\cdots(x-x_n)}{(x_k-x_0)\cdots(x_k-x_{k-1})(x_k-x_{k+1})\cdots(x_k-x_n)} \tag{10}$$

称$l_k(x)$为**拉格朗日基本插值多项式**．

定理 1 满足条件（9）的次数不超过n的多项式（8）可由下式给出

$$p_n(x)=\sum_{k=0}^{n}l_k(x)y_k \tag{11}$$

证明 因$l_k(x)$是一个n次多项式，故（11）的右端为次数不超过n的多项式．又

$$l_k(x_i)=\begin{cases}0, & 当\ i\neq k\ 时\\ 1, & 当\ i=k\ 时\end{cases},$$

因此

$$p_n(x_i)=y_i \ (i=0,1,2,\cdots, n).$$

证毕

我们称（11）式为**拉格朗日插值公式**．

在区间$[a, b]$上，如果用n次多项式$p_n(x)$近似代替$f(x)$，当$x=x_i$时，因为

$$p_n(x_i)=f(x_i),$$

所以不存在误差；当$x\neq x_i$时，一般说来$p_n(x)$与$f(x)$的值不相等，因此存在误差．我们记

$$R_n(x)=f(x)-p_n(x),$$

则$R_n(x)$就是用$p_n(x)$近似代替$f(x)$时产生的截断误差，也称为$f(x)$用$p_n(x)$来表示时的余项．下面给出余项$R_n(x)$的表达式（证略）．

定理 2 设$f^{(n)}(x)$在$[a, b]$上连续，$f^{(n+1)}(x)$在(a, b)内存在，$x_0, x_1,\cdots, x_n$是$[a, b]$上互异的数，则当$x\in[a, b]$时

$$R_n(x)=\frac{f^{(n+1)}(\xi)}{(n+1)!}\omega_n(x) \tag{12}$$

其中

$$\omega_n(x)=(x-x_0)(x-x_1)\cdots(x-x_n),$$

$$\xi\in(\min\{x, x_0, x_1,\cdots, x_n\}, \max\{x, x_0, x_1,\cdots, x_n\}).$$

定理 2 给出了用插值多项式$p_n(x)$代替$f(x)$时的余项表达式，它也和其他中值定理一

样，定理只指出中值 ξ 的存在性，求出具体的 ξ 值是很困难的，尽管这样，有时我们还是可以用余项表达式来进行一些误差估计.

若函数 $f(x)$ 在［a，b］上的 $n+1$ 阶导数有界，即

$$\max_{a\leqslant x\leqslant b}\left|f^{(n+1)}(x)\right|\leqslant M_{n+1},$$

则

$$\left|R_n(x)\right|\leqslant\frac{M_{n+1}}{(n+1)!}\left|\omega_n(x)\right|.$$

这就是余项的误差估计式.

例 3　对例 2 中建立的线性插值和抛物插值公式进行误差估计.

解　对线性插值，有余项

$$e^{-x}-p_1(x)=\frac{e^{-\xi}}{2!}x(x-1),$$

其中 $0<\xi<1, 0\leqslant x\leqslant 1$. 而 $\left|e^{-\xi}\right|<1$，因此

$$\left|e^{-x}-p_1(x)\right|\leqslant\frac{1}{2}\max_{0\leqslant x\leqslant 1}\left|x(x-1)\right|=\frac{1}{8}=0.125.$$

对于抛物线插值，有余项

$$e^{-x}-p_2(x)=\frac{-e^{-\xi}}{3!}x(x-\frac{1}{2})(x-1),$$

其中 $0<\xi<1, 0\leqslant x\leqslant 1$. 而 $\left|e^{-\xi}\right|<1$，因此

$$\left|e^{-x}-p_2(x)\right|=\frac{1}{6}\max_{0\leqslant x\leqslant 1}\left|x(x-\frac{1}{2})(x-1)\right|.$$

下面求 $\left|\omega_2(x)\right|$ 在［0，1］区间上的最大值. 因

$$\omega_2(x)=x(x-\frac{1}{2})(x-1),$$

令

$$\omega_2'(x)=3x^2-3x+\frac{1}{2}=0$$

得两根

$$\alpha_1=\frac{3+\sqrt{3}}{6},\quad \alpha_2=\frac{3-\sqrt{3}}{6}$$

$$\left|\omega_2(\alpha_1)\right|=\left|\omega_2(\alpha_2)\right|=\frac{\sqrt{3}}{6^2}$$

$$\max_{0\leqslant x\leqslant 1}\left|\omega_2(x)\right|=\max\left\{\left|\omega_2(0)\right|,\left|\omega_2(1)\right|,\left|\omega_2(\alpha_1)\right|,\left|\omega_2(\alpha_2)\right|\right\}$$

$$=\frac{\sqrt{3}}{6^2}\approx 0.0481125,$$

于是

$$\left|e^{-x}-p_2(x)\right|<\frac{1}{6}\times 0.0481125<0.00802,$$

四、均差插值公式

1．均差的定义、均差表及性质

定义 已知函数 $f(x)$ 在互异点 $x_0, x_1, \cdots, x_n$ 上的值为 $f(x_0), f(x_1), \cdots, f(x_n)$．则称

$$\frac{f(x_j)-f(x_i)}{x_j-x_i} \qquad i\neq j$$

为函数 $f(x)$ 在 x_j, x_i 处的**一阶均差**（或称**一阶差商**），记为 $f(x_i, x_j)$，即

$$f(x_i, x_j)=\frac{f(x_j)-f(x_i)}{x_j-x_i} \qquad i\neq j,$$

则

$$\frac{f(x_j, x_k)-f(x_i, x_j)}{x_k-x_i} \qquad i\neq k$$

为函数 $f(x)$ 在 x_i, x_j, x_k 处的**二阶均差**（或称**二阶差商**），记为 $f(x_i, x_j, x_k)$，即

$$f(x_i, x_j, x_k)=\frac{f(x_j, x_k)-f(x_i, x_j)}{x_k-x_i} \qquad i\neq k$$

……………………………

则

$$\frac{f(x_1, x_2, \cdots, x_n)-f(x_0, x_1, \cdots, x_{n-1})}{x_n-x_0}$$

为函数 $f(x)$ 在 $x_0, x_1, x_2, \cdots, x_n$ 处的 **n 阶均差**（或称 **n 阶差商**），记为 $f(x_0, x_1, x_2, \cdots, x_n)$，即

$$f(x_0, x_1, x_2, \cdots, x_n)=\frac{f(x_1, x_2, \cdots, x_n)-f(x_0, x_1, \cdots, x_{n-1})}{x_n-x_0}.$$

计算各阶均差常用表 9-8 格式的均差表（以 $n=4$ 为例）.

表 9-8

x	$f(x)$	一阶均差	二阶均差	三阶均差	四阶均差
x_0	$f(x_0)$				
		$f(x_0, x_1)$			
x_1	$f(x_1)$		$f(x_0, x_1, x_2)$		
		$f(x_1, x_2)$		$f(x_0, x_1, x_2, x_3)$	
x_2	$f(x_2)$		$f(x_1, x_2, x_3)$		$f(x_0, x_1, x_2, x_3, x_4)$
		$f(x_2, x_3)$		$f(x_1, x_2, x_3, x_4)$	
x_3	$f(x_3)$		$f(x_2, x_3, x_4)$		
		$f(x_3, x_4)$			
x_4	$f(x_4)$				

例 4 设有函数表 9-9，试造函数 $f(x)$ 的均差表.

表 9-9

x	5	7	11	13	21
$f(x)$	150	392	1452	2366	9702

解　造函数 $f(x)$ 的均差表如表 9-10 所示.

表 9-10

x	$f(x)$	一阶均差	二阶均差	三阶均差	四阶均差
5	150				
		121			
7	392		24		
		265		1	
11	1452		32		0
		457		1	
13	2366		46		
		917			
21	9702				

下面讨论均差性质. 由均差定义可得,

$$f(x_0,\ x_1)=\frac{f(x_1)-f(x_0)}{x_1-x_0}=\frac{f(x_1)}{x_1-x_0}+\frac{f(x_0)}{x_0-x_1}$$

$$\begin{aligned}f(x_0,\ x_1,\ x_2)&=\frac{f(x_1,\ x_2)-f(x_0,\ x_1)}{x_2-x_0}\\&=\frac{1}{x_2-x_0}\left[\left(\frac{f(x_1)}{x_1-x_2}+\frac{f(x_2)}{x_2-x_1}\right)-\left(\frac{f(x_0)}{x_0-x_1}+\frac{f(x_1)}{x_1-x_0}\right)\right]\\&=\frac{f(x_0)}{(x_0-x_1)(x_0-x_2)}+\frac{f(x_1)}{(x_1-x_0)(x_1-x_2)}+\frac{f(x_2)}{(x_2-x_0)(x_2-x_1)}\end{aligned}$$

$\cdots\cdots\cdots$,

利用数学归纳法可得如下性质.

性质 1　对正整数 $k(1\leqslant k\leqslant n)$, 必有

$$f(x_0,\ x_1,\cdots,\ x_k)=\sum_{i=0}^{k}\frac{f(x_i)}{(x_i-x_0)\cdots(x_i-x_{i-1})(x_i-x_{i+1})\cdots(x_i-x_n)}$$

由性质 1 可推得下列性质 2.

性质 2　均差只与节点的选择有关, 而与节点的排列次序无关.

例如

$$\begin{aligned}f(x_0,\ x_1,\ x_2)&=f(x_0,\ x_2,\ x_1)=\cdots=f(x_2,\ x_1,\ x_0)\\&=\frac{f(x_0)}{(x_0-x_1)(x_0-x_2)}+\frac{f(x_1)}{(x_1-x_0)(x_1-x_2)}+\frac{f(x_2)}{(x_2-x_0)(x_2-x_1)}\end{aligned}$$

等等.

2．**均差插值公式**

设 x 为异于 $x_i\,(i=0,1,\ 2,\cdots,\ n)$ 的任一点，由均差定义可得

$$f(x)=f(x_0)+(x-x_0)f(x,\ x_0),$$
$$f(x,\ x_0)=f(x_0,\ x_1)+(x-x_1)f(x,\ x_0,\ x_1),$$
$$f(x,\ x_0,\ x_1)=f(x_0,\ x_1,\ x_2)+(x-x_2)f(x,\ x_0,\ x_1,\ x_2),$$
$$\cdots\cdots\cdots\cdots\cdots\cdots,$$
$$f(x,\ x_0,\ x_1,\cdots,\ x_{n-1})=f(x_0,\ x_1,\cdots,\ x_n)+(x-x_n)f(x,\ x_0,\ x_1,\cdots,\ x_n).$$

从最后一式依次代入前一式得

$$f(x)=f(x_0)+(x-x_0)f(x_0,\ x_1)+(x-x_0)(x-x_1)f(x_0,\ x_1,\ x_2)$$
$$+\cdots+(x-x_0)(x-x_1)\cdots(x-x_{n-1})f(x_0,\ x_1,\cdots,\ x_n)+R_n(x)$$

其中

$$R_n=(x-x_0)(x-x_1)\cdots(x-x_n)f(x,\ x_0,\ x_1,\cdots,\ x_n),$$

记

$$N_n(x)=f(x_0)+(x-x_0)f(x_0,\ x_1)+(x-x_0)(x-x_1)f(x_0,\ x_1,\ x_2)$$
$$+\cdots+(x-x_0)(x-x_1)\cdots(x-x_{n-1})f(x_0,\ x_1,\cdots,\ x_n) \qquad (13)$$

于是有

$$f(x)=N_n(x)+R_n(x).$$

$N_n(x)$ 显然是一个次数不超过 n 的多项式，实际上可以证明 $N_n(x)=p_n(x)$（证明略），这里 $p_n(x)$ 为拉格朗日插值多项式．我们称公式（13）为**均差插值公式**（或**牛顿插值公式**）．

例 5 利用均差插值公式，求表格函数（表 9-11）的近似表达式．

表 9-11

x	-1	1	2
$f(x)$	-3	0	4

解 造均差表如表 9-12 所示．

表 9-12

x	$f(x)$	一阶均差	二阶均差
-1	-3		
		3/2	
1	0		5/6
		4	
2	4		

函数 $f(x)$ 的二阶均差插值多项式为

$$N_2(x)=f(x_0)+(x-x_0)f(x_0,\ x_1)+(x-x_0)(x-x_1)f(x_0,\ x_1,\ x_2)$$
$$=-3+\frac{3}{2}(x+1)+\frac{5}{6}(x+1)(x-1)$$

$$=\frac{1}{6}(5x^2+9x-14).$$

这就是表格函数的近似表达式.

习 题 9-5

1．已知 $\cos45°=0.7071$ 和 $\cos60°=0.5$，利用线性插值法计算 $\cos50°$.

2．已知有下列正弦函数表

x	0.5	0.6	0.7
$\sin x$	0.47943	0.56464	0.64422

用抛物插值法求 $\sin0.57891$ 的近似值.

3．已知 $\sqrt{100}=10,\sqrt{121}=11,\sqrt{144}=12$．求 $\sqrt{115}$ 的近似值.

4．已知自然对数 $\ln x$ 的数表为

x	0.40	0.50	0.70	0.80
$\ln x$	−0.916291	−0.693147	−0.356675	−0.223144

利用拉格朗日插值公式求 $\ln0.60$ 的近似值.

5．下表为二氧化碳在不同温度下溶于水的溶解度，利用均差插值公式求4℃时的溶解度.

t℃	0	1	3	5
s	0.3346	0.3213	0.2978	0.2774

附　录

I. 希腊字母

字	母	名称	读音
Α	α	alpha	['ælfə]
Β	β	beta	['bi: tə，'beitə]
Γ	γ	gamma	['gæmə]
Δ	δ	delta	['deltə]
Ε	ε	epsilon	[ep'sailən，'epsilən]
Ζ	ζ	zeta	['zi: tə]
Η	η	eta	['i: tə，'eitə]
Θ	θ	theta	['θi: tə]
Ι	ι	iota	[ai'outə]
Κ	κ	kappa	['kæpə]
Λ	λ	lambda	['læmdə]
Μ	μ	mu	[mju:]
Ν	ν	nu	[nju:]
Ξ	ξ	xi	[ksai，gzai，zai]
Ο	ο	omicron	[ou'maikrən]
Π	π	pi	[pai]
Ρ	ρ	rho	[rou]
Σ	σ	sigma	['sigmə]
Τ	τ	tau	[tɔ:]
Υ	υ	upsilon	[ju: p'sailən, 'ju: psilən]
Φ	φ	phi	[fai]
Χ	χ	chi	[kai]
Ψ	ψ	psi	[psai]
Ω	ω	omega	['oumigə]

Ⅱ. 代　数

1．指数和对数运算

$$a^x a^y = a^{x+y}, \frac{a^x}{a^y} = a^{x-y}, (a^x)^y = a^{xy}, \sqrt[y]{a^x} = a^{\frac{x}{y}}$$

$$\log_a 1 = 0, \log_a a = 1, \log_a (N_1 \cdot N_2) = \log_a N_1 + \log_a N_2,$$

$$\log_a \frac{N_1}{N_2} = \log_a N_1 - \log_a N_2, \log_a (N^n) = n \log N,$$

$$\log_a \sqrt[n]{N} = \frac{1}{n} \log_a N, \log_b N = \frac{\log_a N}{\log_a b}.$$

2．有限项数和

$$1+2+3+\cdots+(n-1)+n=\frac{n(n+1)}{2};$$

$$1^2+2^2+3^2+\cdots+(n-1)^2+n^2=\frac{n(n+1)(2n+1)}{6};$$

$$a+aq+aq^2+\cdots+aq^{n-1}=a\frac{1-q^n}{1-q} \quad (q\neq 1).$$

3．牛顿二项式公式

$$(a+b)^n=a^n+na^{n-1}b+\frac{n(n-1)}{2!}a^{n-2}b^2++\frac{n(n-1)(n-2)}{3!}a^{n-3}b^3+\cdots$$

$$+\frac{n(n-1)\cdots(n-m+1)}{m!}a^{n-m}b^m+\cdots+nab^{n-1}+b^n.$$

$$(a-b)^n=a^n-na^{n-1}b+\frac{n(n-1)}{2!}a^{n-2}b^2-\frac{n(n-1)(n-2)}{3!}a^{n-3}b^3+\cdots$$

$$+(-1)^m\frac{n(n-1)\cdots(n-m+1)}{m!}a^{n-m}b^m+\cdots+(-1)^n b^n.$$

4．乘法与因式分解公式

$(x\pm y)^2=x^2\pm 2xy+y^2$；

$(x+y+z)^2=x^2+y^2+z^2+2xy+2xz+2yz$；

$(x\pm y)^3=x^3\pm 3x^2y+3xy^2\pm y^3$；

$x^2-y^2=(x+y)(x-y)$；

$x^3\pm y^3=(x\pm y)(x^2\mp xy+y^2)$；

$(x^n-y^n)=(x-y)(x^{n-1}+x^{n-2}y+x^{n-3}y^2+\cdots+xy^{n-2}+y^{n-1})$ （n 为正整数）；

$(x^n+y^n)=(x+y)(x^{n-1}-x^{n-2}y+x^{n-3}y^2-\cdots-xy^{n-2}+y^{n-1})$ （n 是奇数）；

$(x^n-y^n)=(x+y)(x^{n-1}-x^{n-2}y+x^{n-3}y^2-\cdots+xy^{n-2}-y^{n-1})$ （n 是偶数）．

III. 三 角 函 数

1．基本公式

$\sin^2\alpha+\cos^2\alpha=1$， $\dfrac{\sin\alpha}{\cos\alpha}=\tan\alpha$， $\csc\alpha=\dfrac{1}{\sin\alpha}$，

$1+\tan^2\alpha=\sec^2\alpha$， $\dfrac{\cos\alpha}{\sin\alpha}=\cot\alpha$， $\sec\alpha=\dfrac{1}{\cos\alpha}$，

$1+\cot^2\alpha=\csc^2\alpha$， $\cot\alpha=\dfrac{1}{\tan\alpha}$.

2．诱导公式

函数	$\beta=\frac{\pi}{2}\pm\alpha$	$\beta=\pi\pm\alpha$	$\beta=\frac{3}{2}\pi\pm\alpha$	$\beta=2\pi-\alpha$
$\sin\beta$	$\cos\alpha$	$\mp\sin\alpha$	$-\cos\alpha$	$\pm\sin\alpha$
$\cos\beta$	$\mp\sin\alpha$	$-\cos\alpha$	$\pm\sin\alpha$	$\cos\alpha$
$\tan\beta$	$\mp\cot\alpha$	$\pm\tan\alpha$	$\mp\cot\alpha$	$\pm\tan\alpha$
$\cot\beta$	$\mp\tan\alpha$	$\pm\cot\alpha$	$\mp\tan\alpha$	$\pm\cot\alpha$

3．和差公式

$\sin(\alpha\pm\beta)=\sin\alpha\cos\beta\pm\cos\alpha\sin\beta$，

$\cos(\alpha\pm\beta)=\cos\alpha\cos\beta\mp\sin\alpha\sin\beta$，

$\tan(\alpha\pm\beta)=\dfrac{\tan\alpha\pm\tan\beta}{1\mp\tan\alpha\tan\beta}$，

$\cot(\alpha\pm\beta)=\dfrac{\cot\alpha\cot\beta\mp1}{\cot\beta\pm\cot\alpha}$，

$\sin\alpha+\sin\beta=2\sin\dfrac{\alpha+\beta}{2}\cos\dfrac{\alpha-\beta}{2}$，

$\sin\alpha-\sin\beta=2\cos\dfrac{\alpha+\beta}{2}\sin\dfrac{\alpha-\beta}{2}$，

$\cos\alpha+\cos\beta=2\cos\dfrac{\alpha+\beta}{2}\cos\dfrac{\alpha-\beta}{2}$，

$\cos\alpha-\cos\beta=-2\sin\dfrac{\alpha+\beta}{2}\sin\dfrac{\alpha-\beta}{2}$，

$\cos\alpha\cos\beta=\dfrac{1}{2}[\cos(\alpha-\beta)+\cos(\alpha+\beta)]$，

$\sin\alpha\sin\beta=\dfrac{1}{2}[\cos(\alpha-\beta)-\cos(\alpha+\beta)]$，

$\sin\alpha\cos\beta=\dfrac{1}{2}[\sin(\alpha-\beta)+\sin(\alpha+\beta)]$.

4．倍角和半角公式

$\sin2\alpha=2\sin\alpha\cos\alpha=\dfrac{2\tan\alpha}{1+\tan^2\alpha}$，

$\cos2\alpha=\cos^2\alpha-\sin^2\alpha=2\cos^2\alpha-1=1-2\sin^2\alpha=\dfrac{1-\tan^2\alpha}{1+\tan^2\alpha}$，

$$\tan 2\alpha=\frac{2\tan\alpha}{1-\tan^2\alpha}, \quad \cot 2\alpha=\frac{\cos^2\alpha-1}{2\cot\alpha},$$

$$\sin\frac{\alpha}{2}=\pm\sqrt{\frac{1-\cos\alpha}{2}}, \quad \tan\frac{\alpha}{2}=\pm\sqrt{\frac{1-\cos\alpha}{1+\cos\alpha}},$$

$$\cos\frac{\alpha}{2}=\pm\sqrt{\frac{1+\cos\alpha}{2}}, \quad \cot\frac{\alpha}{2}=\pm\sqrt{\frac{1+\cos\alpha}{1-\cos\alpha}}.$$

5．任意三角形的基本关系（如右图）

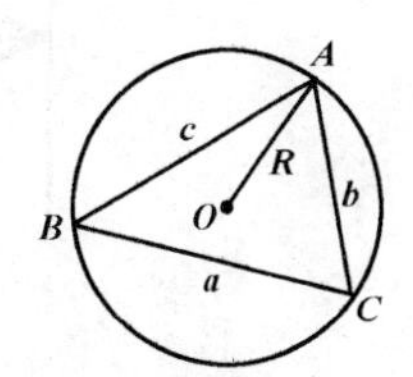

$$\frac{a}{\sin A}=\frac{b}{\sin B}=\frac{c}{\sin C}=2R, \qquad \text{（正弦定理）}$$

$$\left.\begin{aligned} a^2&=b^2+c^2-2bc\cos A,\\ b^2&=c^2+a^2-2ca\cos B,\\ c^2&=a^2+b^2-2ab\cos C. \end{aligned}\right\} \qquad \text{（余弦定理）}$$

$$S=\frac{1}{2}ab\sin C=\frac{1}{2}ac\sin B=\frac{1}{2}bc\sin A, \qquad \text{（面积公式）}$$

$$S=\sqrt{p(p-a)(p-b)(p-c)}, \quad p=\frac{1}{2}(a+b+c).$$

Ⅳ. 初等几何

在下列公式中，字母 R，r 表示半径，h 表示高，l 表示斜高.

1．圆；圆扇形

圆：周长 $=2\pi r$；面积 $=\pi r^2$，

圆扇形：面积 $=\frac{1}{2}r^2\alpha$（式中 α 为扇形的圆心角，以弧度计）.

2．正圆锥

体积 $=\frac{1}{3}\pi r^2 h$；侧面积 $=\pi rl$；全面积 $=\pi r(r+l)$.

3．截圆锥

体积 $=\frac{\pi h}{3}(R^2+r^2+Rr)$；侧面积 $=\pi l(R+r)$.

4．球

体积 $=\frac{4}{3}\pi r^3$；面积 $=4\pi r^2$.

V. 几种常用的曲线

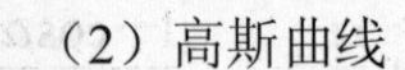

（1）半立方抛物线

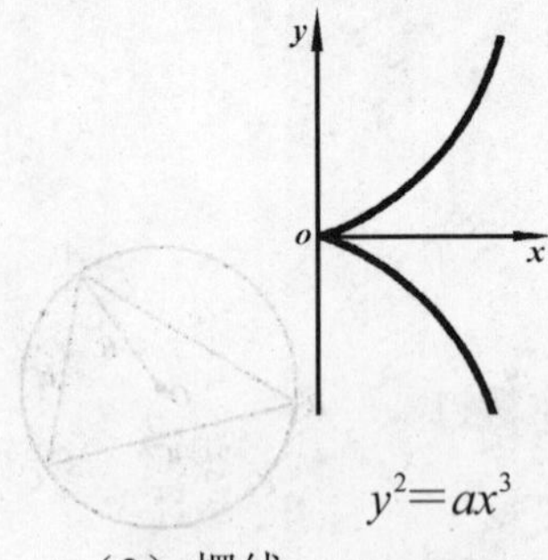

$y^2=ax^3$

（2）高斯曲线

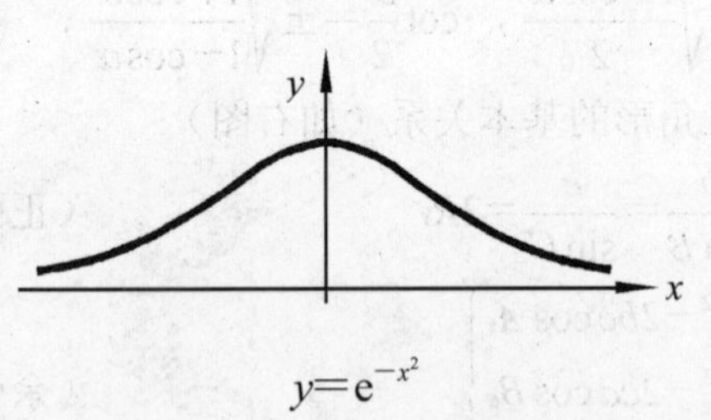

$y=\mathrm{e}^{-x^2}$

（3）摆线

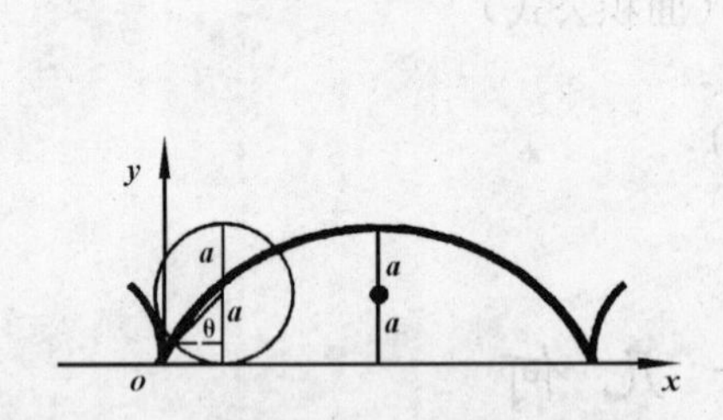

$$\begin{cases}x=a(\theta-\sin\theta)\\ y=a(1-\cos\theta)\end{cases}$$

（4）星形线（内摆线的一种）

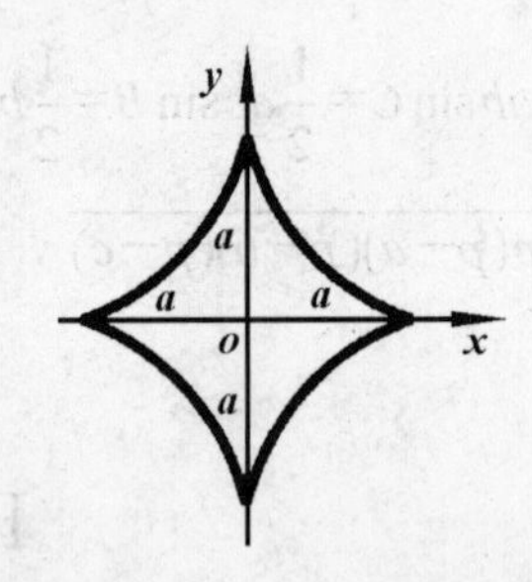

$$x^{\frac{2}{3}}+y^{\frac{2}{3}}=a^{\frac{2}{3}} \text{ 或 } \begin{cases}x=a\cos^3\theta\\ y=a\sin^3\theta\end{cases}$$

（5）心形线（外摆线的一种）

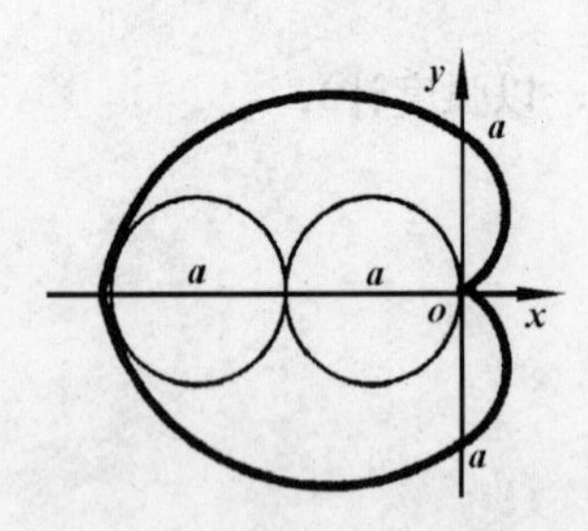

$$x^2+y^2+ax=a\sqrt{x^2+y^2}$$

$$r=a(1-\cos\theta)$$

（6）阿基米德螺线

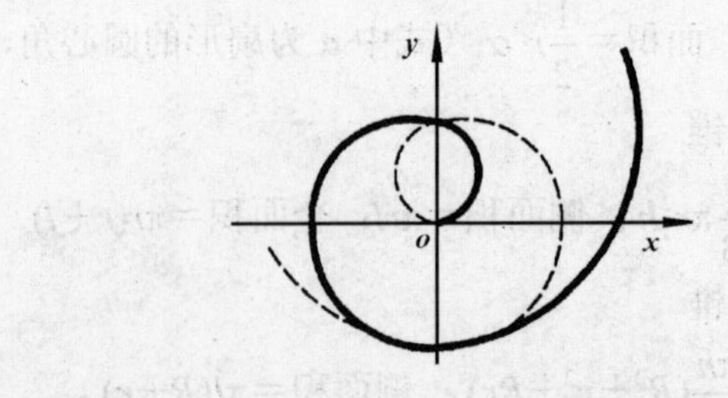

$$r=a\theta(a>0)$$

（7）对数螺线

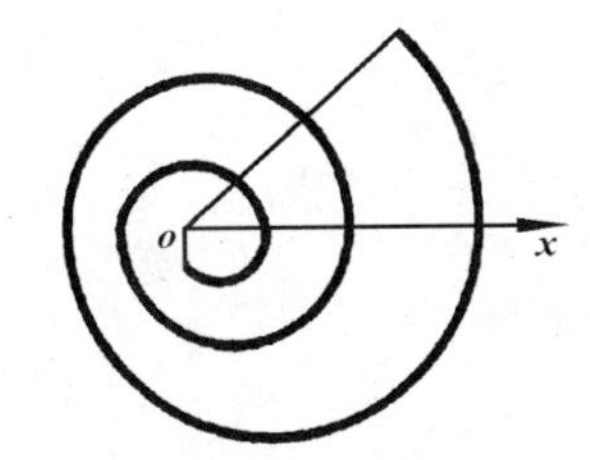

$r = e^{a\theta}\ (a>0)$

（8）双曲螺线

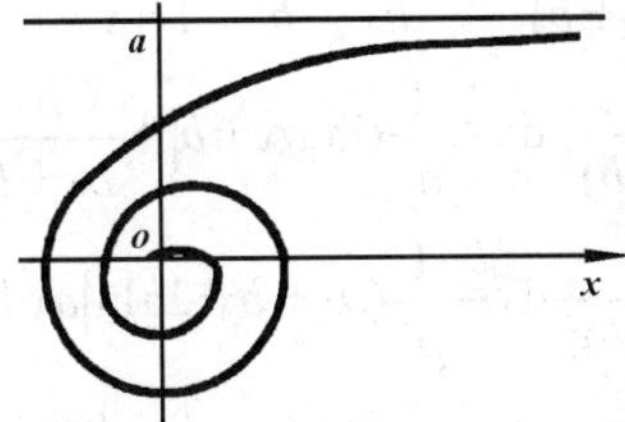

$r\theta = a$

（9）双叶玫瑰线（双纽线）

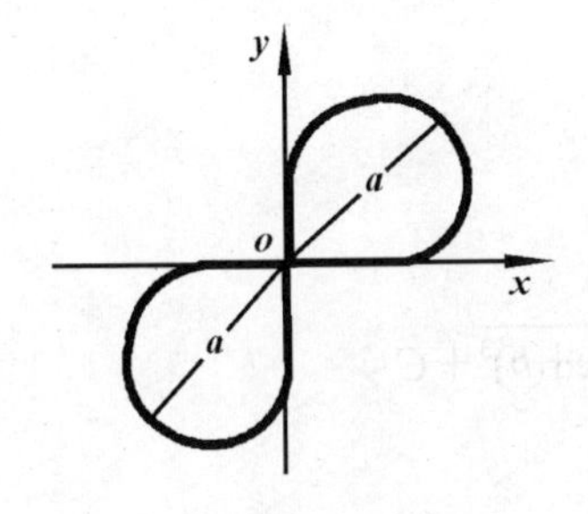

$(x^2+y^2)^2 = 2a^2xy$

$r^2 = a^2\sin 2\theta$

（10）双纽线

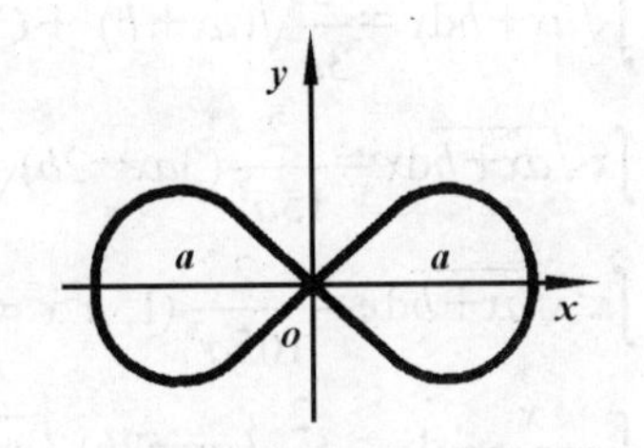

$(x^2+y^2)^2 = a^2(x^2-y^2)$

$r^2 = a^2\cos 2\theta$

VI. 不 定 积 分

（一）含有 $ax+b$ 的积分

1. $\displaystyle\int\frac{dx}{ax+b}=\frac{1}{a}\ln|ax+b|+C$

2. $\displaystyle\int(ax+b)^{\mu}dx=\frac{1}{a(\mu+1)}(ax+b)^{\mu+1}+C\ (\mu\neq-1)$

3. $\displaystyle\int\frac{x}{ax+b}dx=\frac{1}{a^2}(ax+b-b\ln|ax+b|)+C$

4. $\displaystyle\int\frac{x^2}{ax+b}dx=\frac{1}{a^3}\left[\frac{1}{2}(ax+b)^2-2b(ax+b)+b^2\ln|ax+b|\right]+C$

5. $\displaystyle\int\frac{dx}{x(ax+b)}=-\frac{1}{b}\ln\left|\frac{ax+b}{x}\right|+C$

6. $\int\frac{dx}{x^2(ax+b)}=-\frac{1}{bx}+\frac{a}{b^2}\ln\left|\frac{ax+b}{x}\right|+C$

7. $\int\frac{x}{(ax+b)^2}dx=\frac{1}{a^2}(\ln|ax+b|+\frac{b}{ax+b})+C$

8. $\int\frac{x^2}{(ax+b)^2}dx=\frac{1}{a^3}(ax+b-2b\ln|ax+b|-\frac{b^2}{ax+b})+C$

9. $\int\frac{dx}{x(ax+b)^2}=\frac{1}{b(ax+b)}-\frac{1}{b^2}\ln\left|\frac{ax+b}{x}\right|+C$

（二）含有 $\sqrt{ax+b}$ 的积分

10. $\int\sqrt{ax+b}dx=\frac{2}{3a}\sqrt{(ax+b)^3}+C$

11. $\int x\sqrt{ax+b}dx=\frac{2}{15a^2}(3ax-2b)\sqrt{(ax+b)^3}+C$

12. $\int x^2\sqrt{ax+b}dx=\frac{2}{105a^3}(15a^2x^2-12abx+8b^2)\sqrt{(ax+b)^3}+C$

13. $\int\frac{x}{\sqrt{ax+b}}dx=\frac{2}{3a^2}(ax-2b)\sqrt{ax+b}+C$

14. $\int\frac{x^2}{\sqrt{ax+b}}dx=\frac{2}{15a^3}(3a^2x^2-4abx+8b^2)\sqrt{ax+b}+C$

15. $\int\frac{dx}{x\sqrt{ax+b}}=\begin{cases}\frac{1}{\sqrt{b}}\ln\left|\frac{\sqrt{ax+b}-\sqrt{b}}{\sqrt{ax+b}+\sqrt{b}}\right|+C & (b>0)\\ \frac{2}{\sqrt{-b}}\arctan\sqrt{\frac{ax+b}{-b}}+C & (b<0)\end{cases}$

16. $\int\frac{dx}{x^2\sqrt{ax+b}}=-\frac{\sqrt{ax+b}}{bx}-\frac{a}{2b}\int\frac{dx}{x\sqrt{ax+b}}$

17. $\int\frac{\sqrt{ax+b}}{x}dx=2\sqrt{ax+b}+b\int\frac{dx}{x\sqrt{ax+b}}$

18. $\int\frac{\sqrt{ax+b}}{x^2}dx=-\frac{\sqrt{(ax+b)^3}}{bx}+\frac{a}{2b}\int\frac{\sqrt{ax+b}}{x}dx$

（三）含有 $x^2\pm a^2$ 的积分

19. $\int\frac{dx}{x^2+a^2}=\frac{1}{a}\arctan\frac{x}{a}+C$

20. $\int\frac{\mathrm{d}x}{(x^2+a^2)^n}=\frac{x}{2(n-1)a^2(x^2+a^2)^{n-1}}+\frac{2n-3}{2(n-1)a^2}\int\frac{\mathrm{d}x}{(x^2+a^2)^{n-1}}$

21. $\int\frac{\mathrm{d}x}{x^2-a^2}=\frac{1}{2a}\ln\left|\frac{x-a}{x+a}\right|+C$

（四）含有 $ax^2+b(a>0)$ 的积分

22. $\int\frac{\mathrm{d}x}{ax^2+b}=\begin{cases}\frac{1}{\sqrt{ab}}\arctan\sqrt{\frac{a}{b}}x+C & (b>0)\\ \frac{1}{2\sqrt{-ab}}\ln\left|\frac{\sqrt{a}x-\sqrt{-b}}{\sqrt{a}x+\sqrt{-b}}\right|+C & (b<0)\end{cases}$

23. $\int\frac{x}{ax^2+b}\mathrm{d}x=\frac{1}{2a}\ln\left|ax^2+b\right|+C$

24. $\int\frac{x^2}{ax^2+b}\mathrm{d}x=\frac{x}{a}-\frac{b}{a}\int\frac{\mathrm{d}x}{ax^2+b}$

25. $\int\frac{\mathrm{d}x}{x(ax^2+b)}=\frac{1}{2b}\ln\frac{x^2}{\left|ax^2+b\right|}+C$

26. $\int\frac{\mathrm{d}x}{x^2(ax^2+b)}=-\frac{1}{bx}-\frac{a}{b}\int\frac{\mathrm{d}x}{ax^2+b}$

27. $\int\frac{\mathrm{d}x}{x^3(ax^2+b)}=\frac{a}{2b^2}\ln\frac{\left|ax^2+b\right|}{x^2}-\frac{1}{2bx^2}+C$

28. $\int\frac{\mathrm{d}x}{(ax^2+b)^2}=\frac{x}{2b(ax^2+b)}+\frac{1}{2b}\int\frac{\mathrm{d}x}{ax^2+b}$

（五）含有 $ax^2+bx+c(a>0)$ 的积分

29. $\int\frac{\mathrm{d}x}{ax^2+bx+c}$

$$=\begin{cases}\frac{2}{\sqrt{4ac-b^2}}\arctan\frac{2ax+b}{\sqrt{4ac-b^2}}+C & (b^2<4ac)\\ \frac{1}{\sqrt{b^2-4ac}}\ln\left|\frac{2ax+b-\sqrt{b^2-4ac}}{2ax+b+\sqrt{b^2-4ac}}\right|+C, & (b^2>4ac)\\ -\frac{2}{2ax+b}+C, & (b^2=4ac)\end{cases}$$

30. $\int\frac{x}{ax^2+bx+c}dx=\frac{1}{2a}\ln\left|ax^2+bx+c\right|-\frac{b}{2a}\int\frac{dx}{ax^2+bx+c}$

（六）含有 $\sqrt{x^2+a^2}\,(a>0)$ 的积分

31. $\int\frac{dx}{\sqrt{x^2+a^2}}=\ln(x+\sqrt{x^2+a^2})+C$

32. $\int\frac{dx}{\sqrt{(x^2+a^2)^3}}=\frac{x}{a^2\sqrt{x^2+a^2}}+C$

33. $\int\frac{x}{\sqrt{x^2+a^2}}dx=\sqrt{x^2+a^2}+C$

34. $\int\frac{x}{\sqrt{(x^2+a^2)^3}}dx=-\frac{1}{\sqrt{x^2+a^2}}+C$

35. $\int\frac{x^2}{\sqrt{x^2+a^2}}dx=\frac{x}{2}\sqrt{x^2+a^2}-\frac{a^2}{2}\ln(x+\sqrt{x^2+a^2})+C$

36. $\int\frac{x^2}{\sqrt{(x^2+a^2)^3}}dx=-\frac{x}{\sqrt{x^2+a^2}}+\ln(x+\sqrt{x^2+a^2})+C$

37. $\int\frac{dx}{x\sqrt{x^2+a^2}}=\frac{1}{a}\ln\frac{\sqrt{x^2+a^2}-a}{|x|}+C$

38. $\int\frac{dx}{x^2\sqrt{x^2+a^2}}=-\frac{\sqrt{x^2+a^2}}{a^2x}+C$

39. $\int\sqrt{x^2+a^2}\,dx=\frac{x}{2}\sqrt{x^2+a^2}+\frac{a^2}{2}\ln(x+\sqrt{x^2+a^2})+C$

40. $\int\sqrt{(x^2+a^2)^3}\,dx=\frac{x}{8}(2x^2+5a^2)\sqrt{x^2+a^2}+\frac{3}{8}a^4\ln(x+\sqrt{x^2+a^2})+C$

41. $\int x\sqrt{x^2+a^2}\,dx=\frac{1}{3}\sqrt{(x^2+a^2)^3}+C$

42. $\int x^2\sqrt{x^2+a^2}\,dx=\frac{x}{8}(2x^2+a^2)\sqrt{x^2+a^2}-\frac{a^4}{8}\ln(x+\sqrt{x^2+a^2})+C$

43. $\int\frac{\sqrt{x^2+a^2}}{x}dx=\sqrt{x^2+a^2}+a\ln\frac{\sqrt{x^2+a^2}-a}{|x|}+C$

44. $\int\frac{\sqrt{x^2+a^2}}{x^2}dx=-\frac{\sqrt{x^2+a^2}}{x}+\ln(x+\sqrt{x^2+a^2})+C$

（七）含有 $\sqrt{x^2-a^2}\,(a>0)$ 的积分

45. $\int\frac{dx}{\sqrt{x^2-a^2}}=\ln\left|x+\sqrt{x^2-a^2}\right|+C$

46. $\int\frac{dx}{\sqrt{(x^2-a^2)^3}}=-\frac{x}{a^2\sqrt{x^2-a^2}}+C$

47. $\int\frac{x}{\sqrt{x^2-a^2}}dx=\sqrt{x^2-a^2}+C$

48. $\int\frac{x}{\sqrt{(x^2-a^2)^3}}dx=-\frac{1}{\sqrt{x^2-a^2}}+C$

49. $\int\frac{x^2}{\sqrt{x^2-a^2}}dx=\frac{x}{2}\sqrt{x^2-a^2}+\frac{a^2}{2}\ln\left|x+\sqrt{x^2-a^2}\right|+C$

50. $\int\frac{x^2}{\sqrt{\left(x^2-a^2\right)^3}}dx=-\frac{x}{\sqrt{x^2-a^2}}+\ln\left|x+\sqrt{x^2-a^2}\right|+C$

51. $\int\frac{dx}{x\sqrt{x^2-a^2}}=\frac{1}{a}\arccos\frac{a}{|x|}+C$

52. $\int\frac{dx}{x^2\sqrt{x^2-a^2}}=\frac{\sqrt{x^2-a^2}}{a^2x}+C$

53. $\int\sqrt{x^2-a^2}\,dx=\frac{x}{2}\sqrt{x^2-a^2}-\frac{a^2}{2}\ln\left|x+\sqrt{x^2-a^2}\right|+C$

54. $\int\sqrt{(x^2-a^2)^3}\,dx=\frac{x}{8}(2x^2-5a^2)\sqrt{x^2-a^2}+\frac{3}{8}a^4\ln\left|x+\sqrt{x^2-a^2}\right|+C$

55. $\int x\sqrt{x^2-a^2}\,dx=\frac{1}{3}\sqrt{(x^2-a^2)^3}+C$

56. $\int x^2\sqrt{x^2-a^2}\,dx=\frac{x}{8}(2x^2-a^2)\sqrt{x^2-a^2}-\frac{a^4}{8}\ln\left|x-\sqrt{x^2-a^2}\right|+C$

57. $\int\frac{\sqrt{x^2-a^2}}{x}dx=\sqrt{x^2-a^2}-a\arccos\frac{a}{|x|}+C=\sqrt{x^2-a^2}-a\arctan\frac{\sqrt{x^2-a^2}}{a}+C$

58. $\int\frac{\sqrt{x^2-a^2}}{x^2}dx=-\frac{\sqrt{x^2-a^2}}{x}+\ln\left|x+\sqrt{x^2-a^2}\right|+C$

（八）含有 $\sqrt{a^2-x^2}\,(a>0)$ 的积分

59. $\int\frac{dx}{\sqrt{a^2-x^2}}=\arcsin\frac{x}{a}+C$

60. $\int\frac{dx}{\sqrt{(a^2-x^2)^3}}=\frac{x}{a^2\sqrt{a^2-x^2}}+C$

61. $\int\frac{x}{\sqrt{a^2-x^2}}dx=-\sqrt{a^2-x^2}+C$

62. $\int\frac{x}{\sqrt{(a^2-x^2)^3}}dx=\frac{1}{\sqrt{a^2-x^2}}+C$

63. $\int\frac{x^2}{\sqrt{a^2-x^2}}dx=-\frac{x}{2}\sqrt{a^2-x^2}+\frac{a^2}{2}\arcsin\frac{x}{a}+C$

64. $\int\frac{x^2}{\sqrt{(a^2-x^2)^3}}dx=\frac{x}{\sqrt{a^2-x^2}}-\arcsin\frac{x}{a}+C$

65. $\int\frac{dx}{x\sqrt{a^2-x^2}}=\frac{1}{a}\ln\frac{a-\sqrt{a^2-x^2}}{|x|}+C$

66. $\int\frac{dx}{x^2\sqrt{a^2-x^2}}=-\frac{\sqrt{a^2-x^2}}{a^2x}+C$

67. $\int\sqrt{a^2-x^2}dx=\frac{x}{2}\sqrt{a^2-x^2}+\frac{a^2}{2}\arcsin\frac{x}{a}+C$

68. $\int\sqrt{(a^2-x^2)^3}dx=\frac{x}{8}(5a^2-2x^2)\sqrt{a^2-x^2}+\frac{3}{8}a^4\arcsin\frac{x}{a}+C$

69. $\int x\sqrt{a^2-x^2}dx=-\frac{1}{3}\sqrt{(a^2-x^2)^3}+C$

70. $\int x^2\sqrt{a^2-x^2}dx=\frac{x}{8}(2x^2-a^2)\sqrt{a^2-x^2}+\frac{a^4}{8}\arcsin\frac{x}{a}+C$

71. $\int\frac{\sqrt{a^2-x^2}}{x}dx=\sqrt{a^2-x^2}+a\ln\frac{a-\sqrt{a^2-x^2}}{|x|}+C$

72. $\int\frac{\sqrt{a^2-x^2}}{x^2}dx=-\frac{\sqrt{a^2-x^2}}{x}-\arcsin\frac{x}{a}+C$

（九）含有 $\sqrt{\pm ax^2+bx+c}$ $(a>0)$ 的积分

73. $\int\frac{dx}{\sqrt{ax^2+bx+c}}=\frac{1}{\sqrt{a}}\ln\left|2ax+b+2\sqrt{a}\sqrt{ax^2+bx+c}\right|+C$

74. $\int\sqrt{ax^2+bx+c}\,dx=\frac{2ax+b}{4a}\sqrt{ax^2+bx+c}+\frac{4ac-b^2}{8\sqrt{a^3}}\ln\left|2ax+b+2\sqrt{a}\sqrt{ax^2+bx+c}\right|+C$

75. $\int\frac{x}{\sqrt{ax^2+bx+c}}\mathrm{d}x=\frac{1}{a}\sqrt{ax^2+bx+c}-\frac{b}{2\sqrt{a^3}}\ln\left|2ax+b+2\sqrt{a}\sqrt{ax^2+bx+c}\right|+C$

76. $\int\frac{\mathrm{d}x}{\sqrt{c+bx-ax^2}}=\frac{1}{\sqrt{a}}\arcsin\frac{2ax-b}{\sqrt{b^2+4ac}}+C$

77. $\int\sqrt{c+bx-ax^2}\mathrm{d}x=\frac{2ax-b}{4a}\sqrt{c+bx-ax^2}+\frac{b^2+4ac}{8\sqrt{a^3}}\arcsin\frac{2ax-b}{\sqrt{b^2+4ac}}+C$

78. $\int\frac{x}{\sqrt{c+bx-ax^2}}\mathrm{d}x=-\frac{1}{a}\sqrt{c+bx-ax^2}+\frac{b}{2\sqrt{a^3}}\arcsin\frac{2ax-b}{\sqrt{b^2+4ac}}+C$

（十）含有 $\sqrt{\pm\frac{x-a}{x-b}}$ 或 $\sqrt{(x-a)(b-x)}$ 的积分

79. $\int\sqrt{\frac{x-a}{x-b}}\mathrm{d}x=(x-b)\sqrt{\frac{x-a}{x-b}}+(b-a)\ln(\sqrt{|x-a|}+\sqrt{|x-b|})+C$

80. $\int\sqrt{\frac{x-a}{b-x}}\mathrm{d}x=(x-b)\sqrt{\frac{x-a}{b-x}}+(b-a)\arcsin\sqrt{\frac{x-a}{b-a}}+C$

81. $\int\frac{\mathrm{d}x}{\sqrt{(x-a)(b-x)}}=2\arcsin\sqrt{\frac{x-a}{b-a}}+C\quad(a<b)$

82. $\int\sqrt{(x-a)(b-x)}\mathrm{d}x=\frac{2x-a-b}{4}\sqrt{(x-a)(b-x)}+\frac{(b-a)^2}{4}\arcsin\sqrt{\frac{x-a}{b-a}}+C\quad(a<b)$

（十一）含有三角函数的积分

83. $\int\sin x\mathrm{d}x=-\cos x+C$

84. $\int\cos x\mathrm{d}x=\sin x+C$

85. $\int\tan x\mathrm{d}x=-\ln|\cos x|+C$

86. $\int\cot x\mathrm{d}x=\ln|\sin x|+C$

87. $\int\sec x\mathrm{d}x=\ln\left|\tan(\frac{\pi}{4}+\frac{x}{2})\right|+C=\ln|\sec x+\tan x|+C$

88. $\int\csc x\mathrm{d}x=\ln\left|\tan\frac{x}{2}\right|+C=\ln|\csc x-\cot x|+C$

89. $\int\sec^2 x\mathrm{d}x=\tan x+C$

90. $\int\csc^2 x\mathrm{d}x=-\cot x+C$

91. $\int \sec x \tan x \mathrm{d}x = \sec x + C$

92. $\int \csc x \cot x \mathrm{d}x = -\csc x + C$

93. $\int \sin^2 x \mathrm{d}x = \frac{x}{2} - \frac{1}{4}\sin 2x + C$

94. $\int \cos^2 x \mathrm{d}x = \frac{x}{2} + \frac{1}{4}\sin 2x + C$

95. $\int \sin^n x \mathrm{d}x = -\frac{1}{n}\sin^{n-1} x \cos x + \frac{n-1}{n}\int \sin^{n-2} x \mathrm{d}x$

96. $\int \cos^n x \mathrm{d}x = \frac{1}{n}\cos^{n-1} x \sin x + \frac{n-1}{n}\int \cos^{n-2} x \mathrm{d}x$

97. $\int \frac{\mathrm{d}x}{\sin^n x} = -\frac{1}{n-1}\frac{\cos x}{\sin^{n-1} x} + \frac{n-2}{n-1}\int \frac{\mathrm{d}x}{\sin^{n-2} x}$

98. $\int \frac{\mathrm{d}x}{\cos^n x} = \frac{1}{n-1}\frac{\sin x}{\cos^{n-1} x} + \frac{n-2}{n-1}\int \frac{\mathrm{d}x}{\cos^{n-2} x}$

99. $\int \cos^m x \sin^n x \mathrm{d}x$

$$= \frac{1}{m+n}\cos^{m-1} x \sin^{n+1} x + \frac{m-1}{m+n}\int \cos^{m-2} x \sin^n x \mathrm{d}x$$

$$= -\frac{1}{m+n}\cos^{m+1} x \sin^{n-1} x + \frac{n-1}{m+n}\int \cos^m x \sin^{n-2} x \mathrm{d}x$$

100. $\int \sin ax \cos bx \mathrm{d}x = -\frac{1}{2(a+b)}\cos(a+b)x - \frac{1}{2(a-b)}\cos(a-b)x + C$

101. $\int \sin ax \sin bx \mathrm{d}x = -\frac{1}{2(a+b)}\sin(a+b)x + \frac{1}{2(a-b)}\sin(a-b)x + C$

102. $\int \cos ax \cos bx \mathrm{d}x = \frac{1}{2(a+b)}\sin(a+b)x + \frac{1}{2(a-b)}\sin(a-b)x + C$

103. $\int \frac{\mathrm{d}x}{a+b\sin x} = \frac{2}{\sqrt{a^2-b^2}}\arctan\frac{a\tan\frac{x}{2}+b}{\sqrt{a^2-b^2}} + C \quad (a^2>b^2)$

104. $\int \frac{\mathrm{d}x}{a+b\sin x} = \frac{1}{\sqrt{b^2-a^2}}\ln\left|\frac{a\tan\frac{x}{2}+b-\sqrt{b^2-a^2}}{a\tan\frac{x}{2}+b+\sqrt{b^2-a^2}}\right| + C \quad (a^2<b^2)$

105. $\int \frac{\mathrm{d}x}{a+b\cos x} = \frac{2}{a+b}\sqrt{\frac{a+b}{a-b}}\arctan\left[\sqrt{\frac{a-b}{a+b}}\tan\frac{x}{2}\right] + C \quad (a^2>b^2)$

106. $\int\frac{dx}{a+b\cos x}=\frac{1}{a+b}\sqrt{\frac{a+b}{b-a}}\ln\left|\frac{\tan\frac{x}{2}+\sqrt{\frac{a+b}{b-a}}}{\tan\frac{x}{2}-\sqrt{\frac{a+b}{b-a}}}\right|+C\quad(a^2<b^2)$

107. $\int\frac{dx}{a^2\cos^2x+b^2\sin^2x}=\frac{1}{ab}\arctan(\frac{b}{a}\tan x)+C$

108. $\int\frac{dx}{a^2\cos^2x-b^2\sin^2x}=\frac{1}{2ab}\ln\left|\frac{b\tan x+a}{b\tan x-a}\right|+C$

109. $\int x\sin ax dx=\frac{1}{a^2}\sin ax-\frac{1}{a}x\cos ax+C$

110. $\int x^2\sin ax dx=-\frac{1}{a}x^2\cos ax+\frac{2}{a^2}x\sin ax+\frac{2}{a^3}\cos ax+C$

111. $\int x\cos ax dx=\frac{1}{a^2}\cos ax+\frac{1}{a}x\sin ax+C$

112. $\int x^2\cos ax dx=\frac{1}{a}x^2\sin ax+\frac{2}{a^2}x\cos ax-\frac{2}{a^3}\sin ax+C$

（十二）含有反三角函数的积分（其中 $a>0$）

113. $\int\arcsin\frac{x}{a}dx=x\arcsin\frac{x}{a}+\sqrt{a^2-x^2}+C$

114. $\int x\arcsin\frac{x}{a}dx=(\frac{x^2}{2}-\frac{a^2}{4})\arcsin\frac{x}{a}+\frac{x}{4}\sqrt{a^2-x^2}+C$

115. $\int x^2\arcsin\frac{x}{a}dx=\frac{x^3}{3}\arcsin\frac{x}{a}+\frac{1}{9}(x^2+2a^2)\sqrt{a^2-x^2}+C$

116. $\int\arccos\frac{x}{a}dx=x\arccos\frac{x}{a}-\sqrt{a^2-x^2}+C$

117. $\int x\arccos\frac{x}{a}dx=(\frac{x^2}{2}-\frac{a^2}{4})\arccos\frac{x}{a}-\frac{x}{4}\sqrt{a^2-x^2}+C$

118. $\int x^2\arccos\frac{x}{a}dx=\frac{x^3}{3}\arccos\frac{x}{a}-\frac{1}{9}(x^2+2a^2)\sqrt{a^2-x^2}+C$

119. $\int\arctan\frac{x}{a}dx=x\arctan\frac{x}{a}-\frac{a}{2}\ln(a^2+x^2)+C$

120. $\int x\arctan\frac{x}{a}dx=\frac{1}{2}(a^2+x^2)\arctan\frac{x}{a}-\frac{a}{2}x+C$

121. $\int x^2\arctan\frac{x}{a}dx=\frac{x^3}{3}\arctan\frac{x}{a}-\frac{a}{6}x^2+\frac{a^3}{6}\ln(a^2+x^2)+C$

（十三）含有指数函数的积分

122. $\int a^x \mathrm{d}x = \frac{1}{\ln a} a^x + C$

123. $\int \mathrm{e}^{ax} \mathrm{d}x = \frac{1}{a} \mathrm{e}^{ax} + C$

124. $\int x\mathrm{e}^{ax} \mathrm{d}x = \frac{1}{a^2}(ax-1)\mathrm{e}^{ax} + C$

125. $\int x^n \mathrm{e}^{ax} \mathrm{d}x = \frac{1}{a} x^n \mathrm{e}^{ax} - \frac{n}{a} \int x^{n-1} \mathrm{e}^{ax} \mathrm{d}x$

126. $\int x a^x \mathrm{d}x = \frac{x}{\ln a} a^x - \frac{1}{(\ln a)^2} a^x + C$

127. $\int x^n a^x \mathrm{d}x = \frac{1}{\ln a} x^n a^x - \frac{n}{\ln a} \int x^{n-1} a^x \mathrm{d}x$

128. $\int \mathrm{e}^{ax} \sin bx \mathrm{d}x = \frac{1}{a^2+b^2} \mathrm{e}^{ax}(a\sin bx - b\cos bx) + C$

129. $\int \mathrm{e}^{ax} \cos bx \mathrm{d}x = \frac{1}{a^2+b^2} \mathrm{e}^{ax}(b\sin bx + a\cos bx) + C$

130. $\int \mathrm{e}^{ax} \sin^n bx \mathrm{d}x = \frac{1}{a^2+b^2n^2} \mathrm{e}^{ax} \sin^{n-1} bx(a\sin bx - nb\cos bx) + \frac{n(n-1)b^2}{a^2+b^2n^2} \int \mathrm{e}^{ax} \sin^{n-2} bx \mathrm{d}x$

131. $\int \mathrm{e}^{ax} \cos^n bx \mathrm{d}x = \frac{1}{a^2+b^2n^2} \mathrm{e}^{ax} \cos^{n-1} bx(a\cos bx + nb\sin bx) + \frac{n(n-1)b^2}{a^2+b^2n^2} \int \mathrm{e}^{ax} \cos^{n-2} bx \mathrm{d}x$

（十四）含有对数函数的积分

132. $\int \ln x \mathrm{d}x = x\ln x - x + C$

133. $\int \frac{\mathrm{d}x}{x\ln x} = \ln|\ln x| + C$

134. $\int x^n \ln x \mathrm{d}x = \frac{1}{n+1} x^{n+1}(\ln x - \frac{1}{n+1}) + C$

135. $\int (\ln x)^n \mathrm{d}x = x(\ln x)^n - n\int (\ln x)^{n-1} \mathrm{d}x$

136. $\int x^m (\ln x)^n \mathrm{d}x = \frac{1}{m+1} x^{m+1} (\ln x)^n - \frac{n}{m+1} \int x^m (\ln x)^{n-1} \mathrm{d}x$

（十五）定积分

137. $\int_{-\pi}^{\pi} \cos nx \mathrm{d}x = \int_{-\pi}^{\pi} \sin nx \mathrm{d}x = 0$

138. $\int_{-\pi}^{\pi}\cos mx\sin nx\mathrm{d}x=0$

139. $\int_{-\pi}^{\pi}\cos mx\cos nx\mathrm{d}x=\begin{cases}0, & m\neq n\\ \pi, & m=n\end{cases}$

140. $\int_{-\pi}^{\pi}\sin mx\sin nx\mathrm{d}x=\begin{cases}0, & m\neq n\\ \pi, & m=n\end{cases}$

141. $\int_{0}^{\pi}\sin mx\sin nx\mathrm{d}x=\int_{0}^{\pi}\cos mx\cos nx\mathrm{d}x=\begin{cases}0, & m\neq n\\ \pi/2, & m=n\end{cases}$

142. $I_n=\int_0^{\frac{\pi}{2}}\sin^n x\mathrm{d}x=\int_0^{\frac{\pi}{2}}\cos^n x\mathrm{d}x$

$$I_n=\frac{n-1}{n}I_{n-2}$$

$$\begin{cases}I_n=\dfrac{n-1}{n}\dfrac{n-3}{n-2}\cdots\dfrac{4}{5}\dfrac{2}{3}\ (n\text{ 为大于 1 的正奇数}),\ I_1=1\\ I_n=\dfrac{n-1}{n}\dfrac{n-3}{n-2}\cdots\dfrac{3}{4}\dfrac{1}{2}\dfrac{\pi}{2}\ (n\text{ 为正偶数}),\ I_0=\dfrac{\pi}{2}\end{cases}$$

习 题 答 案

第一篇　一元微积分

习 题 1-1

1.（1）不相同；（2）不相同；（3）相同.

2.（1）$[-\frac{1}{2},+\infty)$；

（2）$[-1,1]$；

（3）$(-\infty,-3]\cup[3,+\infty)$；

（4）$(-\infty,0)\cup(0,2)\cup(2,+\infty)$；

（5）$(-\infty,+\infty)$；

（6）$(-\frac{1}{3},+\infty)$；

（7）$[-1,3]$；

（8）$[-2,-1)\cup(-1,1)\cup(1,+\infty)$；

3.（1）0；（2）1；（3）$\sin 1$；（4）$\frac{2}{\pi}$.

4.（1）偶　（2）奇；（3）非奇非偶；（4）偶.

5. 有界.

6. 单调减少.

7.（1）4π；（2）2π；（3）π；（4）2π；（5）非周期函数.

8.（1）$y=\frac{x-1}{2}$；（2）$y=\sqrt[3]{x-2}$.

9.（1）$y=u^{10},u=3x+2$；（2）$y=\sqrt{u},u=1-x^2$；（3）$y=10^u,u=-x$；

（4）$y=2^u,u=x^2$；（5）$y=\log_2 u,u=x^2+1$；（6）$y=\sin u,u=5x$；

（7）$y=\sin u,u=x^5$；（8）$y=u^5,u=\sin x$；（9）$y=\arcsin u,u=\frac{x}{2}$；

（10）$y=\lg u,u=\lg v,v=\lg x$.

10.（1）$[-1,1]$；（2）$[2n\pi,(2n+1)\pi]$，（$n=0,\pm1\cdots$）；

（3）$[-a,\ 1-a]$；（4）若$0<a\leqslant\frac{1}{2}$，即$[a,\ 1-a]$；若$a>\frac{1}{2}$，则函数无定义.

11. $f[g(x)]=\begin{cases}1, & x<0\\ 0, & x=0\\ -1, & x>0\end{cases}$　$g[f(x)]=\begin{cases}e, & |x|<1\\ 1, & |x|=1\\ e^{-1}, & |x|>1\end{cases}$

12．$f[f(x)]=f(x)$；　　$g[g(x)]=0$；　　$f[g(x)]=0$；　　$g[f(x)]=g(x)$.

习 题 1-2

1．（1）极限为 0；　（2）极限为 0；　（3）极限为 1；
（4）没有极限；　（5）没有极限；　（6）没有极限.

2．（1）$\frac{1}{2}$，$\frac{1}{11},\frac{1}{101},\frac{1}{1001}$；　（2）$N=10^4$；　（3）$N=[\frac{1}{\varepsilon}]$.

习 题 1-3

4．$\lim\limits_{x\to0^+}f(x)=1,\lim\limits_{x\to0^-}f(x)=1,\lim\limits_{x\to0}f(x)=1$；　$\lim\limits_{x\to0^-}\varphi(x)=-1,\lim\limits_{x\to0^+}\varphi(x)=1,\lim\limits_{x\to0}\varphi(x)$ 不存在.

5．（1）非；　（2）非（如$\left[\frac{(-1)^n}{n}\right]$）.

8　$x\cos x$ 在 $(-\infty,+\infty)$ 上无界，当 $x\to+\infty$ 时 $x\cos x$ 不是无穷大.

习 题 1-4

1．（1）4；　（2）0；　（3）$2x$；　（4）2；　（5）0；
（6）∞；　（7）$\frac{1}{2}$；　（8）2；　（9）$\frac{1}{2}$；　（10）0.

2．$f(0-0)=1$，$f(0+0)=0$,故 $\lim\limits_{x\to0}f(x)$ 不存在；　$f(1-0)=1$，$f(1+0)=1$,故 $\lim\limits_{x\to1}f(x)=1$.

3．（1）不存在；　（2）2；　（3）4；

4．（1）∞；　（2）0；　（3）2；
（4）$\frac{1}{5}$；　（5）n；　（6）-1

习 题 1-5

1．（1）3；　（2）$\frac{5}{7}$；　（3）0；　（4）2；　（5）x.

2．（1）1；　（2）e^5；　（3）e^{-5}；
（4）e^{-1}；　（5）e^{-4}；　（6）e^8

3．$\frac{1}{2}$.

5．（1）是 x 的同阶无穷小；（2）是 x 的高阶无穷小；（3）是 x 的高阶无穷小；（4）是 x 的等阶无穷小.

6．$x\to0$ 时，x^2-x^3 是比 $2x-x^2$ 高阶的无穷小.

7．（1）同阶，不等价；　（2）等价无穷小

8．同阶，不等价.

9．（1）$\frac{5}{2}$；　（2）2；　（3）$0(m<n$ 时），$1(m=n$ 时），∞（$m>n$ 时）.

习 题 1-6

1．（1）连续；　（2）不连续，$x=0$ 为第一类（可去）间断点；　（3）不连续，$x=0$ 为第二类（振荡）间断点.

2．（1）$x=1$ 为可去间断点，补充定义 $f(1)=-2$ 后函数在 $x=1$ 处连续；$x=2$ 为第二类（无穷）间断点.

（2）$x=0$ 为可去间断点，补充定义 $f(0)=1$ 后函数在 $x=0$ 处连续；$x=-\pi$ 为第二类（无穷）间断点.

（3）$x=1$ 为第一类（跳跃）间断点.

习 题 1-7

1．（1）连续区间：$(-\infty,-3)\cup(-3,2)\cup(2,+\infty)$；$\lim\limits_{x\to 0}f(x)=\frac{1}{2},\lim\limits_{x\to 2}f(x)=\infty$.

（2）连续区间：$(-\infty,2),\lim\limits_{x\to -8}f(x)=1$.（3）连续区间：$[4,6],\lim\limits_{x\to 5}f(x)=2$.

2．（1）$f(1-0)=0,f(1+0)=1$,所以 $x\to 1$ 时，$f(x)$的极限不存在；

（2）不连续；　（3）连续区间：$(0,1),\ (1,3]$；　（4）$\lim\limits_{x\to 2}f(x)=0,\lim\limits_{x\to\frac{1}{2}}f(x)=-\frac{1}{2}$.

3．$x=1$ 时不连续，$x=\frac{1}{2}$，2 时连续，定义域为 $[0,+\infty)$ 连续区间为 $[0,+1)\cup(1,+\infty)$.

4．（1）0；　（2）1；　（3）e^3；　（4）e^{-1}；

（5）$-\frac{\pi}{2}$；　（6）$(\frac{2}{3})^{\frac{1}{2}}$；　（7）e；　（8）2.

5．$a=1$.

6．连续.

习 题 2-1

1．-20.

2．a.

3．（1）$1.6x^{0.6}$；　（2）$\frac{2}{3}x^{-\frac{1}{3}}$；　（3）$\frac{16}{5}x^{\frac{11}{5}}$；

（4）$-\frac{1}{2}x^{-\frac{3}{2}}$；　（5）$-\frac{2}{x^3}$；　（6）$\frac{1}{6}x^{-\frac{5}{6}}$

4．（1）$-f'(x_0)$；　（2）$f'(0)$；　（3）$2f'(x_0)$.

5．（1）0；　（2）$\frac{1}{3\ln a}$；　（3）$\frac{1}{2}$.

6．12.

7.（1）切线方程：$y=\frac{1}{e}x$，　　法线方程：$y=-ex+e^2+1$．

（2）切线方程：$y=-\frac{\sqrt{2}}{2}x+\frac{\sqrt{2}}{8}\pi+\frac{\sqrt{2}}{2}$，　　法线方程：$y=\sqrt{2}x+\frac{\sqrt{2}}{4}\pi+\frac{\sqrt{2}}{2}$．

习 题 2-2

1.（1）$10x^9-10^x\ln 10$；　　（2）$(1+x)e^x$；

（3）$\frac{1}{x\ln 3}-\frac{1}{x\ln 5}$；　　（4）$10^x(\ln 10\lg x+\frac{1}{x\ln 10})$；

（5）$-\frac{1}{x\ln^2 x}$；　　（6）$\sec^2 x-\csc^2 x$；

（7）$\frac{x\cos x-\sin x}{x^2}$；　　（8）$\tan x\ln x+x\sec^2 x\ln x+\tan x$；

（9）$\arcsin x+\frac{x}{\sqrt{1-x^2}}$；　　（10）$-\frac{x+(1+x^2)\operatorname{arccot}x}{x^2(1+x^2)}$．

2.（1）$-2(2lx+1)$；　　（2）$\frac{7}{8}x^{-\frac{1}{8}}$；

（3）$ex^{e-1}-e^x$；　　（4）$\frac{1}{x}(1-\frac{2}{\ln 10}+\frac{3}{\ln 2})$；

（5）$-\frac{1+2x}{(1+x+x^2)^2}$；　　（6）$\frac{3(x^2-6x+1)}{(x^2-1)^2}$；

（7）$\frac{1+\sin t+\cos t}{(1+\cos t)^2}$；　　（8）$\frac{-2\csc x[(1+x^2)\cot x+2x]}{(1+x^2)^2}$；

（9）$\frac{-\csc^2 x+\cot x}{e^x}$；　　（10）$\frac{x(9x-4)\ln x+x^4-3x^2+2x}{(3\ln x+x^2)^2}$．

3.（1）$y'\Big|_{x=\frac{\pi}{6}}=\frac{\sqrt{3}+1}{2}, y'\Big|_{x=\frac{\pi}{4}}=\sqrt{2}$；　　（2）$f'(4)=-\frac{1}{18}$；　　（3）$f'(0)=\frac{3}{25}, f'(2)=\frac{17}{15}$．

4．切线方程为 $2x-y=0$，法线方程为 $x+2y=0$.

习 题 2-3

1.（1）$\frac{1}{\sqrt{(1+x^2)^3}}$；　　（2）$\arctan x$；

（3）$\csc x$；　　（4）$\frac{1}{2}\cos\sqrt{x}$；

（5）$-2x\sin 2(x^2+1)$；　　（6）$2\sqrt{1-x^2}$；

（7）$\dfrac{1}{1+e^x}$；（8）$8x$；

（9）$\dfrac{(3-2x)^{e2x}}{(1-x)^2}$；（10）$\dfrac{1}{\sqrt{x^2+a^2}}$．

2．（1）在 $x=1$ 处连续，不可导；（2）在 $x=0$ 处连续，不可导；（3）在 $x=0$ 处连续，可导．

3．（1）$y'=f'[f(\sin x)]f'(\sin x)\cos x$；（2）$y'=[f'(\sin^2 x)-f'(\cos^2 x)]\sin 2x$；

（3）$y'=n[f(x)]^{n-1}f'(x)$；（4）$y'=nf'(x^n)x^{n-1}$；

（5）$y'=e^x f'(e^x)e^{f(x)}+f(e^x)e^{f(x)}f'(x)$；（6）$y'=\dfrac{f'(x)}{f(x)}$．

习 题 2-4

1．$y''=-2-12x^2, y'''=-24x$．　2．$y'''\big|_{x=2}=207360$．

3．（1）$2e^{x^2}(3x+2x^3)$；（2）$\dfrac{6x(2x^3-1)}{(1+x^3)^3}$；（3）$\dfrac{a+3\sqrt{x}}{4x\sqrt{x}(a+\sqrt{x})^3}$；

（4）$2\arctan x+\dfrac{2x}{1+x^2}$；（5）$-2\cos 2x\ln x-\dfrac{2}{x}\sin 2x-\dfrac{1}{x^2}\cos^2 x$；（6）$e^x(\dfrac{x^2-2x+2}{x^3})$；

（7）$-4\cos4x$；（8）$-(\sin2x+4\sin4x-9\sin6x)$．

7．（1）$(n+x)e^x$；（2）$(-1)^n\dfrac{(n-2)!}{x^{n-1}}(n\geqslant 2)$；

（3）$2^{(n-1)}\sin(2x+\dfrac{(n-1)}{2}\pi)$；（4）$(n+1)!\dfrac{1}{(1-x)^{n+2}}$．

习 题 2-5

1．（1）$y'=2x^{2x}(\ln x+1)$；（2）$y'=(\dfrac{x}{1+x})^x(\ln\dfrac{x}{1+x}+\dfrac{1}{1+x})$；

（3）$y'=\dfrac{y(x\ln y-y)}{x(y\ln x-x)}$；（4）$y'=\dfrac{1}{3}\sqrt[3]{\dfrac{x(x^2+1)}{(x^2-1)^2}}(\dfrac{1}{x}+\dfrac{2x}{x^2+1}-\dfrac{4x}{x^2-1})$；

（5）$y'=\dfrac{\sqrt{x+2}(3-x)^4}{(x+1)^5}\left[\dfrac{1}{2(x+2)}-\dfrac{4}{3-x}-\dfrac{5}{x+1}\right]$；

（6）$y'=\dfrac{1}{2}\sqrt{x\sin x\sqrt{1-e^x}}\left[\dfrac{1}{x}+\cot x-\dfrac{e^x}{2(1-e^x)}\right]$．

2．（1）切线方程：$y=-\dfrac{x}{2}+1$，（2）切线方程：$y=-2x+\dfrac{3}{2}$，

法线方程：$y=2x+1$；　法线方程：$y=\dfrac{x}{2}+\dfrac{1}{4}$．

4．$L_1: x+y-2=0$；　$L_2: y+2=0$．

5.（1）$-\frac{1}{y^3}$；（2）$-2\csc^2(x+y)\cot^3(x+y)$

（3）$\frac{e^{2y}(3-y)}{(2-y)^3}$；（4）$-\frac{b^4}{a^2y^3}$；

（5）$\frac{d^2y}{dx^2}\Big|_{x=1}=e$；（6）$\frac{d^2y}{dx^2}\Big|_{x=0}=-\frac{2}{3a}$.

6.（1）$\frac{dy}{dx}=-\tan\varphi$，$\frac{d^2y}{dx^2}=\frac{1}{3a\cos^4\varphi\sin\varphi}$；

（2）$\frac{dy}{dx}=-\frac{1}{2t}+\frac{3}{2}t$，$\frac{d^2y}{dx^2}=\frac{-1}{4t^3}-\frac{3}{4t}$

习 题 2-6

1．当$\Delta x=1$时，$\Delta y=18$，$dy=11$；当$\Delta x=0.1$时$\Delta y=1.161, dy=1.1$；
当$\Delta x=0.01$时，$\Delta y=0.110601$，$dy=0.11$.

2.（1）$y'\big|_{x=1}=-1, dy\big|_{x=1}=-dx$；（2）$y'\big|_{x=1}=1, dy\big|_{x=1}=dx$；

（3）$y'\big|_{x=0}=0, dy\big|_{x=0}=0$；（4）$y'\Big|_{x=\frac{\pi}{4}}=0, dy\Big|_{x=\frac{\pi}{4}}=0$.

3.（1）$dy=\frac{du}{v^2}-\frac{2u dv}{v^3}$；（2）$dy=-(u du+v dv)$；

（3）$dy=\frac{v du-u dv}{u^2+v^2}$；（4）$dy=\cot(u+v)(du+dv)$.

4.（1）$-2nx(1-x^2)^{n-1}dx$；（2）$\frac{x+\sqrt{x^2+1}}{2\sqrt{x^2+1}\sqrt{x+\sqrt{x^2+1}}}dx$；

（3）$\frac{2nx^{2n-1}}{(1+x^2)^{n+1}}dx$；（4）$\frac{1}{4\sqrt{\arcsin\sqrt{x}}\sqrt{1-x}\sqrt{x}}dx$；

（5）$\frac{2\ln(x+\sqrt{1+x^2})}{\sqrt{1+x^2}}dx$；（6）$(e^x+e^{e^x}e^x+2e^{e^{2x}}e^{2x})dx$.

5.（1）$2x+C$;（2）$\frac{3}{2}x^2+C$；（3）$\sin t+C$;

（4）$-\frac{1}{\omega}\cos\omega t+C$；（5）$\ln(1+x)+C$;（6）$-\frac{1}{2}e^{-2x}+C$；

（7）$2\sqrt{x}+C$；（8）$\frac{1}{3}\tan 3x+C$.

7．$dy=\frac{1-\sin 2x}{\sqrt{x-\sin^2 x}}dx$.

习 题 2-7

4．提示：（1）令 $f(x)=x^n$，　区间 $[b,a]$；　（2）令 $f(x)=\ln x$，　区间 $[b,a]$；
（3）令 $f(x)=\sin x$，　区间 $[b,a]$；　（4）令 $f(x)=e^x-xe$，区间 $[1,x]$；

习 题 3-1

1．$y=\ln|x|+1$

2．$s(t)=10-5\cos t$．

4．（1）$\frac{3}{10}x^{\frac{10}{3}}+c$；　（2）$\sqrt{\frac{2h}{g}}+c$；　（3）$\frac{2}{5}x^{\frac{5}{2}}-4x^{\frac{3}{2}}+18x^{\frac{1}{2}}+c$；

（4）$\frac{m}{m+n}x^{\frac{m+n}{m}}+c$；　（5）$2^x/\ln 2+e^x+c$；　（6）$\frac{a^2b^{2y}}{2\ln b}+\frac{2(ab)^{y+1}}{\ln a+\ln b}+\frac{b^2a^{2y}}{2\ln a}+c$；

（7）$\frac{e^x}{10^x}\frac{1}{(1-\ln 10)}+c$；　（8）$\frac{2^t}{5^t(\ln 2-\ln 5)}-\frac{3^t}{5^t(\ln 3-\ln 5)}+c$；

（9）$e^x-2\sqrt{x}+2\arcsin x+c$；　（10）$\frac{1}{2}x^2-\frac{2}{3}x\sqrt{x}+x+c$；

（11）$\frac{1}{3}x^3-x+\arctan x+c$；　（12）$\ln|x|+\arctan x+c$；　（13）$\frac{1}{2}x-\frac{1}{2}\sin x+c$；

（14）$\tan x-\sec x+c$；　（15）$\sin x-\cos x+c$；　（16）$-\cot x-\tan x+c$．

习 题 3-2

1．（1）$-\frac{1}{2}$；　（2）$\frac{1}{2}$；　（3）2；　（4）-2；　（5）-1；

（6）$-\frac{1}{3}$；　（7）$-\frac{1}{3}$；　（8）$\frac{1}{2}$；　（9）-1；　（10）-1．

2．（1）$\frac{1}{a}F(ax+b)+c$；　（2）$\frac{1}{2a}F(ax^2+b)+c$；

（3）$\frac{2}{a}F(a\sqrt{x})+c$；　（4）$-F(\frac{1}{x})+c$；

（5）$F(\ln|x|)+c$；　（6）$-F(\cos x)+c$；

（7）$F(\tan x)+c$；　（8）$F(\sin x)+c$；

（9）$F(\arcsin x)+c$；　（10）$F(\arctan x)+c$．

3．（1）$-\frac{1}{63}(1-3x)^{21}+c$；　（2）$\frac{1}{3}e^{3x}+c$；

（3）$\frac{1}{2}x+\frac{1}{8}\sin 4x+c$；　（4）$\arcsin(\ln x)+c$；

（5）$-2\cos\sqrt{x}+c$；　（6）$\frac{1}{2}\ln(1+x^2)+c$；

（7）$\arctan e^x+c$；　（8）$-\frac{1}{4x+6}+c$；

（9） $\arctan(x+1)+c$ ；

（10） $\frac{1}{\sqrt{3}}\arcsin\frac{\sqrt{3}}{\sqrt{2}}x+c$ ；

（11） $-\frac{1}{2}\cot(2x+\frac{\pi}{4})+c$ ；

（12） $\ln(|\ln\sin x|)+c$ ；

（13） $-\frac{1}{10}\cos5x+\frac{1}{2}\cos x+c$ ；

（14） $-\frac{1}{24}\sin12x+\frac{1}{4}\sin2x+c$ ；

（15） $\frac{1}{3}\sin\frac{3}{2}x+\sin\frac{x}{2}+c$ ；

（16） $\frac{1}{3}\tan^3x+\tan x+c$ ；

（17） $\frac{1}{3}\sin^3x-\frac{1}{5}\sin^5x+c$ ；

（18） $\frac{1}{16}(x-\frac{1}{4}\sin2x-\frac{1}{4}\sin4x+\frac{1}{12}\sin6x)+c$ ；

（19） $\frac{1}{2\cos^2x}+c$ ；

（20） $2\sqrt{\sin x-\cos x}+c$ ；

（21） $\frac{3}{4}\ln(1+x^2)-\frac{1}{4}\ln(|1-x^2|)+c$ ；

（22） $\frac{1}{8}\ln(\left|\frac{x^2+1}{x^2+1}\right|)-\frac{1}{4}\mathrm{arctn}x^2+c$ ；

（23） $\frac{1}{\sqrt{2}}\arctan\frac{x^2-1}{\sqrt{2}x}+c$ ；

（24） $2x-\frac{5}{\ln2-\ln3}\frac{2^x}{3^x}+c$ ；

（25） $\frac{2}{3}(\ln x+1)^{\frac{3}{2}}-2(\ln x+1)^{\frac{1}{2}}+c$ ；

（26） $\sqrt{1+\sqrt[3]{x^2}}\left[\frac{3}{5}(\sqrt[3]{x^2}+1)^2-2(\sqrt[3]{x^2}+1)+3\right]+c$ ；

（27） $\frac{1}{2}\arctan x-\frac{x}{2(1+x^2)}+c$ ；

（28） $-\arcsin\frac{1}{x}+c$ ；

（29） $2\sqrt{x}-4\sqrt[4]{x}+4\ln(\sqrt[4]{x}+1)+c$ ；

（30） $\arcsin x+\sqrt{1-x^2}+c$ ；

（31） $\frac{2}{\sqrt{3}}\arctan\frac{2\tan\frac{x}{2}-1}{\sqrt{3}}+c$ ；

（32） $\ln(\left|\tan\frac{x}{2}+1\right|)+c$.

4． $f(x)=-\frac{(x-2)^3}{3}-\frac{1}{x-2}+c$.

习 题 3-3

1．（1） $-x\cos x+\sin x+c$ ；

（2） $-(x+1)e^{-x}+c$ ；

（3） $\frac{1}{4}e^{2x}(2x^2-6x+13)+c$ ；

（4） $\frac{1}{4}(x^4-1)\arctan x-\frac{1}{12}x^3+\frac{1}{4}x+c$ ；

（5） $x(\ln x-1)+c$ ；

（6） $\frac{1}{2}\sec x\tan x+\frac{1}{2}\ln(|\sec x+\tan x|)+c$ ；

（7） $\frac{1}{5}e^x(\sin2x-2\cos2x)+c$ ；

（8） $x(\arcsin x)^2+2\sqrt{1-x^2}\arcsin x-2x+c$ ；

（9） $\frac{x}{2}[\cos(\ln x)+\sin(\ln x)]+c$ ；

（10） $3e^{\sqrt[3]{x}}(\sqrt[3]{x^2}-2\sqrt[3]{x}+2)+c$ ；

（11） $\sqrt{1+x^2}\arctan x-\ln(x+\sqrt{1+x^2})+c$ ；

（12） $-e^{-x}\arctan e^x+x-\frac{1}{2}\ln(1+e^{2x})+c$.

2．$\cos x-\dfrac{2\sin x}{x}+c$

习 题 4-1

1．（1）$\sum_{i=1}^{n}\rho(x_i)\Delta x_i$；（2）$\int_0^l \rho(x)\mathrm{d}x$

2．正确．

3．（1）＋；（2）＋．

习 题 4-2

1．（1）$\int_0^1 2^x\mathrm{d}x\leqslant\int_0^1 \mathrm{e}^x\mathrm{d}x$；（2）$\int_0^1 x^2\mathrm{d}x>\int_0^1 x^3\mathrm{d}x$；

（3）$\int_1^2 \ln x\mathrm{d}x>\int_1^2(\ln x)^2\mathrm{d}x$；（4）$\int_0^{\frac{\pi}{2}}\sin^6 x\mathrm{d}x\leqslant\int_0^{\frac{\pi}{2}}\sin^4 x\mathrm{d}x$．

2．（1）$\dfrac{2}{5}\leqslant\int_1^2\dfrac{x}{x^2+1}\mathrm{d}x\leqslant\dfrac{1}{2}$；（2）$\pi\leqslant\int_{\frac{\pi}{4}}^{\frac{5}{4}\pi}(1+\sin^2 x)\mathrm{d}x\leqslant 2\pi$；

（3）$\mathrm{e}^{-\frac{1}{2}}\leqslant\int_0^1\mathrm{e}^{-\frac{x^2}{2}}\mathrm{d}x\leqslant 1$；（4）$6\leqslant\int_1^4(x^2+1)\mathrm{d}x\leqslant 51$．

习 题 4-3

1．$y'(0)=0$；$y'\left(\dfrac{\pi}{4}\right)=\dfrac{\sqrt{2}}{2}$．

2．（1）$45\dfrac{1}{6}$；（2）$\dfrac{1}{9}-\ln 2$；

（3）$\dfrac{\pi}{3a}$；（4）$1-\dfrac{\pi}{4}$；

（5）$\dfrac{6}{\ln 3}$；（6）$\dfrac{37}{6}$．

3．（1）$\int_0^x f(t)\mathrm{d}t+xf(x)$；（2）$2xf(x^2)\cos\int_0^{x^2}f(t)\mathrm{d}t$

4．$x=1$ 时有极小值

习 题 4-4

1．（1）$-1-2\ln 2$；（2）$\dfrac{\pi}{4}$；

（3）$1-\mathrm{e}^{-\frac{1}{2}}$；（4）$2(\sqrt{3}-1)$；

（5）$\arctan e-\dfrac{\pi}{4}$；（6）$\arcsin\dfrac{3}{\sqrt{12}}-\arcsin\dfrac{2}{\sqrt{12}}$；

（7）$\frac{\pi}{4}$；

（8）$\frac{\pi}{12}$；

（9）$7+\cos1+\cos5$；

（10）0；

（11）$\frac{4}{3}$；

（12）$4\sin1$；

（13）$\frac{\pi}{2}$；

（14）$\frac{N\pi}{2}$.

2.（1）1；（2）2；（3）$\frac{1}{2}(1+e^{\frac{\pi}{2}})$；

（4）$\frac{4}{3}\sqrt{2}\ln2-\frac{4}{9}(2\sqrt{2}-1)$；

（5）$2(1-\frac{1}{e})$；

（6）$(\frac{1}{4}-\frac{\sqrt{3}}{9})\pi+\frac{1}{2}\ln\frac{3}{2}$；

（7）$\frac{\pi}{4}-\frac{1}{2}$；

（8）$\frac{1}{2}(e\sin1-e\cos1+1)$；

（9）$\frac{\pi^3}{6}+\frac{\pi}{4}$；

（10）$\frac{(2n)!!}{(2n+1)!!}$.

习 题 4-5

1.（1）$\frac{\pi}{4}$；

（2）发散；

（3）$\frac{(2n-3)!!}{(2n-2)!!}\pi$；

（4）π；

（5）$\frac{\pi}{4}$；

（6）发散.

第二篇　一元微积分的应用

习 题 5-1

1.（1）$-\frac{3}{5}$；（2）1；（3）1；（4）2；

（5）$\cos a$；（6）1；（7）1；（8）0.

2.（1）未定式∞；（2）定式0；（3）未定式$\frac{2}{\pi}$；

（4）定式0；（5）未定式$\frac{1}{2}$；（6）未定式$-\frac{1}{2}$；

（7）未定式$\frac{1}{e}$；（8）未定式1.

4．0.

5.（1）-1；（2）$p\leqslant 0$ 时发散；$p\geqslant 0$ 时收敛，$\dfrac{1}{p^2}$．

习 题 5-2

1. 单调减少。
2.（1）在 $(-\infty,0]$ 上单调增加，$[0,+\infty)$ 上单调减少；
（2）在 $(-\infty,\frac{2}{3}a]\cup[a,+\infty)$ 上单调增加，在 $\left[\frac{2}{3}a,a\right]$ 上单调减少；
（3）在 $(-\infty,-1]\cup[0,1]$ 上单调减少，在 $[-1,0]\cup[1,+\infty]$ 上单调增加；
（4）在 $(-\infty,+\infty)$ 内单调增加.

习 题 5-3

1.（1）极大值 $y(\frac{2}{3})=\frac{32}{27}$，极小值 $y(2)=0$；
（2）极小值 $y(0)=1$；
（3）极大值 $y(-1)=1$，极小值 $y(0)=0$；
（4）极大值 $y(\frac{\pi}{4})=\frac{\sqrt{2}}{2}e^{-\frac{\pi}{4}}$，极小值 $y(\frac{5\pi}{4})=-\frac{\sqrt{2}}{2}e^{-\frac{5\pi}{4}}$；
（5）极大值 $y(\pm1)=1$，极小值 $y(0)=0$；
（6）极大值 $y(\frac{\pi}{4}+2k\pi)=\frac{\sqrt{2}}{2}e^{\frac{\pi}{4}+2k\pi}$，
极小值 $y\left[\frac{\pi}{4}+(2k+1)\pi\right]=-\frac{\sqrt{2}}{2}e^{\frac{\pi}{4}+(2k+1)\pi}(k=0;\pm1;\pm2,\cdots)$；
（7）极大值 $y(\frac{1}{2})=\frac{81}{8}\sqrt[3]{18}$，极小值 $y(-1)=0, y(5)=0$；
（8）没有极值.
2. $a=2, f(\frac{\pi}{3})=\sqrt{3}$ 为极大值.

习 题 5-4

1.（1）最大值 $y(4)=80$，最小值 $y(-1)=-5$；
（2）最大值 $y(3)=11$，最小值 $y(2)=-14$；
（3）最大值 $y\left(\frac{3}{4}\right)=1.25$，最小值 $y(-5)=-5+\sqrt{6}$．
2. $x=1$ 时函数有最小值 -2.
3. $x=1$ 时函数有最大值 $\frac{1}{2}$．
4. $x=-3$ 时函数有最小值 27．

5．长、宽各为 10m、5m．

6．$x=\dfrac{30}{4+\pi}$．

7．从甲单位到输电干线作垂线，变压器设在垂足的右边 1.2 km 处．

习 题 5-5

1．（1）在 $(-\infty,\frac{5}{3}]$ 上凸，在 $[\frac{5}{3},+\infty)$ 上凹，拐点 $(\frac{5}{3},\frac{-250}{27})$；

（2）在 $(-\infty,-\frac{1}{5}]$ 上凸，在 $[-\frac{1}{5},+\infty)$ 上凹，拐点 $(-\frac{1}{5},-\frac{6}{5}\sqrt[3]{\frac{1}{25}})$；

（3）在 $(-\infty,0]$ 上凹，在 $[0,+\infty)$ 上凸，拐点 $(0,0)$；

（4）在 $(-\infty,-\frac{2}{\sqrt{3}}]$ 上凸，在 $\left[-\frac{2}{\sqrt{3}},\frac{2}{\sqrt{3}}\right]$ 上凹，在 $[\frac{2}{\sqrt{3}},+\infty)$ 上凸，拐点 $(\pm\frac{2}{\sqrt{3}},\frac{20}{9})$；

（5）在 $(-\infty,\frac{1}{2}]$ 上凹，在 $\left[\frac{1}{2},+\infty\right]$ 上凸，拐点 $(\frac{1}{2},e^{\arctan\frac{1}{2}})$；

（6）在 $(-\infty,-1]\cup[1,+\infty)$ 上凸，在 $[-1,1]$ 上凹，拐点 $(-1,\ln 2),(1,\ln 2)$．

2．$a=-\dfrac{3}{2},b=\dfrac{9}{2}$．

3．$k=\pm\dfrac{\sqrt{2}}{8}$．

习 题 5-7

1．2.05．

2．0.8643．

3．0.00225．

习 题 5-8

1．9.5 元．

2．9075，199.5，199．

3．250．

4．$P\ln 4$．

5．$\eta_p=\dfrac{1}{4}p$，$\eta_3=\dfrac{3}{4}$，$\eta_4=1$，$\eta_5=\dfrac{5}{4}$．

6．（1）$q'(4)=-8$；　（2）$\eta_4\approx 0.45$；　（3）增加 0.46%;

（4）减少 0.85%;　（5）$p=5$

习 题 6-1

1．（1）$\frac{1}{6}$；（2）1；（3）$\frac{32}{3}$；（4）$\frac{32}{3}$．

2．（1）$\frac{7}{6}$；（2）$\frac{2}{3}$；（3）$\frac{9}{2}$；（4）$\frac{\pi}{2}$；

（5）$e+\frac{1}{e}-2$；（6）$b-a$；（7）$\frac{16}{3}$；（8）$4-3\ln 3$．

3．$\frac{3}{8}\pi a^2$．

4．（1）πa^2；（2）$18\pi a^2$．

5．$\frac{a^2}{4}\left(e^{2\pi}-e^{-2\pi}\right)$．

6．$\frac{5}{4}\pi-2,\quad 2-\frac{\pi}{4}$．

7．$\frac{\pi}{6}+\frac{1-\sqrt{3}}{2}$．

习 题 6-2

1．（1）$\frac{\pi}{5}$；（2）$\frac{8}{5}\pi$；（3）$\frac{3}{10}\pi$；

（4）$\frac{\pi}{2}$；（5）$7\pi^2a^3$．

2．$2\pi a^2 b$．

习 题 6-3

1．$1+\frac{1}{2}\ln\frac{3}{2}$．

2．$\frac{8}{9}[(\frac{5}{2})^{3/2}-1]$．

3．$((\frac{2}{3}\pi-\frac{\sqrt{3}}{2})a,\frac{3}{2}a)$．

4．$\frac{3}{2}a\pi$．

5．$\frac{\sqrt{1+a^2}}{a}e^{a\varphi}$．

习 题 6-4

1．$0.18k(\mathrm{J})$．

2．$800\pi\ln 2(\mathrm{J})$．

3. $\frac{27}{7}kc^{\frac{2}{3}}a^{\frac{7}{3}}$（其中 k 为比例常数）.

4. $\sqrt{2}-1$(cm).

5. $\frac{10^3}{4}\pi r^4$ 公斤米.

6. 14373（kN）.

*习 题 6-5

1. 50 单位；100 单位.

2. $C(x)=-12x+0.2x^2$； $L(x)=32x-0.2x^2$；最大利润 $L(80)=1280$.

3.（1）14 万元，20 万元；（2）4 百台；

（3）$C(x)=5+6x+\frac{1}{4}x^2$，$L(x)=-5+6x-\frac{3}{4}x^2$；（4）减少 3 万元.

4. 579（元）.

习 题 7-1

1.（1）一阶；（2）一阶；（3）二阶；（4）二阶.

2.（1）是通解；（2）$y=xe^x$ 是特解，$y=-x^2e^x$ 不是解；

（3）是通解；（4）是特解.

3. $y=e^{-3x}+e^{-2x}$.

4. $y=\frac{1}{8}x^2+2$.

5. $\frac{d^2s}{dt^2}=g-\frac{k}{m}\cdot\frac{ds}{dt}$，$\begin{cases} s|_{t=0}=0 \\ \frac{ds}{dt}|_{t=0}=v_0 \end{cases}$.

习 题 7-2

1. $y=e^{Cx}$.

2. $C(1+y^2)=\frac{x^2}{1+x^2}$.

3. $10^x+10^{-y}=11$.

4. $-x^2+2xy+y^2=C$.

5. $x-\sqrt{y}=0$.

6. $v=\frac{mg}{k}(1-e^{-\frac{k}{m}t})$.

7. 提示：用微元分析法列方程. $t=-0.0305h^{\frac{5}{2}}+9.64$. 水流完所需的时间约为 $10s$.

8．$2xy^3+y^4=\frac{2}{3}\cdot e^{\frac{2x}{y}}$．

习 题 7-3

1．（1）$y=Ce^{-4x}-\frac{5}{4}$；（2）$y=Cx^3-x^2$；

（3）$y=Cx-x\cos x$；（4）$y\ln x=x\ln x-x+C$；

（5）$y=Ce^{-x^2}+\frac{x^2}{2}e^{-x^2}$；（6）$y=(x+C)e^{-\sin x}$；

（7）$y=e^{-x}(x+C)$；（8）$y=\frac{\sin x+C}{x^2-1}$．

2．（1）$y=x^2(1-e^{\frac{1}{x}-1})$；（2）$y=(x-\pi-1)\cos x$．

3．$y=2(e^x-x-1)$．

4．$N=\frac{P}{\lambda}+Ce^{-\lambda t}$．

5．$i=e^{-5t}+\sqrt{2}\sin(5t-\frac{\pi}{4})$．

6．提示：$\begin{cases} Ri+L\frac{di}{dt}=kt \\ i|_{t=0}=0 \end{cases}$．

习 题 7-4

1．（1）$y=(x-3)e^x+C_1x^2+C_2x+C_3$；（2）$y=-\frac{1}{2}(x+1)^2+C_1e^x+C_2$；

（3）$y=-\frac{1}{C_1x+C_2}$；（4）$y=-\ln|\cos(x+C_1)|+C_2$；

（5）$y=-\frac{1}{2}x\ln x+\frac{3}{2}x^2-2x+\frac{1}{2}$；（6）$y=\frac{1}{x+1}+1$．

习 题 7-5

1．（1）线性无关；（2）线性无关；（3）线性无关；
（4）线性无关；（5）线性相关；（6）线性相关．

2．$y=(C_1+C_2x)e^x$．

3．$y=(C_1+C_2x)e^x+\frac{1}{4}ae^{3x}$．

5．$y=x+e^x$．

6．$y=C_1x+C_2x^2+x^3$．

习 题 7-6

1．（1）$y=(C_1+C_2x)e^{-4x}$；（2）$y=C_1e^{x}+C_2e^{-2x}$；（3）$y=C_1e^{-3x}+C_2e^{\frac{4}{3}x}$；

（4）$y=e^{-3x}(C_1\cos 2x+C_2\sin 2x)$；（5）$y=C_1x+C_2e^{-x}+C_3\cos x+C_4\sin x$；

（6）$y=e^{2x}(C_1\cos x+C_2\sin x)$．

2．（1）$y=4e^{x}+2e^{3x}$；（2）$y=e^{-x}-e^{4x}$；

（3）$y=2xe^{3x}$；（4）$S=\frac{1}{2}e^{-t}\sin 2t$．

3．$y=\cos 3x-\frac{1}{3}\sin 3x$．

4．$Uc(t)=\frac{10}{9}(19e^{-10^3t}-e^{-1.9\times10^4t})(V)$，$i(t)=\frac{19}{18}\times10^2(-e^{-10^3t}+e^{-1.9\times10^4t})(A)$．

习 题 7-7

2．（1）$y=C_1\cos x+C_2\cdot\sin x+(2x^2-7)$；

（2）$y=C_2e^{x}+C_2e^{2x}+x(\frac{1}{2}x-2)e^{2x}$；

（3）$y=C_1e^{-x}+C_2e^{-2x}+\frac{1}{2}e^{-x}(\sin x-\cos x)$；

（4）$y=e^{x}(C_1\cos x+C_2\sin x)+\frac{1}{25}e^{-\frac{k}{m}t}[(5x-2)\cos x+(10x-14)\sin x]$．

3．（1）$y=-\cos x-\frac{1}{3}\sin x+\frac{1}{3}\sin 2x$；

（2）$y=-5e^{x}+\frac{7}{2}e^{2x}+\frac{5}{2}$；

（3）$y=(x^2-x+1)e^{x}-e^{-x}$．

4．$x(t)=\frac{m^2g}{k^2}(e^{-\frac{k}{m}t}-1)+\frac{mg}{k}t$．

5．$U_C(t)=20-20e^{-5\times10^3t}[\sin(5\times10^3t)+\sin(5\times10^3t)](V)$；

$i(t)=4\times10^{-2}e^{-5\times10^3t}\sin(5\times10^3t)(A)$．

6．$\varphi(x)=\frac{1}{2}(\cos x+\sin x+e^{x})$．

习 题 8-1

1．（1）与$\sum_{n=1}^{\infty}u_n$同敛散；（2）与$\sum_{n=1}^{\infty}u_n$同敛散；

（3）$u_n=-10$时，$\sum_{n=1}^{\infty}(u_n+10)$收敛，否则发散；

2.（1）收敛；（2）发散.

3.（1）发散；（2）收敛；（3）发散；

4.（1）发散；（2）收敛；（3）收敛；（4）发散；（5）收敛；（6）收敛.

5.（1）收敛；（2）发散；（3）收敛；（4）收敛；（5）收敛；（6）收敛.

6.（1）发散；（2）发散；（3）发散；（4）发散；（5）收敛.

8.（1）条件收敛；（2）绝对收敛；（3）绝对收敛；（4）条件收敛；（5）条件收敛；（6）发散；（7）绝对收敛；（8）发散.

习 题 8-2

1.（1）$R=1, (-1,1)$ （2）$R=\infty, (-\infty,+\infty)$

（3）$R=1, (-1,1)$ （4）$R=2, (-2,2)$

2.（1）$S(x)=\dfrac{2}{2-x}$ （2）$S(x)=\dfrac{1}{(1-x)^3}$

（3）$S(x)=\dfrac{1}{2}\ln\left|\dfrac{1+x}{1-x}\right|$；

3. $|x|<\sqrt{2}$, $S(x)=\dfrac{(2+x^2)}{(2-x^2)^2}$, 3

习 题 8-3

1. $\cos x=\cos x_0+\cos(x_0+\dfrac{\pi}{2})(x-x_0)+\cdots+\dfrac{\cos(x_0+\dfrac{n\pi}{2})}{n!}(x-x_0)^n+\cdots$, $(-\infty<x<+\infty)$.

2.（1）$4^x=\sum\limits_{n=0}^{\infty}\dfrac{(\ln 4)^n}{n!}x^n$, $(-\infty<x<+\infty)$；

（2）$\ln(2+x)=\ln 2+\sum\limits_{n=1}^{\infty}(-1)^{n-1}\dfrac{x^n}{2^n n}$,（$-2<x\leqslant 2$）；

（3）$\cos^2 x=\dfrac{1}{2}+\sum\limits_{n=0}^{\infty}(-1)^n\dfrac{2^{2n-1}x^{2n}}{(2n)!}$,（$-\infty<x\leqslant+\infty$）；

（4）$\cos x\sin x=\sum\limits_{n=0}^{\infty}(-1)^n\dfrac{2^{2n}}{(2n+1)!}x^{2n+1}$,（$-\infty<x<+\infty$）；

（5）$(1+x)\ln(1+x)=x+\sum\limits_{n=2}^{\infty}(-1)^n\dfrac{1}{n(n-1)}x^n$,（$-1<x\leqslant 1$）；

（6）$\dfrac{e^x}{1-x}=\sum\limits_{n=0}^{\infty}(1+\dfrac{1}{1!}+\dfrac{1}{2!}+\cdots+\dfrac{1}{n!})x^n$,（$-1<x<1$）.

3. $\ln(1+x)=\ln 3+\sum\limits_{n=1}^{\infty}(-1)^{n-1}\dfrac{(x-2)^n}{n\cdot 3^n}$,（$-1<x\leqslant 5$）

4. $\dfrac{x}{2x-1}=\dfrac{1}{2}-\dfrac{1}{6}\sum_{n=0}^{\infty}\dfrac{2^n}{3^n}(x+1)^n$，$(-\dfrac{5}{2}<x<\dfrac{1}{2})$

5. $\dfrac{1}{x^2+3x+2}=\sum_{n=0}^{\infty}(\dfrac{1}{2^{n+1}}-\dfrac{1}{3^{n+1}})(x+4)^n$，$(-6<x<-2)$

*习 题 8-4

1. $2\left[\sin x-\dfrac{1}{2}\sin 2x+\dfrac{1}{3}\sin 3x-\dfrac{1}{4}\sin 4x+\cdots\right]$.

2. $\sum_{n=1}^{\infty}\dfrac{18\sqrt{3}}{\pi}(-1)^{n-1}\dfrac{n}{9n^2-1}\sin nx$，$x\neq(2k+1)\pi$，$k=0,\pm1,\pm2,\cdots$.

3. $\dfrac{1}{2\pi}\left[e^{\pi}+e^{-\pi}+2\pi\right]+\dfrac{e^{\pi}-e^{-\pi}}{\pi}\sum_{n=1}^{\infty}\dfrac{(-1)^{n-1}}{1+n^2}(\cos x-n\sin nx)$

$$=\begin{cases}f(x),\ x\neq(2k+1)\pi,\ k=0,\pm1,\pm2,\cdots,\\ 1+\dfrac{e^{\pi}-e^{-\pi}}{2},\ x=(2k+1)\pi,\ k=0,\pm1,\pm2,\cdots.\end{cases}$$

4. $f(x)=\dfrac{\pi^3}{3}+4(-\cos x+\dfrac{\cos 2x}{2^2}-\dfrac{\cos 3x}{3^2}+\cdots+(-1)^n\dfrac{\cos nx}{n^2}+\cdots)\quad(-\infty<x<+\infty)$

*习 题 8-5

1.（1）$2\sin\dfrac{x}{3}=\dfrac{18\sqrt{3}}{\pi}\sum_{n=1}^{\infty}(-1)^{n-1}\dfrac{n\sin nx}{9n^2-1}$，$(-\pi<x<\pi)$；

（2）$f(x)=\dfrac{c_1+c_2}{2\pi}+\dfrac{2(c_2-c_1)}{\pi}\sum_{n=1}^{\infty}\dfrac{1}{2n-1}\sin(2n-1)^x\qquad(-\pi<x<\pi\text{且}x\neq0)$；

（3）$f(x)=\dfrac{3}{4}-\dfrac{6}{\pi^2}\sum_{n=1}^{\infty}\dfrac{1}{(2n-1)^2}\cos(2n-1)x+\dfrac{1}{\pi}\sum_{n=1}^{\infty}(-1)^{n-1}\dfrac{1}{n}\sin nx\qquad(-\pi<x<\pi)$.

2.（1）$e^x=\dfrac{2}{\pi}\sum_{n=1}^{\infty}\dfrac{n}{n^2+1}[1+(-1)^{n+1}e^{\pi}]\sin nx\qquad(0<x<\pi)$

$e^x=\dfrac{e^{\pi}-1}{\pi}+\dfrac{2}{\pi}\sum_{n=1}^{\infty}\dfrac{1}{n^2+1}[(-1)^n e^{\pi}-1]\cos nx\qquad(0\leqslant x\leqslant\pi)$，

（2）$f(x)=\dfrac{h}{\pi}+\dfrac{2}{\pi}\sum_{n=1}^{\infty}\dfrac{\sin nh}{n}\cos nx\ \ (0\leqslant x\leqslant\pi, x\neq h)$；

（3）$\cos\dfrac{x}{2}=\dfrac{8}{\pi}\sum_{n=1}^{\infty}\dfrac{n}{4n^2-1}\sin nx\ \ (0<x<\pi)$.

3.（1）$x^2-x=\dfrac{4}{3}+\sum_{n=1}^{\infty}(-1)^n(\dfrac{16}{n^2\pi^2}\cos\dfrac{n\pi x}{2}+\dfrac{4}{n\pi}\sin\dfrac{n\pi x}{2})\qquad(-2<x<2)$；

（2）$-x=10\sum_{n=1}^{\infty}\dfrac{(-1)^n}{n\pi}\sin\dfrac{n\pi}{5}x(-5<x<5)$；

（3）$f(x)=\frac{1}{2}\sin\frac{\pi x}{l}-\frac{4}{\pi}\sum_{n=1}^{\infty}(-1)^n\frac{n}{4n^2-1}\sin\frac{2n\pi x}{l}$ $(0<x<l且x\neq\frac{l}{2})$；

（4）$f(x)=\frac{1}{2}+\frac{4}{\pi^2}\sum_{n=1}^{\infty}\left\{\frac{2}{n^2}-\cos\frac{n\pi}{2}-\frac{1}{n^2}[1+(-1)^n]\right\}\cos\frac{n\pi}{2}x$ $,(0\leqslant x\leqslant 2)$．

*习 题 9-1

2．0.020685

*习 题 9-2

1．$0.18<\alpha<0.19$．
2．$-0.20<\alpha<-0.19$．
3．$0.32<\alpha<0.33$．
4．$2.50<\alpha<2.51$．

*习 题 9-3

1．15.2280； 17.2280； 17.3225．
2．0.7188； 0.6938； 0.6931．
3．0.8050， $\pi\approx3.2200$； 0.7854，$\pi\approx3.1416$．

*习 题 9-4

1．

x_n	y_0（欧拉法）	y_n（预报校正法）	y_n（准确值）
0	1	1	1
0.5	0.8253	0.8001	0.8
1.0	0.5037	0.5009	0.5

2．

x_n	y_n（预报校正法）	y_n（准确值）
0	1	1
0.5	1.794893532	1.79442541
1.0	3.428161693	3.436563657

3．

x_n	y_n
0.2	1.2428
0.6	2.044212913
1.0	3.436502274

4.

x_n	y_n
−0.9	0.00901
−0.8	0.1608
−0.7	0.2136

*习 题 9-5

1. 0.6381
2. 0.54714
3. 10.7228
4. −0.509975
5. 0.2873